注册建筑师考试丛书
一级注册建筑师考试

建筑方案设计(作图)应试指南

（第九版）

黎志涛　著

中国建筑工业出版社

图书在版编目(CIP)数据

一级注册建筑师考试建筑方案设计（作图）应试指南/
黎志涛著. — 9 版. — 北京：中国建筑工业出版社，
2021.11
（注册建筑师考试丛书）
ISBN 978-7-112-26708-8

Ⅰ. ①一… Ⅱ. ①黎… Ⅲ. ①建筑方案－建筑设计－
资格考试－自学参考资料 Ⅳ. ①TU201

中国版本图书馆 CIP 数据核字（2021）第 208969 号

本书既是阐述一级注册建筑师考试建筑方案设计（作图）科目的应试方法，也是介绍建
筑方案设计普适性方法的专著。全书分为三章：第一章阐述了考试大纲的基本要求，分析了
历年的设题特点，提示了所涉及的相关设计规范，介绍了复习迎考的方法以及考试规则要领。
第二章从审题方法、设计方法、绘图方法、应试技巧等若干方面阐述了应试者临场顺利展开
方案设计的方法与技巧。第三章以历年建筑方案设计（作图）试题为例，通过演示设计过程，
详细叙述了应试的正确设计程序及其思维方法。

本书主要供一级注册建筑师考试《建筑方案设计（作图）》科目的应试者参考，对于学习
建筑方案设计的学生、从事工程设计实践的青年建筑师，以及相关专业的设计人员也有较好
的参考价值。

＊　　＊　　＊

责任编辑：张　建　易　娜
责任校对：张惠雯

注册建筑师考试丛书
一级注册建筑师考试建筑方案设计（作图）应试指南
（第九版）
黎志涛　著
＊
中国建筑工业出版社出版、发行（北京海淀三里河路 9 号）
各地新华书店、建筑书店经销
北京红光制版公司制版
北京君升印刷有限公司印刷
＊
开本：787 毫米×1092 毫米　1/16　印张：27¼　字数：660 千字
2021 年 11 月第九版　　2021 年 11 月第一次印刷
定价：**85.00** 元
ISBN 978-7-112-26708-8
（38493）

第 九 版 前 言

本书自 2004 年第一版问世至今已过去 17 年了。期间，历经 8 次再版，不但内容、插图越发丰富，而且叙述思路更加清晰，这是著者与考生们在学习中共同进步的结果。不少考生在本书的指导下，不仅初步理解了正确的设计方法，使考试得以顺利过关；而且在工程设计实践中，设计能力与水平也由此大为增强和提高。当然，还有不少考生仍然徘徊在考试过关门槛线之外，这也不足为怪。因为考生们的专业、阅历、经验、功底、备考等背景情况各有不同，加上考试临场的心态状况、思维发挥、设计路径、时间把控等诸多因素也千差万别，致使"命运之神"只能在不同时间，待考生达到合格要求后，分批给考生们带来"福音"了。

为了更好地帮助考生学习本书，特别是引导青年建筑师在工程设计实践中真正掌握正确的设计思维和严谨清晰的设计操作，借第九版再版之际，本书做了三件事：

第一，内容上增补了 2020 年和 2021 年两年建筑方案设计（作图）考题的设计演示。

第二，了解到考生们对设计程序最后一步，即如何将设计程序前五步的方案设计图示分析成果图落实到网格中仍感不解，本书继续将设计程序第七步在文字叙述的基础上，增加了图解分析的过程图，以图文并茂的形式帮助读者理解并临摹其方法。

第三，从近两年该科目考试的内容与形式看，无论是题型的难易程度、面积规模设定，还是绘图用时把控等，都逐步回归到初始考试大纲的基本要求上。因此，著者在近两年的试题演示中，特别强调考生对设计原理的基本常识要多关注。在审阅设计任务书时，要提高自己的语文解读能力。

尽管明年一注考试方法会有较大改革，但考生只要掌握了正确的设计方法，以不变应万变，该科目考试总能应对自如的。

第九版的修订和增补工作是在中国建筑工业出版社张建编辑的建议、督促下，忙里偷闲赶写而成，在此表示感谢。本书修订稿由好友陈秋红、周立凯在百忙中协助录入，在此对他们一贯的热心支持和帮助表达谢意。

欢迎各位同仁和读者继续对本书进行批评与指正。

黎志涛

2021 年 9 月

第 一 版 前 言

注册建筑师职业资格考试制度自1995年实行以来近10年了，此项制度已经成为广大建筑师和其他相关专业人员欲从事建筑设计的一道门槛。每年，凡是有应试资格的人员总是积极准备，跃跃欲试。这项制度不但对我国的建筑设计单位的规范化管理，提高广大建筑师的设计水平，促进我国建筑设计市场与国际接轨起到积极作用，而且对我国的建筑教育事业和课程建设的改革也起到推动作用。

毕竟注册建筑师职业资格考试制度在我国还刚刚起步，还有一些不完善之处正在积极改进之中，其中之一就是考试方式和设题思路。自2002年经全国注册建筑师管理委员会对一、二级注册建筑师考试大纲作了调整和修订，使这一项工作更符合对注册建筑师名副其实的考核要求，改变了过去建筑方案设计科目考试出题简单，考点欠突出，应试者的建筑学专业优势不明显等不足。这一重大改变导致2003年的建筑方案设计科目考试使许多应试者不适应：不是画不完图，就是中途退场。也就是说该科目的考试在一些人看来是"难"了，而实际上应该说是过去的考试容易了。所以2003年该科目的考试方式对于应试者来说有一个适应过程，对于命题部门来说还有一个如何使试题要求更符合"建筑方案设计"的设计特点和表达方式。

为了帮助一些单位的设计人员准备考试，著者多年来曾参与我院举办的一级注册建筑师考前辅导班的教学工作，主讲建筑方案设计课程并进行课堂设计辅导。经过几年的教学发现，应试者在几个方面存在与应试建筑方案设计科目考试不适应的问题：一是不少应试者设计能力弱。这是设计基本功不扎实所致，也可能受设计实践少或接触项目小所限，使设计经验不足。有一些是相关专业的应试者，对建筑方案设计更是缺少功底。二是设计方法不得法，整个设计过程和设计思路比较紊乱，所以设计成果缺少章法。三是设计思维比较僵化，设计方法比较呆板。四是设计知识不够丰富，不能综合考虑建筑与技术（结构、构造）的设计矛盾。为了讲清上述问题，确实需要极大的耐心对应试者进行有针对性的辅导，但效果并不明显。可见要使设计水平达到理想的高度不是一蹴而就的事，是需要应试者长期的设计经验积累和设计素质的提高。而真正做到了这一点，参加建筑方案设计的考试又不需要再复习准备了，应该是一件很轻松的事。

既然应试者过去设计基本功底由于种种原因没有打好，那么现在要参加该科目考试，做一点考前复习准备也是可以理解的，多少会有点用。为了进一步帮助应试者准备该科目的考试，在中国建筑工业出版社张建编辑的策划下，著者开始着手本书的撰写工作。本书着重阐述建筑方案设计的方法，因为只有掌握了正确的设计方法，什么样的试题都能对付。但这不是为了应付考试，更重要的是作为建筑师从事建筑设计工作所必须具备的素质和能力。

当然，本书有点经验之谈，是著者总结了多年建筑设计教学和工程设计实践中对所遇到的问题和现象，而有针对性地做出阐述。书中的示范解题也是从设计经验上试图向应试者讲清：设计的过程是怎样一步一步沿着正确的设计路线展开和深入的。书中最后的设计技巧更是从个人的设计经验与教学发现的问题中归纳出值得应试者借鉴的忠告。

正由于本书是著者设计与教学的经验总结，只能是一家之言。若对应试者备考和今后从事建筑设计有所帮助，就自感欣慰了。

书中的不足之处，望读者同行们不吝赐教。

黎志涛
2004 年 1 月于东南大学建筑学院

目　　录

第一章 应 试 准 备

第一节 考 试 大 纲 解 读

自改革开放以来，我国与国外展开了日益频繁的全方位交流。在建筑界，为了使我国建筑师的业务活动与国际接轨，建筑师能够获得国际上的承认，并跻身于世界之林，从1995年开始实施全国一级注册建筑师考试制度，并于2003年对《建筑方案设计（作图）》科目的考试内容与形式进行了改革。使通过全国统一考试的合格者，在具备全面的理论知识、技术知识、相关专业知识，对建筑设计具有一定分析、构想和表达能力，并具有一定的实践经验，熟悉国家建筑法规和业务管理知识的基础上，有资格进入建筑设计市场。这一建筑师执业资格注册制度，对于增强我国设计队伍的整体素质，全面提高工程设计质量，促使我国建筑师走向国际市场，都具有重大意义。

在一级注册建筑师9门考试科目中，《建筑方案设计（作图）》是考核的关键，也是相对较难通过的考试科目。尽管如此，应试者只要按该科目考试大纲的要求认真准备，还是有希望闯关成功的。只是由于考生设计基础的不同，成功的早晚不同而已。

考试大纲对《建筑方案设计（作图）》科目的考试要求是："检验应试者建筑方案设计的构思能力和实践能力，对试题应作出符合要求的答案，包括：总平面布置、平面功能组合、合理的空间构成等，并符合法规规范。"大纲对该科目的考试要求基本涵盖了作为注册建筑师从事建筑设计工作应知应会的知识与技能，也是考试过关的底线。应试者只有明确了考试大纲的要求，才能更加有效地应对该科目的考试。

那么，应试者该如何正确解读考试大纲的深层含义呢？

一、关于"构思能力"

考试大纲中提及的"构思能力"是个较为模糊的概念，没有一语道破其明确含义，比较令人费解。但是，任何一名建筑师都清楚，所谓"构思"是一个建筑创作的过程，它涉及设计者根据设计条件，以富有表现力的建筑语言，为达到新颖设计的目标而展开的，需要发挥想象力的思维活动。这种"构思"应该是具有独创性的——或造型别出心裁，或平面布局突破陈规，或结构形式独具匠心，或因地制宜巧夺天工，或设计理念有独到之处等。然而，《建筑方案设计（作图）》考试并不要求应试者在设计中标新立异，并通过试题设置的种种限定条件束缚应试者的创作自由，且既不考造型、立面，又不考剖面，充其量就是考查平面功能布局而已。因此，从严格意义上来说，这种把平面与造型、立面、剖面，甚至与和其密切相关的其他设计要素割裂开来，单独进行检验的方式，并不能算是真正意义上的建筑方案设计，但却符合考试大纲设定的游戏规则。既然如此，我们只能从另一个角度去理解考试大纲所要求的"构思能力"的意义。即应试者在着手进行建筑方案设计之前，先要根据设计任务书设定的条件和要求，构思自己所要达到的设计目标是什么？

比如，是实心的集中式"图"形（如航站楼、医院病房楼、法院审判楼、公路汽车客运站、超级市场等），还是空心的集中式"图"形（如大使馆、门急诊楼、图书馆、博物馆等）？再进一步构想为达到此设计目标，应采取怎样的设计思路？设计过程应采取怎样的设计路线？应试者对这些"构思"一定要胸有成竹，才能将方案设计有条不紊一步步地向前推进，直至达到设计任务书提出的所有要求。从应试者的试卷中，阅卷人一眼就能看出应试者的设计思路是清晰还是混乱；设计路线是按设计程序通过思维分析展开，还是茫无头绪地数格子算面积；解决设计问题是妥善处理局部与全局的辩证关系，还是攻其一点，不及其余，等等。从方案设计的整体到细节都能看出应试者思维能力的强弱和设计水平的高低，这正是判卷的检验依据之一。尽管对于设计水平难以简单地用"分数"来评价，但阅卷人对卷面的总体印象多少会左右他对评分标准的把握。

二、关于"实践能力"

建筑师从事建筑设计工作是要使设计方案变为现实并满足安全和使用要求。因此，检验应试者的实践能力，一是看会不会做方案，二是看方案有没有可实现性。会做方案是要求应试者能按设计任务书的要求把设计目标——建筑，较合理地放在限定的建筑控制线之内，且能把所有房间按功能要求合理地安排在平面里，并能通过一定的绘图表达手段展示设计成果。这种设计实践能力是取得注册建筑师执业资格的底线。

但是，会做方案并不说明应试者就具有真正的实践能力。因为建筑方案设计的任务就是要解决好方案的若干实际问题。包括，如何处理建筑与环境的和谐关系，如何进行明确的功能分区，如何把所有房间有秩序地配置到位，如何通顺地组织水平与垂直交通流线，如何选择与平面布局相匹配的结构系统，如何在方案中严格执行国家规范等。而应试者解决这些设计任务的实践能力，一靠应试者对各建筑类型设计原理的理解和对设计条件的分析能力，二靠应试者解决具体设计问题的思维能力与动手能力。归根结底，应试者的"实践能力"就是按正确的设计思维和正确的设计方法展开设计的能力。

虽然，作为该科目考试的意图与规则只侧重于平面功能设计，并不是完整意义上的建筑方案设计；但是，平面设计能力是设计实践能力的基础。至于应试者真正意义上的设计水平的提升，就有待日后不断参与设计实践并接受专业再教育，而努力提高自己了。

三、关于"对试题作出符合要求的答案"

考试大纲在对应试者检验"构思能力"与"实践能力"的宗旨下，为便于通过具体的试题，检验应试者的设计能力和便于量化评价应试者方案的质量，在设计任务书中明确了若干设计要求。其目的是限定应试者按统一的游戏规则展开设计，甚至把本该由应试者自己思考、解决的设计问题也明白无误地给出具体提示。这种命题思路已经不是让应试者自由地进行建筑方案创作了，也与应试者过去在学校做课程设计和当下在设计单位做工程设计大相径庭，而是捆住应试者的手脚按规则进行设计游戏，就看应试者谁能守规矩，老老实实按设计任务书的要求照章行事，谁就能使自己的设计方案向命题人的所谓"标准答案"靠拢，也就更有希望闯关成功。如若应试者不认真审题，置设计任务书的要求于不顾，想当然地做方案，其结果只能使方案设计走入歧途，甚至难以过关。

设计任务书的要求主要包括以下三个方面：

1. 总平面设计要求

包括：合理确定场地行人主入口与车辆次入口的位置，合理组织场地内的人流、车流及其道路布置，合理规划各类机动车的停靠方式与自行车的存放位置，合理布置绿化，合理解决建筑与场地内外环境所设条件的有机关系等。

2. 建筑设计要求

包括：合理确定建筑各主次出入口，合理进行功能分区，合理安排房间的有机关系，合理组织水平与垂直交通流线，合理进行卫生间的配置，合理选择与平面方案相适应的结构形式，满足各房间的自然属性（采光、通风）和面积要求，以及满足任务书规定的其他特殊要求（特定功能、层高、结构尺寸，以及疏散等）。

3. 绘图要求

包括总平面应画出建筑屋顶并标注层数与标高，布置并标注行人及车辆出入口、建筑各出入口、机动车停车位、自行车存放、道路及绿化。

平面图要求画出承重柱、墙体、门的开启方向，标注建筑各出入口、房间名称，标注带"*"号房间的面积，标注建筑轴线尺寸、总尺寸及各层标高，在指定位置填写各层建筑面积和总建筑面积。

有时，任务书特别强调要用双线画墙体，或者指明台阶、雨篷等可超出建筑控制线。

设计任务书的前两项要求，特别是建筑设计要求实际上隐含着命题人试做方案（应试者称之为"标准答案"）的"影子"，应试者只要读懂设计任务书，并老老实实按建筑设计要求去做方案，并能做到位，就能牢牢掌握设计的大方向，过关应该是没问题的。

四、关于"合理的空间构成"

该科目考试仅考平面设计而不涉及建筑造型，然而，考试大纲何以提出"合理的空间构成"这一要求？因为建筑平面图形和房间平面图形不仅表达建筑的功能内容及其组合方式和相互关系，也隐含着平面图形"站"起来的三维空间效果。比如，若建筑平面组合缺乏秩序、毫无章法，空间构成就会零乱，从而失去建筑美感。又如，房间（如报告厅）的平面长宽比例狭长，不但不利于使用，内部空间形态也会欠佳。再如，手术室的平面若设计成"L"形，虽然面积符合要求，但功能上根本不能作为手术室使用，而且空间也不完整。诸如此类的不合理空间构成，其原因在于应试者在做平面设计时，缺少对空间构成的思考，使平面设计成为忽视其他制约条件的孤立设计。因此，平面设计应始终在空间构想的前提下展开，这应是建筑师进行方案设计的基本能力之一。虽然"合理的空间构成"在扣分表上并没有列出具体分值，但它往往会影响平面设计的质量。如若应试者有较好的空间构成能力，平面设计让人称道，也会获得阅卷者的感情分。

在设计任务书中，有时会给定一、二层的层高，比如，2011年"图书馆"设计试题规定一、二层层高各为4.5m，而报告厅层高为6.6m。许多应试者由于没有空间概念，把报告厅所包含的所有房间（观众厅、门厅、贵宾、管理、男女厕所等）全部做成6.6m高度，空间构成就欠合理。且在二层平面中并未显示横切报告厅所应表达的各房间隔墙的划分，这就缺乏基本的空间构成常识。其实，只有观众厅因跨度大，屋顶结构高度大，人员多，层高才需要6.6m，而观众厅之外的其他小房间就没必要统统做成6.6m了，与一层层高（4.5m）相同就可以了。由此，其上还可以布置其他房间，这在工程设计中是常见的处理手法。也许，上述设计中的瑕疵并不会被扣分（这应是制定扣分规则中的疏忽），但却能反映出应试者的空间理解力和想象力的薄弱。

五、关于符合法规规范

法规规范是注册建筑师在工程项目设计中必须严格执行的底线，这是建筑师对保护国家财产、保障人民生命安全所应尽的职责。在注册建筑师考试若干科目中，都要不同程度地检验应试者运用相关规范的能力。而"建筑方案设计（作图）"科目考试则重点考查应试者对《民用建筑设计通则》、《建筑设计防火规范》和《无障碍设计规范》的熟悉程度和运用能力，特别是应试者根据防火规范的规定解决民用建筑安全疏散问题的能力。对于这些要求，应试者不但要熟记相关规范条文，更重要的是养成严格执行规范的职业习惯。

综上所述，一级注册建筑师"建筑方案设计（作图）"科目的考试主要侧重于检验应试者对专业基础知识的掌握情况和动手能力。前者主要指应试者对各类型公共建筑设计原理的理解与掌握，后者主要指应试者对平面功能布局和对相关规范运用方面的基本能力。应试者只有达到这两项要求，并在成绩有效期（现为 8 年）内，同时通过其余 8 门科目的考核，才能取得一级注册建筑师资格，从而进入建筑设计市场主持工程项目设计。

第二节　历 年 试 题 剖 析

一级注册建筑师考试作为我国工程专业领域第一个注册考试，还属新生事物。因此，就建筑方案设计（作图）科目的考试命题而言，在命题思路与具体操作上，还需要有一个不断探索与完善的过程。虽然这十多年来在命题中，对题型选择、规模控制、考点设置、任务书表述、设计要求、作图规定等方面都作过变动，但总体上看命题思路正逐渐步入正轨，从中我们也可以归纳出一些命题规律。应试者只要针对命题的一般规律进行应试准备，就可以在应试中减少盲目性。

那么，历年建筑方案设计（作图）科目的命题思路是什么呢？我们不妨从考试改革后的 2003 年开始作一番回顾，以便从中摸索出命题的一般规律。

一、[2003 年] 小型航站楼

小型航站楼试题作为考试改革后的第一个试题，由于命题思路突然转变，较之考试改革前命题思路有较大跨度，反映在应试者对题型较为陌生，面积规模达 14140m²。虽仍属小型航站楼，但对于较大的设计、画图的工作量而言，6 个小时仍显得过于短促。画图工作量的繁重使众多应试者一时难以适应（或者画不完图，或者干脆交了白卷）。其实，现在回过头冷静思考当年的命题思路，还是值得肯定的。

1. 题型符合考试大纲要求

该试题抓住了检验应试者应知应会的建筑学专业基本知识与能力的考核点。即，如何进行场地设计，以合理确定场地和建筑物的主次出入口；如何明确地进行功能分区，有章法地进行所有房间的布局；如何清晰地组织各种流线等。这些设题思路与考点都在以后的命题中得到了延续。至于应试者觉得题型陌生，设计难度大，其实设计任务书对功能、流线的描述非常简练、清晰，功能关系图表达得也十分清楚。而面积规模看似很大，只要扣除几个大空间，所剩的房间数量也就不多了。只是由于应试者还没有从应对以往该科目考试的思维定式中跳脱出来而已。这也充分说明，应试者的建筑学专业基本功与设计能力有待进一步提高。

2. 环境条件简单

用地周边除去西侧有 4 座登机桥和东侧有一条机场道路与航站楼有密切关系外，几乎没有任何需要应试者考虑的环境因素了，因而使方案设计上手较为容易。

3. 强调流线

航站楼属于交通类建筑，应试者必须把国内进出港旅客和国际进出港旅客 4 条不同的人流以及相应的行李物流严格区分开来。

二、[2004 年] 医院病房楼

鉴于 2003 年小型航站楼试题因建筑类型陌生、面积规模过大而饱受争议，因此，医院病房楼试题的命题思路一下子又跳到了另一个极端，总建筑面积只有 2168m²。但是，设计难度却比小型航站楼试题反而加大了不少。

1. 环境条件繁多

试题中第一次出现了完整的总平面环境条件，这些环境条件对应试者拟设计的医院病房楼具有直接影响。有些应试者因疏忽对医院总平面中某些环境（"陷阱"）条件的分析而使方案走入歧途，导致设计失误，甚至考试失败。这种环境条件设置的路子在往后几年的考试中也曾出现过若干次。因此，具有一定的代表性。

2. 功能较为复杂

在医院病房楼的两层功能内容中，内科病房区虽然功能相对较为简单，但条件要求苛刻——14 间病房"应争取南向"，而建筑控制线内南向用地宽度只有 50m，似乎难以做到，应试者若缺乏巧妙的对策，只能陷入更为曲折的设计思路。因此，内科病房区平面设计要想做好也并非轻而易举，何况病房区的疏散距离要求是所有建筑类型最为严格的，稍不注意就易违规。而更加难以应对的是八层手术部的平面设计，一是房间较多，难以井井有条组织好；二是医院建筑专业性强，大多数应试者对其设计原理可以说一无所知，特别是还要有一条污物流线，平添了设计矛盾。

3. 涉及高层建筑防火规范

因该病房楼的手术部设在八层，毫无疑问，应试者应按高层建筑的要求设计医院病房楼。这就涉及在方案设计中要执行高规的问题，即垂直交通要做前室，且符合面积要求，以及位于袋形走道尽端的病房的最大安全疏散距离为 12m。这是十多年来试题中出现的特殊情况。

4. 出现特殊流线

应试者面对八层手术部功能区的方案设计时，有一条连接各手术室与清洗和污物间的污物流线需要妥善处理。这条特殊流线不能与其他任何流线相混、相交叉，这种在公共建筑类型中不多见的特殊流线第一次出现在试题中，无形中给应试者增加了设计难度。看来，命题思路按考试大纲的要求，在总建筑面积大大减少的情况下，通过增加设计难度取得了考试难易程度的均衡，也是可以理解的。

5. 设计任务书的瑕疵

可以说医院病房楼的设计任务书是历年试题中出现失当、失误最多的一次，这集中体现在两个功能关系图中：

（1）内科病房区功能关系图，在楼电梯处不该有出入口，因为这是三层。

（2）八层手术部功能关系图中，也不该有出入口。而最该质疑的是医生护士不应从只为病人设置的换床过厅穿过进入医务区。医生护士进入医务区和手术区前，只能通过包含

"换鞋"和"男女更衣厕浴"在内的一个房间,专业术语称为"卫生通过",才能到达手术区洁净走廊。因此,在功能关系图中,医生、护士、病人上至八层只有唯一一条连接换床过厅的通道,以及"换鞋"和"男女更衣厕浴"与"换床过厅"用双线联系实属对应试者的误导。另外,无菌器械、敷料、石膏、打包、器械储存都是手术所需消毒用品和耗材,应直接与手术走廊发生联系,而非与医务区,更非与污物区走廊相连。类似这种设计任务书的瑕疵或错误,在历年试题的设计任务书中,或多或少也曾出现过,无形中增添了应试者对设计原理和题目要求不一致造成的困惑。

三、[2005年] 法院审判楼

法院审判楼试题仍处在试题改革的探索与完善过程之中,其特点在于:

1. 提出新老建筑作为整体进行设计的思路

法院审判楼试题与上一年医院病房楼试题一样,都提出了拟建新建筑要与总图中的毗邻建筑发生功能关系。所不同的是,后者与医技廊在哪一坐标点上结合,设计任务书并没有明确告知,且因只能在一层连接,与三层内科病房区和八层手术部并无关系。因此,这一设计要求较为宽松。而法院审判楼的设计任务书明确提出:"应考虑新建审判楼与法院办公楼交通厅的联系,应至少有一处相通"。这个要求对于应试者设计法院审判楼是个重要的限定条件。这种命题思路在2007年的体育俱乐部和2010年的门急诊楼改扩建试题中都有重现。

2. 面积规模控制适度,但设计难度未减

法院审判楼折中了前两年试题面积规模的两个极端,将总建筑面积设定为6340m²,应该说面积规模较为合适,问题是设计难度却超过了十多年来任何一年的试题难度。首先,作为试题没有必要将信访这一摊子功能内容捆绑在审判楼里。因为两者在法院是两个部门,并没有任何功能关联,何必为此增加应试者的设计负担呢?其次,同一功能区的同类房间数量较多,比如,小法庭共有9个,是不是可以减少几个,只要能达到考试大纲所要求的,检验应试者对建筑学专业应知应会的基本知识的掌握与能力测试就可以呢?再则,法院审判楼题型对于应试者来说,如同小型航站楼一样也是较为陌生的,应试者对设计任务书需要一个较长时间的理解过程,设计"入戏"也会较为迟缓,无形中增加了方案设计的难度。

3. 强调功能分区应明确,房间布局应有序

法院审判楼应该说是典型的强调功能分区应明确,房间布局应有序的题型。这是符合考试大纲对命题的基本要求的。因此,任务书设定了大、中、小三类法庭形式,而大、中法庭应属刑事审判,小法庭应属民事审判,两者在审判性质上有所区别,因此在功能分区上应严格分开。其次,对大、中刑事审判法庭各自的配套房间有严格的规定。作为当事人的双方、审判团和旁听观众四类人的各自房间有着自己特定的平面格局,以及围绕法庭的明确的方位关系。从这一设计原理出发,法院审判楼的命题思路相当准确,是检验应试者平面方案设计能力的试金石。

4. 处理特殊流线的要求

如同医院手术部有一条污物流线一样,法院审判楼也有一条犯罪嫌疑人的流线,需要应试者谨慎处理。这种含有特殊流线的公共建筑类型并不多,但连续两年在试题中出现,可见它也是检验应试者设计能力的重要考核点了。

四、[2006 年] 城市住宅

应试者不要以为对住宅设计再熟悉不过了，其实恰恰相反，正因为住宅属于非公共建筑，作为试题难以设置典型的诸如功能分区、流线组织等考点。既然一定要将住宅作为试题，又要有考点，只能不按住宅设计的常规思路，而按考试命题思路制定游戏规则，对此，应试者反而一时难以适应。

1. 加大环境条件的苛刻要求

为了制造设计矛盾，以便设置考点，该设计任务书在环境条件的设置上，是历年试题中最苛刻的一次，表现在：

一是，建筑控制线面宽只有 88m，应试者想要按常规的一梯两户板式单元住宅进行设计，且要合理安排每层 16 户（每户面宽仅为 5.5m），是难以实现的。除非应试者不按常规设计，为避免扣分，钻设计任务书的空子，将各居住空间错位布置，以减小每户面宽、加大进深。虽然 16 户可以勉强塞进平面内，但住宅平面功能会极不合理。更不可取的是，这种为了应付考试而采用的非正常的设计思路，扭曲了应试者的设计心态，有违建筑设计是为人而不是为物的建筑师职业道德。

二是，居住建筑应满足日照要求是众所周知的规范条件，该设计任务书在环境条件设置上，特别在用地北侧规划了若干幢住宅，目的就是检验应试者对于日照间距的概念和规范规定是否清晰，以及在方案中运用的能力。这就进一步将建筑控制线内可建住宅的范围压缩到了极限，可谓捆住了应试者手脚。这种命题思路已成为圈定建筑控制线范围的一种模式，几乎在历年的命题中重复出现。如若情况相反，应试者反倒应警惕，过分宽松的建筑控制线也许是个"陷阱"。

2. 对功能提出严格要求

设计任务书明确规定："每户至少应有 2 个主要居住空间和一个阳台朝南并尽量争取看到湖面，其余房间（含卫生间）均应有直接采光和自然通风"。此规定中，对于所有房间均应有直接采光和通风的要求合情合理，但在苛刻的用地条件下应试者要想设计到位并不容易。更为困难的是要求每户至少有 2 个主要居住空间朝南并看到湖面，虽然南向与景观方向一致，但 2 个主要居住空间理应指客厅和主卧室，在如此苛刻的用地条件下，让这2 个最大开间的主要房间朝南，对于应试者不能不说是一种挑战。然而，阅卷评分表中却将"2 个主要居住空间"一句删除了关键词"主要"二字。那么，将次卧室朝南，就容易多了。然而，评分标准与任务书要求不符，对守规矩的应试者就显得很不公平。

3. 任务书中的表述令人费解

面积表中"套型要求"栏各房间的面积，应视为使用面积，而二室户所有房间使用面积总和只有 46.5m²，那么"套内面积"栏 75m² 应视为户型建筑面积（不包含公摊交通面积）。即使如此，平面系数（俗称得房率）也是过低的。说明表中各房间的使用面积只是下限值，应试者设计各房间时，应大于表中的面积指标才能达到户型建筑面积的要求。面积表中三室户的分析亦是如此。而且，该小高层住宅 144 户总建筑面积应为（10×75＋6×95）×9＝11880m²，而不是任务书所给的 14200m²，其差额为 2320m²，加上所有楼、电梯公摊面积，两者也不相符，这让应试者解读任务书时比较纠结。虽然此处的失误对设计并无太大影响，但类似任务书语言表述有欠准确的问题，在历年试题中时有发生。

五、[2007年]厂房改造（体育俱乐部）

建筑方案设计（作图）考试在前四年的试题改革探索中，不断总结经验，至2007年命题思路基本步入正轨。表现在：

1. 命题新颖

2007年试题破除以往的命题模式，采用厂房改造将其壳体保留而置换功能内容的手段进行有条件的平面设计，而且要求结合扩建部分。这就需要应试者在新老建筑的结合方式上进行思考。这种与此前不同的命题模式，不但是建筑师在工程项目设计中习以为常的，而且是对当时国内建筑界热议的工业遗产保护的一种积极回应。应该说这种命题方式相当新颖，在此后的建筑方案设计作图试题中也曾出现过。

2. 建筑类型为众所熟知

设计任务书所设定的各项体育活动内容大多是应试者亲身体验过的，应试者对其功能和空间要求比较了解，会很快进入设计角色。在此后的历年该科目试题中，多次采取了这一命题思路。

3. 设题方式与众不同

该设计任务书没有为应试者提供功能关系图，更没有代劳列表分层设定房间，一切全由应试者自行考虑，这是历年试题唯一一次。应该说，这是建筑师平日做工程项目设计或投标设计竞赛的正常状态，更可以检验出应试者作为注册建筑师对应知应会基本知识的运用能力。

六、[2008年]公路汽车客运站

公路汽车客运站作为试题，是该科目考试改革以来应试者碰到的第二个交通建筑类型。在命题思路上具有交通建筑的共性，但也具有其个性。

1. 强调站房与总图的一体化设计

2008年以前的建筑方案设计考试，重点在单体建筑的平面设计上，而总平面的设计成分较弱。但是公路汽车客运站除了要求应试者做好站房设计，还要求其做好总平面设计；而总平面设计的内容之多，要求之具体是历年试题所没有的。

2. 突出功能设计要求

在公共建筑类型中，交通类建筑的流线处理是要求最为严格的，因此也是最适合作为考题的建筑类型。而应试者能否将公路汽车客运站的各种流线组织得井井有条，这就涉及对站房的各类出入口的选择是否正确，功能分区是否明确，房间布局是否有序等重大方案性问题的把握。所有这些正是考试大纲所设定的检验应试者设计实践能力的内容。毫无疑问，选择公路汽车客运站作为试题是恰当的。只是出题者为了减轻应试者的设计负担，将发送与到达班车采取立交方式，规避了上下车旅客在平交车场易相混难以处理的矛盾。

3. 涉及空间构成的概念

公路汽车客运站试题要求旅客上下车采取立交方式，这就涉及两个有关空间构成的概念：一是，二层发车站台在空间上是停靠在楼板上，而不是平地上。因此，其结构柱应在一层平面中反映出来，这就会影响到一层到达客车的停靠。二是，站房要与高架路对接，必须使两者结构开间尺寸一致，方可使客车垂直于站台停靠，这正是在硫酸纸试题上破例提供了对接高架路柱距条件图的意图。遗憾的是该图只有比例尺而无柱距尺寸，导致应试者对此缺乏关注度，使站房结构柱网的确定较为随意。

七、[2009 年] 中国驻某国大使馆

大使馆建筑当属保密建筑类型，应试者必感相当陌生。但是将其作为试题定会隐去核心使用房间，所剩仅是办公建筑类型的功能了。那么，在命题思路上就会有特殊考虑。

1. 设计条件出现新的因素

由于办公建筑类型作为试题实在没什么可考的内容，因此，命题思路就要有所改变，体现在：

（1）大使馆这类高级别建筑本应为中央空调标准，而试题却设定其为自然通风采光，且所处地理位置的"气候类似于我国华东地区"，即冬冷夏热。因此，设计时必须满足所有使用房间都要为南北向，且有采光、通风的要求。这在历年试题中是要求最为严格的，从而提高了办公建筑设计的难度。

（2）在环境条件设置上第一次出现了新的考点。即建筑控制线内有一株对大使馆设计起限定作用的保留大树。其次，用地条件有别于国内，其用地红线以内为中国领土，神圣不可侵犯。而用地红线以外为中国大使馆驻在国的城市用地，其南、西、北三面为城市公共道路设施，人员可以进出。东侧为该市约 35m 宽的城市绿地，应视为驻在国领土，也是不可侵占的。

（3）大使馆本属于办公建筑，命题为了增加设计矛盾，同时把握好考试难易程度，将本应规划在用地西侧生活区的大使官邸，硬是"拉"进大使馆办公建筑内。这样做显然布局不尽合理，但从命题角度考虑，作为考试的游戏规则也是无可厚非的。

2. 对空间构成有所要求

从设计任务书面积表中应试者可知，一层建筑面积是二层建筑面积的一倍，但解决空间构成的手法却与航站楼、公路汽车客运站等采用建筑面积下大上小，而两层平面可以形成完整的体量不同，大使馆只能采用高低体量的组合方式。虽然大使馆的空间构成在评分表上没有设置扣分值，但应试者有没有空间构成概念，对于其平面形态则是确有影响的。

3. 将公共建筑与生活建筑组合设计

上述提及大使馆命题为了增加设计矛盾，将大使官邸"拉"进大使馆办公楼内，这就需要应试者解决两种不同功能性质的建筑如何和谐共处，以及中国大使馆建筑地处驻在国所应展示的中国建筑形象的问题。这是作为建筑师在工程项目设计中应有的职业素养，不能因是考试的假想题，而为了考试分数就凑合一个结构形式框框，不顾各房间使用要求，只按房间面积硬塞入其中。这种设计心态不可取，也不利于应试者今后作为注册建筑师设计水平的提高。

4. 提供了表述清晰的功能关系图

大使馆试题的功能关系图是历年图示设计原理表述最为清晰的。包括建筑各主次出入口、功能分区和房间关系与要求，所传达给应试者的功能关系信息都明白无误，这对于应试者正确理解题意十分有利。如果非要提出些质疑的话，就是两个厨房为何需要单线联系？其实官邸厨房属于家庭生活空间，而办公区厨房是为大使馆办公人员服务的，两者在财务管理、烹饪食谱、服务对象上都是有差别的；从使用功能上考虑，二者也应该是没有任何关系的。

八、[2010 年] 门急诊楼改扩建

应试者在 2010 年又一次碰到医院建筑类型和新老建筑结合的题型，何况门诊部也是应试者有较多生活体验的建筑类型，且面积规模较为适中（6355m²）。按说应试者容易上手，不会认为试题有多难。然而，实际情况却恰恰相反，由于命题另有意图，因而利弊设计条件皆有。

1. 环境条件与众不同

该门急诊楼地形条件图只是整个医院总平面东侧的局部，其包含的环境条件信息在某些方面与历年试题有所不同。

（1）院内道路红线范围的用地扣除建筑控制线内的用地所剩总平面场地是历年试题中最局促的，应试者需要在如此紧张的场地上满足题目设定的诸多总平面设计内容。

（2）历年试题用地红线周边的道路都是城市道路，而门急诊楼用地周边三条道路都是院内道路，真正的城市道路只有一条，在医院东侧。这种道路条件设置的思路是历年试题中唯一的一次。这个环境条件对应试者确定门急诊楼各出入口有很大关系。

（3）门急诊楼用地东侧的绿化带作为医院的规划设计，其功能性质已确定，且处在门急诊楼用地之外，不归门急诊楼所有，但它在此对应试者具有一定的干扰作用。而门急诊楼南侧的预留停车场更是一个陷阱。它的功能性质确为停车场，但它是预留的，目前不能被占用。门急诊楼设计需要解决30辆车的停车问题，看着上述两块用地也只能无可奈何。

2. 对设计原理要求严格

该命题提出"医患分流"的新概念，一反现行门急诊楼设计与使用都是医患相混的模式，使应试者如坠云里雾中。

3. 设计绘图工作量大

门急诊楼面积规模虽然较为适中，功能也并不复杂，但各科诊室、办公室数量多，面积小，房间布置工作量大，绘图费时。

九、[2011年] 图书馆

图书馆建筑命题以考传统图书馆为宜。因为现代图书馆规模大，多为中央空调标准，且阅览空间与藏书空间可以相融，读者与书籍流线不需严格区分；而传统图书馆必定要求功能分区明确，满足自然通风、采光，读者与书籍流线严格分开，只能在出纳台相遇。此外，传统图书馆还要求柱网开间尺寸宜为藏书架中距（1.25m）或阅览桌中距（2.5m）的倍数关系。这些都是建筑系学生在本科学习阶段完成图书馆课程设计时所应掌握的基本知识。因此，将传统图书馆作为试题，比较符合考试大纲的命题要求。

1. 环境条件简单

图书馆环境条件较为简单，除去建筑控制线范围按历年命题惯常思路仍然十分紧张，以及在用地周边设有两条城市道路和指北针条件外，再无任何影响图书馆方案设计的环境因素了。至于用地南侧、西侧的居住小区仅仅是一般环境条件而已，对图书馆方案设计毫无影响。

2. 提出预留二期发展用地的概念

设计任务书提出这一要求从可持续发展的观点出发是可取的。至于二期4000m²用地作什么用，与一期功能的关系，设计任务书并未明确提示，仅仅让应试者多一番思考而已，这种命题思路在下一年试题中再次出现。

3. 强调功能设计的合理性

试题既然确定为传统图书馆，对功能的要求就十分严格。在功能关系图中，命题人十分清晰地提示出功能分区以及读者流线（实线）和书籍、办公人员流线（虚线）相互独立的要求。甚至将对外 4 个入口与对内 2 个入口分布在 4 个方位上。只是一层功能关系图将报告厅挂在左下角，给不少应试者对功能关系图的理解设置了些许障碍。若能将报告厅当作读者空间右移至阅览区对应位置，那么大多数应试者就会将图书馆"图"形设计成卧倒的"目"字形，而不是卧倒的"日"字形。看来，主要问题还是出在应试者对图书馆设计的基本知识缺乏真正理解。

十、[2012 年] 博物馆

博物馆的命题思路几乎是图书馆的翻版，因此，设计任务书有许多共性要求。但两者的功能毕竟有所差别，博物馆的命题思路也就有着自己特殊的要求。

1. 与图书馆相同的环境条件

博物馆的用地环境条件在某些方面是与图书馆相同的：一是用地形状一样为矩形，一组相邻长短边都临城市道路，且长边都为人流主入口，短边都为内部次入口；另一组长短边都是只作为环境交代的宽松条件，或为城市公园，或为居住小区。二是用地内都有影响建筑方案设计的现状条件，前者是湖面，后者为保留办公楼。三是都要考虑扩建用地，只是博物馆扩建用地的位置和用途任务书已确定，而图书馆扩建用地只有面积要求。因此，博物馆与图书馆的总平面设计在某些方面很相似。

2. 功能要求比图书馆更为严格

博物馆设计严格的功能要求体现在：一是建筑设计要求中藏品特殊流线的复杂性，从藏品经过技术用房的处理到入库，再由藏品库至各陈列室和珍品鉴赏室，其流线和设置门禁都有特定的要求；二是贵宾流线从与报告厅贵宾共用入口起，至相距较远的珍品鉴赏和陈列室，会有一定的设计难度；三是一、二层各 3 个陈列室的消防疏散距离欲满足规范要求会使应试者大伤脑筋；四是与博物馆北侧紧邻的扩建用地已明确作为陈列区和藏品库扩建使用，故应试者设计博物馆时，应对两者的功能衔接有所考虑。

3. 面积规模趋于扩张

从前一年图书馆试题开始，面积规模似有扩张趋势，博物馆面积已突破 10000m²。其中，一层建筑面积已达 5300m²。按防火分区要求，一层就应按 2 个防火分区设计，加上二层的 1 个防火分区，整个博物馆应为 3 个防火分区。但是，设计任务书和扣分表对此并未作出反应，致使应试者只知满足疏散距离，而忽略了防火分区的合理划分及其每个防火分区疏散条件的满足，结果在下一年的超级市场设计中纷纷中招。

十一、[2013 年] 超级市场

应该说，超级市场建筑类型是大家所熟悉的，设计难度并不大，况且不少应由应试者考虑的问题，如主入口位置、商铺布局等题目都已告之，这也是此前各年试题常常出现的越俎代庖的现象。但是，越是认为简单的事，越是暗藏玄机。

1. 用地之外的环境条件对设计有影响

历年多数试题用地之外的环境只是作为条件交代而已，应试者对此也就不以为然。但是超级市场用地北面的居住区和东面的商业区环境条件，对超级市场的办公入口和进货入口各确定在哪一方位有着较大的影响。应试者一旦在此失手，就有可能使方案设计前功尽弃。其次，十字路口居然破天荒表示了过街斑马线，它暗示了超市为周边市民服务，在此用地西南角将有大量的市民聚集，对场地中超市主入口的确定有一定影响。

2. 首次提出疏散宽度要求

超级市场各层建筑面积都达 6200m²，按防火规范各层都应按 2 个防火分区考虑安全疏散要求的满足。此外，因卖场属人员密集场所，任务书提出"二层卖场区的安全疏散总宽度最小为 9.6m，卖场区内任意一点至最近安全出口的直线距离最大为 37.5m"，这就涉及要为二层卖场的防火区单独设置多部疏散楼梯，且配置要符合关于疏散距离的规定，这一点可以说是历年考试从未有过的，而大部分应试者对此毫无应对准备。

3. 卖场区块划分大伤脑筋

设计任务书对一、二层卖场内各区块划分有一系列明确的规定。虽然它们只是空间范围，但并不容易设计到位。应试者倘若缺少超市购物的经历或对卖场基本设施及其布置熟视无睹，考试时也就找不到感觉了，定会发生一些常识性的设计错误。

4. 功能关系图仍有瑕疵

该试题的设计任务书，客观讲在历年试题中当属水平较高之列。美中不足的是在功能关系图中，一层的商铺小气泡被错误地包含在与顾客服务气泡有联系的外租用房大气泡中，这与设计任务书中规定的商铺应"朝向城市次干道以方便其对外使用"相矛盾，从而导致部分应试者设计出错。

十二、[2014 年] 老年养护院

老年养护院试题与此前历年试题最大的区别在于其服务对象是最需要社会关爱和照顾的老年人，因此，在设计要求方面一定会有特殊之处。然而，应试者对这些特殊要求并不了解。一是因为对该类型建筑接触不多，设计实践机会几乎没有。二是任务书提及的《养老设施建筑设计规范》GB 50867—2013 在 2014 年建筑方案设计科目考试之前 12 天（5月 1 日）才正式实施，应试者对此更是一无所知。因此，应试者的设计方案存在不符合设计任务书要求和不符合规范要求的错误也就在所难免。老年养护院试题与以往试题的命题思路有诸多不同。

1. 设计要求侧重点不同

在设计任务书的建筑设计要求中，对每一个功能区不但提出相互之间的紧密联系要求，而且几乎对每一功能区各自房间的细节设计也提出了具体要求，比如："临终关怀室应靠近抢救室，相对独立布置，且有独立对外出入口"；"失能养护单元应设专用廊道直通临终关怀室"；"厨房、洗衣房应布置合理，流线清晰，并设一条送餐与洁衣的专用服务廊道直通生活养护区"等。不仅如此，在"用房及要求"表的备注中，也有若干具体的设计要求，如洗衣房要"合理分设接收与发放出入口"；"靠近厨房与洗衣房合理布置配送车停放处"等。而上述这些设计要求都是规范条文所涉及的，因此该任务书的设计要求较之历年试题更为具体细致。看来，熟知《养老设施建筑设计规范》的出题人是要将养老设施的规范条文转换为试题的建筑设计要求，这种出题思路是以前少有的。那么，对于任务书没有提及，而设计规范中已提出设计要求的设计细节，是不是也要满足规范要求呢？比如"总平面内的道路宜实行人车分流"；"老年人集中的室外活动场地附近应设置公共厕所"；老年居住用房门和卫生间的门须做子母门，"应向外开启"等。看来，该试题的难点不在于功能分区大的布局上（以下再论述），而在于应试者对设计规范的细节要求不了解。

2. 功能关系表述不同

以往试题的功能关系图都是表达不同房间之间联系的紧密程度，而本试题却是表达不同功能区之间的联系。从一、二层的功能关系图中可看出：一是功能区的布局模式明确清晰；二是功能关系图所显示的联系都比较单纯，连线没任何交叉。看似简单，但要在方案中落实却很困难。此外，从厨房、洗衣房到失能养护单元应该有连线关系，却没有画，这个流线交叉的矛盾将会使应试者感到为难。因此到失能养护单元的供应流线与养护单元人流交叉是躲不过去的。

此外，二层功能关系图中交往厅左右两侧的办公与娱乐那两条连线关系也使应试者感到无奈。落实到方案设计中，如若采用连廊联系也很勉强。但是，上述功能关系图所表达的功能关系，正是《养老设施建筑设计规范》中的要求。看似简单，设计起来并不容易。

3. 流线数量与要求不同

由于老年养护院划分的功能区较多，根据规范要求应各自独立，但相互间又必须连通，因此出现了多条流线：入住服务区—养护单元，养护单元—卫生保健，养护单元—娱乐，养护单元—康复，养护单元—社会工作，养护单元—多功能厅，办公—养护单元，以上7条流线都以交往厅（廊）为纽带。在考试中需要应试者妥善处理如此之多的流线关系，又不能相互交叉，是历年试题少有的。

不仅如此，一层的厨房、洗衣房又分相互分离的洁、污两条流线，以及失能养护单元与临终关怀之间专用的流线，也都增加了方案设计的难度。

对于出入口的设置，任务书的一层功能关系图提示有6个，实际上"一层用房及要求"表中，在卫生保健区的隔离观察室独立区域还有一个单独出入口，此出口很容易被应试者忽略掉。

4. 对面积误差比例控制不同

历年绝大部分试题都只对层建筑面积和总建筑面积允许误差控制在±10%，而对房间面积误差没有要求。对于方案设计来说，房间面积与层建筑面积控制的自由度都较大。2014年老年养护院试题第一次提出房间面积允许误差控制为±10%的要求，而将层建筑面积允许误差压缩到5%以内。应该说，这是合理的。这就意味着对层建筑面积控制的要求更加严格了，由此需要应试者在方案设计中更加谨慎。

第三节 命题规律探究

上一节我们对建筑方案设计作图考试的命题思路，从考试改革后的2003年至2014年作了全面的剖析，对该科目的试题获得了整体的印象，并摸索出一些命题规律。这有助于应试者分清作图考试与平日做项目设计的异同。因此，应试者要对症下药地按试题设计任务书的具体要求展开设计。

在此著者试总结12年来建筑方案设计作图考试的命题规律如下：

一、圈定单一公建类型

应试者在工作中接触的建筑可谓类别繁多，但适合用于建筑方案设计（作图）考试的题型首推公共建筑。因为其功能多种多样，平面设计要求严格，各类流线不易组织，特定要求各有所别。因此，将公共建筑作为试题，选择自由度大，考点设置宽泛。而应试者对各类公共建筑的设计原理有的较为熟悉，有的较为陌生，这对于应试者的临场心理状态和设计速度都有不同程度的影响。

二、突出平面功能设计

建筑方案设计（作图）考试，只检验应试者平面功能设计的能力，而不涉及建筑造型、剖面、立面的设计内容。为了突出平面功能设计的考试内容，其命题设计就会在题型选择、规模把握、功能限定、考点设置、绘图要求、时间控制等方面提出一系列具体检验目标，并落实于试题任务书中。因此，应试者务必按题目要求设计与作图，这是最基本的，其设计过程与平日做工程项目设计完全不同。

三、强调流线组织

不是所有公共建筑类型都适于作为试题的，比如，中小学校和幼儿园等建筑。这些建筑功能简单，流线组织对于方案设计的影响相对较小，因此，考点难以涵盖多方面的设计问题。只有那些对流线组织要求高，特别是那些存在若干不同流线且需相互独立设置，甚至存在特殊流线的建筑类型才适合于作为试题，比如，交通、医院、图书馆、博览、餐饮、观演等建筑。

四、面积规模适中

由于考试时间只有 6 小时，因此，试题的面积规模应适中，总建筑面积宜为 6000～8000m²，且两层平面即可完成设计内容。这就把某些大型建筑、综合楼建筑、高层建筑、地下建筑等排除在试题之外了。而且，这种规模的建筑可使各层面积分别控制在各自的防火分区内。若面积规模达到甚至超过 10000m²，则层建筑面积因超过 5000m²，需要分为两个防火分区，设计难度就会相应增加。

五、紧缩建筑控制线范围

由于对作图考试成果的评价方法不同于评标或评学生课程设计作业，前者是量化扣分制；后者是综合评价制。因而，建筑方案设计（作图）考试一方面需要有一个参照系，即出题人的试作方案和扣分表；另一方面是不希望应试者的考试方案自由发挥。因此，试题任务书的总平面地形，尽管用地范围较大，但建筑控制线范围却异常局促，这就导致应试者的设计成果趋同性明显，但比较有利于量化扣分的操作。因此，历年试题所提供的建筑控制线范围通常十分局促。倘若建筑控制线一反常态地宽松（如 2004 年医院病房楼），反而有可能是个陷阱。

六、平衡试题难易程度

除去 2003～2006 年属于命题改革的试验探索期，其间出现的试题难易程度不稳定；自 2007 年试题难易程度把握稍许好些，可以看出命题指导思想力图在规模与考点之间找到平衡。若建筑面积规模不大，题型较为简单，则会在试题中另行增加设计考点。如2009 年中国驻某国大使馆，建筑面积只有 4700m²，又是办公类建筑，因此，把官邸生活建筑纳入其中，从而增加了设计矛盾；同时在功能分区、流线组织等方面设置了若干考点。2010 年的门急诊楼试题功能简单，面积适度，因此，提出"医患分流"的新概念，增加应试者的思考难度，并通过增加小诊室的数量，为应试者的设计和绘图增加了工作量。纵观历年试题，前 4 年命题改革期，数 2005 年法院审判楼题目最难，难在类型陌生，功能复杂，房间众多，绘图量大；而 2006 年城市住宅题目最易，易在类型熟悉，功能简单，房间数少，绘图量小。两题难易程度正好相反。后几年命题稳定期，数 2013 年超级市场题目最难，难在规模突破 10000m²，相应增加了设计与绘图工作过量。特别是区块划分的要求使应试者的设计既难又繁，再加上要求卖场 9.6m 的疏散宽度，让应试者一时难于应付。而 2007 年厂房改造题目最易，易在建筑规模小，功能关系不复杂，没有什么流线矛盾，绘图工作量小。

总之，难易程度以 2007～2010 年的试题较为合适，而近几年的试题至少在面积规模上有加大的趋势，设计难度也有所增加。

七、放松绘图要求

历年建筑方案设计(作图)考试都需应试者绘制总平面图和各层平面图，但对其图纸完成度与质量有一个减负的过程。早几年应试者画平面图是要表示窗和卫生间洁具的；自 2007 年厂房改造开始，可以不画窗；2008 年卫生间洁具可徒手简单布置；自 2010 年起，各年试题要求才取消了卫生间的洁具布置。这虽然是历年试题小小的变化，也说明该科目考试对绘图的细小问题不那么看重了，这是合情合理的。但是，仍要求平面图注两道尺寸和注标有"＊"号房间的面积，这是考试规则使然。而需用双线画平面图，这也是不容讨价还价的。

此外，设计任务书明确要求用尺规作图，这也是合理的。但近些年来，允许局部次要部位，如门的开启方向、柱和楼梯的表示、车位布置等可以徒手表示，也是一种政策放宽的体现。

八、探究未来命题走向

注册建筑师考试是要年复一年进行下去的，而试题的选择越来越不易。那么，今后的命题趋势会怎样呢？我们不妨在此作些探究。

（1）继续挖掘适合作为试题而过去未曾出现过的建筑类型。比如铁路客运站、银行、演播中心、餐饮建筑、传染病医院等。

（2）选择高层建筑作为试题。这种命题方式已在 2004 年医院病房楼试题中出现过。其命题理由是可以进一步检验应试者对高层建筑规范的熟悉程度和运用能力，以及应试者处理高层结构以及核心筒与拟设计平面两者关系的能力。比如，高层宾馆可以抽取一、二层裙房公共层作为试题设计内容。这就涉及各类出入口的定位，各功能区的明确划分，人、货流线的组织，裙房与高层结构的对位等。又如高层综合楼可以抽取一、二层（含商场和餐饮两个主要功能）作为试题设计内容。这就涉及一层各出入口的合理确定，竖向各功能区垂直交通群的配置，一层商场区人、货流组织，售货区块划分；二层餐饮区各类餐厅的合理功能分区，供应流线的有序安排等。

（3）选择含有地下室的建筑作为试题。这种命题重点检验应试者对地下建筑设计的原理、规范是否熟悉，而且地下建筑的规范多为强制性条文。当然也会提供多层部分的功能条件，这样，地下室与多层部分的人流在一层交汇，就会出现垂直交通和疏散的问题。

（4）选择综合楼类型的建筑作为试题。综合楼是城市建设中普遍存在的建筑类型，其功能与历年试题所选的单一功能不同，是集多种功能于一身，这也体现现代社会人们普遍的生活方式。如电影宫建筑，不再是单一放电影的建筑，而是集吃、喝、玩、乐于一身，由若干大、中、小影厅构成，这就涉及观众进出场流线以及人、货流线合理组织的问题，而且还要对各种功能进行合理分区。在近几年的试题中，已经有了这种命题的苗头。

第四节　设 计 规 范 提 示

建筑设计规范对于应试者来说，毫无疑问应烂熟于心，运用于手。而建筑方案设计

（作图）科目考试所涉及的规范主要有：《民用建筑设计通则》GB 50352—2005，《建筑设计防火规范》GB 50016—2014，以及《无障碍设计规范》GB 50763—2012。现摘录与考试有关的规范主要条文如下：

一、《民用建筑设计通则》GB 50352—2005

4.1.5 基地机动车出入口位置应符合下列规定：

1 与大中城市主干道交叉口的距离，自道路红线交叉点量起不应小于70m。

4.2.1 建筑物及附属设施不得突出道路红线和用地红线建造。

4.2.3 当地城市规划行政主管部门在用地红线范围内另行划定建筑控制线时，建筑物的基底不应超出建筑控制线，突出建筑控制线的建筑突出物和附属设施应符合当地城市规划的要求。

5.2.1 建筑基地内道路应符合下列规定：

1 基地内应设道路与城市道路相连接，其连接处的车行路面应设限速设施，道路应能通达建筑物的安全出口。

2 沿街建筑应设连通街道和内院的人行通道（可利用楼梯间），其间距不宜大于80m。

5.2.2 建筑基地道路宽度应符合下列规定：

1 单车道路宽度不应小于4m，双车道路不应小于7m。

2 人行道路宽度不应小于1.50m。

5.2.3 道路与建筑物间距应符合下列规定：

2 基地内道路边缘至建筑物、构筑物的最小距离应符合现行国家标准《城市居住区规划设计规范》GB 50180的有关规定。

二、《建筑设计防火规范》GB 50016—2014

5.3.1 除本规范另有规定外，不同耐火等级建筑的允许建筑高度或层数、防火分区最大允许建筑面积应符合表5.3.1的规定。

不同耐火等级建筑的允许建筑高度或

层数、防火分区最大允许建筑面积　　　　　　　　表 5.3.1

名称	耐火等级	允许建筑高度或层数	防火分区的最大允许建筑面积（m²）	备注
高层民用建筑	一、二级	按本规范第5.1.1条确定	1500	对于体育馆、剧场的观众厅，防火分区的最大允许建筑面积可适当增加
单、多层民用建筑	一、二级	按本规范第5.1.1条确定	2500	
	三级	5层	1200	
	四级	2层	600	
地下或半地下建筑（室）	一级	—	500	设备用房的防火分区最大允许建筑面积不应大于1000m²

注：1 表中规定的防火分区最大允许建筑面积，当建筑内设置自动灭火系统时，可按本表的规定增加1.0倍；局部设置时，防火分区的增加面积可按该局部面积的1.0倍计算。

　　2 裙房与高层建筑主体之间设置防火墙时，裙房的防火分区可按单、多层建筑的要求确定。

5.3.2 建筑内设置自动扶梯、敞开楼梯等上、下层相连通的开口时，其防火分区的建筑面积应按上、下层相连通的建筑面积叠加计算；当叠加计算后的建筑面积大于本规范第 5.3.1 条的规定时，应划分防火分区。

建筑内设置中庭时，其防火分区的建筑面积应按上、下层相连通的建筑面积叠加计算；当叠加计算后的建筑面积大于本规范第 5.3.1 条的规定时，应符合下列规定：

1 与周围连通空间应进行防火分隔：采用防火隔墙时，其耐火极限不应低于 1.00h；采用防火玻璃墙时，其耐火隔热性和耐火完整性不应低于 1.00h，采用耐火完整性不低于 1.00h 的非隔热性防火玻璃墙时，应设置自动喷水灭火系统进行保护；采用防火卷帘时，其耐火极限不应低于 3.00h，并应符合本规范第 6.5.3 条的规定；与中庭相连通的门、窗，应采用火灾时能自行关闭的甲级防火门、窗。

5.3.3 防火分区之间应采用防火墙分隔，确有困难时，可采用防火卷帘等防火分隔设施分隔。采用防火卷帘分隔时，应符合本规范第 6.5.3 条的规定。

5.3.4 一、二级耐火等级建筑内的商店营业厅、展览厅，当设置自动灭火系统和火灾自动报警系统并采用不燃或难燃装修材料时，其每个防火分区的最大允许建筑面积应符合下列规定：

1 设置在高层建筑内时，不应大于 4000m²；

2 设置在单层建筑或仅设置在多层建筑的首层内时，不应大于 10000m²；

3 设置在地下或半地下时，不应大于 2000m²。

5.4.5 医院和疗养院的病房楼内相邻护理单元之间应采用耐火极限不低于 2.00h 的防火隔墙分隔，隔墙上的门应采用乙级防火门，设置在走道上的防火门应采用常开防火门。

5.4.9 歌舞厅、录像厅、夜总会、卡拉 OK 厅（含具有卡拉 OK 功能的餐厅）、游艺厅（含电子游艺厅）、桑拿浴室（不包括洗浴部分）、网吧等歌舞娱乐放映游艺场所（不含剧场、电影院）的布置应符合下列规定：

1 不应布置在地下二层及以下楼层；

2 宜布置在一、二级耐火等级建筑内的首层、二层或三层的靠外墙部位；

3 不宜布置在袋形走道的两侧或尽端；

4 确需布置在地下一层时，地下一层的地面与室外出入口地坪的高差不应大于 10m；

5 确需布置在地下或四层及以上楼层时，一个厅、室的建筑面积不应大于 200m²；

5.5.2 建筑内的安全出口和疏散门应分散布置，且建筑内每个防火分区或一个防火分区的每个楼层、每个住宅单元每层相邻两个安全出口以及每个房间相邻两个疏散门最近边缘之间的水平距离不应小于 5m。

5.5.3 建筑的楼梯间宜通至屋面，通向屋面的门或窗应向外开启。

5.5.4 自动扶梯和电梯不应计作安全疏散设施。

5.5.5 除人员密集场所外，建筑面积不大于 500m²、使用人数不超过 30 人且埋深不大于 10m 的地下或半地下建筑（室），当需要设置 2 个安全出口时，其中一个安全出口可利用直通室外的金属竖向梯。

除歌舞娱乐放映游艺场所外，防火分区建筑面积不大于 200m² 的地下或半地下设备间、防火分区建筑面积不大于 50m² 且经常停留人数不超过 15 人的其他地下或半地下建筑

（室），可设置1个安全出口或1部疏散楼梯。

除本规范另有规定外，建筑面积不大于200m²的地下或半地下设备间、建筑面积不大于50m²且经常停留人数不超过15人的其他地下或半地下房间，可设置1个疏散门。

5.5.6　直通建筑内附设汽车库的电梯，应在汽车库部分设置电梯候梯厅，并应采用耐火极限不低于2.00h的防火墙和乙级防火门与汽车库分隔。

5.5.8　公共建筑内每个防火分区或一个防火分区的每个楼层，其安全出口的数量应经计算确定，且不应少于2个。符合下列条件之一的公共建筑，可设置1个安全出口或1部疏散楼梯：

1　除托儿所、幼儿园外，建筑面积不大于200m²且人数不超过50人的单层公共建筑或多层公共建筑的首层；

2　除医疗建筑，老年人建筑，托儿所、幼儿园的儿童用房，儿童游乐厅等儿童活动场所和歌舞娱乐放映游艺场所外，每层最大建筑面积200m²且第二、三层的人数之和不超过50人的一、二级耐火等级公共建筑可设置1部疏散楼梯。

5.5.9　一、二级耐火等级公共建筑内的安全出口全部直通室外确有困难的防火分区，可利用通向相邻防火分区的甲级防火门作为安全出口，但应符合下列要求：

1　利用通向相邻防火分区的甲级防火门作为安全出口时，应采用防火墙与相邻防火分区进行分隔；

2　建筑面积大于1000m²的防火分区，直通室外的安全出口不应少于2个；建筑面积不大于1000m²的防火分区，直通室外的安全出口不应少于1个。

5.5.10　高层公共建筑的疏散楼梯，当分散设置确有困难且从任一疏散门至最近疏散楼梯间入口的距离不大于10m时，可采用剪刀楼梯间，但应符合下列规定：

1　楼梯间应为防烟楼梯间；

2　梯段之间应设置耐火极限不低于1.00h的防火隔墙；

3　楼梯间的前室应分别设置。

5.5.12　一类高层公共建筑和建筑高度大于32m的二类高层公共建筑，其疏散楼梯应采用防烟楼梯间。裙房和建筑高度不大于32m的二类高层公共建筑，其疏散楼梯应采用封闭楼梯间。

5.5.13　下列多层公共建筑的疏散楼梯，除与敞开式外廊直接相连的楼梯间外，均应采用封闭楼梯间：

1　医疗建筑、旅馆、老年人建筑及类似使用功能的建筑；

2　设置歌舞娱乐放映游艺场所的建筑；

3　商店、图书馆、展览建筑、会议中心及类似使用功能的建筑；

4　6层及以上的其他建筑。

5.5.14　公共建筑内的客、货电梯宜设置电梯候梯厅，不宜直接设置在营业厅、展览厅、多功能厅等场所内。

5.5.15　公共建筑内房间的疏散门数量应经计算确定且不应少于2个。除托儿所、幼儿园、老年人建筑、医疗建筑、教学建筑内位于走道尽端的房间外，符合下列条件之一的房间可设置1个疏散门：

1　位于两个安全出口之间或袋形走道两侧的房间，对于托儿所、幼儿园、老年人建筑，建筑面积不大于50m²；对于医疗建筑、教学建筑，建筑面积不大于75m²；对于其他建筑或场所，建筑面积不大于120m²。

2 位于走道尽端的房间，建筑面积小于50m²且疏散门的净宽度不小于0.90m，或由房间内任一点至疏散门的直线距离不大于15m、建筑面积不大于200m²且疏散门的净宽度不小于1.40m。

3 歌舞娱乐放映游艺场所内建筑面积不大于50m²且经常停留人数不超过15人的厅、室。

5.5.17 公共建筑的安全疏散距离应符合下列规定：

1 直通疏散走道的房间疏散门至最近安全出口的直线距离不应大于表5.5.17的规定。

直通疏散走道的房间疏散门至最近安全出口的直线距离（m）   表 5.5.17

名称			位于两个安全出口之间的疏散门			位于袋形走道两侧或尽端的疏散门		
			一、二级	三级	四级	一、二级	三级	四级
托儿所、幼儿园老年人建筑			25	20	15	20	15	10
歌舞娱乐放映游艺场所			25	20	15	9	—	—
医疗建筑	单、多层		35	30	25	20	15	10
	高层	病房部分	24	—	—	12	—	—
		其他部分	30	—	—	15	—	—
教学建筑	单、多层		35	30	25	22	20	10
	高层		30	—	—	15	—	—
高层旅馆、展览建筑			30	—	—	15	—	—
其他建筑	单、多层		40	35	25	22	20	15
	高层		40	—	—	20	—	—

注：1 建筑内开向敞开式外廊的房间疏散门至最近安全出口的直线距离可按本表的规定增加5m。
     2 直通疏散走道的房间疏散门至最近敞开楼梯间的直线距离，当房间位于两个楼梯间之间时，应按本表的规定减少5m；当房间位于袋形走道两侧或尽端时，应按本表的规定减少2m。
     3 建筑物内全部设置自动喷水灭火系统时，其安全疏散距离可按本表的规定增加25%。

2 楼梯间应在首层直通室外，确有困难时，可在首层采用扩大的封闭楼梯间或防烟楼梯间前室。当层数不超过4层且未采用扩大的封闭楼梯间或防烟楼梯间前室时，可将直通室外的门设置在离楼梯间不大于15m处。

3 房间内任一点至房间直通疏散走道的疏散门的直线距离，不应大于表5.5.17规定的袋形走道两侧或尽端的疏散门至最近安全出口的直线距离。

4 一、二级耐火等级建筑内疏散或安全出口不少于2个的观众厅、展览厅、多功能厅、餐厅、营业厅等，其室内任一点至最近疏散门或安全出口的直线距离不应大于30m；当疏散门不能直通室外地面或疏散楼梯间时，应采用长度不大于10m的疏散走道通至最近的安全出口。当该场所设置自动喷水灭火系统时，室内任一点至最近安全出口的安全疏散距离可分别增加25%。

6.4.1 疏散楼梯间应符合下列规定：

1 楼梯间应能天然采光和自然通风，并宜靠外墙设置。

6.4.2 封闭楼梯间除应符合本规范第6.4.1条的规定外，尚应符合下列规定：

1 不能自然通风或自然通风不能满足要求时，应设置机械加压送风系统或采用防烟楼梯间。

4 楼梯间的首层可将走道和门厅等包括在楼梯间内形成扩大的封闭楼梯间，但应采用乙级防火门等与其他走道和房间分隔。

6.4.3 防烟楼梯间除应符合本规范第6.4.1条的规定外，尚应符合下列规定：

2 前室可与消防电梯间前室合用。

3 前室的使用面积：公共建筑、高层厂房（仓库），不应小于6.0m²；住宅建筑，不应小于4.5m²。与消防电梯间前室合用时，合用前室的使用面积：公共建筑、高层厂房（仓库），不应小于10.0m²；住宅建筑，不应小于6.0m²。

6 楼梯间的首层可将走道和门厅等包括在楼梯间前室内形成扩大的前室，但应采用乙级防火门等与其他走道和房间分隔。

6.4.4 除通向避难层错位的疏散楼梯外，建筑内的疏散楼梯间在各层的平面位置不应改变。

除住宅建筑套内的自用楼梯外，地下或半地下建筑（室）的疏散楼梯间，应符合下列规定：

1 室内地面与室外出入口地坪高差大于10m或3层及以上的地下、半地下建筑（室），其疏散楼梯应采用防烟楼梯间；其他地下或半地下建筑（室），其疏散楼梯应采用封闭楼梯间。

2 应在首层采用耐火极限不低于2.00h的防火隔墙与其他部位分隔并应直通室外，确需在隔墙上开门时，应采用乙级防火门。

3 建筑的地下或半地下部分与地上部分不应共用楼梯间，确需共用楼梯间时，应在首层采用耐火极限不低于2.00h的防火隔墙和乙级防火门将地下或半地下部分与地上部分的连通部位完全分隔，并应设置明显的标志。

7.1.1 街区内的道路应考虑消防车的通行，道路中心线间的距离不宜大于160m。

当建筑物沿街道部分的长度大于150m或总长度大于220m时，应设置穿过建筑物的消防车道。确有困难时，应设置环形消防车道。

7.1.2 高层民用建筑，超过3000个座位的体育馆，超过2000个座位的会堂，占地面积大于3000m²的商店建筑、展览建筑等单、多层公共建筑应设置环形消防车道，确有困难时，可沿建筑的两个长边设置消防车道；对于高层住宅建筑和山坡地或河道边临空建造的高层民用建筑，可沿建筑的一个长边设置消防车道，但该长边所在建筑立面应为消防车登高操作面。

7.1.4 有封闭内院或天井的建筑物，当内院或天井的短边长度大于24m时，宜设置进入内院或天井的消防车道；当该建筑物沿街时，应设置连通街道和内院的人行通道（可利用楼梯间），其间距不宜大于80m。

7.1.8 消防车道应符合下列要求：

1 车道的净宽度和净空高度均不应小于4.0m；

4 消防车道靠建筑外墙一侧的边缘距离建筑外墙不宜小于5m。

7.1.9 环形消防车道至少应有两处与其他车道连通。尽头式消防车道应设置回车道或回车场，回车场的面积不应小于12m×12m；对于高层建筑，不宜小于15m×15m；供重型消防车使用时，不宜小于18m×18m。

7.2.1 高层建筑应至少沿一个长边或周边长度的1/4且不小于一个长边长度的底边连续布置消防车登高操作场地，该范围内的裙房进深不应大于4m。

建筑高度不大于50m的建筑，连续布置消防车登高操作场地确有困难时，可间隔布置，但间隔距离不宜大于30m，且消防车登高操作场地的总长度仍应符合上述规定。

7.2.2 消防车登高操作场地应符合下列规定：

1 场地与厂房、仓库、民用建筑之间不应设置妨碍消防车操作的树木、架空管线等障碍物和车库出入口。

2 场地的长度和宽度分别不应小于15m和10m。对于建筑高度大于50m的建筑，场地的长度和宽度分别不应小于20m和10m。

4 场地应与消防车道连通，场地靠建筑外墙一侧的边缘距离建筑外墙不宜小于5m，且不应大于10m。

7.2.3 建筑物与消防车登高操作场地相对应的范围内，应设置直通室外的楼梯或直通楼梯间的入口。

三、《无障碍设计规范》GB 50763—2012

3.3.3 无障碍出入口的轮椅坡道及平坡出入口的坡度应符合下列规定：

1 平坡出入口的地面坡度不应大于1：20，当场地条件比较好时，不宜大于1：30；

2 同时设置台阶和轮椅坡道的出入口，轮椅坡道的坡度应符合本规范第3、4节的有关规定。

3.4.1 轮椅坡道宜设计成直线形、直角形或折返形。

3.4.4 轮椅坡道的最大高度和水平长度应符合表3.4.4的规定。

轮椅坡道的最大高度和水平长度   表 3.4.4

坡 度	1：20	1：16	1：12	1：10	1：8
最大高度（m）	1.20	0.90	0.75	0.60	0.30
水平长度（m）	24.00	14.40	9.00	6.00	2.40

3.4.6 轮椅坡道起点、终点和中间休息平台的水平长度不应小于1.50m。

3.7.1 无障碍电梯的候梯厅应符合下列规定：

1 候梯厅深度不宜小于1.50m，公共建筑及设置病床梯的候梯厅深度不宜小于1.80m。

3.9.1 公共厕所的无障碍设计应符合下列规定：

1 女厕所的无障碍设施包括至少1个无障碍厕位和1个无障碍洗手盆；男厕所的无障碍设施包括至少1个无障碍厕位，1个无障碍小便器和1个无障碍洗手盆。

3.9.2 无障碍厕位应符合下列规定：

1 无障碍厕位应方便乘轮椅者到达和进出，尺寸宜做到2.00m×1.50m，不应小于

1.80m×1.00m。

2 无障碍厕位的门宜向外开启，如向内开启，需在开启后厕位内留有直径不小于1.50m的轮椅回转空间。

3.9.3 无障碍厕所的无障碍设计应符合下列规定：

1 位置宜靠近公共厕所，应方便乘轮椅者进入和进行回转，回转直径不小于1.50m。

2 面积不应小于4.00m²。

3 当采用平开门，门扇宜向外开启，如向内开启，需在开启后留有直径不小于1.50m的轮椅回转空间。

8.1.3 公共建筑的主要出入口宜设置坡度小于1∶30的平坡出入口。

8.1.4 建筑内设有电梯时，至少应设置1部无障碍电梯。

第五节　考试规则要领

一、按总平面设计要求完成相应设计内容

从历年建筑方案设计（作图）科目考试的规律中，我们可知应试者要完成的总平面设计内容主要包括：建筑在建筑控制线内的定位，基地中的道路布置（包括其与城市道路连接的位置与方式），机动车停车数量与布置，自行车存放，绿化，拟设计建筑与相关毗邻建筑的连接处理等，以及其他特定要求。应试者完成总平面设计内容的制约条件是任务书地形图中所包含的环境条件，概括起来可分为4类：

1. 限定条件

这也是应试者必须遵守的考试规则。比如，建筑不能超越建筑控制线；基地出入口必须与城市道路连接；指北针限定了某些建筑（办公、教育、居住、医疗等建筑，以及需要自然采光通风的其他公共建筑）必须南北向；基地内外的景观条件对有景观设计要求的房间的布局起限定作用；与拟设计的建筑有功能关系的毗邻现状建筑也是一种环境限定条件。

此外，易被应试者忽视的道路红线、用地边界、绿线所圈定的用地范围也是不可逾越的限定。比如2009年"中国驻某国大使馆"地形图用地东侧是绿线，其外侧为驻在国的城市绿化带，属他国领土，不可占用。2010年"门急诊楼改扩建"试题的用地被东、南、西三面院内道路围合，总平面的全部设计内容只能在用地内部解决，绝不能因用地狭小，就任意占用医院规划已确定功能用途的其他用地。因此，应试者搞清楚哪些条件是限定条件，是遵守考试规则的前提。

2. 陷阱条件

之所以称之为陷阱条件，是因为试题给出了某些异常的环境条件，如应试者或疏忽或误读，就将导致设计走入歧途。比如，2004年"医院病房楼"试题地形图中的横卧指北针、东西向的门诊楼、超大的建筑控制线范围，都是陷阱条件。

3. 暗示条件

有时，设计任务书的某些规定比较特殊，应试者对此不甚理解，任务书会提供相应的图示或解释。比如，2010年"门急诊楼改扩建"试题的设计要求提出"医患分流"的概

念，应试者会感到一头雾水，因为现实中门诊部的状态都是医患相混的。这时，设计任务书破例提供了原门急诊楼的二层内科平面布置示范图，把"医患分流"的概念图示化了。又如 2008 年"公路汽车客运站"试题，硫酸纸上提供了城市高架路平面图，表明了高架路的柱距（遗憾的是只有比例尺而无尺寸数字），这就暗示了站房的结构开间尺寸应与此一致，以便于对接。再如 2003 年"小型航站楼"试题的地形图，在建筑控制线西侧画了 3 架小飞机和 1 架大飞机，这就暗示了国内、国际旅客进出港功能区的布局定位。

应试者只要注意到类似这些暗示条件，方案设计就会事半功倍，且能避免大的失误。

4. 干扰条件

这一类环境条件往往是作为地形图的环境交代，对方案设计并不产生影响，应试者可以不去管它。比如，2011 年"图书馆"试题用地条件指明"南侧、西侧临居住小区"，因图书馆在居住小区北侧，对居住小区不存在遮挡日照问题，何况条件并未画出规划图。再如，2010 年"门急诊楼改扩建"试题的原门急诊楼平面天井内有一株树，对于方案设计也是毫无影响的，完全可以不去理睬它。

总之，总平面设计要求和地形图所列的环境条件是对应试者提出的设计规则。但是，环境因素对方案设计的影响又不是一成不变的。这需要应试者具体问题具体分析。比如，用地周边的居住小区这一环境条件，在"图书馆"试题中是干扰条件，而在"超级市场"试题中却是限定条件。指北针方向对于"医院病房楼"、"中国驻某国大使馆"、"图书馆"、"博物馆"等试题都是限定条件，而对于"小型航站楼"、"公路汽车客运站"和"超级市场"等试题却又是干扰条件。保留树对于"中国驻某国大使馆"试题是限定条件，而对于"门急诊楼改扩建"试题却是干扰条件。这些都说明设计规则是灵活多变的，应试者一定要灵活应对。

二、按建筑设计要求完成平面设计任务

试题的建筑设计要求中通常会给出各层房间内容及面积表格，对某些房间还会给出详细的设计要求，这就是应试者进行建筑设计的依据。

1. 建筑的各出入口位置要正确

任何一幢建筑总会有若干出入口，其中又有对外与对内、主入口与次入口之分。对于这些任务书所要求的各个出入口，应试者在设计中应准确定位，这不仅关系到入口位置的合理性问题，更牵涉到后续设计成果的正确与否。

2. 功能分区要明确

建筑的各类房间应秩序井然地组成有机整体，切忌杂乱无章。其前提条件是将各类房间合并同类项，形成不同的功能区，以便做到功能分区明确。这是平面设计的关键环节，也是检验应试者建筑方案设计基本功的重要方面。

3. 房间布局要有章法

所谓布局的章法就是所有房间的组织要清晰有序，也就是要遵循设计任务书功能关系图所确定的各房间关系的规则。其中，有些房间之间用双线或粗线连接，表示关系紧密；有些房间之间用单线或细线连接，表示关系较弱；而有些房间没有连接，则表示没有功能关系。应试者要把所有房间，按照功能关系的规则合理地安排到各自的功能区，这一过程细致而烦琐。

不仅如此，考试规则还制定了若干应试者不可违反的细则。比如，房间数量不能少；

各房间（特别是打"＊"号的重要房间）面积上下浮动不能超过 10％；除指定的个别辅助房间允许为暗房间外，一律为自然通风采光；甚至对房间开间、走道宽度、各层层高等都有明确规定。所有这些设计规则对于考试来说没有商量余地，应试者对此务必要遵守，否则扣分也就在所难免了。

4. 流线要清晰

能否清晰地组织各种流线是建筑师方案设计能力的重要体现，而命题的出发点也就是选择那些有明显流线要求的建筑类型作为试题。比如，"厂房改造（体育俱乐部）"试题中，体育活动区的市民活动流线要与厨房供应和体育用品服务流线分离；"小型航站楼"和"公路汽车客运站"试题，则强调各种进出港（站）旅客流线要严格分开；"门急诊楼改扩建"试题特别强调医患流线应分流；"图书馆"试题的读者流线与书籍流线；"博物馆"试题的观众流线与藏品流线都不允许发生交叉现象，等等。尤其是"医院病房楼"试题八层手术部的污物流线和"法院审判楼"试题的羁押流线都属于特殊流线，需要应试者谨慎处理。

5. 空间构成应合理

空间构成的设计规则虽然没有像对功能分区、房间布局、流线组织那样明确严格，但是也会反映在对诸如房间比例、形状以及结构布置等的要求上。比如，重要房间若长宽比超过 1：2，甚至更为狭窄，或者房间形状为异形，虽然面积符合要求，也应视为不符合使用要求、空间构成不佳的违规行为。又如不同的建筑类型和功能，应有各自合适的结构格网形式，并非一律为方格网模式，且不同结构格网形式其空间构成也各有特色。比如大面宽、大进深、含有大空间的完整平面图形的设计方案多为方格网，如"小型航站楼"、"公路汽车客运站"和"超级市场"等试题皆属此类。而平面图形较多变化，小房间众多的建筑，如"法院审判楼"和"门急诊楼改扩建"等，则以不等跨矩形格网更能适应房间大小不同、空间构成不一的要求。还有一些建筑设计方案是综合了方格网和矩形格网的形式，使不同功能的房间采用不同的结构格网，而使空间构成各得其所。

6. 运用法规规范要娴熟

应试者在建筑方案设计中娴熟运用规范应是建筑师的基本素质，也是方案被认可的前提。在该科目考试中，历年试题均会提出应满足无障碍设计要求和建筑设计防火规范的要求，或者提出具体的设计规定。这些要求都是重要的考试规则，应试者务必遵守并娴熟运用在建筑设计方案中。

三、按绘图要求完成规定的设计成果表达

设计任务书对于应试者提交的图纸成果也提出了若干明确规定，包括：

1. 图纸工作量

（1）完成绘制一张总平面图规定的设计内容。

（2）完成绘制两张一、二层平面图规定的设计内容。

2. 图纸内容

（1）总平面图要求在建筑控制内绘制建筑屋顶平面，表示各建筑出入口位置。在用地范围内表示场地道路布置、机动车停车位、绿化以及其他特定设计内容。

（2）平面图要求绘制框架柱、墙体，注明所有用房名称，表示门的开启方向，标注建筑物的轴线尺寸和总尺寸，地面和楼面相对标高，注明打"＊"号房间的面积，在指定位

置填写一、二层建筑面积和总建筑面积。

3. 绘图规定

（1）必须按规定的比例，用黑色绘图笔绘制在试卷上。墙线要用双线表达。

（2）所有线条应光洁清晰，不易擦去。

（3）试卷的"考生须知"中有可能对徒手绘制线条的范围（如门的开启方向、楼梯踏步、结构柱、车位等）作出规定。

第六节 评分标准须知

应试者参加建筑方案设计（作图）科目考试要想顺利过关，一靠自己的设计实力，二靠对评分标准的了解。因为，该科目的评分规则是扣分制，所以，应试者要争取在6个小时的考试时间内少犯错误，尤其不能在原则性问题上犯错。

为了在考试中少出错少扣分，应试者就必须了解该科目考试的评分标准，以便留意在扣分点上不要出错。这个评分标准是在每年阅卷前，由主管部门组织相关专家研究制定的，以此作为统一的评分依据。通过对历年评分标准的分析，著者总结了如下规律：

一、考核项目

（1）总平面设计：主要考核总体布局及场地设计要素是否符合要求。

（2）一层平面设计：主要考核功能布局是否合理，流线关系是否清晰，房间数及房间面积是否符合要求。

（3）二层平面设计：主要考核功能布局是否合理，流线关系是否清晰，房间数及房间面积是否符合要求。

（4）规范与图面：主要考核考生对相关规范的运用是否正确以及绘图表达是否符合要求。

二、考核内容

1. 总平面

（1）建筑是否超出控制线。

（2）建筑总体与单体平面是否相符，要求标注的内容（如层数、标高等）是否表达清楚。

（3）场地出入口的数量是否满足要求，位置是否准确。

（4）场地内道路系统是否设计并表达，组织是否合理。

（5）机动车停车布置是否合理，车位是否满足规定的数量要求。自行车存放位置是否合理，面积是否标注。

（6）绿化是否布置。

（7）建筑入口是否如数标注，是否有遗漏。

2. 一层平面

（1）功能分区是否明确，流线是否有交叉相混。

（2）各房间之间的关系是否符合功能关系图的要求。

（3）设计任务书中有关建筑设计的各项要求，在平面设计中是否有所反映。

（4）打"＊"号的主要房间面积与面积表的规定是否相符。

（5）房间是否有缺项。

（6）要求自然通风采光的建筑是否有超出规定数量的暗房间。

（7）各垂直交通设施（含任务书规定的交通设施）是否设置，位置是否合理。

（8）其他特殊要求（朝向、景观、层高、房间尺寸、门禁设置等）是否满足。

3. 二层平面

与一层平面考核内容相同。

4. 规范与图面

（1）防火分区是否符合规范要求。

（2）每个防火分区内各房间安全疏散距离是否符合规范要求。

（3）无障碍设计是否符合规范要求。

（4）房间名称与相关数据（打"＊"号房间的面积、建筑两道尺寸、标高、层建筑面积、总建筑面积等）是否标注，与任务书要求是否相符。

（5）结构体系是否布置且布置是否合理。

（6）平面图是否双线作图。

（7）图面是否清晰，易于辨认。

三、评分标准

1. 考核项目的分值比例

（1）总平面图约占 15 分。

（2）一层平面图约占 40~45 分。

（3）二层平面图约占 30 分。

（4）规范与绘图约占 12~15 分。其中，绘图约占 5~6 分。

2. 考核内容的评分办法

（1）采用扣分制，将应试者的试卷与评分标准表对照，凡设计内容与作图有违规者即按该项考核内容的扣分范围扣分。

（2）阅卷人有主观判分权，各分项考核内容的扣分范围多有一定幅度，这要看阅卷人对评分标准把握的松紧程度。也就是说，阅卷人对应试者的试卷印象，包括一眼看上去方案的平面设计章法和作图质量引发的情绪，在一定程度上都会影响试卷的分数。

（3）上设扣分封顶线，考核项目（总平面、一层平面、二层平面、规范、图面）各有分值，每一考核项目中，各分项考核内容的扣分小计不得超过该项分值，当考核扣分已达到该项分值时，其余内容即忽略不看。比如"超级市场"试题，总平面占 15 分，而此考核项目扣分范围在 21~38 分，如果应试者在建筑超出控制线或单体未画这一分项上出错，则仅此一项就将 15 分扣完，以下各分项考核内容就不再评分。如果上述这一项未出错，则不会扣分，但并不代表应试者可得 15 分。阅卷人会再接着往下检查总平面其他分项考核内容是否有触及扣分点的错误，只要扣分不足 15 分就会对总平面各项考核内容检查到底。最后从总平面考核项目的分值中扣除不超过该项分值的扣分总数，便是应试者在该考核项目中可得的分数。

3. 阅卷的操作

（1）由两名阅卷人对同一份试卷分别评分，若两者都判为及格以上的分数，则该试卷成绩为通过；若两者都判为及格以下分数，则该试卷成绩为不通过。

（2）如果两名阅卷人判分相左，一名阅卷人判分为及格以上分数，另一名阅卷人判分为及格以下分数，则由第三阅卷人再判分裁定。

四、评分分数

由于建筑方案设计（作图）科目考试的评分规则，是对照评分表进行对号入座式的扣分方法，此外，若干不确定因素也影响着应试者的考试成绩；因此，分数并不能如实反映应试者设计能力的真实水平，只说明应试者对考试的一次答题结果。何况评分表的制定与量化扣分法对于评价方案的优劣并不科学。因为，建筑方案设计是对各设计因素进行的一种复杂而系统的有机整合过程，其成果受制于综合性因素的影响，因此，只能对其成果进行综合评价，且这种评价也只是相对的。相比之下，用考试这种用绝对化的分值来量化方案优劣的评价方法与建筑设计的专业特征明显不符。

其次，一些阅卷人的自身因素在一定程度上也会对试卷的评分结果产生影响。比如阅卷人自身设计水平的高低，阅卷态度认真与否，阅卷人对卷面印象的情绪反映，阅卷人对评分标准掌握的松紧程度，甚至阅卷人的精力与体力状态等。因此，应试者考试的分数具有一定的偶然性。

尽管量化扣分法欠科学，但当前也没有更好的评分办法来代替。因此，应试者对待考分能过关虽喜，但不值得夸耀；过不了关虽痛，但要冷静面对。

第七节 应 试 条 件 具 备

应试者在了解了本科目考试的规则与要求后，还要对自身应考的条件进行评估，毕竟这是一种带有很强专业特点的作图考试。那种不顾自身应试条件，企图碰运气蒙混过关的心态不可取。因此，应试者必须对照下述应试条件，正确认识自己能力上的不足，并努力弥补自己的不足之处，方有希望去考场一搏。

一、专业学识要了解

本科目考查目标是"检验应试者的建筑方案设计的构思能力和实践能力"，这是考试大纲明确规定的。因此，应试者至少要具备一定的建筑学专业学识背景，这是成为注册建筑师的基本条件。这个条件的具备可以从两种渠道获得：

1. 经过建筑学专业本科的系统学习

中国建筑教育的宗旨就是为国家培养未来的建筑师，它对学生是一种有系统、有计划、有目标、有培养方法与措施的人才培养过程，特别是建筑设计作为建筑学主干课程，更是通过特殊的教学方法与手段，使学生经过全学制的过程教学与学术影响，具备初步的建筑方案设计的能力。而建筑教育与注册建筑师制度是直接接轨的，建筑学专业的毕业生已具备了建筑学专业的学识背景，因此，参加注册建筑师考试是顺理成章的事。

2. 在工程实践中积累建筑学专业学识

许多非建筑学专业毕业的应试者，尤其是建筑结构专业的应试者，在多年的工程设计实践中，既做结构设计，又做建筑设计。虽然从事的都是中、小型一般性公建设计或住宅设计，且设计水平不敢恭维，但毕竟在不断的设计实践中，不同程度地积累了一些建筑学专业学识，具备了初级的建筑设计能力。因此，这些非建筑学专业的应试者也可视为具有一定的建筑学专业学识背景。

除此之外，一些已具备了一定的建筑学专业学识但已多年不从事设计实践工作的领导、管理者，要想参加注册建筑师考试，还需进行建筑学专业学识的补课。还有那些对建筑设计感兴趣但隔行较远的人员，也需先行补充专业基础知识，多作快速设计与制图方面的训练，方可在考试中一试身手。

二、实践能力要过硬

因为建筑方案设计（作图）科目考试是检验应试者的实践能力，而非考查应试者的方案创意能力。试题涉及的诸如功能合理、结构可行、疏散安全、面积达标等问题，都是应试者在平时的工程项目设计中常常遇到的实际问题，也是建筑师应具备的基本能力。因此，注册建筑师报考条件明确规定考生应获得建筑学学士学位并具有两年的工程设计实践经历，或获得工学学士学位并具有三年的工程设计实践经历，方可报考。

三、思维能力要提高

建筑设计方案是"想"出来的，而不是"画"出来的，需要应试者在设计的过程中不断地思考设计问题。但建筑方案设计考试时间有限，不可能像平日做工程项目设计可以超时加班，对方案反复修改，而应试是"一锤子买卖"，必需一步到位。欲如此，应试者只能提高自己的思维能力，即思维要敏捷，思路要清晰，问题要抓准，分析要辩证，取舍要果断。

四、设计过程要得法

建筑方案设计作图考试时间有限，应试者必须掌握并娴熟运用正确的设计方法。所谓正确的设计方法就是要按方案生长的规律，即遵照方案发展的一定程序，展开有条不紊的设计工作。方案生长过程中各阶段的设计矛盾在不断地变化，各设计因素又始终缠结在一起，应试者不可以把设计程序割裂开来孤立进行，而应"每走一步都瞻前顾后"，同步考虑彼此之间的有机关系。在设计的全过程中应试者始终要辩证地分清设计矛盾的主次方面，抓大放小地解决设计问题。

如应试者的方案设计不得法，或运用正确的设计方法不娴熟，只能使设计过程既费时又费力，还得不到好结果。

五、生活阅历要丰富

建筑方案设计（作图）科目考试主要考查的是公共建筑的设计原理。应试者首先要知晓这些设计原理，以便有依据地进行合理的建筑方案设计。

这些设计原理，一部分来自于教科书，更多的则来源于现实生活，而且，从生活中获取的知识，要比书本中的更为形象生动，也更易于记忆积累。希望应试者在生活中养成留心观察，积极思考，注意积累的好习惯。

2003年应试者在面对"小型航站楼"试题时，由于乘飞机出行的生活体验较少，对航站楼的功能与流线一无所知，故难以下笔。2013年"超级市场"试题，应该说再熟悉不过了，但由于平日逛超市没有养成用建筑师的眼光关注顾客购物行为，观察室内设施布置，评价功能使用优劣的良好的职业习惯，导致出现将自动坡道放在卖场中部，从而影响货架的灵活布置；或者将生食加工间与熟食加工间和面包加工间毗邻布置，造成生熟、洁污食品相混；或者将顾客大厅的自动坡道直接通向二层卖场，而缺少过渡空间；或者将存包处放在房间内造成顾客存取不便。其实，应试者只要对现实生活多加留意，上述设计错误本可以避免。

说到底，建筑设计本质就是设计一种生活，建筑师的责任就是要把人的各类生活需求井井有条地安排在建筑中，注册建筑师考试的设计宗旨也是如此。

六、规范运用要熟练

在本科目考试大纲中，明确提出应试者的应试方案应符合法规规范。应试者对待建筑规范不仅要了解、熟悉，更要运用于建筑方案设计中。就本科目考试而言，检验应试者对建筑设计规范的熟悉程度，突出体现在对建筑设计防火规范的运用上，且又集中在防火分区与安全疏散两方面。应该说，多数应试者对此是比较熟悉的。历年试题从来没有对防火分区提出要求（扣分表上也未作为扣分点）。比如 2012 年"博物馆"试题，一层建筑面积规定为 5300m²，按规范允许的防火分区最大允许建筑面积，在设置自动灭火系统时可为 5000m²，也就是说博物馆一层平面应划分为 2 个防火分区，但是，即使应试者忽略了作为 2 个防火分区设计，阅卷时也不会被扣分。然而，2014 年"超级市场"试题突然将二层卖场作为一个独立的防火分区，要求满足 9.6m 疏散宽度。几乎绝大多数应试者都按过去的思维定式，借用相邻防火分区的楼梯疏散，结果纷纷中枪（被扣分）。说明应试者对建筑设计防火规范的某些基本概念还不十分清楚，就更谈不上娴熟运用于建筑设计中了。

七、绘图表达要熟练

在建筑方案设计过程中，应试者能否把方案设计整个思维过程中产生的每一个设计构想，用图示表达出来，对于促进方案设计的顺利完成是至关重要的。用图示追踪记录思维活动，能够促进设计意念的发展，这正是方案设计的正确方法。因此，应试者在 6 小时的紧张设计中，必须具备娴熟的图示表达能力。

此外，作为设计成果的绘图表达，应试者要在规定的时间内又快又好地完成作图，其绘图能力的具备也是必需的。这是考试规则，不同于日常工程项目设计，可以用计算机绘图代劳。

建筑方案设计（作图）所要求的绘图能力主要体现在：一是运笔既要轻松快速，又不能慌乱潦草；二是线条既要交代清楚，又要不拘细节；三是绘图程序既要有序展开，又不应过于刻板拘谨。

总之，在计算机运用已渗透到现代工作与生活各个领域的大趋势下，方案设计与绘图表达仍然是建筑师所应具备的基本功。

第八节　考前复习方法

由于应试者具备的应试条件各有不同，因此考前复习方法也各有所别。有些应试者因是科班出身，在校学习期间设计能力就出众，只要多少了解一点考试游戏规则，不复习也能考试通过。有些应试者在建筑设计上有些基础，人又聪明，只要自学点考试辅导教材，心领神会考试要求，也一样轻松过关。有些非科班出身但具有若干年建筑设计实践经验的应试者，虽缺乏建筑设计的系统训练，但能认真聆听考前辅导课以提高对建筑设计的理解，并学会一些正确的建筑设计方法与应试方法，也能低分掠过及格线。而不少应试者由于基础较差，心态不正，复习又不得法，致使考了若干年也难以闯关成功。虽然上述不同应试者所具备的考试条件和考试状态与结果各不相同，但考前需要认真复习这一点却是都要做到的。应试者既然要参加建筑方案设计（作图）考试，就不要去打无准备之仗，要端正复习态度，身体力行地积极备考。

一、纠正考前复习中的误区

应试者考前复习能不能收到应有的效果，不但要下苦功夫，还要方法对头，要避免陷入一些误区而收效甚微。那么，有哪些考前复习误区需要应试者引以为戒呢？

1. 心态不正，轻视复习

人做任何一件事要想成功，必少不了做好充分准备，尤其是建筑方案设计（作图）科目考试，光靠背书或临阵磨枪式的突击是不会奏效的。应试者要特别防止复习心态上的两种极端：

（1）应试者自认为设计能力过人，又是本科毕业，或者已拿到硕士、博士学位，甚至有的人还是教学生做设计的老师。按理说凭他们的设计水平，对付这样的考试，岂有不通过之理？但恰恰是这些应试者，他们太轻视了题目难度和考试规则了，结果在准备不充分的情况下慌忙应考导致了考试的失败。

（2）另一类应试者本来自身设计能力就差，没有建筑学的专业背景，又缺乏设计实践经验；还不愿付出艰苦努力，只想撞大运过关。这种急功近利的心态，恐怕只能事与愿违了。

2. 只忙于公事家事，不能抽身安心复习

许多应试者明知考前复习的重要性，甚至也挤出时间去听辅导课，可是只要回到单位，就又身不由己地恢复到忙碌状态，导致身心疲惫再没有时间和精力静下心来复习了。结果，之前的听课所获只能付之东流。应试者要认识到人生进程中的这个阶段，主要矛盾是尽快闯过应试这一关。因此，长痛不如短痛，尽量放下一切与考试无关的事，好好复习，认真准备，这才是迈向成功的第一步。

3. 只看书，不动手

有些应试者确实也在认真看书复习，可谓教材不离手。虽然书中内容尽知，案例熟记，可一旦动手做方案，就问题百出，对怎样做好设计方案仍不得其解。这是为什么？就是因为建筑方案设计是十分强调动手实践的。也许应试者能够看书看明白了，听课也听懂了，但是只要不转换为自己的实际操作，那些看明白的知识，听懂的道理都还不是自己真正能够熟练运用的东西。应试者只有在看书复习的过程中，始终伴随着动手实际操作的训练，才能逐步将设计知识转化成为设计能力，这才是复习的正确方法和应试应具备的条件。因此，应试者在考前复习时，看书是前提，动手是根本。

4. 只做题，不练方法

许多应试者在考前复习中虽然动了手，却是在大搞题海战术，以为题做得越多越好，而且比较看重做方案的结果。殊不知，在大量做题的过程中由于不得法，致使各个练习方案的问题一大堆，而平日做设计的坏毛病、坏习惯仍然得不到纠正。比如，有些应试者在复习做方案时总是先打网格，再在格子中填房间，这种就事论事孤立排房间的设计习惯，导致房间布局混乱不堪。还有些应试者做设计时，过分看重房间面积，每安排一个房间都是斤斤计较算准面积，而忽视方案的全局要求，这种处理设计的主次矛盾能力的缺乏，使应试者尽管努力练习做方案设计，但收效甚微。更不可取的是，应试者在练习方案设计时随意性很大，没有一个清晰的设计思路，使方案结果看上去毫无章法，这种乱了阵脚的盲目做方案，只能使平面布局缺少秩序感。表面看应试者虽然下了不少功夫，可是在没有找到自己做方案的致命弱点的情况下，只能让自己做方案的短板暴露无遗。因此，应试者复习做题真正的重点和目的是练习设计过程的方法，包括思考方法和动手画草图推敲方案的方法，这才是关键。因为，行之有效的方法是打开设计思路的金钥匙，只要应试者改掉过去设计中的坏习惯，在复习中多多练习正确的设计操作方法和方案展开的思路，学会处理各种设计矛盾的分析方法，复习就能收到应有的成效，而做题所得方案结果的好坏完全是次要的。

二、沉下心来动手练习

由上述可知，应试者欲想考试过关，对于考前复习而言要做到两点，一是要排除一切干扰沉下心来好好复习，二是动手练习要得法。目的是，把看书和听课的心得体会通过动手练习转换成自己真正掌握的设计技能。只有这样，应试者才能提高应试的自信心，胸有成竹地走上考场。

1. 练习重在对方案设计过程和方法的掌握

本书第三章详细演示了历年试题的设计过程，包括思维过程的文字描述和方案生长的图示表达。应试者在阅读此章节时务必注意以下几点：

（1）边看书边理解

应试者考前复习看辅导教材是必要的，但看书有一个方法问题，不能只阅读而不思考。本书第三章对历年试题的解析都作了详尽描述，相信应试者都能看懂，但这不是复习的目的。应试者要把这些道理转换成自己的认识，才算是真正理解。比如，著者在分析2013年"超级市场"试题各建筑入口时，对其中办公入口与供货入口如何确定的分析是这样的：任务书在用地条件中已提及北侧为居住区，东侧为商业区。那么，怎样分析这两个环境条件呢？对于居住区，任务书虽然没有提供住宅规划图，但必定是居住区各住宅的南向卧室与超级市场相对。而超级市场的水产品、奶制品、豆制品、蔬菜等商品为保证商品新鲜，一般都在每日凌晨供货。此时，北侧居住区居民正熟睡在梦乡中。因此，为防止超级市场在凌晨卸货时，灯火通明，人声嘈杂，干扰北侧居民睡眠，其供货入口只能设在东面。而东侧虽为商业区，但它的经营门面全临南面的次要干道，而商业区的西侧并没有城市道路，不可能有门面房。因此，不存在超级市场东侧供货入口对商业区的影响。何况，从设计原理而言，超级市场的供货流线与顾客流线应相对而行，既然任务书已规定了超级市场的主入口在西侧，那么，供货入口在东侧也就顺理成章了。剩下的办公入口只能在北面，它与北侧的居住区也就不存在影响问题。接着再进一步分析普通进货入口与生鲜入口：前者商品量大，供货频繁，其入口宜在东侧偏南；而后者供货量小，且需卸货场地临时摆放盛有水的生鲜盆、桶、袋等，其入口宜在东侧偏北。对于办公入口宜设两个：一个供内部工作人员进出，在北面靠东，接近场地东南角次要入口；另一个供厂家洽谈业务人员进出，在北面靠西，接近场地西北角对外车辆出入口。

上述这一段对超级市场供货入口与办公入口的思维分析描述，应试者在复习时眼睛边跟踪文字，脑袋就边思索，想一想是不是这个道理，会不会有共鸣，能不能变成自己的思维意识。再进一步感悟到看任务书切记不能就事论事看表面文字，更重要的是在看到眼前任务书条件的同时还要进行思考，从设计原理、生活常识入手进行综合分析，以便加深对设计任务书设置条件的理解。这样才能把握十足地将每个建筑出入口准确定位，为方案设计全局的成功奠定基础。这就是边看书边理解的真实目的。

（2）边理解边动手

应试者对书中分析方案设计各阶段的问题，看懂了、想明白了还不行，一定要动手，拿笔在拷贝纸上跟着书中演示的方案设计过程草图练习着画。比如，书中说到，在开始方案设计起步时，应试者先拿一张 A4 拷贝纸覆盖在 1∶500 地形图上，目的一是可以限制你只能在建筑控制线内做文章，绝对不会越界；二是眼睛可以看到周边环境条件，提醒你千万不要离开环境条件，天马行空地乱想。应试者要把这种操作要求通过反复练习养成习惯。当书中描述到设计程序第二步进行功能分区时，示范出用图示符号将使用、管理、后勤三大功能区落实到设计程序第一步得出的"图"的结果上，并把三者相对大小和位置画了出来。那么，应试者书看到这儿，也理解了设计程序不同阶段的设计工作重点，就要徒手照着书中的示范图边思考边画一遍。只有这样，才能把书中分析的道理，变成你对方案设计的实际操作，这才是复习的真正目的。

（3）边动手边找感觉

动手不是机械地画符号，而是用符号表达自己的设计意念，或者是对设计思维起着促进作用。也许应试者初始找不到徒手图示的感觉，画气泡图也画不好，大小也控制不住，画得又慢又僵硬，这正是动手没感觉所致，而手的图示感觉是应试者做方案设计必须具备的。

这种手的图示感觉体现在，一是手的运笔对画线的掌握，即要用粗线条表达设计意念，而设计意念是模糊的，游移不定的，就不能用细的、肯定的线条来表达。因此，应试者在练习过程中，画线条、气泡应是想到哪儿，画到哪儿，它只是用符号即刻记录脑中所思，动作应是快速而非迟疑的，线条应是奔放而非拘谨的。二是所画代表功能分区或房间的气泡，其相对大小可控，而不是失真。当然，这要靠眼睛对面积表中各功能区或各房间面积大小辨别的感觉作为依据。

可见，感觉是一种对行为的下意识反映，应试者要想使方案设计速度加快，质量提高，思维活动一定要流畅，草图绘制一定要娴熟，手脑配合一定要到位，只有这样，才是做方案设计的正常状态。而应试者平日做方案设计手操作鼠标，与屏幕线条是不接触的，手根本体悟不到画线的感觉。屏幕上呈现的线条是瞬间跳出来的，看不到线的生成过程。而且屏幕上呈现的都是明确、肯定的线条，这些都导致设计者对设计细节或结果的关注，而忽视了对方案全局性问题的思考。因此，应试者在做方案设计时，这种缺乏手脑并用分析设计问题的感觉是致命的。这样说来，在考前复习中改掉坏的设计行为习惯，比做题练习本身更为重要。

（4）边找感觉边记忆

应试者在复习练设计方法的过程中，除了找图示感觉之外，还有一项重要的训练，即练记忆。当应试者按设计程序一步步走下来，拷贝纸上的方案分析越来越深入，气泡图示符号越来越多时，是否能记住每一个气泡图示符号的房间名称？因为应试者是自己在思考设计问题，每一个气泡图示符号都是大脑思维的记录，应该记住它们。但是，由于应试者平日太依赖计算机了，许多设计结果都是计算机自动生成的，自己就懒得动脑，久而久之记忆力衰退，一旦离开计算机就显得无助。那么，临到考试前就要赶紧补救，在练习设计方法的同时就要注意加强记忆力的训练。

（5）边掌握方法边提高效率

初始，应试者在练方案设计方法时，不要追求速度，要扎扎实实跟着书中演示的设计程序既动脑又动手。针对每一试题的方法训练至少做个三五遍，应试者只有经过若干遍的苦练，效率才能提高上来。可见，设计速度的提高不是主观愿望所能奏效的，而是设计操作娴熟的结果。

（6）熟记过程忘掉结果

在临摹书中演示试题的设计方法时，应重在对设计程序的理解和方法的运用上，要把每一试题的参考方案忘掉，千万不能作为固定模式在今后的考试中乱套用。因为，每一个设计命题的条件设置绝对是不一样的，设计条件变了，就要临场发挥，要根据新的设计条件另起炉灶做方案。比如，同样的设计命题，练习时地形图提供了两条城市道路，而考试时地形图只给了一条城市道路；或者练习时设计命题是中央空调条件，而考试时却要求自然通风采光；或者设计条件将指北针旋转了 90°，等等。虽然我们无法预测今后的试题，但设计方法都是通用的。只要掌握了正确的设计方法，还有什么试题不能拿下呢？

2. **熟练抄图**

考试时，应试者是要把方案设计成果画成墨线正图的。怎样让画图时间尽量缩短，而留出更多的时间做设计？应试者只能在复习时多抽时间做抄图练习。其目的一是找回用笔画图的感觉；二是了解画图的程序与方法；三是熟悉绘图工具是否顺手；四是清楚自己画一套图究竟要花多长时间，以便在考试时很好地掌控设计进程。

那么，应试者怎样练好抄图呢？

（1）画一层平面铅笔定稿图

应试者在做方案设计时，都是在拷贝纸上按设计程序走完设计的 7 个步骤，得出 1：500 比尺的一、二层平面方案图。在按设计任务书要求画 1：200（或 1：300）的墨线成果图之前，一定要事先用铅笔画一遍按绘图要求放大的定稿图。其目的一是把 1：500 的平面方案图按要求放大后添加设计细部，比如有室内外高差时需补画台阶、无障碍坡道等；二是为描墨线图准备好清晰的底稿，以保证描图的速度与质量；三是因应试者已留足了绘图时间，可保证在规定的 6 小时内完成 3 张成果图的绘制。值得提醒的是，在整个画定稿图的过程中，应试者所能做的就只是抄图放大，不能再思考任何设计问题了。这时即使发现方案仍有问题，也只能就此打住，否则将影响画图速度，甚至完不成考试要求规定的图纸内容，那就因小失大了。

归纳起来放大画定稿图的程序与方法如下：

先准备好 A2 拷贝纸（图板宜衬白纸一张）或绘图纸，以及丁字尺、三角板、自动铅笔、橡皮等。

1）将 1：500 的一层平面图的结构框架按尺寸快速放大成考试要求的比例，如 1：200，打好结构格网的铅笔图稿。

2）在放大的结构格网图中，将 1：500 的一层平面图所有房间的形状用双线画出。所有房间的垂直墙厚只需在垂直格网线（可视为墙线）一律向右添加一根墙线即可。其方法是靠好丁字尺，将三角板自左至右逐步平移，画出沿途各房间垂直墙厚的另一条线。注意，不必留出门洞口，墙厚按 1：200 估计即可，可适当夸张墙厚以明示。当各房间垂直墙自左至右画了一遍后，回头检查是否有遗漏并快速补上。

3）画出所有房间的水平墙厚线，其方法是用丁字尺自上而下，在水平格网线（可视为墙线）一律向下添加房间水平墙厚的另一根线即可（与垂直墙线线头有交叉无所谓，说明画线速度快，不拘小节），同样不考虑留门洞位置。墙厚适当夸张以明示。当各房间水平墙厚都另添加一根线后，检查一遍是否有遗漏并快速补上。

4）把所有楼梯按二层平面图楼梯位置画全踏步。其中梯段长度约为层高，踏步画上10步左右，再加上梯段两端的休息平台。与此同时，在方案设定的平面位置画好电梯或自动扶梯等任务书规定的垂直交通设施。

5）若方案有室内外高差，画好入口室外台阶和无障碍坡道。

至此，一层平面定稿图完成。

（2）描一层平面墨线图

将硫酸纸覆盖在一层平面铅笔定稿图之上，准备好针管笔、黑色马克笔（宜为圆头）。

1）先用针管笔将一层所有房间门及外门徒手画出，至于是单扇或双扇，内开或外开，房间是开一个门还是两个门等，全由应试者快速判断，迅即画好。注意，门洞大小估计合适即可，门的开启线宜为45°斜线。

2）所有门徒手勾画完成后，靠好丁字尺，用三角板自左垂直外墙皮开始描线，描外墙皮线前先观察一下，此外墙有否墨线画好的门？有几个？做到心中有数。若此外墙上没有门，则针管笔自下而上迅速描线完成。若此外墙上有门，则需让针管笔跳过门洞，完成外墙皮的描线。

3）然后，三角板向右稍移，描出外墙的内墙皮墨线，其过程同上。

4）如此这般把垂直柱网上所有房间墙的两条线自左至右依次描完，直至最右端外墙的外墙皮线描完。此描图过程都要注意描线要在墙上的门洞处断开，万一不小心笔误将门洞描线封死，没关系，先用铅笔在此处画个圈，做个记号，等绘图全部完成，再将类似笔误统一用刀片刮去。

5）用丁字尺自上而下平移，依次描完各房间水平墙线。其方法同上。

6）检查一下有没有房间横竖墙线条漏描的，有的话立即补上。

7）描一层平面图的所有楼梯，其方法是先在第一梯段中间或第二梯段中间画上斜线表示梯段断开，再描上从第一梯段起步至斜线的各踏步。同时描完入口台阶、无障碍坡道等。

8）换圆头黑马克笔，在铅笔定稿图柱网的交叉点上，迅速点上所有的柱子。

9）收拾描图细节。包括用丁字尺、三角板画上一层平面两个方向的各两道柱网尺寸线。注意标注尺寸线时，按铅笔定稿图柱网线稍许偏一点位置，使其居墨线墙厚中心即可，然后徒手画出尺寸线的分段标示。

10）完成房间名称、打"＊"号房间面积、轴线尺寸的填写，在规定位置标明一层建筑面积。

至此，一层平面的硫酸纸描图完成，可以取走，留下图板上的一层平面铅笔定稿图。

（3）画二层平面铅笔定稿图

二层铅笔定稿图是在一层铅笔定稿图的基础上稍加修改而成的，其方法是对照1∶500的二层平面图，保留结构框架、楼梯图形，甚至卫生间都可不动，只需修改房间数量与大小等。需要加墙的就画上，需要拆墙的就用橡皮擦掉，或者用笔打个叉不描就行。房间需要外挑的就补上，等等。这样费时不多，二层平面铅笔定稿图就有了。

（4）描二层平面墨线图

将第二张硫酸纸覆盖在已修改好的二层平面铅笔定稿图上，其描图的过程与方法同一层平面完全一样，在此不再赘述。

（5）画总平面铅笔定稿图

1）拿出 1：500 的一层平面方案图，将拷贝纸蒙于其上，画出一层平面外轮廓即为屋顶平面，若有一、二层高低之分，表达清楚即可。

2）将屋顶平面覆盖在任务书地形图上，定位在建筑控制线内。

3）将任务书规定的总平面设计内容，如道路、广场、停车位、绿化等描绘在定稿图上，完成总平面定稿图的绘制。

（6）描总平面墨线图

1）将硫酸纸覆盖在总平面铅笔定稿图上对准位置，用丁字尺、三角板将长线（屋顶平面、道路）描好，局部可徒手勾画（道路转弯半径、停车位、绿化打点、各入口符号等）；

2）用针管笔标注需要标注的文字、尺寸等。

3. 实战练习方案设计

应试者在考前复习时，只有将上述方案设计过程的方法练熟了，对抄图练习有把握了，才可以进行方案设计的实战练习。因为应试者若不改变设计中的坏习惯，不掌握正确的设计方法，做再多的方案设计练习都会问题百出，反而挫伤了应试者的自信心。

做方案设计实战练习应遵循怎样的规律呢？

（1）先易后难

在本书改版的同时，配套出版了《一级注册建筑师考试建筑方案设计（作图）习题集》。前一部分题型规模小，功能简单，侧重对设计原理、设计程序前三步设计方法的训练。应试者运用复习中所掌握的正确设计方法解题，较容易上手，利于培养做方案的兴趣，增强做好方案的信心。一旦应试者经过若干简单题目的练习，找到做方案的感觉，就可开始练习后面按历年命题模式设计的模拟试题了，由此循序渐进地把应试者带入临战状态。

（2）只练设计过程，不求画图结果

应试者做任何习题时，只做到设计程序第七步，强调重复做不同习题而巩固对设计程序的记忆，使之成为下意识的设计行为，且对设计程序每一步设计问题的思考内容、分析方法、处理手段能够成竹在胸。对于一些具体的设计操作，如 4 张 A4 拷贝纸怎样用？徒手气泡怎样画得心应手？房间怎样有秩序地纳入结构格网中等，通过练设计题尽快把方法熟练起来。对于每个练习方案不需要花费过多时间去完成，那是抄图练习的任务，对于应试者来说，当务之急是设计方法的实战练习。

（3）重在个人原创设计

应试者实战练习方案设计就是要靠自己的设计能力，尽量开动脑筋促进思维活动，尽量动手探索方案生成，只有自己尽力了，不管方案是好是坏才是自己的真实水平。如若忍不住做方案前或中途偷看书后答案，就会受其影响，方案成果就会注水，也就不能体现自己当下真实的设计水平，练习效果就差多了。

（4）对照答案找差距

当应试者认真做完一道练习题后，不要急于找人点评。自己要对照答案找差距。这种差距一方面是方案结果的优劣之差，更重要的是思维能力的差距和动手解决设计问题的差距。要多问自己几个为什么？为什么对任务书理解会有差距？为什么出入口方位选择错了？为什么三大功能分区有偏差？为什么房间布局缺少章法？为什么疏散楼梯有问题？为什么格网形式与尺寸有误？等等。应试者发现设计方案有错之处一定要深挖根源，多半是由认识上的偏离、误解、疏忽导致的。实际上，应试者在练习方案设计时出错是件好事，只有暴露出不足才能有针对性地去改正，才能避免考场上的失误。

三、建立 QQ 群，在共同复习的氛围中相互促进

学习建筑设计最大的特点之一就是开放性，应试者要相互讨论交流，切不可把自己封闭起来，闭门苦练。应试者若能加入 QQ 群，虽然大家设计水平都不算高，但每个人毕竟各有所长，在相互交流中，许多设计问题都会道理自明、记忆深刻。大家在比、学、赶、帮的热烈氛围中，会共同为考试闯关成功而发愤学习。

第二章　应试方法与技巧

建筑方案设计（作图）科目考试只有 6 小时，而且试题难度较大，画图工作量也不小。可想而知，应试者考试只能一锤子买卖，做方案设计根本没有反复修改的时间，也没有另起炉灶重做方案的机会。那怎么办？唯一的办法就是掌握正确的应试方法与技巧，按设计规律办事。

第一节　审　题　方　法

应试者平日做任何一项工程设计，参加任何一项方案投标，总要事先看懂设计任务书，这是不言而喻的，该科目考试尤其如此。因为，考试有自己的游戏规则，应试者必须对此心知肚明。不能因急于上手设计而对设计任务书的理解囫囵吞枣，或者一知半解，这样只会欲速则不达，甚至不明题意要求而盲目瞎做，其后果可想而知。因此，应试者打开试卷第一件事，就是仔细阅读任务书，但读任务书不是一目十行看快餐文章，而要读懂设计任务书的 4 项重要内容，即设计要求、房间内容及建筑面积表、功能关系图和地形图，并按下述程序和方法依次解读。

一、解读设计任务书要求

设计任务书包含了众多设计要求的信息。有的要求是普遍性的规定，比如主入口定位、尺寸规定等，有的要求是考试规则，如功能分区原则、房间使用细则、总图设计内容等。此外，应试者还要特别仔细阅读设计任务书中有关总平面设计要求和建筑设计要求的若干重要条文，搞清这些条文的游戏规则，尤其对大段文字描述的要求更要深刻理解，牢记于心。比如，2013 年"超级市场"试题要求"二层卖场区的安全疏散总宽度最小为9.6m，卖场区内任意一点至最近安全出口的直线距离最大为 37.5m"。2012 年"博物馆"试题要求"陈列区每层设三间陈列室，其中至少两间能天然采光，陈列室应每间能独立使用，互不干扰。陈列室跨度不小于 12m"。"观众服务门厅应朝主干道，馆内观众休息活动应能欣赏到湖面景观"。2010 年"门急诊楼改扩建"试题要求"病人候诊路线与医护人员路线必须分流"；2006 年"住宅"试题要求"每套住宅至少应有两个主要居住空间和一个阳台朝南，并尽量争取看到湖面；"2005 年"法院审判楼"试题要求"审判区应以法庭为中心，合理划分公众区、法庭区及犯罪嫌疑人羁押区，各种流线应互不干扰，严格分开"，等等，对于这些由于生活体验少而导致应试者对其设计概念比较模糊的要求，千万不能一眼带过。若忽视了这些要求将导致设计的失败，至少扣分惨重。

应试者解读设计任务书的目的是要明确试题要求自己做什么？凡任务书要求做到的一定按游戏规则做到，没有要求的不要自作主张、画蛇添足。考试不是方案投标，只要做到符合任务书的要求即可。

应试者紧紧抓住试题的关键词，不失为掌握了解题意的金钥匙，或者由此触发灵感，使方案设计走上捷径。比如，2009年"中国驻某国大使馆"试题，应试者看到此命题思考一下大使馆建筑的性质，如何体现中国建筑的平面特点？再结合任务描述中"我国拟在北半球某国（气候类似于我国华东地区）新建一座大使馆"的条件，应马上想到能适应冬冷夏热地区气候特点，既要满足日照采光要求，又要解决好通风问题的平面模式，当属"口"字形平面形式，类似于北京四合院的平面布局。这样，设计思路就会豁然开朗。又如，2006年"住宅"试题在任务要求中指明："住宅应按套型设计……以住宅单元拼接成一栋或多栋住宅楼"，并进一步要求："住宅设计为南北向，不能满足要求时，必须控制在不大于南偏东45°或南偏西45°的范围内。"且"按标准层每层16套布置平面。"应试者在设计时要想在面宽88m的用地上按常规一梯两户板式住宅设计是很难做到的。倘若应试者抓住"多栋"，"转向45°"，标准层需"6套三室户"即需要6个山墙头安排大户型在端单元的关键词，立即会想到用3栋一梯两户板式住宅楼就能将复杂问题简单化地解决了。又如，2004年"医院病房楼"试题，任务书描述这是一栋"8层病房楼"，应试者应马上想到这是一栋高层建筑，那么方案设计就要执行高规，即垂直交通要做防烟前室。

因此，应试者解读设计任务书要求时，不仅要"读"，更重要的是"想"，不但思维活动要积极，而且所想要能切中要害，这样，应试者才能使方案设计很快走上正轨。

二、解读"用房及要求"表

作为考试，题目要求的所有房间内容及其建筑面积都已列表注明，对此，应试者应按下述三个程序依次边读边思考：

1. 分别看一、二层"用房及要求"表最下面一行，两层建筑面积各是多少？有两种结果：一是两层建筑面积一样大，说明是两个标准层；二是两层建筑面积"下大上小"，说明一层有某些高大空间占据了部分二层建筑空间，或者该试题是一层和二层相组合的体量。这样，应试者在没有正式进入建筑设计构思状态时，对方案的大体轮廓已有了初步思路。

2. 分别看一、二层"用房及要求"表最左边一列，即功能分区栏，有几个什么样的功能区。分析历年试题表格中的功能分区，除2010年"门急诊楼改扩建"试题是以门诊科室独立分区，2003年"小型航站楼"试题是按不同旅客类型分区，较为科学外，多数试题表格中的功能分区不特别清晰、合理。为了使设计程序的第二步功能分区的设计做到分区明确、操作简便，应试者宜对表格中的功能区再作归类，进一步分为使用、管理、后勤三大不同功能性质的分区。即，凡是为服务对象使用的房间，都属于使用功能区；凡管理者使用的房间都属管理功能区，凡供应的房间都属后勤功能区。比如，2013年"超级市场"试题的一层可把"顾客服务区"、"卖场区"、"外租用房区"合并为使用区；2012年"博物馆"试题的一层可把"陈列区"、"报告厅"、"观众服务区"合并为使用区；2011年"图书馆"试题的一层可把"公共区"、"阅览区"、"报告厅"合并为使用区；2010年"中国驻某国大使馆"试题的一层可把"办公区"和"签证区"合并为管理区；2008年"公路汽车客运站"试题的一层可把"进站大厅"、"售票"、"对外服务站务用房"、"到达区"合并为使用区等。其目的是把相同功能性质的房间同类项合并，使其紧紧"捆"在一起，这样就不会在方案设计中因考虑不周而使其分散，或发现后勉强用廊连接在一起。

3. 再看表格的左起第二列，看房间名称这一栏。这一列各功能区各有若干房间，眼睛扫一下各功能区有哪些主要房间，在头脑中留下印象即可，不必一一牢记，待方案设计进入设计程序的第三步确定房间布局时，再回过头来仔细看房间名称和要求就可以了。

三、解读功能关系图

应试者首先要明白，功能关系图是某类建筑的设计原理图解，并不是该建筑的平面设计模式。应试者若是科班出身，对该建筑类型的功能熟悉，或对该建筑类型的工程设计经验丰富，则对功能关系图大可不予理会。但若完全不熟悉该建筑类型的使用功能和设计原理，就只好认真阅读了。其解读的程序与方法是：

1. 先看一层功能关系图的入口对外与对内各有几个？其使用对象分别是谁？再依主次关系排序，便于设计起步时按序定位。比如2011年"图书馆"试题一层功能关系图显示对外入口有4个，可排序依次为成人读者入口、少儿读者入口、报告厅听众入口和贵宾入口。应试者对此心中有数后，在着手设计程序第一步确定建筑若干入口定位时，既不会遗漏，又不会操作上乱了阵脚。需要注意的是，一层功能关系图上，各入口的方位表示并不代表最终方案的结果，有时凑巧一致，多数情况需由应试者根据地形条件和设计原理，对入口进行正确定位。

2. 看各气泡的布局画法是否与"用房及要求"表中对功能区的划分相吻合，这有助于加强应试者对功能区的理解。回顾历年试题，有时任务书对此表达得非常清楚，如2009年"中国驻某国大使馆"试题，几个功能区的气泡归类非常清晰，而且用虚线分别把各功能区各自房间的气泡圈在一起，应试者一看便知。而2004年"医院病房楼"试题的八层功能关系图，非但三大功能区（洁净区、半洁净区、清洁区）难以分辨，而且若干房间气泡到处串区。如石膏、打包、器械、敷料、无菌器械等，这些为手术区使用的房间应与护士站、苏醒间、换床间、过厅同在半洁净区内，却被划在了办公用房区内，应试者极易被误导。

3. 看连线关系。一般来说，试题的功能关系图常用两种线：粗线与细线，或双线与单线，表示房间之间关系的密切程度。或者用实线与虚线表示前者为外部流线，后者为内部流线。不管功能关系图用什么线来表示，它只表明两气泡（即房间）之间的关系，与第三者无关。至于这种关系在方案设计中采取什么手段实现要看应试者的判断。这种连线关系在建筑中的形态可能是走廊，可能是过厅，可能毗邻，可能嵌套等。在功能关系上可能人要进入房间（如候诊廊与诊室的连线关系）；可能行为发生在两房间衔接处（如大厅与售票室的连接关系）；可能两房间根本就没有功能关系（如候车室与检票室的连线关系并不在检票室内，也不在检票室窗前，而是检票员要到检票口去管理服务，检票室仅作为检票员休息之用），这全视两者的使用要求而定。看来，应试者理解连线关系还不能停留在所给功能关系图的层面，而要综合考虑其他因素和条件，作出正确的判断和处理。

四、解读地形图

地形图是设计任务书最重要的设计条件，应试者务必看清并深刻理解，分清哪些是限定条件，哪些是陷阱条件，哪些是暗示条件，哪些是干扰条件。地形图中这4种环境条件在历年试题中，有时出现两三个，有时四个全出现，比如2004年"医院病房楼"试题。

该题的限定条件是图中所标明的"连接病房楼道路"，它决定了病人入住病房楼的室外流线及建筑的主入口方位。

陷阱条件有4处：一是指北针不是人们习以为常的上北下南，而是逆时针旋转了90°；二是总平面的门急诊楼为东西向，应试者若将拟设计的病房楼照此横向摆放，即为东西向，就掉进了陷阱条件内；三是建筑控制线范围的面积是历年试题最为大方的，实际上只需 1/3 用地就够了，应试者若不动脑筋轻松将病房楼横向摆放在基地上，也就中枪了；四是总平面图在医技楼一侧的走道是一层，而病房楼住院部在三层，但任务书要求"画出病房楼与原走廊相连的联系廊"，应试者若在三层平面画入口，则又错了。

暗示条件是医院总平面图左上角的后勤用房位置，它暗示了病房楼的供应入口与污物出口的方位，因为，两者有功能上的直接联系。

干扰条件是总平面中的办公楼，它与拟设计的病房楼没有功能关系，可以不管它。

因此，应试者在解读地形图条件时，不但眼睛要看清，而且脑子要辨别。那么，应试者怎样分清前述地形图中的 4 种环境条件呢？

1. 通过了解设计原理分清环境条件

在"医院病房楼"试题中，最重要的设计原理之一就是所有病房应朝南。应试者就要立刻看看指北针是怎么指的，应试者若有这种清楚的设计概念和下意识地辨明指北针的习惯，那么，第一个陷阱就掉不进去。类似的环境条件，如提到建筑要求自然通风采光，则指北针就是一个限定条件。若建筑类型是中央空调的（如 2003 年"小型航站楼"），或另有决定性条件的（如 2008 年"公路汽车客运站"），指北针就成为干扰条件，与拟设计的建筑方位无关。因为，前者的登机桥和后者的高架发车站台才是航站楼和汽车客运站房定位的决定因素。

2. 通过了解功能使用要求辨明环境条件

这一点是检验应试者对一般的设计常识是否了解。比如，2007 年"体育俱乐部厂房改造"试题，应试者是否想到这不是某单位供内部职工使用的俱乐部，而是为市民活动服务的。何以见得呢？因为它处在城市环境中，而非单位用地内。那么市民就要有偿使用，就要先进入管理功能区交费或刷卡，而任务书已规定原厂房为各活动项目的使用功能区，管理功能区是在扩建新楼内，应试者想到这里就不会把主入口选择在东面的城市主干道上，直接进入使用功能区，而要放在扩建新楼面临的南面次要道路上。如果应试者分析不到上述建筑的使用性质，则地形图东面的城市主干道很可能成为陷阱条件，误导应试者错误定位主入口。

又如，2010 年"门急诊楼改扩建"试题，应试者也要知晓这是面向市民服务的医疗单位，而不是某单位内部的门急诊楼。既然如此，应试者就要先找城市道路（即主要人流）在哪儿。基地周边的道路是院内道路，而城市道路只有一条在东面。这样，基地东面才是主入口应选择的方位。如若应试者不这么想，则很可能将基地周边的道路误认为是城市道路而掉进陷阱条件之中。

3. 通过了解建筑与环境条件的关系，辩证认识环境条件

地形图的某些环境条件因素，比如道路、指北针、用地周边规划条件等并不绝对是限定条件，或陷阱条件，或干扰条件等。不同地形图的条件设置意图会因题而异，应试者不可一成不变地套用固定概念。比如，地形图设定某边界外为毗邻居住区，此条件在 2011 年"图书馆"试题中，因其在图书馆用地南面，不存在图书馆对居住区的日照影响，故可视为干扰条件，不予理会。但在 2013 年"超级市场"试题中，同样的居住区环境条件却变成限定条件。因为超市在其南面，凌晨进货时产生的灯光、噪声对住宅南向卧室深睡的居民会产生不利影响，故成为限制超市进货入口设在北面的条件之一。

又如，2009年"中国驻某国大使馆"试题在建筑控制线内有一株保留树，因对大使馆方案设计有一定影响，故成为限定条件。但是，2010年"门急诊楼改扩建"试题在原门急诊楼院内也有一株保留树，因对扩建部分的设计毫无影响，故它是一种干扰条件，应试者可以不管它。

4. 用怀疑的眼光弄清环境条件

历年试题的地形图条件总会设置一些常规环境条件，如用地范围、建筑控制线、城市道路、指北针、周边规划条件，或者某些用地内保留物等。如果突然额外出现不常见的环境条件时，应试者一定要多留心看明白，并怀疑为什么要"多此一举"。一般来说，这种附加的环境条件不会是多余的，是对应试者的一种提醒或暗示。提醒什么？暗示什么呢？应试者要结合题意展开来想。比如，2008年"汽车客运站"试题在地形图之外的作图硫酸纸上清楚地画出高架发车车道的平面图及其柱距，虽然没有标出柱距尺寸，但通过标明的比例尺和路幅宽度尺寸可推算出高架车道的柱距为9m。再考虑站房要与高架车道对接，其柱网应与之对位才能停靠大客车，并有利于一层到达客车在柱网中（支撑二层发车站台楼板）垂直进出。这种特殊环境条件因不在任务书地形图上，而在作图纸上，通常不会被应试者做方案设计前发现，应试者若能事先关注到这一环境条件，则可获得一种暗示，即站房的结构柱网一定是9m×9m。

又如，2010年"门急诊楼改扩建"试题，在地形图之外，又多提供了一张原门急诊楼的平面图及保留的二层内科平面图。为什么设计任务书要提供这样一份条件图？应试者一定要思考一下有何用意？原来，任务书要求"病人候诊路线与医护人员路线必须分流"。出题人唯恐应试者不明白什么是医患分流，任务书便提供了一份设计示范图，它应该被视为暗示条件。应试者只要明白了其中的奥秘，则其他科室的设计照抄内科平面模式便一通百通了。可见，应试者学会看地形条件图对于把握设计方向，保障设计成果符合题意是何等的重要。

第二节 设 计 方 法

在考试中，如何在规定的6小时之内又好又快地使设计目标一步到位？这是应试者共同关心的问题。为什么有些应试者能够按时完成方案设计，而且能够顺利过关，有些应试者却做不到？这有各种原因，但其中重要的差别就在于应试者做方案设计是否得法。设计得法者会使方案设计一起步就找准方向，设计过程思路十分清晰，设计结果基本符合题意要求，因此，考试过关是没问题的。反之，设计不得法者，会使方案从起步开始就因出入口定错位而一错到底，设计过程也是荆棘密布、百转千回，最终结果就只能问题百出，考试过不了关也是在所难免。

那么，应试者如何在该科目考试中胜出呢？唯一的出路就是掌握正确的设计方法。

一、按设计程序展开有序设计

方案的生成如同树木的生长一样都是事物发展的一种过程，都在按各自的客观规律运行着。因此，应试者只有遵循方案发展的客观规律展开设计，才能获得成功。方案生成的规律就体现在方案的设计程序中，为了便于应试者对设计程序的记忆，我们把方案设计全过程分为7个不同的设计步骤：

1. 场地设计

这是方案设计第一步骤，又是事关全局的重要一步。因为，从系统论的观点来看，任何局部要素都要从整体考虑出发。因此，应试者设计一上手不要马上考虑建筑自身的房间布局，而是要首先解决建筑如何放在场地上与城市环境发生有机关系。而建筑与环境就成为场地设计众多矛盾之中的主要矛盾。按照矛盾论的观点，抓住了主要矛盾，一切问题就会迎刃而解了。

那么，场地设计主要解决什么问题呢？

（1）解决好"图"与"底"的关系

作为整体的建筑（图）如何放到建筑控制线内（底），这是应试者在场地设计任务中首先要做的事。一般来说，"底"的面积总要比"图"的面积稍大些。那么，应试者首先要解决好"图"与"底"关系的两个问题。一是"图"的形状是什么？根据考试出题规律，由于建筑控制线范围内的面积比一层建筑面积大不了多少，迫使建筑的平面形状为集中式。这种集中式的"图"内部只有两种可能性："空心"与"实心"。前者适用于要求自然通风采光的建筑，如图书馆、博物馆、老年养护院等。后者多适用于要求建筑全中央空调，或局部中央空调，或者"图"中心可通过间接采光解决的建筑类型，如小型航站楼、医院病房楼、法院审判楼、汽车客运站、超级市场等。二是"图"怎么放到建筑控制线（"底"）内？既然"图"的面积小于"底"的面积，"图"如何恰当地被放到"底"中就有一个选择问题，往中央放？靠边压建筑控制线放（考试规则允许）？这需要应试者综合各种设计因素而定。

（2）确定场地和建筑主次出入口的方位

通常，设计任务书的地形图要提供用地周边的城市道路条件，因为，人与车是从城市道路进入场地的。道路可能只有一条，也可能有两条，应试者就要综合多方面条件因素确定使用者主要从哪条城市道路进入场地？注意人行道路牙不能断开，以防车辆进入，造成广场人车相混；至于有私家车要进入场地，那是总平面设计时再考虑的问题。其次，再确定内部使用的次要入口从哪条城市道路进入场地？此时人行道路牙应断开，让内部车辆进入场地。

简言之，确定场地主次出入口就是要把握好供使用者进出的主入口与内部人员使用的次入口的方位。

然后，再将已确定的场地主次出入口方位作为条件，最终落实好建筑的若干出入口。而这些建筑出入口都分别与场地的主次出入口有相互对应的关系。

至此，设计程序的第一个步骤得出了两个结果（出入口位置和"图底"关系），而它们也就转化为设计程序第二个步骤的设计条件。

2. 功能分区

这一步只考虑"图"内所有房间的安排，而"底"（连同建筑控制线至用地边界范围）的设计内容留待总平面设计时再行考虑。

那么，"图"内所有房间如何有序安排呢？仍然要运用系统思维的方法，把任务书一层房间内容表格最左面一列所归纳的几个功能区（最好应试者能简化为使用、管理、后勤三大功能区）视为"房间"要素，这样就可把众多房间的矛盾简化为3个"房间"的关系，解决起来就容易多了。解决时掌握3个原则：一是从面积表中估出使用、管理、后勤

3个功能区面积相对大、中、小的关系；二是三者要充满"图"；三是各功能区要把第一步得出的各自的建筑出入口包在自己的气泡内。这样"图"的气泡就裂变为大、中、小3个不同功能区的气泡，且各自在"图"中的位置与大小就为下一个设计阶段的房间合理布局奠定了基础。

3. 房间布局

在第二步得出的3个功能区气泡中，又都各自含有自己的若干房间，其组成包含在"用房及要求"表左起第二列中。其各房间就位的原则与方法，一是每个功能区的房间不能串用；二是采取"一分为二"的分析方法，逐一将本功能区内所有房间分析到位，即每一次"一分为二"是按同类项合并的方法，把若干功能相近的房间分成两个不同功能的"房间"。比如，办公功能区可同类项合并为"对外办公房间"与"对内办公房间"两个功能有差别的"房间"。这样，这两个不同功能"房间"的气泡在该功能区的定位或者左右放，或者上下放，只有这两种选择，应试者解决起来就简便得多。采用这种可以把复杂问题简单化的"一分为二"的方法分析，直到最后一个房间定位，可保证所有房间的布局无一遗漏，无一失误，并呈现出有秩序、有章法的平面布局。

当一层平面的设计程序走完步骤一至步骤三后暂停，应试者紧接着要同步完成二层平面的设计程序步骤一至步骤三。其每一步的设计任务和方法与一层平面完全相同。

需要注意的是：这一设计阶段应试者只需关注房间的配置关系是否合理有序，不可纠缠在房间的面积与形状中，这是后续设计阶段所要考虑的问题，不要提前考虑以致干扰了正常设计步骤应当考虑的重点问题。应试者只要分清每一步"一分为二"的两个"房间"气泡的相对大小就可以了。

任务书中一、二层用房表所列全部使用房间都已分析安排就绪后，就需要在设计程序第四步进行交通分析，将一、二层所有房间组成一个完整的功能系统。

4. 交通分析

当设计程序上一步骤完成了一、二层平面所有使用房间的有序分析后，应试者还要虚拟地"走进"平面中，检查一下流线是否通畅。接下来设计程序的第四步应试者要完成两项工作：

（1）水平交通分析

水平交通即各层走廊交通、节点（门厅、过厅）交通。如何确定它们的位置呢？其原则是：第一，在两大功能分区之间若有功能联系，则其间必有一条走廊将两者既区分开来又联系起来；若两大功能分区之间没有功能联系，则用墙隔死。若其中有个别房间需与相邻功能区有功能关系，则可在墙上开门通行，但需设门管理；第二，在同一功能区内，若还有若干房间，也必有走廊将它们连接起来。第三，同层的水平交通线应连成环，不但要满足交通需要，还要满足疏散规范。

（2）垂直交通

垂直交通所起的作用是将一、二层水平交通连成建筑的整体交通系统，应试者在这一设计程序中的主要设计工作，一是确定垂直交通手段，若任务书未指定，则或楼梯，或自动扶梯，或自动坡道，或电梯等，这要由具体题意而定。二是分析垂直交通手段在平面中的定位，包括从一层至二层的交通梯以及从二层至一层的疏散梯。分析原则：对于向上的交通梯；若上下层功能区相同，则各功能区应设各自的交通梯；而主要交通梯一定在一层平面门厅侧面定位，这样做不但可使主要交通梯在门厅中位置醒目，而且易于组织一、二层人流及早分流。

对于疏散梯的考虑要从二层平面来分析。一是保证双向疏散符合规范允许的安全距离要求；二是避免袋形走廊长度超出规范的规定。若方案满足不了，应增加疏散梯数量。

此处需提醒应试者注意的是：不管是一层的交通梯还是二层的疏散梯，一定要设于水平交通空间中，不可置于房间内。

5. 卫生间配置

为什么卫生间到设计程序第五步才考虑呢？因为卫生间是为各功能区使用房间服务的，只有等设计程序走完前三步，将所有房间落实在"图"中后，才能据此考虑卫生间的配置问题。而设计程序第三步房间布局的重点是安排使用房间，此时还无法预留卫生间的位置。所以，到第五步才将卫生间的配置提到议事日程上。可是，由于房间布局时，已将所有房间气泡占满了"图"，卫生间如何配置就位呢？从合理配置而言，卫生间该设在哪儿就挤进已经配置好的房间气泡之间。记住两个原则：一是各功能区都需配置公共卫生间，其数量与面积在"用房及要求"表中已列出；二是卫生间宜既隐蔽又使用方便，故需配置在公共交通流线上。

至此，一、二层平面的图示分析完成，应试者获得了一个方案设计的分析草图。应该说只要设计程序前五步走得正确，所得方案设计草图就为方案设计的成功奠定了基础。下一步需要应试者通过设计程序第六步建立结构系统，将方案设计草图转换为房间有面积、有形状，符合结构逻辑的方案框图。

6. 建立结构系统

设计程序前五步应试者得到的是一份方案设计的分析图，还需要以结构系统作为骨架，将其撑起来，使之成为真正的方案图。那么，应试者在这一步需要做什么呢？

（1）选择结构形式。历年试题皆为框架结构形式，且以方格网、矩形格网为主，兼有方形与矩形相结合的格网三种形式。

（2）确定框架结构的开间与跨度尺寸。在建立结构系统时应试者要注意：首先，结构形式是为方案设计服务的，应试者宜根据方案设计草图的平面条件选择最合适的结构形式。至于柱网尺寸合适与否，对于考试并不十分重要，当然，选择的柱网尺寸若依据充分、合理，对提高设计方案的品质是大有裨益的。其次，结构形式越简单越好，绝不要为了方案的标新立异而选择异形柱网。

那么，怎样确定框架结构的柱网形式呢？

（1）方形格网

当应试者最终的方案设计草图呈现大面宽、大进深、大空间，且较为规整的平面图形时，优选方形格网。至于尺寸的选择对于考试来说多点少点并无大碍，但有些规律应试者还是需要了解的。格网的尺寸要适应在一个框架内一分为二作为小房间使用，通常为7.2~8.0m。当然尺寸大一点也无所谓，但有时任务书会有暗示，应试者看准了会受很大启发。如2008年"公路汽车客运站"试题，高架发车站台柱距是9m，那么，站房的格网尺寸毫无疑问也应是9m。又如2013年"超级市场"试题，单个"收银台"的尺寸是3m×3.6m，则柱网尺寸应是收银台3m面宽的倍数（即9m），才能使两者尺寸协调一致。当然，有时任务书事先提供了结构尺寸参照系，比如2007年"厂房改造——体育俱乐部"

试题，厂房是 6m×6m 的柱网，则扩建的部分也宜采用 6m×6m 的柱网尺寸。因此，确定方格网尺寸也是很灵活的。

那么，确定了方格网的尺寸怎样打柱网格子呢？先确定面宽能打几个格子。计算格子前先要扣除建筑控制线少许尺寸，以防台阶、雨篷之类超出控制线范围。然后除以结构尺寸，得出格子数，反算出建筑面宽的准确尺寸。再拿一层建筑面积除以总面宽，得出总进深，再除以格网尺寸得出建筑进深方向的格子数。这样方形格子打好的同时，一层建筑面积也做到符合要求了。

（2）矩形格网

往年有些试题的方案设计平面草图呈现出不规整的形状，内部房间众多且大小不一，此时很难再用方形格网硬套，而宜采用矩形格网，甚至是不等跨的矩形格网。因此，其建立矩形格网的方法与方形格网有所不同。即根据方案设计草图的平面形状，一部分一部分地建立格网。但事先还是要选择合适的统一开间尺寸，以避免尺寸规格过多。若一开间用作一个中等房间，或半开间用作一个小房间，则用房间面积除以开间（或半开间）尺寸得出房间进深，再加上走廊的宽度即可得跨度尺寸。若是一个大房间占一开间，只需用该房间面积除以开间尺寸即可得出该房间的跨度尺寸。若是一个大房间占有若干开间，则以大房间面积除以若干开间的总尺寸，就可得出大厅总进深，或一跨，或多跨。上述不同大小房间所得不等跨度尺寸，就会得出矩形格网形态。这样，累积这些不等跨的矩形格网就构成了建筑的结构体系。这种矩形格网建立的过程虽然费点事，但可保证房间布局的秩序性，以及连同各房间面积的落实一并完成。此方法读者可参阅第三章"法院审判楼"试题结构格网建立的演示过程。

（3）方形与矩形结合的格网

有些设计方案根据平面房间布局情况宜采用方形与矩形格网结合的形式更为方便、合理。如 2011 年"图书馆"试题，阅览空间、观众厅空间和公共空间皆为规整的大空间形态，可按方形格网建立结构框架；而单廊的办公区宜采用矩形格网，可使房间和单廊的空间形态及面积与合宜的矩形格网相吻合。诸如此类，"中国驻某国大使馆"、"博物馆"等试题皆宜采用方形与矩形结合的格网形式。

综上所述，应试者一定要明白，做方案设计前决不可先打格网。其原因一是先打格网其形式与尺寸毫无依据；二是先有格网，应试者就会陷入在格子中填塞房间的不良设计习惯中，这不是正确的设计方法，会影响应试者设计水平的提高。

当设计程序第六步完成了结构格网的建立后，就为下一步设计程序将图示分析图转换为方案设计框图奠定了基础。

7. 在格网中落实所有房间的定位

设计程序前五个步骤都是图示分析过程，最终所得的结果可视为设计目标的胚胎。要想使它发育成方案雏形，必须借助于设计程序第六步完成的结构框架，将方案雏形支撑成形。那么，怎样完成方案生命发展的这一质变呢？

前述对于矩形格网的建立过程已经同步完成了从图示分析图至方案设计框图的转换过程，要阐述的是在方形格网中，如何完成从图示分析图至方案设计框图的转换工作。

当设计程序第六步得到一张符合设计要求的方格网后，将一层平面分析图放在一旁，观察一下平面横向有几个大的功能区块？各自大小如何？然后在方格网中分配确定各自所占份额，但不要计较面积细节。再观察一下平面竖向有几个大的功能区块？各自应占有多少格网份额？并计算一下每一功能区块所占份额的面积是否符合面积表要求。然后对每个功能区块的若干房间，再按图示分析图的房间秩序各自就位，能放下全部房间是重要的，不要计较各房间面积是否完全合乎要求，只要保证打"＊"号房间的面积在规定面积的±10％以内就行，其他一律放松。万一在功能区块内真的放不下房间，或虽勉强放下了，但面积显然出入较大怎么办？有三个办法可以解决：一是把该功能区所有房间面积一律打九折；二是靠外墙的房间向外挑出（或收进），以便"堤内损失堤外补"；三是该功能区块真的面积不够，说明毗邻功能区块一定是多占了，可以从毗邻功能区块割让一部分多余面积。但绝不能挤占太多，否则房间合理的秩序就会被打乱。

如果该功能区块房间有多余，而毗邻功能区块又不需要补偿，怎么办？一是该功能区块较大房间的面积乘 1.1 系数；二是靠外墙的房间打开，甩到室外去；三是靠内侧的房间，特别是黑房间，干脆打开作为交通空间。

此外，应试者需要注意的是，心理上没必要担心房间放不下。因为，方格柱网是根据一层建筑面积打格子的，从理论上说，任务书的"用房及要求"表中，一层所有房间都应能放进格网中，剩下的部分就是交通面积。因此，应试者担心房间放不下是多虑了。其次，在格网中落实众多房间时，千万不能打破已确定的房间布局秩序。此外，不要把房间面积看得太重而斤斤计较，以免为此浪费时间；或者房间面积虽精准，可是布局过于琐碎，与结构柱网也缺少和谐的逻辑关系，这就得不偿失了。

对于上述设计程序的 7 个步骤，应试者务必牢记于心，熟练掌握。这是打开任何试题设计之门的金钥匙，也是一注场地设计（作图）考试综合题，或平日做工程项目、规划项目等设计的普适性方法，只不过把设计要素置换一下而已。当然，上述设计程序在方案设计运行过程中，并不完全是直线推进的，很可能比想象中要复杂得多。

二、按正确方法进行设计操作

上述设计程序仅仅是应试者所应走的正确设计路线，而起制胜作用的是应试者的设计思维。设计程序能一步步顺利展开也是靠设计思维推动的，尤其对于只有 6 小时的该科目考试，应试者若没有一个正确的思维方法，真的很难胜出。

那么，应试者在考试中如何运用正确的方法进行设计操作呢？

1. 手脑并用

考试时，应试者思维活动要异常活跃，反应要灵敏快捷，任何僵化、迟钝的思维状态都会阻碍设计程序的开展。因此，思维活动是主宰方案的灵魂。而动手是将思维活动所产生的设计概念、分析结果以图示符号表达出来的手段，两者应是彼此互动、同步进行的。

既然如此，应试者做方案设计时一定要边读任务书边构思联想，边分析设计矛盾边徒手勾画草图，边方案生成边观察评价，边反馈信息边思考对策，总之，思维要处在高度紧张状态，手忙于运笔如梭，纸上的线条奔放不羁、流畅自如。只有应试者的脑、眼、手三者成为一条协同互动链，才能促使方案设计高效率生成。

2. 思路清晰

应试者要想使手的操作顺利，一定要靠清晰的设计思路引领。正确的设计思路就是要按正常的设计程序一步步地思考各设计步骤应该思考的问题，也就是思维逻辑性要强，不可以乱了程序，颠三倒四、天马行空。比如，设计程序前三步我们关心的是方案的全局性问题，先确定好建筑各出入口的方位和"图底"关系；明确分清功能分区；配置好各房间的布局关系。而千万不能把后续程序才应考虑的面积落实问题，急于拿到前面来，干扰正常设计程序的运行，甚至设计一上手就开始一个一个排房间、算面积。这种混乱的思路必将使应试者做方案设计很累，又得不到好的结果。

应试与日常做项目设计有很大的不同，应试者面对试题要求，什么该想什么不该想思维一定要清晰，不可自作多情、一厢情愿，更不能钻牛角尖抓住细节不放。那么，怎样分清什么该想什么不该想？唯一的办法就是读懂任务书，老老实实按设计要求，要你怎么干你就怎么干，怎么简单就怎么办。

3. 抓大放小

6个小时之内按设计要求完成方案设计（实际上充其量只有3小时做方案），确实不是一件轻松的事，也许根本就无法设计出完美的方案。那么，应试者就应把注意力集中于全局性问题，而不要在枝节问题上纠缠不清，通俗讲就是要抓大放小。所谓"大"就是设计程序前四步所要考虑的方案性大问题；所谓"小"就是房间面积、房间比例、结构尺寸、出现黑房间、个别次要房间布局不当等细节问题。这些细节问题能解决当然好，若一时难以很好地解决，就不要为此花费过多时间，否则就得不偿失了。

4. 操作得法

设计方案的生成过程最终是要靠图示分析线条逐渐演变而呈现出来的。尽管应试者思维十分活跃，思路正确清晰，分析周全对路，但如果徒手图示跟不上，思维进程就会受阻。因此，应试者在方案设计中要十分注意正确的操作方法。

(1) 掌握合适的比例尺，控制图示分析的图幅

鉴于方案生成过程中要重点抓住方案性、全局性的问题，同时也为了提高图示分析的速度，方案草图的比例尺就不能太大（比如1：200），一定要控制在1：500的比尺之内。而设计任务书的地形图也多为1：500，因此，应试者方案设计一上手就用A4拷贝纸覆盖其上，开始按设计程序展开图示分析。应试者应该注意的是，不可离开地形图盲目地进行方案设计，更不能在拷贝纸下衬米格纸，一边数格子一边排房间，这些不良的操作习惯一定不能带入考场。

(2) 选用合适的工具有利于徒手勾画

图示分析的表达工具应首选软硬适度的铅笔（HB、B），有利于用粗线条快速表示设计概念，并通过线条的深浅变化，叠加表达设计程序的展开过程。不宜用细铅笔，更不宜用针管笔作分析图。其原因一是画线条手感不佳；二是很难有线条深浅的变化，不利于记录下连续的思考过程；三是因线条稀疏清晰会导致应试者陷入对细节的关注。

(3) 用5张A4拷贝纸完成一、二层平面的图示分析和总平面设计的操作过程

用第一张A4拷贝纸覆盖在1：500地形图上，完成一层平面设计程序第一步至第五步的图示分析过程。

用第二张A4拷贝纸覆盖在第一张一层平面的图示分析图上，完成二层平面设计程序第一步至第五步的图示分析过程。

用第三张A4拷贝纸覆盖在第一张一层平面图示分析图上，用丁字尺、三角板完成1：500结构格网图。

用第四张A4拷贝纸覆盖在第三张结构格网图上，先徒手勾描结构格网，然后将第一

张一层平面完成的图示分析图放其旁边，按照一层平面既定房间布局秩序如数纳入结构格网中，完成一层平面方案框图。

用第三张工具画结构格网图，将第二张二层平面完成的图示分析图放其旁边，按照二层既定房间布局秩序如数纳入结构格网中，完成二层平面方案框图。

用第五张 A4 拷贝纸覆盖在第四张一层平面方案框图上，描出平面外轮廓作为屋顶平面，并完成场地的总平面内容设计。

至此，考试的方案设计通过 5 张 A4 拷贝纸的操作大功告成。

三、同步思维各设计要素

方案设计实质上是一个不断解决设计矛盾的过程，矛盾的发展规律又决定了方案设计过程中诸多设计要素总是互相牵扯在一起，诸多设计矛盾也总是彼此影响着。而且，这些设计要素、设计矛盾又互为依存、互相转化。前一设计步骤的设计问题解决了，后一步骤的设计矛盾又上升为主要矛盾。因此，应试者既不能孤立地看待单一设计要素，也不能就事论事地解决某一设计问题。而应采取联系起来看问题的方法，同步考虑此设计要素或此设计问题与彼设计要素或彼设计问题之间不可割裂的关系。应试者只有运用同步思维的方法才能站在方案设计全局的高度，统筹解决好各个设计子系统之间若干相互关联的设计问题。

从设计程序的实际操作来看，各个设计步骤所担当的设计任务和所面临的设计矛盾虽然各不相同，但是，不同设计步骤的设计矛盾是相互渗透、相互影响着的，这就决定了设计程序的各个步骤的阶段性又是模糊的。正因为如此，应试者在思考当下设计阶段的问题时，要瞻前顾后，既要受到前一步设计阶段性成果的制约，又要为下一步设计的展开创造有利条件。而当下这一步设计的工作又不完全被动服从于前一步的结果，有时为了自身设计要求得到满足，又会反作用于前一步设计成果，使之作出适当让步。有时，当下这一步设计的思考也不能只为眼前自身着想，还要如同下棋一样走一步看三步，为下一步创造有利条件，而不是埋下问题的隐患。总之，设计程序各步骤运行的模糊性决定了思维方式的同步特征。

那么，在按设计程序展开方案设计时如何进行同步思维呢？

1. 设计程序前后步骤同步思维

任何一项方案设计都是从场地设计入手的，但场地设计与建筑设计又是互为因果，紧密关联的。这就是说，当应试者进行场地设计考虑环境诸因素时，既要注意到城市环境条件对场地设计的出入口和"图底"关系的限定，又要同时照顾到建筑自身功能对场地设计的要求。从方案设计操作上看，应试者是在研究场地设计的环境问题，但头脑里也在不停地思考着建筑的功能要求对场地设计的限定。应试者只有在这种同步思考环境与建筑的互动关系中，才能最终落实场地设计的两大主要设计目标——出入口定位与"图底"关系。

当设计程序开始对建筑单体进行研究时，虽然图示表达是在进行平面设计的分析，但是，头脑中却始终都要同步想到场地设计的阶段性成果对平面功能的制约，而使平面功能分析成为有据可依的设计。

同时，在设计程序各步骤之间，应试者思考与解决当下的设计问题时，也要同步思考其对相邻设计步骤的影响。这样才能每走一步，都能踏实稳妥一步到位地解决设计问题，从而避免了方案设计的反复修改。

2. 一、二层平面设计同步思考

当应试者思考一层平面图示分析时，如果一、二层平面有着功能的直接关系，则一层平面设计程序不可从起步一直走到底。因为一、二层平面上下功能是否对应，要及时得到验证或修改，以免一层平面设计程序孤立进行，而与二层平面功能发生矛盾再予以纠正时，会大动干戈。何况进行到设计程序第四步研究交通分析的垂直交通手段配置时，一、二层平面必需同时完成设计程序第三步房间布局的分析任务。

因此，应试者在方案设计中，当一层平面的图示分析走完设计程序第三步时，要及时上手启动二层平面的图示分析，使之同步走到设计程序第三步。此时应试者需要检查一下，一、二层平面上下功能是否对应。得到确认后才可以分别完成设计程序以下各步骤。

如果上下层平面没有功能关系，如2004年"医院病房楼"试题，一个在三层是病房区；另一个在八层是手术区；则可分开各自走设计程序，不受同步思维制约。只是这种情况并不多见。

3. 平面设计与结构形式同步思考

方案设计的平面功能与结构形式如同人体的肌肉与骨架一样，总是紧密融为一体的。故应试者在方案设计中要两者结合起来同步思考。

例如，应试者在进行设计程序前几步对平面功能进行图示分析时，虽然重点在思考平面的各出入口、功能分区、房间布局、交通分析等设计问题，但是在了解题意时，对其结构形式心中就应该有个底，以便进行平面图示分析时有所启示或有所制约。如2009年"中国驻某国大使馆"试题，应试者在解读设计任务书时，就该想到大使馆办公部分是公共建筑，宜为框架结构；而大使官邸是居住建筑，平面可以做得自由些，宜为砖混结构。这样，平面设计可以充分体现其不同的建筑个性。等到设计程序进行到第六步建立结构体系时，就可分别以框架结构和砖混结构两种形式进行组合。其中，框架结构是依据大使馆办公部分平面的特点而形成，所有房间在结构框架内落实并服从于结构逻辑，而不能根据房间面积随意在结构框架内填塞。官邸结构形式应服从官邸平面功能设计的要求，并作适应性的调整。

由此可以看出，在应试的方案设计中，平面设计应是主角，而结构形式是配角，即结构形式必须适应平面设计的需要，而不可以预先以一个缺乏依据的结构形式去束缚平面设计的合理生成。而平面设计也应该是一种有依据的设计，依据之一就是合理的结构框架。既要保证房间布局的秩序性，又要兼顾结构形式的合理性、逻辑性。要想做到这一点，应试者就要在方案设计中将平面设计与结构形式同步思考。

第三节 绘 图 方 法

怎样又快又好地完成考试作图，对于该科目的考试来说至关重要。因为阅卷人只看结果不看过程。如果应试者时间安排不当，来不及绘制总平面图，就会被扣除15分左右。如果缺二层平面图，问题就更大了。如果应试者画图潦草，阅卷人辨认不清，扣分会从严处理。但倘若应试者不但画图按时完成，而且绘图质量上乘，阅卷人必定会产生好感，这样，应试者也就获得了印象分。

看来绘图在阅卷扣分表上虽然分值甚微，但应试者的绘图速度与质量对于能否按时、按要求完成作图，以及能否获得"印象分"，却是至关重要的。这就要求应试者在绘图方法上注意以下几个问题。

1. 用具使用得心应手

"工欲善其事，必先利其器"。应试者选用得心应手的绘图用具是提高绘图效率和绘图质量的前提保证。不但考前要备好备齐，而且要经过试用认可。应试者绘图所需绘图用具包括：

（1）软铅笔（HB、B）宜作为图示分析草图用，因铅芯粗细适度，便于以粗线条随意画气泡，表达设计意念而忽略对细节的关注。硬铅笔（H、2H）和自动铅笔适宜打结构格网和画定稿图，其线条明确清晰。

（2）墨线针管笔（0.2）一支，用于描正图，一定要保证运笔流畅，不出现出水过快或堵塞现象。

（3）黑色马克笔一支（宜为圆头），用于描图点柱网。

（4）二号图板宜自备。有些考场配发的是旧图板，表面凹凸不平，或周边不平直，不但影响绘图心情，绘图质量也难以保证。自备图板表面最好事先裱好一张白纸，以衬托拷贝纸，使所画线条清晰醒目。

（5）有机玻璃丁字尺或一字尺画水平线或垂直线作为依靠用，刻度边应直挺、无弯曲。刻度边稍倾厚度变薄，以免影响针管笔着墨线时的正常运笔。长度宜为90cm，以便与图板匹配。若丁字尺伸出图板太多，则易受它物碰撞；若太短，将导致绘制长水平线不到位，而造成困扰。

（6）三角板一副，包括直角边约为24cm的45°三角板和长直角边约为30cm的30°三角板各一个。若三角板太大，占桌面过多而使用不便；太小，则长垂直线画不到头，都会影响绘图速度和质量。

（7）比例尺最好用三棱尺，以10cm长的小三棱比例尺为宜，使用灵活，不占桌面。

（8）拷贝纸事先裁成A4大小若干张（有些考场不让自带拷贝纸是没道理的；甚至只发不透明的白纸给考生，这完全是外行人的做法）。

以上是最主要的绘图用具，其他如橡皮、胶带纸、双面刀片等小用具都不可遗漏。

2. 单纯画图，不思方案

应试者从画定稿图开始就意味着中止了方案设计任务，好坏就是它了。下面的工作就是一心一意完成绘图任务。因为，对于考试来说把图画完才是最主要的。

因此，在画铅笔定稿图时，纯粹是抄图放大。即使应试者对方案有些许不满意也只能认了。若不甘心再费时修改，那就掉进了思考方案的无底洞而不能自拔，其后果可想而知。而描正图阶段更是考试到了临交图的关键时刻，应试者不能有任何修改方案的企图，否则能否按时交图就成问题了。

3. 忙而不乱，紧张有序

由于应试的绘图工作量较大，留给画图的时间并不充裕，因此，多数应试者会感到心急火燎、手忙脚乱。其实，应试者越是这样心绪不宁，慌里慌张，就越是事与愿违。甚至有求于双线笔救急或偷懒绘制单线图，直至潦草对付了事。

真正绘图的状态应是忙而不乱，紧张有序。"忙"是毫无疑问的，要在规定时间内画完图就不能慢条斯理。但要做到"不乱"并非易事，应试者只能在考前多次操练，即便是临阵磨枪也要熟悉一下握笔画线的感觉。有了画图的感觉才有底气，才对自己知根知底。而"紧张有序"则是指画图过程，正是因为时间有限，画图量大，才更要按画图程序进行。画图的正确程序，在第一章第八节"考前复习方法"中已作详解，故不再赘述。

4. 按需作图，深浅一致

任务书对绘图已提出具体要求，应试者就老老实实照此办理，要求注明相关数字、文字、符号的，一个也不能漏。切不可因为绘图扣分值小就马虎将就，这样不仅会失去"印象分"，也可能导致阅卷人的误判。

三张规定的图纸一定要均衡用时，不可厚此薄彼。比如一层平面用时过多，导致二层平面表达苍白无物，甚至根本没时间画完，后果就悲惨了。因此，临场把握好每张图表现的度，也是不可小觑的。

5. 表达明白，交代清楚

表达明白就是设计应该怎样，就该怎样表达，而不要过分失真。比如，楼梯长度画得太短，梯段长度几乎等同于梯段宽度，因明显的表达失误被扣分显然不应该。又比如，总平面图的屋顶平面与一层平面长宽比例明显不符，也是因表达不明白而导致的失分。诸如此类，不是因为应试者设计失误而是作图不动脑筋所致的错误，一定要尽量杜绝。

交代清楚就是画图不要过分潦草，线要横平竖直，数字要填写正确，文字不要龙飞凤舞，墙线接头宁可交叉出头也不要互不搭界，等等。这些画图细节若有疏忽，且比比皆是，虽不一定扣分，但让阅卷人看了心里不舒服，也许就会在设计问题的扣分上从严处理。

第四节 应 试 技 巧

建筑方案设计的特征之一，就是设计成果没有标准答案，设计过程长短有别，但设计质量却有优劣、高下之分。这其中有方法运用的因素，也有技巧施展的因素。对于建筑方案设计（作图）科目考试来说，应试者都希望设计过程不要冗长，更不要迂回反复，也都希望拥有事半功倍的好办法。因此寻找一点应试技巧是可以理解的，但绝不可以投机取巧。因为应试技巧也是要以设计基本功作为前提的，也要依托于平日设计素养的切实提升。

笔者总结出以下几点应试技巧，希望可以启发应试者：

一、寻找最简便的设计思路，避免方案设计陷入迷途

应试者应试建筑方案设计一定要明白这仅仅是考试，不是投标或做项目设计，那就怎么简单怎么做，千万不能把问题复杂化。特别是对于某些看似不解实则不难的试题，不要按常规思维定式想问题，要设法找一条捷径让复杂问题简单化。尽管这不是应试者一厢情愿的事，但向这方面努力还是有机会的。

从历年命题状况来看，免不了有时原本简单的设计路线被某些设计条件的假象所掩盖，搞得应试者由于惯性思维使设计走上费时费力的方向。其实，应试者在解读设计任务书时，只要脑筋稍微灵活一点，抓住某些突破口，就会使方案设计柳暗花明，走上一条简明顺畅的设计路线。

例如，2004年"医院病房楼"试题，熟知病房楼设计原理的应试者一看到题目是病房楼，就会在脑海中立刻浮现传统病房楼平面标准模式之一，即板式平面模式，且主要分为病房区、护理区和医务区三个板块，其间为两条中廊；而手术层分为洁净区、半洁净区和清洁区也是三个板块双走廊。这是最简单的病房楼平面模式之一，设计起来相当容易。但是，用板式建筑设计该试题，也出现其建筑长度突破建筑控制线 0.4m 的问题，这需要应试者一方面认识到 0.4m 就等同于两块砖的厚度，建筑长度缩回来不是难事；另一方面坚信要用最简单办法去解决难题。即设计任务书提出，单床病房与三床病房面积差为 7m²，而病房尺寸皆为 3.6m×6.0m。那么单床病房既要减去 7 m²，又要满足开间与进深尺寸要求，如何解决这个矛盾？这就是把单间病房在进深方向分为两个区，在病床范围要保证其开间为 3.6m 占据病房一端，另一端缩小面宽作为探视接待区。这样两间毗邻单床病房的病床区和探视区在进深方向错位颠倒布置，就解决了建筑长度既保证 14 间病房全部朝南，又使各病房开间与进深尺寸符合任务书规定。这样一来，设计思路一通百通，按设计程序展开设计就非常轻松简单了。

又如 2006 年"住宅"试题，用地条件虽然非常苛刻，但应试者应当坚持采用住宅设计一梯两户板式建筑的惯常模式，但是 88m 面宽的用地条件又难以做到标准层安排 16户，且都要满足日照、景观要求。为此，应试者不要轻易放弃隐藏着的简单办法，而迫使设计走上错综复杂的道路。从设计任务书的暗示中可以发现突破口，即平面可以南偏东和南偏西转 45°，标准层户型为 10 套二室和 6 套三室户。应试者应该马上想到日常的住宅设计多将大户型放在端单元，以便利用山墙开窗解决多室采光问题。再进一步想任务书为什么就给 6 套三室户？而不是 5 套？7 套？由此分析需要 6 个山墙头，即把一栋板式住宅拆成三栋不就出来 6 个山墙头了吗？在单元组合中将较长的一栋正南北放，两栋短的各自南偏东 45°和南偏西 45°放。应试者只需用一个二室户和一个三室户两种户型，就轻易地解决了看似难以完成的住宅设计。

二、熟知设计原理，避免方案设计弄巧成拙

应试者若打算参加建筑方案设计（作图）考试，就应广泛学习和了解各种类型建筑的设计原理。对于试题中考到自己并不熟悉的建筑类型，应试者也就只能认真阅读设计任务书提供的功能关系图了。但这样做属于被动地应付考试，容易因为试题本身的不严谨或错漏，以及应试者对功能关系图的错误理解，而使方案走入死胡同。

例如，2008 年"公路汽车客运站"试题，不少应试者担心站房由于进深大，中心部位会出现黑房间，于是到处挖天井，甚至挖得千疮百孔。结果，若干次要小房间虽然见了光，可是房间整体布局却支离破碎，流线增长，真可谓得不偿失。其实，应试者若熟知设计原理，又有一些生活常识，就会知道旅客大厅空间较高，玻璃幕墙落地，其大厅室内阳光充沛、明亮宽敞。而站房中心地带一些为旅客服务的区域多为开敞式柜台服务，即使售票室也是通透的玻璃售票口。所有这些服务用房皆为间接采光，根本不属于黑房间。因此，也就不必到处挖天井了，设计起来不是就简单多了吗？

又如 2012 年"博物馆"试题，应试者如果非常熟知设计原理，就会知道在其功能分区的三大组成部分，即使用（陈列区、报告厅、观众服务区）、管理（技术与办公区）和后勤（藏品库区）的相互关系中，藏品库区一定是夹在使用与管理两功能区之间的，它是没有直接对外出入口的，因而不需靠外墙。因为，所有进入博物馆的文物必须先经技术部门藏品前处理的流程才能入库。这样，三大功能分区的配置就呈三者依次前后紧邻的关

系，房间布局也就简单明了多了。若应试者对此设计原理不清，就会按常规功能分区配置办法呈三足鼎立，将藏品库区置于东北角，这样似乎简单明了，却会造成后续一系列的困难局面，诸如由于藏品库区占据了一部分原本属技术与办公区的势力范围，使后者不得不做成中廊形式，而靠中廊里侧的若干房间便成了黑房间。为了使这些黑房间采光，又不得不挖天井，等等。最终使房间布局缺少章法，方案品质下降。由此可见熟知建筑设计原理的重要性。

三、慎读设计任务书，避免方案设计出现麻烦

应试者都希望设计过程高效顺畅，为此，除了按题作答外，还应对设计任务书有准确到位的理解。这不但是建筑师应有的职业素质，对于考试，有时也的确可能把问题化繁为简。

例如，历年试题的"用房及要求"表在功能分区一栏中，各试题的功能分区多少不一，一般分为4~5个功能区。而本书在第二章第二节"设计方法"中，当阐述设计程序的第二步功能分区时，建议归纳为"使用"、"管理"、"后勤"3个功能区。其目的一是把3个功能区性质明显分开；二是把3个功能区当成3个"房间"来看待，因"房间"数量少，布局起来就十分简便，而且阶段性成果可完全保证正确无误。

比如，2013年"超级市场"试题，可以把表中的5个功能区，即顾客服务区、卖场区、进货储货区、内务办公区和外租用房区的第1、2和5三项合并为使用功能区，这样，应试者面对3个功能区布局起来，就更加容易些。诸如2012年"博物馆"试题把陈列区、报告厅、观众服务区三者合并为使用功能区；2011年"图书馆"试题把公共区、阅览区、报告厅三者合并为使用功能区；2009年"中国驻某国大使馆"试题把办公区和签证区合并为管理区（前者为对内办公，后者为对外办公）等，都是一种把复杂事物简单化的窍门。

其次，历年试题所提供的功能关系图多多少少存在着图示含糊不清、笔误，甚至表达不当的现象。应试者面对任务书若毫无独立思考地顺从照办、按图索骥，就会将错就错。至少说明应试者缺乏设计功底，且设计素养不高，更要警惕不能成为现实中的一种职业习惯。若应试者具有一定的设计能力和专业背景，也能看出功能关系图中明显不当之处，就可以经过分析判断纠正其偏颇。这不但避免了被功能关系图偶尔出现的不当之处误导，也由此避免了方案设计的错误。

比如，2013年"超级市场"试题的功能关系图，在图示一层平面功能关系时，误将商铺与茶餐厅和二层快餐咖啡在一层的门厅三者打包在一个功能气泡内，且与顾客服务功能气泡有连线关系。不少应试者因此在方案设计中，将12个商铺背后用走廊连成一线，并设门通向顾客服务厅，甚至也有应试者将各商铺开后门直接进了卖场。其实，应试者在解读任务书设计要求时就应该明白，商铺是独立对外经营的，商铺小气泡不应该包在外租用房大气泡内，应该单独拿出来，与任何其他功能气泡毫无连线关系。应试者若这样独立思考了，就不会上当。

又如2011年"图书馆"试题，一层功能关系图的报告厅气泡位置被挂在左下角，容易使设计基础差的应试者误读，在方案设计中也照此布局。结果平面图形就呈横卧的"日"字形，由此造成报告厅的诸多问题，如报告厅为单面采光，各房间布局缺少章法，管理区与办公区联系薄弱等。如果应试者有独立见解，视报告厅的观众厅与阅览室同等地位，只不过前者通过"听"获得知识，后者通过"看"增长见识。那么报告厅的观众厅气泡的位置，就应对应于阅览室气泡，只有报告厅的门厅气泡挂在功能关系图左下角，并与图书馆门厅用线连上。这样，方案图形就应该是横卧的"目"字形。由此，设计进程一下子就顺畅起来，从而达到事半功倍的效果。

诸如此类，应试者在应试中，既要按任务书的要求去设计，又要有自己解读设计任务书的独力分析与见解，只有这样，才能使方案设计少走弯路，设计目标少出差错。

第五节 临 考 忠 告

多数应试者下了很大的工夫投入考前复习，就是为了考试的那6小时，可谓万事俱备，只欠东风。这个"东风"就是应试者临场发挥的状态。因此，有必要在此给应试者提出一些忠告：

一、临考前准备充分

临近考前的各项准备工作虽然看起来有些琐碎，但是，若对此稍有疏忽，就很可能大意失荆州。因此，应试者考前应做好充分的准备。

1. 心理准备

应试者为考试而下工夫复习准备，这就有了通过考试的前提。但是，应试者的心理状态是否稳定，也是考试取胜的重要因素。特别是经历过多年考试仍未及格的应试者，随着成绩有效期限的临近，心理压力会随之加重，如同站在悬崖上背水一战。这样的心理状态虽然可以理解，但它却反而让应试者心里背上了沉重的十字架，很难有良好的临场发挥。因此，尽快卸掉心理包袱，回归正常心态，是这些应试者的当务之急。

对于一些跨专业的应试者，由于建筑学专业背景较浅，多少会有些自信心不足。建议这些考生从自己的优势方面去想。比如，从事建筑设计工作多年，有丰富的实践经验，备考复习肯下功夫，对设计方法领会较快，练习做题收效也较大，这些都是应试的实力，应该充满信心去迎接挑战。如果确因设计能力仍有差距而应试失败，自己也会心服口服，大不了明年再来。只要看到自己学习有进步，设计能力有提高，通过考试就是指日可待的事。

对于那些本科毕业的应试者，即使设计水平高超也不要过于自信。因为该科目的考试要求与学校的课程设计和设计院的方案投标完全是两码事。建议这类应试者考前一定要调整心态，绝对不要小视该科目考试的难度。

总之，不管是哪一类应试者，考前都要有一个调节心态的过程。只有信心满满，才能斗志昂扬地上考场。

2. 生理准备

应试者参加建筑方案设计（作图）科目考试，既需要大强度的脑力付出，又需要有充沛的体力支撑。因此，应试者为此要早做准备，在临近考试前要注意身体，加强营养，劳逸结合，保持精力；生活节奏要有规律。

为了以充沛的精力、清醒的头脑、轻松的心情迎接第二天的考试，应试者考前可以给自己放个假。这一天不必再复习做题了，可以听听音乐、看看电视，晚上早早睡个好觉，卸掉一切心理负担，准备第二天轻装上阵。

二、考场中沉着应对

应试者走进考场大有决战沙场，成败在此一举的雄心壮志。决心是要有，但沉着不可无。因为，考场中意料之外的事时有发生，应试者要作好积极应对的心理准备。

1. 冷对考场氛围

进入气氛紧张凝重的考场，面临一年一次的闯关机遇，应试者免不了会紧张；但此时，一定要努力放松心情，把一切杂念和压力化为乌有。只有这样，应试者才能把思绪集中在对试卷的关注和对方案的思考上。

2. 冷静解读命题

应试者看到试卷时，可能会出现两种情况：

一是命题正是应试者熟悉的建筑类型，复习时也做过练习，甚至听课时老师也详解过。此时，应试者千万别以为正中下怀而狂喜。因为，考试命题的设计条件绝对不会与应试者复习时做过的习题一模一样。这种设计条件的变化，必将导致设计路线全然不同。因此，应试者面对熟悉的命题，首先要平复心情，冷静下来把设计任务书的设计条件看明白。其次，要把复习时的方案设计结果完全忘掉，不要受其影响。要一切从零开始，现场发挥，因题作答。

二是命题完全出乎应试者意料之外，而且建筑类型较为陌生。此时，应试者千万不要心慌意乱，要按照本章第一节所述审题方法，稳住心态，认真地解读任务书。当应试者思绪渐入题意后，对方案设计心中也有了大致想法，就不至于乱了阵脚。手足无措了。

3. 排除考场干扰

考试过程中，总有一些意想不到的干扰因素，或多或少影响着应试者的心情，甚至设计行为。比如，考场周边的施工噪声、考场门外走廊上的谈笑声、监考人员巡视考场晃动的身影、图桌又小又挤无处摆放用具的烦恼、不让自带拷贝纸只能在提供的绘图纸上做方案草图的无奈，等等。对于这些意外干扰，应试者要增强自己的抗干扰能力，集中精力思考方案设计。

三、设计时有条不紊

1. 按时间计划展开设计

应试者在6小时内要完成四项考试任务：解读设计任务书、方案设计、绘图、检查，一个都不能少。至于四项任务怎样分配时间，要因人而异。但一般规律是前两项与后两项各占一半时间。而解读设计任务书少则一刻钟，多则半小时，不要为了急于设计上手而对设计任务书的要求一知半解。因此，真正花在方案设计上的时间只能是2.5小时左右。到时应试者必须停止方案设计工作，即使对方案不满意，也只能到此为止。在此后的3小时中，至少要留10分钟左右检查，把笔误改正过来。

如果应试者绘图非常熟练，可以压缩一点绘图时间给方案设计工作，但油水不大。若应试者绘图技能较差，只能挤占一点方案设计的时间了。因为，把图画完才是考试的主要矛盾。

2. 按设计要求展开设计

前述中多次提到，考试就是考试，应试者要做的就是按题意作答。不要把日常工程设计的问题带到考场上来，更不要钻牛角尖。记住，凡是设计任务书要求应试者做的事，一概要做到；凡是设计任务书没要求应试者做的事，一概不要多想。除非应试者专业能力很强，认为设计任务书的阐述、表达、解释等不尽完善或有错误，而自己又善于独立思考，坚持真理，不为分数，完全可以很有把握地按自己的意志设计。

比如，2013年"超级市场"试题，要求在卖场区内设无障碍电梯。但是，按照《建筑设计防火规范》第5.5.14条的规定，公共建筑中的客、货电梯"不宜直接设置在营业厅、展览厅、多功能厅等场所内"。从规范条文说明中可以进一步了解到：电梯井在火灾时很可能会成为加速火势蔓延扩大的通道，而卖场区又是人员密集、可燃物质多的大面积扁平空间，火势、烟气蔓延填充均较快。因此，卖场区内不应有电梯。但是，应试者不在卖场区内设电梯，作为考试规则就要被扣分，那就要给无障碍电梯增设防烟前室。也许应试者并没有想这么多，按设计任务书要求在卖场区内随处放了一部无障碍电梯而未设防烟前室，也不会被扣分。看来，两者虽然都在卖场区内放了无障碍电梯，但是设计意识却是完全不同的。

又如，2005年"法院审判楼"试题，在设计任务书的功能关系图中，把信访立案区与审判区用线连接，意味着两者有一定功能联系，应试者可以按任务书要求将信访立案接待厅和审判区公众门厅连通。但是，有应试者认为信访立案区与审判区是法院的两个独立部门，根本就没有功能关系，可以用墙将两区隔开，使之不发生功能联系。在不同的应试者对该功能关系图不同的认识和处理中，后者是正确和有胆量的。

3. 按设计规程展开设计

（1）一定要按方案生长的规律行事，即按正确的设计步骤，有序地、一环扣一环地将方案设计进行到底。应试者这样做了，不但可使设计路线顺畅，能够一步到位地达到设计目标，而且可以把失分的现象减少到最低程度。

（2）一定要按良好的设计操作规程，促进方案设计有条理地展开。比如用两张A4拷贝纸完成1：500一、二层平面功能分析草图的操作，另用两张A4拷贝纸完成平面功能分析草图在1：500结构框架图内向方案框图的转化，以及进行设计程序的第一个步骤时，习惯于将拷贝纸覆盖在地形图上，完成场地和建筑出入口定位并解决"图底"关系等，这些良好的设计操作习惯不但有利于设计思路的连贯性，而且适应了方案生成从模糊概念向目标明确的演进，促使设计目标水到渠成。

4. 按抓大放小展开设计

应试者在6小时内欲想面面俱到地做一个完善的方案设计几乎是不可能的，何况应试者真正花在方案设计上的时间不足3小时。那怎么办？

（1）抓大放小

所谓"大"是指方案性、全局性的设计问题，比如，建筑的各出入口位置一定要正确；平面三大功能分区一定要明确；各房间布局一定要有序；交通流线一定要清晰。也就是本书所阐述的正确设计程序的前四个步骤，应试者务必紧紧抓住。应试者若做到了，则作为方案设计考试至少可保证已经跨入及格分数线的门槛。至于房间面积不够，房间形状异样，出现暗房间，丢失个别房间，格网尺寸不合适，绘图有点潦草等纯属枝节问题，完全没必要为此耗费过多的时间和精力，以免影响对"大"问题的思考与解决。若应试者在方案设计过程中始终注意"抓大放小"地处理设计问题，考试过关应该是没问题的。当然，应试者若有能力、有时间尽量解决好上述方案设计的"小"问题，则取得高分也是很有可能的。

（2）抓主舍次

在解决设计问题时，通常会有多种设计矛盾纠缠在一起，或者对待这些设计问题会有不同的解决办法，或者在选择解决设计问题的办法时不能两全其美等。每每事到临头都需要应试者分清设计矛盾的主次关系，辩证地看待得与失。比如，2008 年"公路汽车客运站"试题，在确定建筑各入口位置时，旅客进站入口在南，旅客到站出口在西，毫无疑问。关键是内部工作人员入口和厨房货运入口如何在剩下的东面和北面确定入口位置？两者谁都不愿意把入口放在北面，都怕与到站旅客流线发生冲突，但又不能两者都挤在东面。此时，应试者就要抓主舍次，有失才有得。两者相比当然要先保证厨房货运入口放在东面，因为餐厅在东面，而且它是万万不能与到站旅客流线发生相混交叉的，只好牺牲办公入口放在北面。但可将办公入口尽可能移到旅客出站流线东端的尾巴处，并以某种设计手法，将办公入口与到站旅客流线隔开，以减小相互干扰。上述对待设计主次矛盾的辩证思维正是应试者考试时要加以吸取的。

（3）确保完成绘图

建筑方案设计（作图）考试的两大任务是设计和绘图。对于考试过关来说，两者都很重要。若应试者两项考试任务都能完成得很好，当然最为理想。但是，往往多数应试者难以做到。此时应试者保证完成绘图是"大"，设计方案留有遗憾是"小"。一定不要失控，无限制地花时间在方案设计的完善上。完不成绘图任务就是真正的因"小"失"大"了。

第六节　失　误　点　评

应试失误在所难免，但是，能否把失误减少到尽可能低的程度？关键在于应试者在一些具体问题上能否保持清醒。为了帮助应试者提高认识、少犯错误，笔者归纳了导致考生失分的几类常见错误。

一、解读任务书失误

设计任务书是应试者展开方案设计的指导性文件，必须认真阅读，否则将导致方案设计问题百出，甚至直接造成考试失败。此类失误主要表现为：

1. 解读设计任务书囫囵吞枣

比如，2004 年"医院病房楼"试题，不少应试者匆忙看一遍设计任务书，把关键的地形图指北针指向看漏了，想当然地把病房楼横着放在建筑控制线之中，结果苦苦设计了6 小时，却因病房楼呈东西向，只能以失败告终。

又如，2013 年"超级市场"试题，也有不少应试者心急，不愿意在建筑设计要求第（6）条上多看两遍，认真理解"二层卖场区的安全疏散总宽度最小为 9.6m，卖场区内任意一点至最近安全出口的直线距离最大为 37.5m"的真正含义。结果二层卖场区一部疏散楼梯也没有，全部借用毗邻防火区的楼梯疏散，导致被扣分。

因此，应试者抽出一点时间认真看清题意，以免答非所问是必需的。

2. 解读了设计任务书，但理解有偏差

有时，应试者虽然注意到了设计任务书提及的设计条件或要求，但是，没有想对路子，因理解出现了偏差而导致设计失误的情况也时有发生。

比如，2013 年"超级市场"试题，在地形图上交代了用地东面是商业区，结果有应试者想当然地认为自己不能把超市的后勤供货入口对着毗邻的商业区，而放到了北面，反而干扰了用地北面居住区住户南向卧室的正常生活。且由于后勤供货入口定位的错误，又导致了内部功能分区和房间布局等方案设计的一系列紊乱。其实，在超市与毗邻的商业区之间根本没有城市道路，因此，商业区不可能在面对超市的西向设有门面房。

又如，2010年"门急诊改扩建"试题，在任务书地形图上标明了用地周边三条道路为"院内道路"，这意味着它们不是城市道路，而与方案设计有密切关系的唯一一条城市道路在整个医院用地的东面。因此，门急诊楼的门诊和急诊两个主要入口应布置在院内道路的东面，面向城市以迎合人流来的方向。而有些应试者因对道路条件理解偏差，导致将重要的门诊或急诊入口放在了南面的院内道路上。

由此可见，应试者在解读设计任务书时，不可一知半解，应在综合分析后得出正确的理解。

3. 解读了设计任务书，但忽略了暗示条件

有时，应试者在解读设计任务书时的失误完全是粗心大意，特别是对于设计任务书提供的某些暗示条件没有多加留意，而错过了方案设计走上最佳路径的机会。

比如，2010年"门急诊楼改扩建"试题，在任务书提出"病人候诊路线与医护人员路线必须分流"。应试者不清楚医患分流的概念，出题人预料到应试者对此的困惑而提供了一份内科门诊医患分流的平面模式图，应试者只要注意到并弄懂医患分流的设计要点，那么，其他科室门诊的平面照此处理不是很容易了吗？结果，就是有应试者忽略了这一暗示条件，致使方案设计走了弯路，做起方案来又苦又累，甚至全盘皆输。

又如，2013年"超级市场"试题，设计任务书提供了若干图示，其中一项就是收银台的模块尺寸。这就是一个暗示条件，应试者只要想到10组收银台排列要想不与柱网打架，只有让柱网尺寸成为收银台尺寸的倍数，那么结构方格网的尺寸也就定下来了。

由此可见在设计任务书提供的设计条件中，每一个图示，甚至每一根线条都是有用意的，应试者对此务必不要轻易放过。

4. 解读了设计任务书，但曲解了文字含义

对于设计任务书的文字表述，应试者也不能望文生义或歪曲理解，否则也会犯下一些低级错误。

比如，2013年"超级市场"试题，在"二层用房面积及要求"表中，要求特卖区块和办公体育用品区块靠墙设置，竟然有应试者误以为要靠外墙，一字之差导致应试者为二层卖场区只有一面西外墙，如何布置两个区块而大伤脑筋。

又如，2007年"厂房改造（体育俱乐部）"试题，在设计任务书阐述扩建部分的设计要求时，指出"扩建部分为二层"。有应试者望文生义将全部厂房扩建部分布置在二层，而一层因没有房间内容只好做架空层。造成此后果的原因，一是设计任务书的文字表述不严谨，"二层"应是特指第二层，误导了应试者的设计走向；二是应试者根据题意应看出设计任务书用字不当，本意应该是指扩建部分为两层。但过于教条，而缺乏思辨的头脑，结果倒霉的还是应试者自己。

二、设计过程失误

这是多数应试者应试失误的重灾区，表现在设计程序的前四个步骤失误最多。

1. 建筑出入口定位错误

这种错误不仅为此而扣分，而且由此带来后续设计环节上的一系列错误，如功能分区不合理，房间布局乱套等。可见，第一步出入口发生错误，将一错到底。

2. 功能分区不正确

这个问题的产生完全在于设计程序的第一步即建筑出入口定位出了问题。因为各功能区在"图"中的范围是跟着各自建筑入口"跑"的。因此，只要第一步建筑出入口定位正确，那么功能分区一般也不会出错。应试者若能做到这一点，应该说，设计程序的第二步就可以轻松搞定。

3. 房间布局紊乱

这种设计失误较为普遍，表现在房间布置缺乏章法，各房间之间的功能关系处理不当，个别房间为黑房间，或者面积与规定要求相差过多，或者遗漏缺失房间等。应试者要想在房间布局这一步尽可能少失分，只有按正确的设计方法展开设计，特别是在设计程序的第三步，一定是通过从整体到局部"一分为二"的分析方法，逐一将房间分析到位。只有这样，才能保证每一个房间都位置准确、秩序井然、无一漏网。

4. 楼梯配置失当

方案设计的楼梯配置包括上去的交通楼梯和下来的疏散楼梯两类。在这个问题上一些应试者也会出现错误。

比如，主要交通楼梯在大厅或门厅中较隐蔽，凡进大厅看不见主要交通楼梯的一般都要扣分。应试者要想避免因此而扣分，宜将交通楼梯布置在大厅侧面，一方面位置突出，另一方面可以将一、二层人员尽早分流。

对于疏散楼梯的位置一定要保证安全疏散距离符合规范要求，这是应试者比较熟知的，之所以应试者会在这个问题上出现错误，多为一时疏忽。应试者只要谨慎点，不要粗心大意，是完全可以避免因失误而被扣分的。

此外，需要提及的是，对于自动扶梯或自动坡道这类垂直交通手段的设置，许多应试者概念是不清的。比如，2013 年"超级市场"试题，设计任务书要求在一层顾客服务区内"设一部上行自动坡道供顾客直达二层卖场区"。于是，不少应试者将此自动坡道占据一层卖场区空间，直上二层卖场区内。结果，二层顾客完全可以购物后，反向从此自动坡道不经一层收银台走出超市外。这个问题出在自动坡道上至二层后是直接进了卖场"房间"，而缺少一个过渡的公共空间。在卖场与公共空间之间还应设电子检查关卡，防止有顾客不交费从此自动坡道溜走。上述道理如同楼梯不能直接上至二层房间内一样，需要在楼梯与房间之间增设一个过渡的公共空间。在这里把楼梯置换成自动扶梯，应试者就全然明白了。

三、绘图失误

绘图是应试的最后一个阶段，其设计成果的表达也是阅卷时对应试者评判能否考试通过的唯一依据。往往在这个问题上，不少应试者因失误而影响考试成绩，甚至功亏一篑。

1. 图纸不全

建筑方案设计（作图）科目考试的成果只要求 1 张总平面图、2 张平面图。可是，有的应试者因来不及画图，总图交了白卷，甚至只勉强画完一层平面图。在这种情况下，缺 1 张总平面图还有情可原，至多扣掉总图 15 分左右；而缺了二层平面图，就别指望及格通过了。之所以应试者来不及画图，关键是对时间计划不周，没有在 6 小时内事先预留至少一半时间画图；或者应试者对时间计划控制不严，造成绘图工作完不成。

2. 图纸内容缺项错误

在两张平面图的表达中，应试者漏画房间；或在总平面图的表达中，未表达某些要求的室外环境要素，如车位数、建筑入口标注等。造成失误的原因，一是匆忙赶图照顾不及；二是方案设计不到位，存在先天缺陷；三是笔误所致。应试者避免此类失误的办法是方案设计时就要把关，特别是在设计程序第三步进行房间布局分析时一个也不能漏，其次是画图时要有条不紊，照顾周全。

3. 图面潦草

应试者画图表达清楚与否，对于阅卷来说也是很重要的。应试者往往匆忙赶图，又加上画图基本功欠缺，图纸质量就大受影响。虽然其直接导致的扣分并不多，但是因此失去阅卷人的感情分，导致其对方案设计中的错误从严扣分就是大事了。

第三章　历年真题与设计演示

本章主要的内容是针对历年试题进一步阐述正确的设计思维方法与正确的设计操作方法，其目的在于三个方面：

一是有的放矢。从本章各节对历年试题的设计演示中，紧紧围绕如何解读设计任务书，如何思考设计问题，如何顺利展开设计程序，以及如何满足设计要求等。这些考试中的重要问题都是应试者回避不了的，也是必须认真加以对待的。

二是举一反三。虽然本章阐述的是历年试题个案的设计演示，但应试者可以从中摸清历年考试命题的共性与规律。尽管我们无法准确预测今后的命题趋势，应该者却可以从这些试题的设计演示中学到正确的设计方法。而一旦真正掌握了正确的设计方法，就可以举一反三了。

三是形象论述。建筑设计方法的论述一方面需要从理性上把道理讲清，另一方面在运用上更需要通过设计演示让读者一目了然，心领神会。这种把抽象的理论阐述与具象的图示表达结合起来的方法，正是本专业教与学的特征。

第一节　[2003年]小型航站楼

一、设计任务书

（一）任务描述

在我国某中等城市，拟建造一座有国际和国内航班的小型航站楼，该航站楼按一层半式布局：

1. 出港旅客经一层办理手续后在二层候机休息，通过登机廊登机。

2. 进港旅客下飞机，经过登机廊至一层，提取行李后离开。

3. 远机位旅客进出港均在一层，并在一层设远机位候机厅。

4. 国际航班不考虑远机位。

（二）场地要求

1. 场地详见总平面图（图3-1-1），场地平坦。

2. 航站楼设四座登机桥，可停放三架B-737型客机和一架B-707型客机，停机坪西侧为滑行道和远机位。

3. 航站楼场地东侧为停车场，其中包括收费停车场，内设大客车停车位（5m×12m）至少8个，小轿车停车位至少90个。另设出租车和3个机场班车停车位及候车站台。出租车排队线长最少250m。

（三）一般要求

1. 根据功能关系图（图3-1-2）作出一、二层平面图。

2. 各房间面积允许误差在规定面积的±15%以内（面积均以轴线计算）。

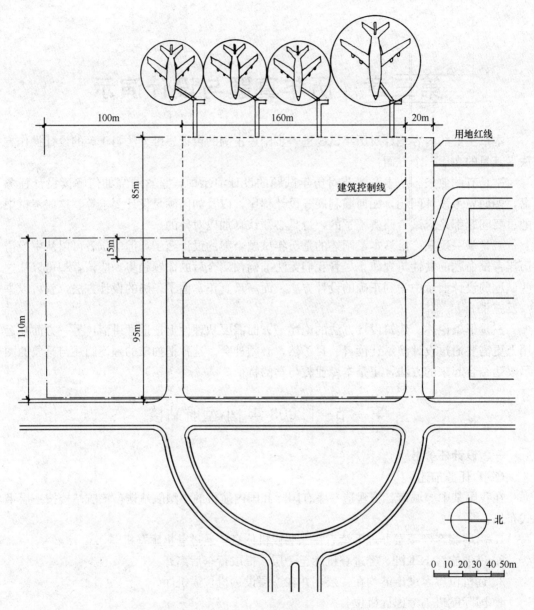

图 3-1-1 总平面图

3. 层高：一层 4.8m，二层 5.4m，进出港大厅层高不小于 7.0m。

4. 采用钢筋混凝土结构，不考虑抗震设防。

5. 考虑设置必要的电梯及自动扶梯。

6. 考虑无障碍设计。

（四）制图要求

1. 在总平面图上画出航站楼，布置停车场、流线及相关道路。

2. 按 1：300 画出一、二层平面图，表示出墙、窗、门的开启方向。

3. 绘出进出港各项手续，安检设施及行李运送设施的布置（按图 3-1-3 提供的图例绘制）。

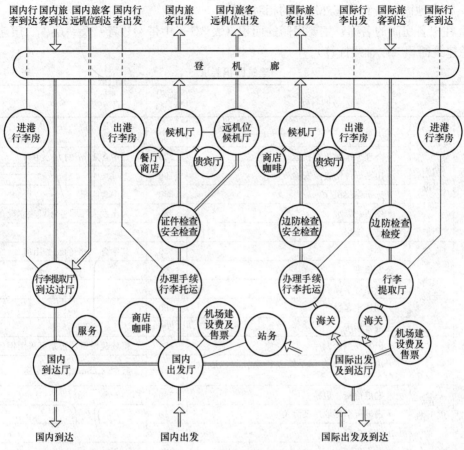

图 3-1-2 主要功能关系图

注：气泡图系功能关系，并非简单交通图；双线表示两者之间要紧邻或直接相通。

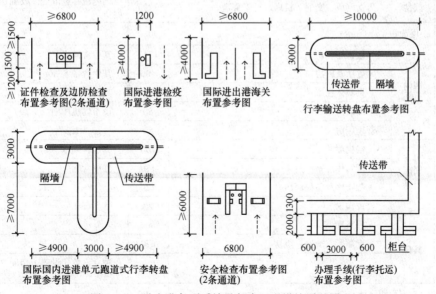

图 3-1-3 进出港各项手续及行李运送设施平面图

4. 画出承重结构体系及轴线尺寸。

5. 标出地面、楼面及室外地坪的相对标高。

6. 注出各房间的名称、主要房间的面积（表 3-1-1 中带 ＊ 号者）及一层、二层建筑面积和总建筑面积（以轴线计算）。

建筑面积要求

表 3-1-1

楼层		房间名称	面积（m²）	备注
一层面积	国内出港	＊出发大厅	1210	机场建设费、售票及票务办公可采用柜台式
		＊办理手续及行李托运	220	其中含25m²的办公用房
		＊出港证件检查及安检	190	
		＊远机位候机厅	850	其中含问讯
		＊商店、咖啡	480	为出发大厅服务亦可独立设在二层
		出港行李房	250	
	国内进港	＊到达大厅	850	其中含50m²的服务用房
		公安值班	25	
		＊进港行李提取厅	600	
		＊到达旅客过厅	550	
		进港行李房	200	
	国际进出港	＊出发及到达大厅	850	机场建设费及售票可采用柜台式
		＊出港海关、办理手续及行李托运、边检、安检	580	其中含25m²的办公用房
		＊进港检疫、边检	380	
		＊进港行李提取厅及海关	210	
		出港行李房	160	
		进港行李房	120	
		机场管理、办公	75	
	其他	男女厕所、交通、机房、行李管理	1220	国内国际进港处以及到达大厅均设厕所
	一层面积小计		9020	
二层面积	国内出港	＊候机厅	1740	其中含问讯
		＊餐厅及厨房	400	其中含备餐 30m²
		＊贵宾休息室	140	其中含厕所
		＊商店	80	设于候机厅中
		管理用房	60	
	国际出港	＊候机厅	700	其中含问讯
		＊贵宾休息室	110	其中含厕所
		＊咖啡厅及免税商店	220	
		管理用房	20	
	其他	＊登机廊	600	
		男女厕所、交通、机房	670	
		站务	380	独立设置，设若干房间（包括厕所走道）
	二层面积小计		5120	

楼层	房间名称	面积 (m²)	备注
建筑面积共计		14140	
允许总面积误差		1400	即允许误差±10%
总建筑面积的控制范围			12740～15540m²

注：下列面积均以轴线计，雨篷及室外设施不计入建筑面积。

（五）设计中应遵守现行法规，并提示下列进出港各项手续设施要求：

1. 国内出港

（1）国内出港办理手续（行李托运）设 8 个柜位。

（2）国内出港证件及安全检查设 4 条通道，附设面积 15～20m² 的搜查室 2 间。

2. 国际进出港

（1）国际出港海关设 2 条通道，附设面积 15～20m² 搜查室 1 间。

（2）国际出港办理手续（行李托运）设 4 个柜位。

（3）国际出港边防检查设 2 条通道，附设面积 15～20m² 搜查室 1 间。

（4）国际出港安全检查设 2 条通道，附设面积 15～20m² 搜查室 1 间。

（5）国际进港设检疫柜台 1 个，附设面积 15～20m² 隔离室 1 间。

（6）国际进港边防检查设 2 条通道，附设面积 15～20m² 检查室 1 间。

（7）国际进港海关设 2 条通道，附设面积 15～20m² 搜查室 1 间。

二、设计演示

（一）审题

这是建筑方案设计（作图）科目考试改革的第一年，应试者看到命题的第一反应是：题型陌生、面积超大，一脸茫然。此时，应试者第一要务是切莫慌张，迅速稳定心态，冷静面对试题，让思绪紧紧围绕航站楼思考。应试者总可以从记忆库中提取经各种媒介渠道所获得的一点关于航站楼的印象，比如，航站楼一定是处于城市郊外，面向城市方向，它是一个体量庞大的建筑，形体较为集中完整，内部空间高敞明亮，有各种旅客进出航站楼等。这样做，应试者一方面可以渐渐平复不安的心情，另一方面将思考引入正题。只有这样，应试者才能真正进入审题状态。

1. 明确设计要求

根据设计任务书对任务的描述，应试者要明确三点：一是航空港分为国内出港、国内进港、国际出港、国际进港四类旅客，且各类旅客进出港需分别办理各项手续，其流程务必牢记；二是四类旅客流线及各自行李托运流线绝对不能相混；三是任务书所要求的旅客进出港各项手续的设施一个也不能少。

当应试者对任务描述过目以后方知，小型航站楼的功能并没有想象中的那么陌生、那么复杂。于是，应试者应该对考试有点信心了。

2. 解读"建筑面积要求"表

（1）先看一、二层表格的最后一行，搞清两层面积的关系。原来，一层面积为 $9020m^2$，二层面积为 $5120m^2$，结论是"下大上小"。应试者马上要在头脑中想到：交通类建筑的大厅一定是高大的，它要占据二层一部分面积。再说，任务书已提示"进出港大厅层高不小于 $7.0m$"，更证实了自己判断的正确。应试者当下虽然还没有上手设计，但是，在设计思路上已为展开设计程序作好了准备。

（2）再看一、二层表格最左边一列，搞清各自功能分区的状况，以便为设计程序第二步的设计工作建立起功能分区的概念。在上一章对设计方法的阐述中，著者曾提醒应试者尽可能将表格中的功能分区简化为使用、管理、后勤三大功能区。但是，在个别特殊类型的建筑中，这种功能分区原则并不是最合适的。比如在本试题小型航站楼中，将不同旅客使用的房间归类为各自的功能区才更为清晰、明确。因此，应试者在表格最左边一列看到一层分为国内出港、国内进港、国际进出港三大功能区；二层分为国内出港、国际出港和站务办公三个功能区。

（3）第三步再看一、二层表格左边第二列各功能区所包含的房间内容。浏览一下各功能区主要有些什么房间，做到心中有数即可，不必把所有房间及其面积记住。等到设计程序进行到第三步时再回头仔细阅读不迟。

3. 理解功能关系图

功能关系图是设计原理的图解，它简明扼要地把"建筑面积要求"表中主要房间的功能关系基本正确地表达出来。对于科班出身或有丰富设计实践经验的应试者来说，可以稍带用独立思考的眼光正确理解功能关系图的表达；而对于那些对此建筑类型比较陌生的应试者来说，只有把它看懂。怎样看懂呢？

（1）先看一层功能关系图（该试题一、二层功能关系图合并表达）有几个入口。

应试者粗略一看就能发现有国内出发、国内到达、国际出发及到达三个主要入口，再仔细看还会发现另有一个指向站务气泡的入口，当属管理入口。如果应试者看明白了"建筑面积要求"表，就会发现二层有个餐厅及厨房，其入口肯定会落在一层，但功能关系图上却怎么也找不到，一定是出题人标注时遗漏了。这一点应试者必须清醒地认识到，将来在做一层平面分析时一定要补上。

上述解读小型航站楼的入口设置，从数量上应试者已清楚。再进一步分析应得出如下概念，即该小型航站楼对外有三个入口，按重要性依次为国内出发、国内到达、国际出发及到达。对内有两个入口，即管理入口和厨房入口。至于商店、咖啡、免税店的货物入口在哪儿？怎么上二层？对于考试来说，应试者完全不必多虑。

（2）看房间气泡理解功能分区

该功能关系图是历年试题表达比较清楚的。三个主要功能区各自的房间相对集中放在各自的竖向区域内，与"建筑面积要求"表的功能分区方法完全吻合后，应试者对此一看就懂且印象深刻。进一步研究可以发现，三个功能区的位置排序是国内出发居中，国内到达在左，国际出发及到达在右，秩序井然。此外，从横向看，下面三个功能区的房间气泡群，属于公共空间和旅客办理各项手续的房间；中间的房间气泡群是旅客候机房间；上面的长气泡是旅客登机或旅客到达房间。

应试者再仔细阅读功能关系图最上部的一排文字，虽然一、二层功能关系图画在了一张图上，也能分清各种流线谁在一层，谁在二层。

（3）看连线关系

有直接连线的两个房间彼此有联系，而没有直接连线的房间之间没有联系。比如，国内旅客出发功能区中，出港行李房与安检证检两个气泡，分别与办理行李托运的气泡有联系，但不代表出港行李房与安检证检有必然联系。至于两个房间在方案中的联系手段要视具体情况而定，可采用走廊、过厅，或嵌套等联系手段。在功能关系图中，双线表示房间之间联系紧密，多为旅客流线将相关用房紧密联系起来。比如，应试者从中要看懂国内旅客出发从入口进入大厅起，要经过办理登机手续托运行李—证件检查—安全检查—候机—登机廊等一系列有序的房间。而国际旅客出发要经过更多的关卡，比如从进入入口大厅起，要经过海关—办理登机手续托运行李—边防检查—安全检查—候机—登机廊一系列有序的房间。当然，这只是一张各房间功能关系的概念图示，但却是指导应试者进行方案设计的重要路径与线索。应试者若读懂了，也就为平面设计奠定了成功的基础。

4. 看懂总平面图的环境条件

（1）限定条件

1）建筑控制线范围为 160m×85m，其面积为 13600㎡。应试者已知一层建筑面积为 9020㎡，约占基地面积的 2/3。

2）用地范围主要在基地东侧。遗憾的是任务书漏注用地范围的尺寸，应试者应按地形图比例（1∶1500）自行补画（著者已补于图3-1-1中）。否则，无法展开总平面设计。

3）基地东侧有一条机场道路，是旅客进入基地的唯一路径。

4）基地西侧有 4 座登机桥与建筑控制线对撞，限定航站楼必须压住西侧建筑控制线，以方便旅客跨入登机桥。

（2）暗示条件

1）基地西侧停机坪有 4 架飞机，其中左边 3 架小飞机，只能飞国内航班，暗示着国内出港进港功能区在左侧；右边 1 架大飞机，是飞国际航班的，暗示着国际出港进港功能区在右侧。

2）在用地北侧有若干机场建筑，可能航站楼内的办公房间及其人员与之有关，暗示着航站楼办公入口宜在基地北侧。

（3）干扰条件

指北针顺时针卧倒，但这与航站楼方案设计无关。因为航站楼的建筑标准应为中央空调，不受朝向影响。

（二）展开方案设计

当设计任务书主要部分认真解读完成后，在应试者的头脑中已初步建立起对航站楼方案设计从内容到要求的印象和理解。此时，应试者就可以动手进行具体的设计操作了。应试者应按上一章介绍的操作程序和方法，一步一步地将方案设计进行到底。

1. 一层平面设计程序

（1）第一步——场地设计

其主要设计任务是解决两个全局性的大问题：一是确定场地的"图底"关系；二是落实建筑各入口的定位。设计操作前，先拿第 1 张 A4 拷贝纸覆盖在地形图上。眼睛看着下面地形图的条件，在拷贝纸上进行设计程序的图示分析。

1）分析场地的"图底"关系

我们先把航站楼作为一个整体看待，着重考虑航站楼整体怎样放到建筑控制线的用地范围内。此时要思考两个主要问题，即作为整体的航站楼其"图"形是什么？它怎样在建筑控制线的"底"中定位。

①"图"形分析。航站楼建筑的性质应当属于中央空调；从对现实生活的观察也可知其虽然体量庞大，但不需要有内院。因此，可以判定航站楼的"图"形是集中式且为"实心"。再根据建筑控制线范围可知，这个"图"形一定是大面宽大进深的矩形。

②"图"的定位。在解读地形图时，已知一层建筑面积小于建筑控制线范围面积。意味着在图示分析时，"图"形应比建筑控制线小一点。怎么徒手勾画这个"图"形气泡呢？根据旅客要通过登机桥上飞机的常识，确定"图"形要压西侧建筑控制线，从而与登机桥对接。而场地东侧是旅客入口方向，"图"形需要离开机场道路多收进来一些。考虑到"图"形南面也会有建筑出入口，故也要稍许收进来一点。而建筑控制线北面还有 20m 用地，因此，"图"形可以压建筑控制线。

根据上述对"图"形及其定位的分析，可以快速用气泡图呈现出来（图 3-1-4）。注意，"图"形大小估计一下就可以，不需要精确计算。

2）建筑各出入口方位

确定建筑各出入口方位的原则，一是先分析场地的主次入口，再据此确定建筑的各出入口；二是按先外后内和重要程度依次分析的原则确定各出入口。

①先分析场地主次入口。根据地形图条件，先考虑场地的对外主入口在何处？毫无疑问，旅客是乘车从东面市区而来，且行车交通规则是右行，因此，对外主入口应在场地东北角东侧的场地道路路口处。而办公人员和厨房供货是从机场管理区或仓储区的北面来，因此，对内次入口应在场地北侧内部道路的路口处（图 3-1-5）。

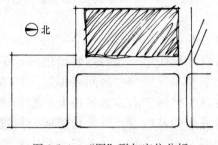

图 3-1-4　"图"形与定位分析

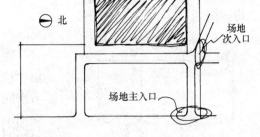

图 3-1-5　场地主次入口分析

② 再分析各个建筑入口。上一步分析场地主次入口的结果就转化为了确定建筑各出入口的设计条件。旅客从场地主入口经场地内部道路来到"图"形前的东面道路上，将分为三类旅客进出于"图"形（航空楼）。将三类旅客按重要程度排队，依次分析其各自的建筑入口。首先，国内出港旅客入口是最主要的，优先将其定位于"图"的东侧居中范围。其次，根据地形图条件，小飞机在左，且场地左侧可视为出租车停车场；故国内旅客到达出口在国内旅客出发的左边范围内。最后将国际旅客出发及到达入口设于国内旅客出发的右边范围内；何况大飞机在右，也证实了这个判断是正确的。注意，在图示入口时，只能用符号圈出入口范围，且三个出入口范围头尾相连，占据整个"图"的东边界，意在不让内部两个次入口从航站楼正面"乘虚而入"。另外，还要注意，图示入口不可用箭头明确表示其坐标，这要等到方案成型后由外门的定位而确定。

建筑的两个次入口（办公与厨房），显然只能在"图"形南北两侧考虑。根据两者各自的功能要求，办公入口宜接近机场管理区的北面居中范围。而厨房因在二层且餐厅是为国内旅客候机服务的，又因国内旅客候机必定要毗邻小飞机停靠区域，故厨房设于一层的次入口宜在"图"形南面居中范围。

上述图示分析建筑各出入口定位的两步法，在应试者熟练掌握后，可将场地出入口图示分析的过程省去，只在头脑中思考即可。

至此，我们获得了"图底"关系和建筑各出入口的位置两个成果（图 3-1-6），而此阶段性成果为设计程序第二步的工作奠定了基础。

（2）第二步——功能分区

我们重点考虑"图"的问题，而"底"留

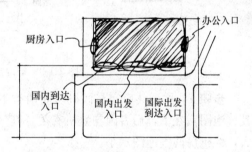

图 3-1-6　建筑各出入口分析

待总平面设计时再行考虑。需提醒的是考虑到从设计程序第二步起，至设计程序第五步，要在一张拷贝纸上将全部房间分析到位，图示的气泡会裂变出越来越多的气泡。为了能辨清各个气泡所表示的房间，需要将建筑控制线及设计程序第一步的阶段性成果放大到 1：500。这一步的图示分析要遵循三个原则：一是依据"建筑面积要求"表所提供的国内出港、国内进港、国际进出港三大功能区的面积，将这三大功能区分为大、中、小 3 个"房间"气泡。由此可知国内出港最大，其余两个大小差不多。二是在作图示分析时，3 个"房间"气泡要充满"图"形，不可三者分离出现空白（"底"），而否定前一步成果的结论。三是 3 个"房间"气泡要把各自的出入口包在自己的范围之内，则三大功能区的定位就不会错。据此，很快在第一步"图"形的基础上一分为三，从而得到三大功能分区的图示表达（图 3-1-7）。

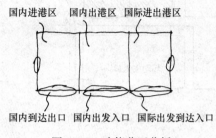

国内进港区　国内出港区　国际进出港区

国内到达出口　国内出发入口　国际出发到达入口

图 3-1-7　功能分区分析

（3）第三步——房间布局

在进行设计程序第三步时，要回过头仔细重温"建筑面积要求"表中"房间名称"一栏的所有房间内容，并牢记于心。然后在上一步功能分区图示分析成果的基础上，对各功能区分别进行房间布局的图示布置，并一一分析到位。其原则一是各功能区的房间只能在各自功能区内布置，不能"串门"；二是各房间就位的方法不是逐个排房间，而是采用"一分为二"的分析方法，即将该功能区的房间或该群组的房间按不同功能内容或性质同类项合并成两个"房间"气泡，分别纳入上一步所得的大"房间"气泡中。这样，在具体设计操作上只有两种可能性：上下摆放或左右摆放，这就把复杂问题简单化了。

1）国内出港区房间布局分析（图 3-1-8）

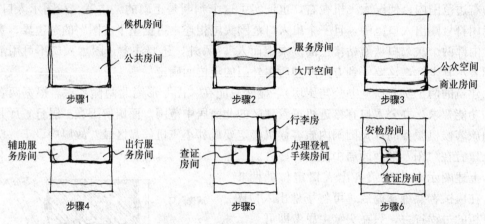

候机房间
公共房间
步骤1

服务房间
大厅空间
步骤2

公众空间
商业房间
步骤3

辅助服务房间
出行服务房间
步骤4

行李房
查证房间
办理登机手续房间
步骤5

安检房间
查证房间
步骤6

图 3-1-8　国内出港区房间布局分析

步骤 1　按公共房间与候机房间两类不同性质的房间一分为二。前者因与入口有关，其气泡图示在下，后者因与登机有关，其气泡图示在上。根据面积表，公共房间气泡图示大，候机房间气泡图示小。

步骤 2　对于第一步的公共房间，再按大厅空间与服务房间两类不同性质的房间一分为二。前者因与入口有关，其气泡图示在下；后者因前与大厅空间，后与候机房间有关，其气泡图示在上，并夹于两者之间。根据面积表，大厅空间气泡图示大，服务房间气泡图示小。

步骤 3　对于第二步大厅空间，再按公众空间与商业服务房间两类不同性质的房间一分为二。前者因与上一步的服务房间有关，其气泡图示在上；后者因大厅左右要与毗邻大厅相通，而大厅的公众空间要与服务房间紧靠，其气泡图示只能在下，且大厅的进出通道要占用商业房间的部分面积。根据面积表，公众空间气泡图示大；商业房间气泡图示小。

步骤 4　对于第二步的服务房间，再按出行服务与辅助服务两类不同性质的房间一分为二。它俩在服务房间狭长的图示气泡中，因都与大厅空间有关，只能左右摆放。前者在右，后者在左。根据面积表，出行服务房间气泡图示大；辅助房间气泡图示小。

步骤5 对于第四步的出行服务房间，再按办理登机手续和旅客查证两类不同性质的房间一分为二。前者因旅客要排队办登机手续，需有角落空间故在右；而旅客查证房间与候机厅宜接近故在左。根据面积表，办理登机手续的房间气泡图示大；旅客查证房间气泡图示小。注意，办理登机手续的房间需连接面积较大的出港行李房，其位置应靠近临停坪一侧的外墙，故要修正第一步公共房间与候机房间的分析结果，将候机厅右边一小部分切给出港行李房，并与办理登机手续的房间相接。

步骤6 对于第五步的旅客查证房间，按先查验身份证、登机牌，再进行对人身和行李安全检查的顺序，将两类不同性质的房间一分为二，前者气泡图示在下，后者气泡图示在上。

步骤7 对于第四步的辅助服务房间，因只包含柜台式售票和后续设计程序要考虑的男女厕所，可暂不过细考虑。

至此，国内出港区的房间布局图示分析完成。

2）国内进港区房间布局分析（图3-1-9）

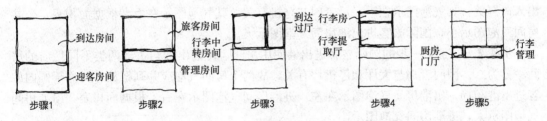

图3-1-9　国内进港区房间布局分析

步骤1 按旅客到达与迎客两类不同性质的房间一分为二。前者因与停机坪有关，其气泡图示在上；后者因与出口有关，其气泡图示在下。根据面积表，旅客到达房间气泡图示大，迎客房间气泡图示小。

步骤2 对于第一步的旅客到达房间，再按旅客使用与管理两类不同性质的房间一分为二。前者因与停机坪有关，其气泡图示在上；管理房间因要介于旅客到达房间与迎客房间之间，其气泡图示在下。根据面积表，前者气泡图示大；后者气泡图示小。

步骤3 对于第二步的旅客使用房间，再按旅客到达过厅与行李中转房间两类不同性质的房间一分为二。两者都与停机坪和迎客房间有关，因此两者并列左右摆放。因行李中转房间有物流宜在左，旅客到达过厅在右。根据面积表，行李中转房间气泡图示大，旅客到达过厅气泡图示小。

步骤4 对于第三步的行李中转房间，再按到港行李房与行李提取厅两类不同性质的房间一分为二。前者因与停机坪有关，其气泡图示在上；行李提取厅因与迎客房间有关，其气泡图示在下。根据面积表，前者气泡图示小；后者气泡图示大。

步骤5 对于第二步的管理房间，此时只要将设计程序第一步确定的厨房入口对应地在一层留出一个厨房门厅小气泡在左，剩下右边一个大气泡给行李管理和公安房间即可。

对于第一步的迎客房间因为只有到达大厅，故不用再一分为二。至于到达大厅内有服务用房，其对房间布局已无足轻重，可随后灵活处置。

至此，国内进港区的房间布局图示分析完成。

3）国际进出港区房间布局分析（图 3-1-10）

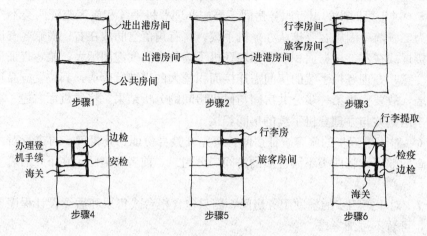

图 3-1-10　国际进出港区房间布局分析

步骤 1　按公共房间与国际旅客进出港使用两类不同性质的房间一分为二。前者因与出入口有关，其气泡图示在下；后者因与登机有关，其气泡图示在上。根据面积表，公共房间气泡图示小，国际旅客进出港房间气泡图示大。

步骤 2　对于第一步的国际旅客进出港使用房间，再按出港与进港两类不同性质的房间一分为二。因两者都与大厅和停机坪有关，故两个房间气泡应并列摆放。对称于国内旅客进出港布局，出港房间气泡图示在左，进港房间气泡图示在右。根据面积表，出港房间气泡图示大，进港房间气泡图示小。

步骤 3　对于第二步的出港房间，再按旅客房间与行李房间两类不同性质的房间一分为二。前者因与大厅有关，其气泡图示在下；后者因与停机坪有关，其气泡图示在上。根据面积表，旅客房间气泡图示大，行李房间气泡图示小。

步骤 4　对于第三步的出港房间，按任务书规定的国际旅客出港流程：海关—办理登机手续和行李托运—边检—安检，依次安排相应设施。但是，有一点需注意，要事先考虑到二层候机厅布局的要求，即旅客候机厅要靠近登机廊一侧，且空间要完整。故相关辅助用房，包括垂直交通应集中在内侧布置。那么，国际旅客在一层出港流程的终点，即垂直交通应对应于二层布局设想的辅助用房区域之下。也就是说，国际旅客出港流程要在出港房间内绕一圈回到流程起点（海关）附近。这也符合出港程序多，直线行进难以完成流程的安排。

步骤 5　对于第二步的进港房间，再按旅客房间与进港行李房两类不同性质的房间一分为二。前者因与到达大厅有关，其气泡图示在下；后者因与停机坪有关，宜邻近外墙，故其气泡图示在上。根据面积表，旅客房间气泡图示大，进港行李房气泡图示小。

步骤 6　对于第五步的旅客房间，按任务书规定的国际旅客进港流程：检疫—边检—行李提取—海关，依次安排相应设施。起点对应于二层登机廊之下，终点在邻近到达大厅一侧。因进港房间面积小，其进港流程需要绕行，可在后续设计程序进一步落实。

对于第一步的公共房间，由于只有出发及到达大厅一个房间，故不需要再进行一分为二的图示分析。至于大厅内有服务用房，对房间布局已无足轻重，可随后灵活处置。

至此，国际进出港区的房间布局图示分析完成。

归纳一层平面设计程序第三步房间布局的图示分析过程，我们可以从中总结几条要点：

第一，坚持"一分为二"的图示分析原则，将复杂设计矛盾简化是这一步的主要思维方法。其重点是抓房间配置的章法，而放松对次要矛盾（房间面积）的计较。

第二，每一步一分为二的两个"房间"气泡的定位，只有两种可能性：或左右摆放，或上下摆放。可见，尽管每一步一分为二的原则不同，步骤较多，但解决问题相当容易，从而保证了结果的正确性。

第三，通过图示气泡若干次一分为二的裂变，且后两个气泡总是在前一个气泡定位的基础上发展而来，由大变小，由少至多，从而呈现出气泡生长的有序性，也就保证了各房间之间紧密合理的功能关系。这为平面设计的定案奠定了成功的基础。

当一层平面设计程序走完了前三步后，需要同步思考二层平面设计程序，并检验其是否与一层平面设计结果相吻合，以便出现问题及时调整，使设计少走弯路。此时，需要将第二张 A4 拷贝纸覆盖在第一张一层平面的图示分析图上，开始二层平面的设计程序。

2. 二层平面设计程序

(1) "图"形的分析

二层平面设计不涉及出入口问题，故只分析"图"形与位置，由于二层建筑面积小于一层，且按任务书提示进出港大厅层高不小于 7m，故先行扣除 3 个大厅面积，剩下部分与二层建筑面积基本吻合，二层平面"图"形与位置就此搞定（图 3-1-11）。

(2) 功能分区

二层的功能分区有 3 个，即国内出港区和国际出港区以及站务办公区。前两者要邻近登机桥，故只能在"图"形中并列摆放。对应于一层国内出港和国际出港功能区，前者气泡图示在左，后者气泡图示在右。根据面积表，国内出港区气泡图示大，国际出港区气泡图示小。而站务办公区因其在一层的入口在北面，且据功能关系图与国内出发大厅有连线关系；故此区应放在国际出港区东侧，使其下至一层可直接进入国内出发大厅（图 3-1-12）。

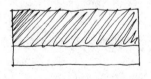

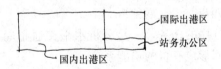

图 3-1-11　二层"图"形分析　　　　　图 3-1-12　二层功能分区分析

(3) 房间布局

1) 国内出港区房间布局分析（图 3-1-13）

步骤 1　按候机厅与服务用房两类不同性质的房间一分为二。前者因旅客要登机气泡图示在上；服务用房要面对候机旅客服务，且要靠近厨房设在一层的入口，故气泡图示在下。根据面积表，候机厅气泡图示大，服务用房气泡图示小。

步骤 2　对于第一步的候机厅，再按普通旅客和贵宾旅客两类不同旅客的房间一分为二。前者面积大，气泡图示画大且宜靠近餐厅服务区，在左；后者面积小，气泡图示画

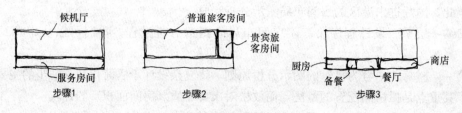

图 3-1-13　国内出港区房间布局分析

小，在右端。

步骤 3　对于第一步的服务房间，再按用餐服务与购物服务两类不同性质的房间一分为二。用餐服务面积大且因厨房的一层入口在左端，其气泡图示画大在左；购物服务面积小气泡图示画小在右。至于用餐服务房间再接着布局分析，将备餐居中，其左为厨房，其右为餐厅即可。剩下的零星房间（管理、机房）布局自由度较大，可待后续适当时机搞定。

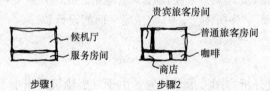

图 3-1-14　国际出港区房间布局分析

机厅气泡图示大，服务房间气泡图示小。

2）国际出港区房间布局分析（图 3-1-14）

步骤 1　按候机厅与服务房间两类不同性质的房间一分为二。前者因旅客要登机，其气泡图示在上；后者因要面对旅客服务，其气泡图示在下。根据面积表，候

步骤 2　对于第一步的候机厅再按普通旅客与贵宾旅客两类不同使用对象的用房一分为二。因两者都与登机廊有关，故气泡图示并列。普通旅客候机面积大，气泡图示画大在右；贵宾候机面积小，气泡图示画小在左。在服务房间气泡中，再按商店与咖啡一分为二，前者在左，后者在右。

至此，二层房间布局的图示分析完成。看来二层平面与一层平面的图示分析并没有什么矛盾。那么，现在可以暂时把第二张拷贝纸放到一边，回到第一张一层平面，继续完成设计程序的以下步骤了。

（4）第四步——交通分析

此设计程序的任务，一是分析水平交通布局，二是确定垂直交通配置。其目的是将一、二层房间形成有机的功能系统。

1）水平交通分析

水平交通分析的原则首先看大的功能分区之间是否有联系？有联系则用水平交通线将两两功能区既分开又彼此应联系起来，并形成水平交通网络，且几个功能区彼此应能走通。若没有联系，则用一道墙隔死。再看各功能区内部，应把有联系的房间用水平交通线彼此联系起来。

① 一层水平交通分析（图 3-1-15）。一层国内出港、国内进港、国际进出港三大功能区之间是没有功能关系的，且流线要严格分开。故彼此之间应用墙隔死，包括国际进出港功能区除大厅共用外，国际出港与国际进港之间也应用墙隔死。但根据功能关系图，三个进出港大厅有连线关系，故只需在彼此之间的隔墙上设门就行了。

74

各功能区内部的水平交通多为厅与厅的连接，而少有狭窄走廊空间形态。如国内出港功能区的水平交通流线，是从入口直接进入宽大的出发大厅水平交通节点，旅客办完相关登机手续后，经查证安检过渡空间进入水平交通空间，并左转至尽端等待垂直交通上至二层。

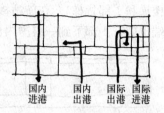

图 3-1-15　一层水平交通分析

对于国内进港功能区的水平交通流线，无论是远机位从地面直入的旅客，还是从二层登机廊下来的旅客，都是从到达过厅直线穿过到达大厅离开航站楼的。

对于国际出港功能区的水平交通流线是从大厅进入国际出港功能区，沿着规定的检查秩序，经若干设施绕行一圈至终止处等待垂直交通设施上二层。而国际进港流线是从二层登机廊下至一层，经各项检查，有序绕行，并穿过国际进出港合用大厅而离开航站楼。

②二层水平交通分析（图 3-1-16）。二层国内出港和国际出港两个功能区是不能相混的，故两者之间用墙隔死。此外，站务办公区也需与旅客候机功能区隔死。

在各自的功能区内，国内候机厅与服务用房区（餐厅、商店）是有功能联系的，其间应有一条水平交通

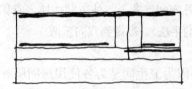

图 3-1-16　二层水平交通分析

线，只是没有用实体手段围合。同理，国际候机厅与服务用房区（免税商店、咖啡厅）是有功能联系的，其间应有一条水平交通线，也是不用实体手段围合。而为旅客登机使用的登机廊是二层重要的水平交通线。此外，在站务办公区内应有一条内部水平交通线将各站务办公联系起来。

2）垂直交通分析

垂直交通分为两类：一类是向上的交通，一类是向下的疏散。前者在一层分析，后者在二层分析。主要解决两个问题：一是采用什么垂直交通手段，二是配置在什么地方。

显然，作为交通建筑的航站楼，主要交通手段应是成组的自动扶梯加敞开式大楼梯及无障碍电梯，而垂直疏散则为楼梯。其配置位置应在水平交通线上。

① 一层垂直交通分析（图 3-1-17）。因为一层的功能区各自独立，所以各功能区自行考虑垂直交通的配置。

对于国内出港功能区，按照旅客行进的水平交通流线，在尽端需配置一组向上运行的主要垂直交通手段（2部自动扶梯和1部敞开式大楼梯），并在其附近布置无障碍电梯，以组成垂直交通中心。

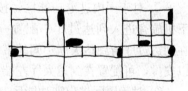

图 3-1-17　一层垂直交通分析

对于国内进港功能区，需要在到达过厅的右边，靠墙处配置一组向下运行的主要垂直交通手段（1部自动扶梯和1部敞开式大楼梯及无障碍电梯）。以便不影响从停机坪地面进入到达过厅的旅客通行。

对于国际出港功能区，在旅客绕行一圈完成各项手续及检查的水平流线尽端，需配置一组向上运行的主要垂直交通手段（2部自动扶梯和1部敞开式大楼梯及无障碍电梯）。对于国际进港功能区，在右端靠墙处需配置一组向下运行的主要垂直交通手段（1部自动扶梯和1部敞开式大楼梯及无障碍电梯）。

此外，在航站楼左端厨房入口门厅水平交通节点内，需配置一组垂直交通手段（1部

楼梯和 1 部货梯）。在航站楼右端办公入口的水平交通节点内，需配置 1 部楼梯，且在左端也应有 1 部下到一层国内出发大厅的楼梯。

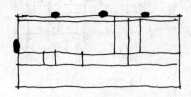

图 3-1-18　二层疏散楼梯分析

② 二层疏散楼梯分析（图 3-1-18）。二层的垂直交通把一层已配置的主要垂直交通手段升上来即可。同时，还需另行检查疏散楼梯的配置应符合安全疏散规范。对于该科目考试改革的第一年，航站楼试题只提及要求"考虑无障碍设计"，而无防火安全规范的要求。也许是因试题陌生、规模过大而回避了此问题，以降低试题难度。作为考试，应试者可以不予考虑；但是，作为职业建筑师，在设计中执行规范，应成为职业习惯和工作常态。

其实，二层的疏散问题解决起来也并不困难，一是要明确一层国内、国际进出港区的四组主要垂直交通手段不能作为二层的疏散之用。二是在登机廊外侧配置若干室外疏散楼梯，或利用登机桥中途的室外楼梯（这是现实生活中航站楼设计常用的手法），以做到双向疏散。

（5）第五步——卫生间配置分析

为什么直到这一步才考虑卫生间的配置问题呢？这是因为卫生间是为各使用房间服务的，在房间布局未分析到位的情况下，卫生间的配置分析难以进行。故要等到前四步设计程序完成后，卫生间配置分析问题才能提到议事日程上。但是，在设计程序第三步进行房间布局时，各房间已将"图"形占满，那是当时的主要设计矛盾。此时，当考虑各卫生间位置的时候，它该在哪儿就将它"挤"到哪儿。因为，卫生间在"图"形中是应该有它的一席之地的。

值得注意的是：卫生间一定要配置在水平交通线上。

1）一层卫生间配置分析（图 3-1-19）

① 对于国内出港功能区，首先在出发大厅应有一组男女厕所，在远机位候机厅应有一组男女厕所。从图示分析中，两者应背靠背地配置在辅助服务区内。

② 对于国内进港功能区，按交通建筑惯例，应在下机旅客进入到达过厅中配置一套男女厕所，位置可

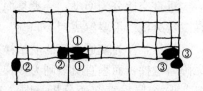

图 3-1-19　一层卫生间配置分析

在到达过厅与到达大厅中间地带的辅助功能区右端。而到达大厅的男女厕所因中间地带难以安排，可配置在到达大厅左端靠外墙处。

③ 对于国际进出港功能区，按交通建筑惯例，下机旅客从二层抵达一层时，即要配置男女厕所，位于第一检查关口之前。而国际出发及到达大厅的男女厕所，看来也只能配置在大厅右端靠外墙处。

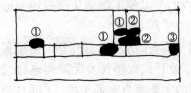

图 3-1-20　二层卫生间配置分析

2）二层卫生间配置分析（图 3-1-20）

① 国内出港候机厅由于面积大，面宽大，旅客多，为使用方便宜在候机厅两端各配置一套男女厕所。此外，按面积表备注要求，在贵宾休息室内亦应配置男女厕所。

② 国际出港候机厅只需配置一套男女厕所即可，可配置在旅客上至二层的垂直交通口附近，使之组成辅助功能区，以保证候机厅的空间完整。此外，在贵宾休息室内亦应配置男女厕所。

③ 站务办公区的右端可配置一套男女厕所。至于厨房人员使用的厕所，用房及面积表并未提及，可不予理会。但建筑师出于职业习惯，亦可在交通空间配置一个小厕所，以便应急。

在卫生间配置分析的过程中要分清矛盾的主次方面，一是各男女厕所图示一定要配置合理，不要为纠结厕所上下层对位而伤神费时；二是航站楼为中央空调，不怕有暗厕，位置合理是主要的。

（6）第六步——建立结构体系

此时需要用第三张 A4 拷贝纸覆盖在第一张一层平面方案分析图上展开建立结构体系的分析工作，并准备好丁字尺、三角板、比例尺等绘图工具。

1）确定结构形式

航站楼二层楼面是需要结构支撑起来的，毫无疑问优选框架结构。由于航站楼的"图"形是大面宽、大进深的规整平面，宜采用方格网。为了使二层为无柱开敞空间，屋面可为金属屋面，其结构形式可为网架、桁架等形式，但不在设计之列。

2）确定框架尺寸

按框架结构受力特点，柱网一般为 6～8m 较为合适。如果我们取下限 6m，对于大房间可能会感到室内柱网过密。那么就在 7～8m 之间考虑，对于考试来说柱网尺寸并不是主要的，7m、8m 或者再大一点的尺寸都可以。只是考虑到一层的远机位候机厅和行李提取厅平面不算太大，而层高只有 5.4m，走空调管道还要吊顶，故结构尺寸折中取 7.5m。

①根据建筑控制线条件，长 160m 若全部打 7.5m 的格子，约有 21.3 个开间（160÷7.5≈21.3）。但从分析图已知，北端虽有办公入口，但建筑控制线之外还有 20m 红线内用地，故"图"形可压建筑控制线。而南端有厨房出入口，"图"形需后退，则扣掉 1.3 开间后约为 10m 作为行车道和其与建筑控制线和建筑的距离。剩下 20 个开间，即 20×7.5m＝150m 作为航站楼总面宽。

②再拿一层建筑面积除以面宽 150m，即 9020÷150≈60.1m，取 60m 整数作为航站楼的总进深。再用总进深 60m 除以 7.5m，得出进深方向可有 8 个格子。

③核算此结构格网的最终面积：150×60＝9000m²，符合任务书要求。对于这样一个结构体系，应该说航站楼一层所有房间都能放下，剩下的就是交通面积了，它可多可少，也无法核查。

根据上述建立结构体系的分析过程，可以用绘图工具正式在第三张 A4 拷贝纸上画 1：500 的结构格网图了。

（7）第七步——在格网中落实所有房间的定位

在做此项工作前，先用第四张 A4 拷贝纸覆盖在第三张工具画格网图上，徒手打好格子。然后，按下述步骤先在格网中纳入一层所有房间的定案工作。

1）在格网中落实一层所有房间定位（见图 3-1-22）

将房间纳入结构格网中不是一个一个放，而是采用从整体到局部逐步分配网格份额的办法，将房间一一就位。然后落实具体面积或进行个别房间位置与面积的微调。前者是主要矛盾，要全力保障；后者是次要矛盾，视时间、能力而为之。

在航站楼的国内进港、国内出港、国际进出港 3 个功能区中，国内出港面积最大，其余 2 个功能区面积差不多。因此，在总面宽 20 个格子的情况下，估计一下，给国内出港

8个格子，其余2个功能区各给6个格子。

①在格网中落实国内进港区所有房间定位。对于国内进港功能区在进深方向有3个功能内容，即依次为到达大厅、服务用房、到达过厅和行李提取厅。其中，就面积而言，后者最大，中者最小，前者居中。那么在进深方向的8个格子中，只能给服务用房1个格子，剩下7个格子再分配给到达大厅3个格子，给行李提取厅和到达过厅4个格子。

然后，行李提取厅和到达过厅在横向有6个格子，因行李提取厅有2组行李传送带，至少需要4个格子，剩下2个格子给到达过厅。最后，行李提取厅在进深方向再划出一个格子给行李房，行李提取厅可有3个格子。

而服务用房区横向有6个格子，优先将最左边1个格子给厨房作为门厅，最右边1个格子给到达过厅的厕所，中间格子部分还要给服务用房1个格子，给公安和行李管理共用1个格子。剩下2个空格对着到达过厅和行李提取厅只能用作旅客通道。

至于到达大厅只有一个房间就不再分配了。只是留了个尾巴，即大厅厕所还难以确定，记住这件事以后再说，当下不要为此耽误时间。

接着就需要对各房间的面积进行核查了。

对于到达过厅和行李提取厅，因为两者空间相融，不必划分明确界线，分别计算，故合并核查面积。两者面宽6个格子，进深3个格子，再加上到达大厅通道2个格子和远机位旅客入口1个格子，共计21个格子，面积约为1181m²，符合两者面积表规定的面积1150m²。

对于850m²的到达大厅，应该有15个格子（843.7m²）就够了，但是分配了18个格子，显然多余3个格子，怎么办？甩到室外就是了，但是要留出1个给没有就位的大厅男女厕所。至于中间地带几个小服务用房，就不用再花时间核算面积了，只要不遗漏就行。

②在格网中落实国内出港区所有房间的定位。对于国内出港功能区在进深方向有3个功能内容，即出发大厅、服务用房、远机位候机厅。其中，就面积而言，前者最大，中者最小，后者居中。那么在进深方向8个格子中，出发大厅宜与左边到达大厅对齐，给3个格子。剩下两个功能内容给远机位候机厅3个格子，服务用房2个格子。然后，在横向8个格子中，对各功能内容块再行分配。远机位候机厅根据面积850m²除以1个格子的面积，计算结果需要15个格子。进深方向已确定3个格子，则横向可给5个格子，剩下横向3个格子需要给行李房2个，多余的格子除行李房需要若干格子外，剩下的格子另行考虑。

在中间地带的服务用房区，扣除进深方向上面一排与远机位候机厅等长的5个格子作为旅客上二层的水平通道后，只剩下下面一排格子进行服务用房的格子分配。其中，右端按任务书提供的"国内出港办理手续（行李托运）设8个柜位"的长度尺寸需要3个格子，中间因"国内出港证件及安检设4条通道"，按宽度尺寸需要2个格子。至此，横向还剩下3个格子给图示分析所确定的两套男女厕所和售票办公用房。

在出发大厅功能内容块中，还有商业、咖啡两项内容，因其只是空间区域，位置较灵活，可等大厅平面定型后再予考虑。

接着就需要对各房间面积进行核查工作。

对于远机位候机厅，共15个格子，计843.7m²，符合面积要求。

对于中间地带服务用房功能内容块中，国内出港办理手续横向有3个格子，计22.5m

长，用面积 220m² 除，需要约 10m 进深，且中间横向 2 个格子的证件检查与安检，其图例标注的进深尺寸共约 10m。因此，两者都要向出发大厅占用 2.5m。剩下左边横向 3 个格子的两套厕所及两个小房间（搜查间和售票办公）没法容纳进去，但柜台可向大厅伸出 2.5m，以保证中间地带边界的整齐。

对于出发大厅，面宽已确定 8 个格子，计 60m 长，用大厅面积 1210m² 与商店、咖啡面积 480m² 之和除以 60m，需要约 28.2m 进深。但当下只有 3 个格子，还被服务用房功能区占去 2.5m，只剩下 20m 进深（3×7.5m−2.5m），缺 8.2m。不够怎么办？"堤内损失堤外补"向外凸出去 1 个格子就是了。此时，在大厅入口 8 个格子的面宽中，留出 2 个格子给旅客进入大厅的通道，其间 2 个格子给咖啡，大厅左下与右下两角各给 3 个半格子作为商店。

最后，对于出港行李房，其面积范围先要搞清概念，意指图例中以传送带转盘居中的隔墙为界以内的有效行李堆放面积。按面积表，出港行李房面积 250m²，至少要给 4 个格子。按图例行李输送转盘长需 10m，故在远机位候机厅横向占去 5 个格子后，在剩下的 3 个格子中，将左边 2 个格子给行李房作为面宽，进深方向给 2 个格子，共 4 个格子，计 225m²，在规定的面积下限之内，符合面积表要求。但是，在传送带转盘隔墙另一半还需在进深方向再给半个格子，以便转盘运行之用。此外，在行李房与行李托运柜台之间，将左边进深方向的 2 个格子，其右半个格子面宽给行李托运柜台至行李房的传送带通道，左半个格子面宽给安检的搜查间和远机位候机厅的问讯。而此功能区多余的格子以后再考虑另作毗邻的国际出港功能区之用。

③在格网中落实国际进出港区所有房间定位。按照前述图示分析的结果，国际进出港功能区在进深方向先分为两个功能内容，即国际进出港大厅和旅客办理各项手续的使用区。前者面积与国内到达大厅相同，可给 3 个格子；后者可给 5 个格子。

对于使用区的国际出港和国际进港，图示分析已明确左右一分为二，前者大、后者小。在其横向 6 个格子外加左边国内出港功能区多余的 1 个格子，共计 7 个格子。其中国际出港可得横向 4 个格子，国际进港可得横向 3 个格子。

对于国际出港区，优先根据出港行李房面积 160m²，在靠外墙的一跨给 3 个格子，并毗邻国内出港行李房。另外，还要在传送带隔墙外侧占有 2m 作为传送带运行空间。这样，在国际出港区最后一跨横向 4 个格中剩下 1 个格子给机场管理。

对于国际出港区，按旅客办理各项手续的流程，以房间布局图示分析成果为依据，包括一组垂直交通和个别小房间（办公搜查间），一一落实在各自应在的格子里。

对于国际进港区，在最后一跨的 3 个横格中，根据进港行李房面积 120m²，优先给进港行李房 2 个格子，还剩 1 个格子给机房。

对于国际进港区剩下的旅客过关 12 个格子中，先保证垂直交通 2 个格子，男女厕所 1 个格子，再按旅客办理各项进港手续的流程，以房间布局图示分析成果为依据，一一落实在各自应在的格子里。其中，进港行李提取厅 210m²，需要 4 个格，紧邻进港行李房。问题是此区只剩 5 个格子，再看面积表，国际进港检疫、边检，只有两项检查，却要 380m²；而进港行李提取厅及海关才 210m²。显然，前者面积是有问题的，不应该比后者大近一倍。作为考试不要为此纠结，就将剩下的 5 个格子给检疫、边检 3 个格子（检疫和边检各 1 个格子，隔离 1 个格子）；另给海关 1 个格子在与国际进出港大厅衔接处；最后

1个格子作为旅客从行李提取厅至海关的通道。

对于国际进出港大厅还有2个小房间：售票办公可设在进出港两个海关之间的两个格子的前半部，迎向大厅；而后半部分为左右两个半格子给左右两个海关各1个搜查间。而大厅男女厕所对称于国内进港到达大厅的位置，即配置在大厅右端靠外墙处。

至此，一层平面所有图示分析的房间气泡都已转化为格网中的定型房间，不但大致保持了原有的房间布局秩序，而且各房间面积基本符合面积表的要求。

2）在格网中落实二层所有房间的定位（见图3-1-23）

此项工作是在第三张已用工具打好的格网中进行的，并将第二张图示分析图放在其旁边作为依据。

①二层平面面宽20个格子，进深5个格子，面积为5625m²，再看面积表二层建筑面积的上限为5120×1.1＝5632m²，符合要求。此时，可先将南北通长的登机廊（20个格子）的面积（600m²）落实需4m宽。再按站务办公面积（380m²）需要7个格子（380m²÷56.25m²≈7），并将其走廊设在西侧，让站务办公可以通过大厅间接采光。

②再对剩余的大部分格子，先按国内出港和国际出港两个功能区分配格子份额。前者面积大，后者面积小。其分界线可划定在国际出港的面宽，等同站务办公的7个格子。再把两功能区各2组垂直交通手段从一层升上来各给1个格子。

③对于国内出港区，进深方向有5个格子，但要扣除登机廊4m宽；根据二层图示分析，服务区只能给2个格子，候机厅进深可有2个格子加3.5m。然后，将面宽方向最右端1个格子给贵宾休息。

④对于服务区，先在最东面1跨对厨房餐厅和商店分配格子份额。左起第1格给厨房的垂直交通。厨房餐厅面积共400m²需要7个格子，其中，厨房占有3个格子，备餐占有半个格子，餐厅3个半格子。再向右给商店1.5个格子，管理1个格子，剩下2个格子给男女厕所。此外，根据图示分析还需在第2跨的左端给机房1个格子，男女厕所2个格子，剩下的格子归于交通面积。

⑤对于国际出港功能区，在站务办公之上第2跨内除一层升上来的国际出港垂直交通手段，其左给男女厕所2个格子，其右给商店2个格子。对应于最右端开间的下至一层的垂直交通东侧还剩2个格子给咖啡。而候机厅最左端一开间给贵宾休息。

⑥在登机廊的西外侧和国内候机厅南侧设置4部室外疏散楼梯。站务办公北端只能补设1部室外楼梯，并在其南端设置一部通往一层国内出发大厅的封闭楼梯间，以满足功能关系图中办公与大厅的连线关系。

至此，二层平面所有图示分析的房间气泡都已转化为格网中的定型房间。从而完成了航站楼的一、二层平面设计。

3. 总平面设计（图3-1-21）

总平面设计的思维方法其实与建筑方案设计的思维方法是同样的，只是把总平面的设计要素当作没有实体围护的"房间"看待，按同样的设计程序展开，就可完成总平面的设计任务，而且更为简单。

先用第五张A4拷贝纸覆盖在地形图上，在建筑控制线范围内将一层平面外轮廓同比例画好，作为总平面设计的条件之一。

（1）设计程序第一步（场地出入口）和第二步（功能分区）地形图已经为应试者完

成，即场地周边只有一条东面的机场道路，按右行交通规则，此路北面为入口，南面为出口。场地内已规划好一条道路将场地分为两块，显然，北面为大客车和小轿车停车，南面为出租车停车。

（2）设计程序第三步"房间"布局。将北面场地一分为二，北为大客车停车，南为小轿车停车。90辆小轿车停车"房间"再均分若干更小的"房间"。对于出租车只有一个"房间"不再一分为二。

（3）设计程序第四步"交通分析"。总平面的水平交通就是行车道。在北面场地的大客车与小轿车之间要有一条道路隔开来，且由于大客车转弯半径大，其路幅可设定为20m。小轿车停车场外围一圈可作为环形车道，环形车道中间区域划分为4组，每组之间除去直停车位，再留7m双车道即可，并满足90辆小轿车的停放要求。

（4）对于出租车停车场，任务书要求"出租车排队最少250m"。如果按单线排队势必太长，而场地有限会造成绕弯太多，不但行车不便，而且旅客依次排队上车效率太低。如果应试者注意观察生活，就会发现不少城市已采取了更好的解决办法。这就是让出租车按三股车流排队，其长度可缩短到84m。只要一名管理员调度出租车停靠，另一名管理员指挥旅客依次乘车，旅客随上随走。因而，出租车载客效率大大提高，出租车排队与行车只要绕场地一圈即可。

（5）对于3辆机场班车可以"近水楼台先得月"，停靠在航站楼入口前的路边，便于到达旅客就近购票上车，这是机场的惯例。

（6）此外，任务书"场地要求"提到停车场为"收费停车场"，故在场地南、北两条内部道路的路口各设一处收费站；北边收费站取卡，南边收费站交费。

至此，总平面设计完成。

三、绘制方案设计成果图（图3-1-21～图3-1-23）

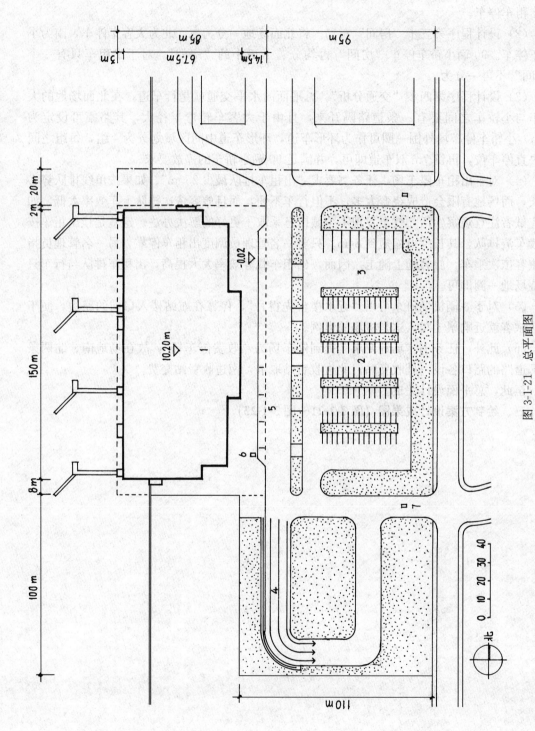

图 3-1-21 总平面图

1. 航站楼；2. 小轿车停车场（91 辆）；3. 大客车停车场（9 辆）；4. 出租车排队等候区（3×85m）；5. 机场班车停车位（3 辆）；6. 售票亭；7. 收费站

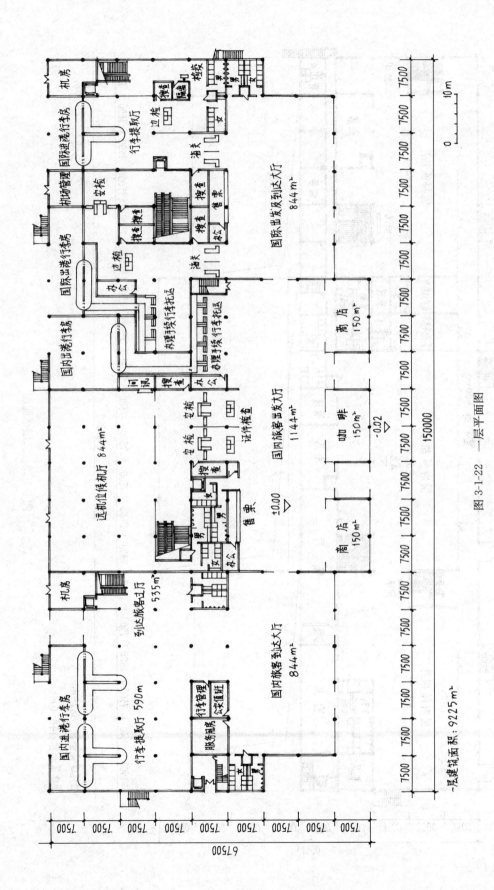

图 3-1-22　一层平面图

机房

国际进港行李房

行李提取厅

国际到港管理

国际出港行李房

国内出港行李房

边检

办公

办理转接行李待托区

询讯　搜查

国际出港及到达大厅　844m²

安检

搜查　搜查

搜查　管束

洗手

安检　安检

办理转接行李待托区

安检

证件检查

搜查

远机位候机厅　844m²

咖啡　150m²

国内旅客出发大厅　1144m²

商店　150m²

机房

到达旅客过厅　535m²

国内进港行李房　590m

行李提取厅

服务部

行李管理　公安值班

国内旅客到达大厅　844m²

商店　150m²

-0.02

±0.00

搜查

售票

办公

女　男

男　女

-层建筑面积：9225m²

150000

67500

7500（×9）

7500（×19）

0　10m

83

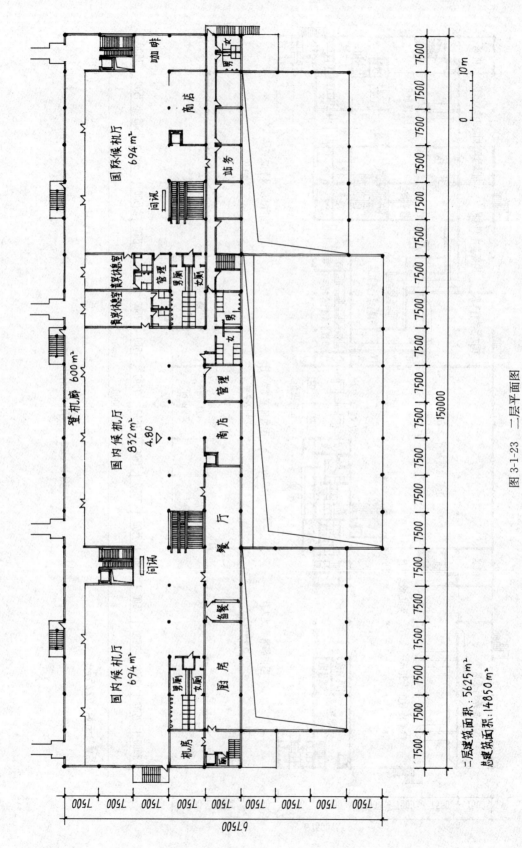

咖啡

国际候机厅
694 m²

商店

问讯

站务

女 男

国内候机厅
832 m²
4.80

摄影休息塑

望机廊 600 m²

问讯

男厕 女厕

管理

管理

女厕 男

商店

厨房

国内候机厅
694 m²

男厕 女厕

机房

餐厅

备餐

图 3-1-23 二层平面图

二层建筑面积: 5625 m²
总建筑面积: 14850 m²

7500 7500 7500 7500 7500 7500 7500 7500 7500 7500 7500 7500 7500 7500 7500 7500 7500 7500 7500 7500
150000

7500 7500 7500 7500 7500 7500 7500 7500 7500
67500

第二节 [2004年] 医院病房楼

一、设计任务书

(一)任务描述

某医院根据发展需要,在东南角已拆除的旧住院部原址上,新建一幢250张病床和手术室的八层病房楼。

(二)任务要求

要求设计该楼中第三层的内科病区和第八层的手术室。

1. 三层内科病区要求应以护士站为中心,合理划分护理区和医务区两大区域,详见内科病区主要功能关系图(图 3-2-1)。各房间名称、面积、间数、内容要求详见表 3-2-1。

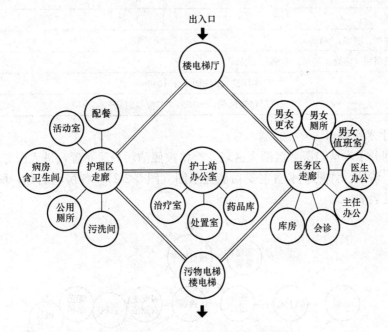

图 3-2-1 内科病区主要功能关系图

三层内科病区用房及要求
表 3-2-1

	房间名称	单间面积(m²)	间数	备 注
护理区	*三床病房	32	12	含卫生间,内设坐便器、淋浴、洗手盆
	*单床病房	25	2	
	*活动室	30	1	
	*配餐室	22	1	包括一台餐梯
	污洗间	10	1	
	公用厕所	3	1	

	房间名称	单间面积（m²）	间数	备注
护士站	护士站与办公	34	1	
	处置室	20	1	
	治疗室	20	1	
	药品库	6	1	可设在处置室内
医务区	更衣室	6	2	男女各一间，共计12m²
	厕所	6	2	男女各一间，共计12m²
	值班室	12	2	男女各一间，共计24m²
	＊会诊室	18	1	
	＊医生办公室	26	1	
	＊主任办公室	18	1	
	库房	6	1	
其他	电梯厅、前室：40m²			
	交通面积（走廊、楼梯、电梯）：305m²			
本层建筑面积小计：1040m²				
允许层建筑面积：±10%　936～1144m²				

2. 八层手术室要求

应合理划分手术区与医务区两大区域，严格按照洁污分流布置，进入医务区、手术区应经过更衣、清洁。详见手术室主要功能关系图（图 3-2-2）。各房间名称、面积、间数、内容要求详见表 3-2-2。

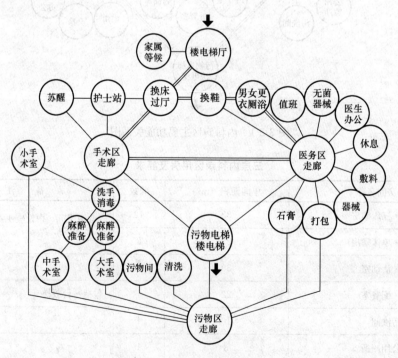

图 3-2-2　手术室主要功能关系图

房间名称		单间面积（m²）	间	备 注
手术区	*大手术室	50	1	另附设：麻醉准备室 12m²，独立洗手处 12m²，共计 74m²
	*中手术室	34	2	另附设：共设麻醉准备室 24m²，共计 92m²
	*小手术室	27	3	共计 81m²
	*苏醒室	36	1	
	护士站	14	1	
	洗手消毒	12	1	
医务区	换鞋	12	1	
	*男女更衣，厕所	73	1	
	无菌器械室	8	1	
	值班室	13	1	
	医生办公室	18	2	共计 36m²
	休息室	18	1	
	敷料间	12	1	
	器械贮存	14	1	
	打包	9	1	
	石膏间	7	1	
其他	清洗	7	1	
	污物间	15	1	
	*家属等候室	28	1	
	电梯厅、前室：40m²			
	交通面积（换鞋过厅、走廊、楼梯、电梯）：527m²			
本层建筑面积小计：1128m²				
允许层建筑面积：±10％ 1015～1241m²				

3. 病房楼要求配备 2 台医梯，1 台污物电梯，1 台餐梯（内科病区设置），2 个疏散楼梯（符合疏散要求）。

4. 病房应争取南向。

5. 病房含卫生间（内设坐便器、淋浴、洗手盆）。

6. 层高：三层（内科）3.9m，八层（手术室）4.5m。

7. 结构：采用钢筋混凝土框架结构。

（三）场地描述

1. 场地平面见总平面图（图 3-2-3）。场地平坦，比例尺为 1：500。

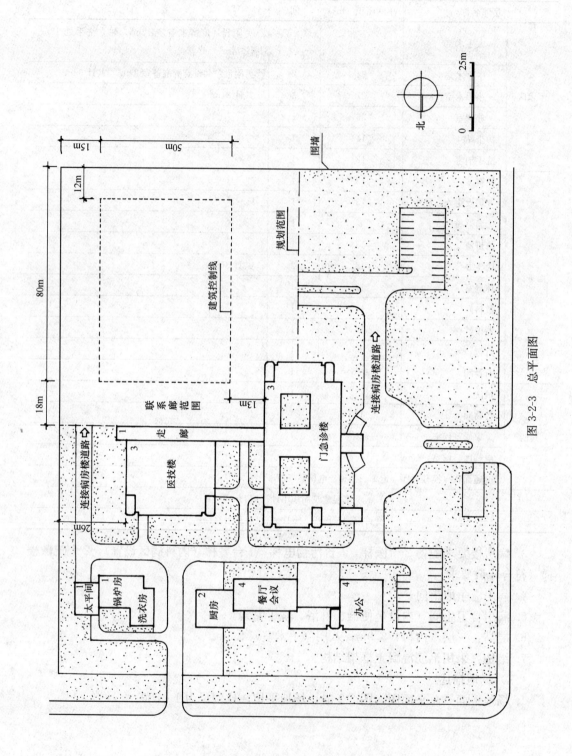

图 3-2-3　总平面图

2. 应考虑新病房楼与原有总平面布局的功能关系。

（四）制图要求

1. 在总平面图上画出新设计的病房楼，并完成与道路的连接关系，注明出入口。同时画出病房楼与原有走廊相连的联系廊，以及绿化布置。

2. 按 1：100 比例画出三层内科病区平面图，八层手术室平面图，在平面图中表示出墙、窗、门（表示开启方向），其他建筑部件及指北针。

3. 画出承重结构体系，上下各层必须结构合理。

4. 标出各房间名称、主要房间的面积（表 3-2-1、表 3-2-2 中带 * 号者），并标出三层、八层每层的建筑面积。各房间面积及层建筑面积允许误差在规定面积的±10％以内。

5. 标出建筑物的轴线尺寸及总尺寸。

6. 尺寸及面积均以轴线计算。

（五）规范及要求

1. 本设计要求符合国家现行的有关规范。

2. 病房走廊宽不得小于 2.7m，病房门宽不得小于 1.2m。

3. 手术室走廊宽不得小于 2.7m，门宽不得小于 1.2m。

4. 病房开间与进深不小于 3.6m×6m（未含卫生间）。

5. 手术室房间尺寸：小手术室 4m×6m，中手术室 4.8m×6m，大手术室 6m×8m。

6. 病房主要楼梯开间宽度不得小于 3.6m。

7. 医梯与污物电梯井道平面尺寸不得小于 2.4m×3m。

二、设计演示

（一）审题

1. 明确设计要求

（1）这是医院类型建筑。要求设计内科病区和手术部两种不同功能内容的平面布局。应试者紧接着应思考两个问题：一是有没有设计原理的概念，即病区的设计模式之一通常为三大功能区块（病房区、护理区、医务区），其间为双走廊；手术部的设计模式之一通常也是三大功能区块（洁净区、半洁净区、清洁区），其间为双走廊。应试者如果想到了这一层面，那么在头脑中很快就会产生该病房楼的最佳平面模式——板式。

（2）该病房楼的设计标准一定是中央空调，尤其手术室即使靠外墙也不能开窗，所以不必担心会出现暗房间。尽管如此，最关键的设计要求就是三层的14间病房要全部朝南。

（3）这是一个特别强调流线组织的建筑类型，尤其是八层手术部。应试者应明确病人和医生进入手术区必须各自完成"卫生通过"程序。这两条流线必须清晰，也是该试题的难点。此外，还有一条从各手术室产生的污物，其流线不允许与其他任何流线发生交叉。

（4）该病房楼共计8层，当属高层建筑，其设计应执行《高规》。最突出的设计要求就是垂直交通必须设置前室，且面积应符合《高规》要求。

应试者在审题第一步明确设计要求这一点上，若能想到上述4个问题，那么就为方案设计顺利上手作好了构思准备。如果应试者想不到这些，那么在设计过程中就会出现若干麻烦。

2. 解读"用房及要求"表

（1）先看三层和八层面积表最后一行，搞清两层面积的关系。应试者会看到一个反常的现象，即八层面积大于三层面积，上大下小。应试者应马上想到有两种设计途径解决这个问题：一是将三层面积作为标准层，八层超出三层的88m² 面积通过外挑方式实现；二是将三层与八层面积折中一下，各自在±10%浮动范围内，使其面积相等。相比较而言，后一种方式对于方案设计更为简便。

（2）第二步看三层和八层面积表最左边一列，搞清各自功能分区的状况。三层分了护理区、护士站和医务区三个功能区。合适吗？与应试者在审题第一步明确设计要求所建立的概念，即病区设计模式的三大功能块似乎有些不吻合。那么，把三层面积表护理区中第一、二行的三床病房和单床病房作为病房区；余下4个房间与护士站的4个房间归并，构成护理区；加上原有的医务区。这样功能分区更为明确，也有助于方案设计的实际操作。

八层表格只分了两个功能区，即手术区和医务区，这是不合适的。八层应按洁净程度分区更为科学，即手术区中只有大、中、小各手术室及洗手消毒构成洁净区；而护士站、苏醒室宜归到医务区的各房间中构成半洁净区；至于表格中的家属等候室应属清洁区。其中，应试者还要明白一个设计原理，就是表格中医务区的"换鞋"与"男女更衣、厕所、淋浴"两个房间应合二为一，而且还应有两次换鞋，即浴前换淋浴拖鞋，浴后换手术鞋，这一过程在医学上称之为"卫生通过"。它应介于半洁净区与清洁区之间作为一道关卡。按任务书要求"进入医务区、手术区应经过更衣、清洁"，就是这个道理。从半洁净区到洁净区还要通过各手术室前的"洗手"（医学上称为"刷手"）第二道关卡。此外，在表格"其他"一栏中，还有"污物间"和"清洗"两个房间，应属于手术后的附属用房，应单独成为一个区。

由上述可知，应试者通过解读"用房及要求"表，是否能清晰地理解功能分区的划分是至关重要的；它关系到应试者的方案设计能否顺利展开，以及方案设计的目标能否符合题意。

（3）第三步再看三层和八层表格左边第二列各功能区所包含的房间内容。各层房间并不多，有个印象就行，不必强记硬背。至于后面的面积一栏暂时无需关注。但是细心的应试者会发现三层护理区的公共厕所只有1间，且面积仅为3m²。这是不合常理的，设计时至少男女厕所各设1间才对。

3. 理解功能关系图

（1）看三层功能关系图

1）因三层不在地面，故省去理解功能关系图常规第一步分析出入口情况的程序（而图中竟然有两个出入口箭头，这显然是不对的）。

2）看功能分几个区？每个区包含了哪些房间？应该说，三层气泡的各自功能区归类总体上还是比较清楚的。只是病房区只有一个病房气泡就行，其余4个小气泡（配餐、活动室、公用厕所、污洗间）应归类到护理区去更合理，因为它们如同护理区的各房间性质一样，都是服务于病房的。其次，如果护理区与病房区不是左右放而是上下放，会更有利于应试者理解两者应是面对面的关系。

3）看连线关系。我们已说过，功能关系图中气泡间的连线在方案设计中多数情况下就意味着走廊。而三层功能关系图却把走廊当作与房间一样的气泡来对待，把本应简单的功能关系反而搞复杂了。此外，功能关系图中还产生了一些不正确的图示表达。例如，护理区的治疗室、处置室是为病人服务的，其连线应画到护理区走廊气泡上才对。而药品库根据"可设在处置室内"的要求，应该与处置室有连线关系，而不是与护士站画上连线。其次，医务区走廊气泡与护理区走廊气泡更应用双线直接相连。其实，许多应试者并没有按三层功能关系图的连线关系进行房间布局，方案反而比较合理，因为这些都是常识性问题。

（2）看八层功能关系图

应试者如果对手术部的设计原理不了解的话，就会被该功能关系图误导，使设计方案问题百出。这可以说是历年试题的功能关系图表达最差、错得最不应该的一次。

一是房间气泡的组织不但欠清晰，而且有若干不当之处。如医务区这一组气泡中，石膏、打包、器械、敷料、无菌器械，这5个房间都是为手术区直接服务的，应该与护士站、苏醒2个房间组织在一起成为半洁净区；且应画在医务区与手术区之间。这样，应试者即使不了解设计原理，也是能够理解的。又如，污物间与清洗本应是一组特殊功能区，它不属于手术区，不应如此靠近。若能拉开一点距离，对表达设计原理会更清晰一些。

二是连线关系较为混乱，不但没有清楚表达设计原理，而且有若干处是不符合功能要求的。如八层第一关口，三类人出电梯厅后应有三条连线，即家属到等候室的连线是对的，病人由护工推床至换床过厅（面积表漏了此房间）也是对的，问题出在医护人员为什么也要走换床过厅？应该有另一条流线，先走"卫生通过"房间（即由图中换鞋与更衣厕浴合并成的一个房间），再进入医务区才对（图3-2-4）。而医护人员从医务区进入手术室之前要经过洗手（应称为刷手），因此洗手与中、大手术室应与小手术室一样，是有连线关系，而不只是洗手连接麻醉准备。后者应直接连接手术区走廊。其次，石膏、打包两个气泡与污物区走廊气泡画上连线也是不合适的。因为两者都是干净的，是为外科手术或骨科手术供应医用材料的，如同敷料、器械的功用一样。只有从大、中、小手术室术后出来的东西才是污物，包括脏的石膏和血污的纱包绷带。

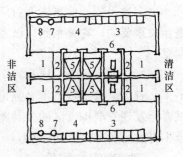

图 3-2-4 卫生通过间平面
1. 换鞋；2. 鞋柜；3. 更衣柜；4. 洗面池；5. 淋浴；6. 厕所；7. 搁板；8. 术后衣袋

此外，功能关系图应画得简明扼要，而图中手术区走廊和医务区走廊与污物电梯、楼电梯是没有功能关系的，其连线是画蛇添足。更为不可理解的是八层居然也有出入口？而且污物电梯竟然会把污物运到污物区走廊（箭头一是不该画，二是画反了）？

总之，八层功能关系图让人一头雾水，本来就对手术部功能关系不太清楚的应试者，看后反而更加糊涂了，只好依葫芦画瓢瞎做方案。

4. 看懂总平面图的环境条件

这是总平面图不多见的表达方式。一般出题只给用地周边环境条件，而这一次却给了医院的总平面图，说明病房楼是医院建筑群的组成部门之一。那么，应试者就要事先搞清病房楼与医院其他部门的关系，以及总平面图所设置的各种环境条件。

（1）用地范围是限定条件，病房楼只能在此范围内布局。但它又是陷阱条件，因为其面积为 $(80-12) \times 50 = 3400 \mathrm{m}^2$，而三层建筑面积只有 $1040 \mathrm{m}^2$，用其 1/3 足够了。给出如此宽松的用地面积，就是想误导粗心的应试者将病房楼横着（东西向）摆放，从而掉入陷阱条件中。

（2）门、急诊楼建筑条件因是东西向的，也是一个陷阱条件。如果应试者不动脑筋，将病房楼如法炮制横着放，也就造成病房楼呈东西向，使方案设计归于失败。

（3）指北针是"躺"着画的，不是我们习以为常的上北下南。不少应试者因审题不细致而导致方案设计前功尽弃。

（4）医技楼南侧的走廊是限定条件，任务书要求病房楼用连廊与之联系，则限定了病房楼在用地条件中应尽量靠北。同时，应试者又要看清医技楼走廊是一层的，那么所要设计的三层内科病区就没必要设对外出入口了。

（5）总平面东北角的洗衣房、太平间和北面的厨房这一摊子后勤用房是暗示条件，因为，病房楼的污物处理以及病人餐饮供应都与此后勤部门有关，也就大体暗示了病房楼的供应入口和污物出口的方位要在用地的东北角。

（6）医院总平面图有两条待连接病房楼的道路，在病房楼的设计中是一定要考虑完成对接的。这一要求对于病房楼在用地上的布局，以及病人入院在一层的入口方位都起到限定条件的作用。

（7）医院总平面图中的办公楼、餐厅会议与病房楼设计无关，是干扰条件。

对于以上若干环境条件，应试者务必认真分析，正确理解，方可为设计程序的正确展开奠定成功的基础。

（二）展开方案设计

1. 三层平面设计程序

（1）场地设计

应试者先拿一张 A4 拷贝纸覆盖在 1：500 的建筑控制线图上，但眼睛要看着地形图的环境条件。开始在建筑控制线内进行设计程序第一步的分析工作。

1) 分析场地的"图底"关系（图 3-2-5）

① "图"形的分析。影响病房楼"图"形的最关键因素是 14 间病房应全部朝南，因而需要比较大的面宽，故"图"形应为板式。

② "图"的定位分析。要满足两个条件，一是板式"图"形在场地中要竖起来放，以便保证南北向布局；二是"图"形在场地中约占 1/3 且必须向北靠，以便与医技廊联系方便。但是，需要根据场地条件检验一下上述"图"形位置的思路是否可行。经计算 14 间病房一字排开需要面宽 50.4m（3.6×14＝50.4m），超出了建筑控制线 0.4m，怎么办？有的应试者可能会想到改变板式"图"形的设计方向，但这会招致更大的设计麻烦。而聪明的应试者会想到 0.4m 就是 2 块砖的厚度，能不能从面积定额本来就需小一点的两个单床间中找到解决的办法？现在虽然还没什么眉目，但隐约感到有希望。哪怕此路走不通，由此换来设计路线的通顺和设计操作的简单化也是值得的，那就大胆采用板式"图"形。

2) 分析建筑各出入口方位（图 3-2-6）

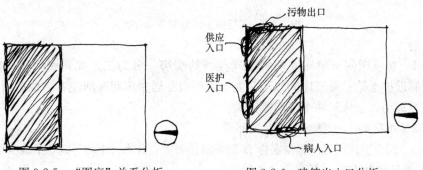

图 3-2-5 "图底"关系分析　　　图 3-2-6 建筑出入口分析

因内科病区在三层，本不涉及出入口问题。但其平面布局，如主要垂直交通中心、供应与污物间的布局都牵涉到一层各出入口的定位。因此，还是要对各类人员及物品的进出口在"图"形中的范围稍加考虑。

医护人员肯定会自医技廊（北面）进入"图"形。供应和污物的集中处理都与总平面东北角的后勤和道路有关，因此，也是从北面进入"图"形。这样"人"与"物"因都是从北面进入"图"形，就要拉开距离。"物"的入口自然靠东端，医护人员的入口就靠西端。而脏的"物"（污物）不能与干净的"物"（送餐）相互靠近，其出口就要挪到东山墙靠北处。最后，病人办完住院手续，是从门急诊楼南侧的院内道路到达"图"形的西山墙进入一层门厅的，并与医护人员一起从"图"形西北角的垂直交通共同上到三层。

（2）功能分区（图 3-2-7）

图 3-2-7 三层功能分区分析

由场地设计所得的"图"形及其定位与各出入口大体范围的确定，在这一步（功能分区）就转换为设计条件。场地设计可以得出两个结果，即"图"形西北角应为一组主要垂直交通（2 部医梯和 1 部楼梯），相对应的东北角有一组次要垂直交通（1 部楼梯和 1 部污梯）。剩下的板式平面图形就是三层功能分区的内容。根据功能分区，应该明确以下设计原则：

1) 优先将病房区气泡画大一点圈在"图"形南面，以满足其使用要求。

2) 将医务区气泡画在北面，介于两组垂直交通之间。

3) 将护理区气泡画在前述两者之间，以满足前后都有的功能联系。

(3) 房间布局

此步所要做的分析工作仍然要采用一分为二的方法，将各功能区的房间逐一分析到位。

1) 病房区房间布局分析（图 3-2-8）

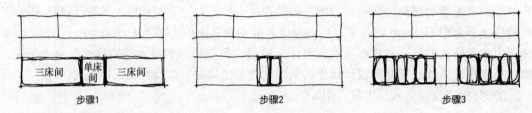

图 3-2-8　三层病房区房间布局分析

步骤 1　按三床间与单床间两种不同类型的病房一分为二，优先照顾单床间气泡居中，以便靠近护士站；而三床间气泡只能分为两组各居单床间气泡左右。根据面积表，单床间气泡要画小，三床间两个气泡要画大。

步骤 2　单床间小气泡再一分为二即可。

步骤 3　两个三床间气泡根据安排 12 间病房的要求，分为大小均等的 6 个病房气泡即可。

2) 护理区房间布局分析（图 3-2-9）

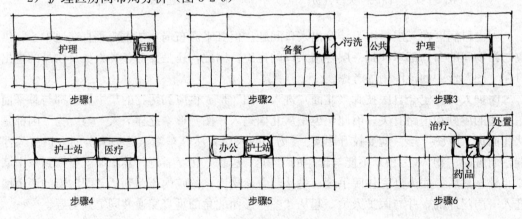

图 3-2-9　三层护理区房间布局分析

步骤 1　按护理用房与后勤用房两种不同性质的房间一分为二。根据出入口分析的结果，前者在左，气泡画大一点；后者在右，气泡画小一点。

步骤 2　在后勤用房气泡中，再按洁污两种不同性质的房间一分为二，根据对一层"物"的洁污出入口的分析结果，备餐在左，气泡画稍大些；污洗在右，气泡画小点。

步骤 3　在护理用房区，按护理房间与公共房间两种不同性质的房间同类项合并一分

94

为二。后者在左靠西山墙，可获自然采光通风条件；前者在右，面对病房区的中间地带，可均衡照顾病房区。公共用房气泡要画小，护理房间气泡要画大。

步骤4 护理房间气泡再按护士站用房与医疗用房一分为二。前者在左，后者在右。两者气泡大小基本差不多。

步骤5 护士站用房气泡再一分为二。一间为办公在左，一间为护士站柜台在右。

步骤6 医疗用房气泡再一分为二。一间为治疗室在左，一间为处置室在右，两个气泡一样大，其中可夹一个药品库。

3）医务区房间布局分析

此区功能较为简单，不必再用一分为二的方法，从此区入口开始依次布局更衣、值班、医生办公、主任办公和会议室等房间气泡即可。

从上述分析可知，三层房间布局如此轻而易举，完全得益于设计程序第一步的"图"形简洁和第二步的功能分区清晰，说明设计程序的开局是至关重要的。

因为八层手术部与三层内科病区是没有直接功能关系的，因此，三层的设计程序可以直接往下进行。

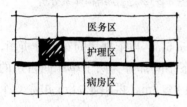

图 3-2-10　三层水平交通分析

（4）交通分析

1）水平交通分析（图 3-2-10）

根据两大功能分区若有联系，其间必有一条水平交通流线将二者既分开又联系起来的原则。在护理区与病房区之间要有一条水平交通流线，在护理区与医务区之间也要有一条水平交通流线。

同时，这两条水平交通流线作为三层的水平交通系统一定要连成环。因此，在护理区东端的后勤房间气泡与护理房间气泡之间和西端的公共房间气泡与护理房间气泡之间，应分别各有一条水平交通流线。三层的水平交通系统就此形成。

2）垂直交通分析

这个问题已在设计程序第一步确定一层各出入口时得到了结果，即在病房楼"图"形的西北角有一组主要垂直交通，在东北角有一组次要垂直交通。将它们各自升到三层，即获得三层的两个垂直交通的定位，它俩正好都处在水平交通流线上，符合垂直交通定位的原则。

（5）卫生间配置分析（图 3-2-11）

应试者一定要记住公共卫生间一定要在水平交通流线上，且各功能区都应配置卫生间（在用房及面积表中都已列出）。

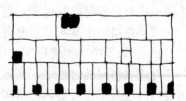

图 3-2-11　三层卫生间配置分析

1）病房区的卫生间不属于公共卫生间，按常理各病房内都需附设一间卫生间。从设计原理而言，病房的平面格局不同于宾馆的标间，后者的卫生间介于居室与外部公共走道之间，是为了隔声和保护客人居住生活的私密性；而病房则要充分考虑医护人员对病人随时观察的方便性与安全管理，这是设计矛盾的主要方面。因此，病房的卫生间宜布置在靠外墙处，其优点是病房直接靠走廊便于护理，符合现代医疗要求，其次，卫生间的卫生环境条件得到改善。至于由此影响病房的采光这是设计矛盾的次要方面，完全可以通过某些设计手法将此矛盾减小到最低程度。比如尽量压缩卫生间的面宽，让三件洁具一顺布置。其实采光面积并未受到多大影响，无非是将窗户从居中移至靠边。

其次，在画病房卫生间气泡位置时还要注意到每一柱跨两侧病房内的卫生间都是背靠背设置的，这是应试者都明白的。同时，还要想到高层建筑处在袋形走道处的病房，其疏散距离只有12m，这就意味着端头病房的门应尽量接近楼梯间，那么，其病房的附设卫生间气泡就要单独画在贴端墙处。

2）护理区的卫生间应在公共区，也宜靠外墙，以便获得自然通风采光，因此，可在公共用房气泡下面画上小一点的卫生间气泡。

3）医务区的卫生间，按常规在此功能区的入口附近毗邻更衣房间画上卫生间的气泡。

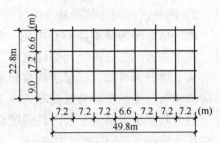

图 3-2-12　三层结构体系分析

（6）建立结构体系（图 3-2-12）

在操作上，先拿第二张拷贝纸覆盖在第一张拷贝纸的三层平面分析图上，进行设计程序第六步建立结构体系的分析工作。

1）根据任务书要求先保证12间三床间病房开间各为3.6m。再依据房间布局分析图，在"图"形两侧用工具各绘出3个7.2m开间的轴线。剩下中间部分为两个单床间占用的一个开间；其尺寸为场地限定宽度50m稍收进0.2m得出49.8m，再用49.8m扣除6个7.2m开间，即为剩下的中间开间尺寸（6.6m）。

2）考虑到三层与八层面积均取折中值，均按标准层设计。用接近三层面积上限的1130m² 除以面宽总长49.8m，得出病房楼总进深22.8m。

3）确定跨度。第一跨病房进深任务书已定为6m；加上靠外墙的病房卫生间，按住宅卫生间最小尺寸1.5m×3m计，病房跨度即为9m。再考虑两个垂直交通所占据的第三跨尺寸，因为，先要保证任务书对楼、电梯和前室的尺寸与面积要求。东西两部楼梯横着放占一开间，7.2m长度正合适，其宽度规定为3.6m。再考虑东端楼梯与3m宽的污梯可在一跨内，则第三跨可为6.6m；此跨度尺寸对于西端竖着放两部医梯也正合适。剩下第二跨尺寸就用总进深尺寸22.8m减去第一、三跨尺寸，即为7.2m。

至此，病房楼的框架结构已确定下来，且层建筑面积符合任务书要求。应该说三层分析图中所有房间都能放得下，剩下的面积就全归交通面积了。

（7）在格网中落实三层所有房间的定位（见图 3-2-19）

1）在格网中落实病房区的所有房间定位

在建立格网的过程中，实际上已按任务书要求确定了14间病房的布局，此设计程序所要做的设计工作就是具体落实其面积和细节。

①对于三床间的病房和卫生间可进一步完善：一是房门画大小子母门；二是根据卫生间洁具布置，将内墙角切一刀便可改善居室的采光通风效果；三是卫生间门画成外开；四是卫生间门前的空间，对于居室无甚作用，可以拿出一半面积作为阳台，病人也就有了室外活动空间；另一方面，病房面积不至于超额。

②对于单床间因开间只有3.3m，要想法得到补偿。任务书之所以要求病房开间为

3.6m，其目的主要在于方便病床的自由进出，以及满足医生查房时进行临床检查或现场教学。但单床间不需要 6m 进深，面积又比三床间小。因此，两个毗邻的单床间相互借位布置病床，各在非床位区让出 30cm。以此解决单床间满足 3.6m 开间的要求。再次核算面积，单床间面积仍有超出。那么就把面向走廊的墙向病房内后退到符合面积要求为止，将多余的面积甩到交通空间去。

2) 在格网中落实护理区的所有房间定位

① 先在第二跨 7.2m 中扣除病房走廊 2.7m，剩下 4.5m 作为护理区各房间的进深。

② 按设计程序第三步护理区各房间气泡的顺序，将各房间自东向西依次定位。

第一开间为备餐与污洗。共中污洗 10m² 除以 4.5m 进深，得面宽 2.2m。则 7.2m 开间剩下 5m 给备餐，其面积约为 23m²，符合要求。

第二开间，因分析图上有一条水平流线，故扣除 2.7m 作为走廊，剩下 4.5m 给处置室。面积为 4.5m×4.5m＝20.25m²，符合要求。

第三开间为治疗室与药品库共有。其中大气泡治疗室面积为 20m²，等同于处置室，故面宽也为 4.5m。剩下 2.7m 面宽给药品库，面积为 12.15m²；但实际只需要 6m²，另一半正好留给医务区库房。

第四开间作为护士站用，正好居中，且面对两个单床间，真是再合适不过了。

第五开间，根据设计程序第四步交通分析，有一个医务区的走廊入口，加上护士办公室各占半开间 3.6m。但是办公连同护士站面积共计 48.6m²，大大超出面积表规定的 34m²。还是那个原则，房间面积多余的甩到交通面积中，故将护士站进深缩减到面积符合要求为止。

第六开间属于与电梯厅对接的公共空间。

第七开间归活动室和公共厕所共有。因两者都宜靠外墙，故上下布局。活动室面积较大为 30m²；幸好此开间第三跨（6.6m）楼梯只需 3.6m，剩下 3m 给活动室。但面积还缺8.4m²，用开间 7.2m 除，需向南扩 1.2m 即可。此开间第二跨房间进深 4.5m，还剩3.3m 给公共厕所。虽然用房面积表只给出 1 间公用厕所，但还是分设男、女厕所（两间）为好。

3) 在格网中落实医务区的所有房间定位

① 先在第三跨 6.6m 中扣除 1.8m 宽走廊，剩下 4.8m 作为各房间进深尺寸。

② 在此跨的 4 个 7.2m 开间中要安排大小 9 个房间（库房已在第二跨中落实）。其中，男女更衣、厕所 4 个小间共占左边第一开间；两个值班占第二开间；医生办公面积大，独占第三开间，剩下第四开间给主任办公和会诊室（各半）。经面积计算，除主任办公与会诊室面积正合适外，其余各房间都超出规定，则这些房间的进深需向内统一缩至面积合理为止；因房间靠外墙，多余的面积全部甩到室外去。

2. 八层平面设计程序

先拿第三张拷贝纸覆盖在第二张刚完成的三层平面方案图上，将格网和两个垂直交通全部升到八层画好，以此作为八层图示分析的依据。

（1）场地设计

八层不涉及此问题，故免去此设计环节。

（2）功能分区（图 3-2-13）

八层是按洁净程度分区的，包括清洁区、半洁净区、洁净区、污染区。其中半洁净区和洁净区是八层主要的功能区，所占面积最大；清洁区与污染区分设于上述主体功能区的两端。按照这个分区概念展开如下功能分区的分析工作。

1）清洁区图示气泡画在电梯厅边上较小的范围内。

2）污染区要毗邻污梯，面积小，可画小气泡于对应三层污洗间的位置。

3）剩下的八层大部分区域为半洁净区和洁净区。洁净区大气泡要画在对应三层病房区一整条的位置处，半洁净区大气泡要画在对应三层护理区和医务区所在的位置处。

（3）房间布局

1）清洁区房间布局分析（图3-2-14）

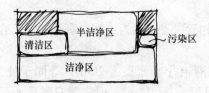
图 3-2-13　八层功能分区分析

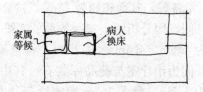
图 3-2-14　八层清洁区房间布局分析

此区房间主要包括家属等候室和换床过厅（用房及要求表中漏此房间）的"警戒线"外侧空间。前者图示气泡在左；后者图示气泡在右，以便由此进入手术区。

2）污染区房间布局分析

首先将污物间和清洗一分为二，成两个气泡。前者在右紧邻污物电梯，后者在左与污物间毗邻。

3）洁净区房间布局分析（图3-2-15）

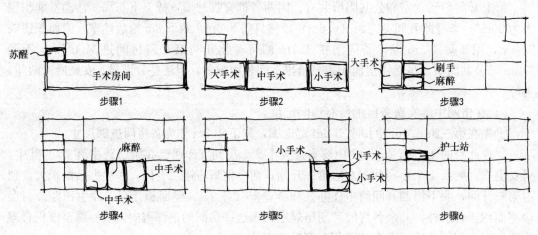
图 3-2-15　八层洁净区房间布局分析

步骤1　先按术后房间与手术房间一分为二。前者为苏醒室，面积小，宜靠近家属等候室和电梯厅，以便苏醒后，可以安全离开手术区回到三层病房区，其图示气泡画小在左上角。后者为大、中、小手术室，面积大，其图示气泡画大在右。

步骤2　在手术房间气泡中，按大、中、小手术室一分为三。大手术室面积小，要靠近苏醒室，便于全麻病人术后就近安置，其图示气泡画小在左；中手术室区面积最大，宜居中，便于半麻病人术后方便到达苏醒室，其图示气泡画大在中；小手术室区面积为中，其图示气泡在右。

步骤3 在大手术室气泡中，按大手术室与准备房间一分为二。前者面积大，其图示气泡画大在左；后者面积小，其图示气泡画小在右。紧接着再一分为二，刷手处在上；麻醉准备在下。

步骤4 在中手术室气泡中，按中手术室与麻醉准备一分为二。后者面积小，其图示气泡居中；前者面积大，其图示气泡一分为二，两个中手术室分居麻醉准备两侧。

步骤5 小手术室气泡一分为三。其图示气泡左侧画一个，右侧上下各一个。

步骤6 此区还剩下护士站。其位置应紧邻苏醒室，便于观察术后病人的状况，并接近换床过厅安排病人手术，还要与家属等候室方便联系，其图示气泡画小在苏醒室气泡之右。

4）半洁净区房间布局分析（图3-2-16）

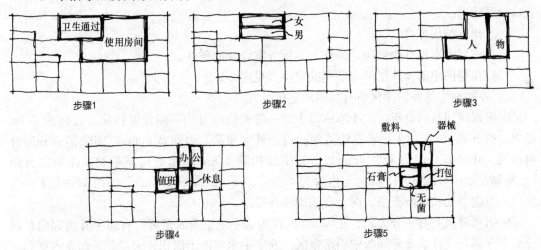

图 3-2-16 八层半洁净区房间布局分析

步骤1 按卫生通过与使用房间一分为二。前者面积小，应在进入此区前部，其图示气泡画小在左；后者面积大与手术区要靠近，其图示气泡画大在右。

步骤2 在卫生通过气泡中，按男、女一分为二，其图示气泡上下并排。

步骤3 在使用房间气泡中，按人使用房间和物供应房间一分为二，前者宜接近手术区中部，其图示气泡在左；后者图示气泡在右。

步骤4 在人使用房间气泡中，按办公房间与休息值班房间一分为二。前者图示气泡在上；后者图示气泡在下，使其紧邻手术区，便于医生术后休息或值班护士对夜间的紧急手术作出快速反应。

步骤5 在物供应房间气泡中，大致分为5个小气泡，以符合"用房及要求"表中规定的房间数量。

（4）交通分析

1）八层水平交通分析（图3-2-17）

①在洁净区（手术室）内部有一条水平交通流线将各手术室联系起来，且与半洁净区和清洁区以一墙隔开，只在必要联系的节点处设门管理。

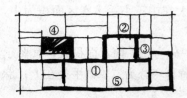

图 3-2-17　八层水平交通分析

②在半洁净区有一条水平交通流线，将各办公用房和男女卫生通过联系起来，并与手术区的水平交通连通。

③在药品器械区有一条水平交通流线将各供应用房联系起来，并与手术区的水平交通连通。

④在电梯厅出口处，应有一个水平交通节点，联系着清洁区与半洁净区。

⑤在洁净区（手术室）南侧应有一条特殊流线，即污物流线，并在东端与污物间和清洗间连通。

2）垂直交通分析

已在三层方案设计中解决，并作为八层方案设计的条件。

（5）卫生间配置分析

按"用房及要求"表，八层只有卫生通过房间中有医生用的男女厕所，其他洁净区不允许设置厕所。

（6）建立结构体系

已在三层方案设计中解决，并作为八层方案设计的条件。

（7）在格网中落实八层所有房间的定位（见图 3-2-20）

1）在格网中落实洁净区所有房间的定位

①根据房间布局分析，大手术室需占第一跨西边两开间；但先要扣除其北面的 2.7m 走廊，剩下 6.3m 作为大手术室的进深；再用其面积除，得面宽 8.6m，即除第一开间外再占第二开间 1.4m。从第二开间起，其南面扣除 1.8m 污物走廊至东端。在第二开间［面宽剩 5.8m（7.2m−1.4m）与进深剩 4.5m（9m−2.7m−1.8m）］的面积中上下一分为二，为刷手处和麻醉准备，两者面积均符合要求。

②第三开间左右一分为二。左面 3.6m 作为大手术室前的走廊，右面半开间起向东再分配 2 开间，共计 2.5 开间为中手术室区。其中手术室由于面积较大，其进深需占据第一跨 9m 扣除 1.8m 污物走廊的部分，即 7.2m。故手术区走廊在此需移至第二跨。那么，在 7.2m 的第一跨中，用中手术室面积除以 7.2m 进深，得出面宽需约 5.1m。在 2.5 开间计 17.4m（3.6m+6.6m+7.2m）中，扣除两头中手术室总面宽 10.2m，剩下 7.2m 作为 2 个中手术室共用的麻醉准备室的面宽；再用其面积除，得进深取 3.6m。剩下 3.6m 作为 2 个中手术室的刷手处。

③剩下第一跨东头最后 2 开间为小手术室区范围，但先要扣除东端 1.8m 的污物走廊。在最后一间［还剩下 5.4m 的面宽和总进深 9.9m（9m−1.8m+2.7m）］中，上下均分为 2 个小手术室。在其西侧开间中，扣除第三个小手术室的面宽约 4m 后，剩下 3.2m 面宽作为 3 个小手术室共用的刷手处。

④根据房间布局分析，第二跨左边第一开间为苏醒室；但面积只有 36m²，可按面宽与进深皆 6m 搞定。

⑤在手术区走廊上下错位的交错处，正好可安排毗邻苏醒室的护士站。

2）在格网中落实清洁区所有房间的定位

在该区只有 2 个房间。一是家属等候室，只能在出电梯厅的过厅附近。根据房间布局分析，定位在左边第一开间的楼梯与苏醒室之间。二是作为换床过厅的"警戒线"左边空间，其定位在出电梯厅的过厅东侧。其进深为 4.5m。由于"用房及要求"表中未列换床过厅面积，故视具体方案而定。

3）在格网中落实半洁净区所有房间的定位

①"卫生通过"房间的面积应该将"用房及要求"表中医务区的第一、二项（换鞋、男女更衣、厕所、淋浴）合并在一个空间内，计为 85m²。可在第三跨分配给第三、四开间 2 个格子，并分出男、女卫生通过，再根据其流程依次安排换鞋—厕所—更衣—淋浴—换鞋的区域。

②医务区 4 个办公分配给第五开间的二、三跨两个网格，其中第二跨的进深方向已被中手术室的走廊占去了 2.7m，剩下 4.5m 进深。因此，在第二、三跨之间的办公走廊只能放在第三跨；扣除其宽度 1.8m，剩 4.8m 作为房间进深。在 7.2m 开间内一分为二作为两个医生办公，面积正合适。第二跨的开间一分为二，左边一半作为休息，右边一半可用作药品器械区。因为，在换床过厅东侧第四开间还剩 5m 面宽，可用作值班室并设一条连通手术区的走廊。

③各供应器械药品区占第六开间的第二、三跨。其中第三跨可落实 2 间较大的房间（器械贮存和敷料间）；第二跨先利用办公区第五开间多余的半开间落实 2 个小房间（石膏间和无菌器械）；将第六开间一分为二，左边一半落实一条连接手术区的走廊和一个打包间，右边一半作为连接手术区、办公区、污物区的疏散过厅。

④污物区，只有污物间和清洗 2 个房间，占最后一开间。在 4.5m 进深内还要再扣除 1.8m 的污物廊，剩下 2.5m 作为房间进深。在此面积范围内，只能按污物间和清洗的面积下限落实定位。

至此，八层平面方案设计终于完成。

3. 总平面设计（图 3-2-18）

（1）病房楼定位

将设计定案的病房楼安放在用地的北部，尽量靠近医技廊。

（2）完成道路设计

将医院总平面南面未完成的院内道路向东延伸与东面的道路向南延伸并对接。再沿着病房楼西、北两侧，设计一条步行路。

（3）确定病房楼一层主次入口

住院病人的主要人流方向是从医院大门经南面道路来到病房楼，故其主入口宜在病房楼西山墙，以迎合住院病人来的方向。在病房楼东北角的北面距东山墙 7.2m 处作为送餐次入口，东北角的东面正对三层污洗间的位置作为污物出口。

（4）完成场地设计

在病房楼西侧主入口前的用地范围内设计一个小广场。在此小广场对面（即院内道路南侧）设计一处停车场。

（5）完成病房楼与医技廊的连接

在病房楼西北角第二开间对着电梯厅处设置一连廊。

三、绘制方案设计成果图（图 3-2-18～图 3-2-20）

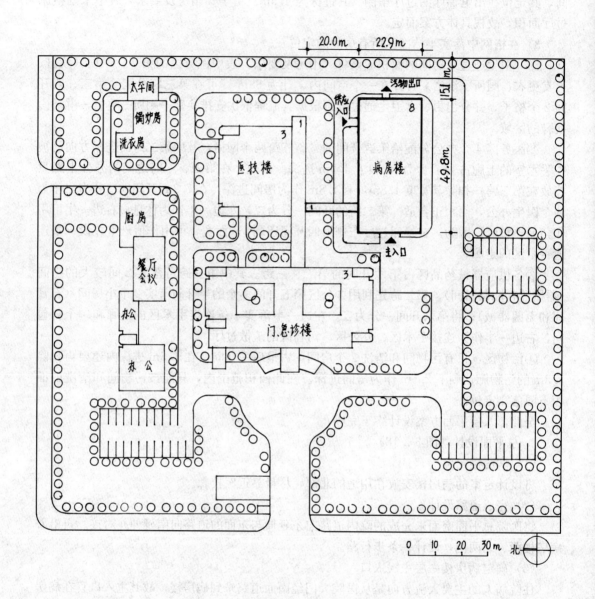

图 3-2-18　总平面图

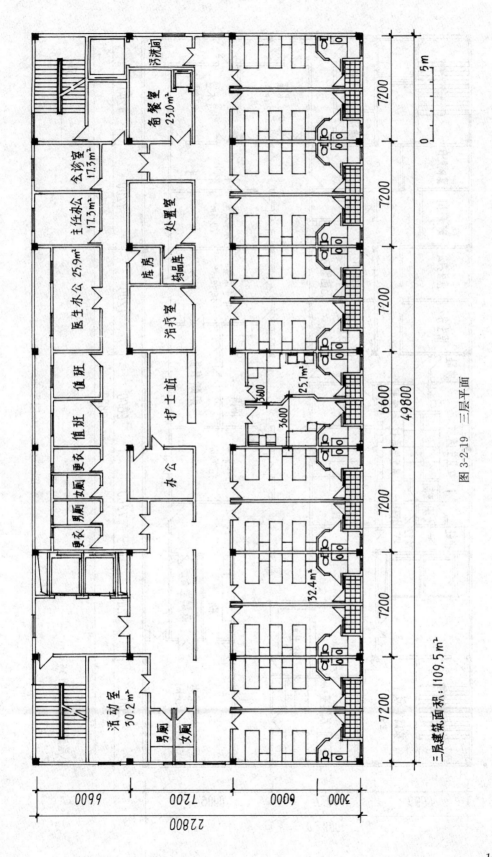

污洗间

备餐室
25.0m²

会诊室
17.3m²

主任办公
17.3m²

医生办公 25.9m²

库房

特细库

处置室

诊疗室

值班

值班

更衣

护士站

25.1m²

3600

3600

男厕 女厕 更衣

办公

32.4m²

活动室
50.2m²

男厕

女厕

7200 7200 7200 7200 6600 7200 7200 7200 7200

49800

6600 7200 6000 3000

22800

三层建筑面积: 1109.5m²

图 3-2-19　三层平面

0 5m

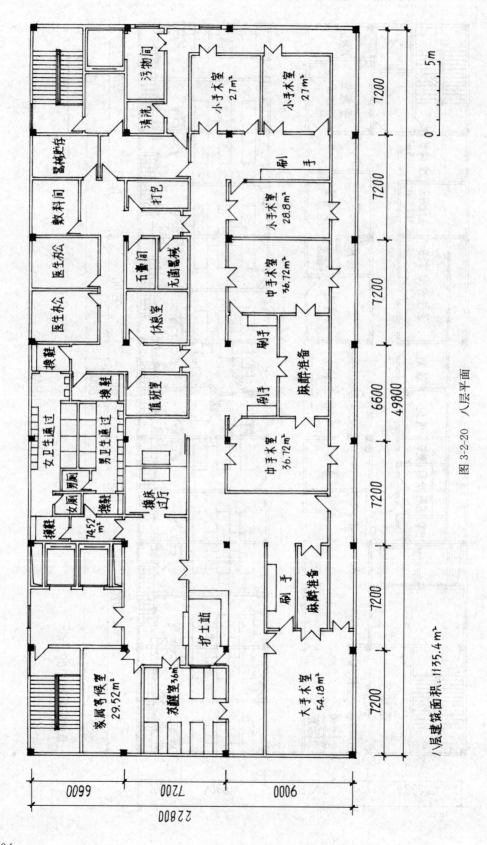

图 3-2-20　八层平面

八层建筑面积: 1135.4 m²

104

第三节 [2005年] 法院审判楼

一、设计任务书

(一) 任务描述

某法院根据发展需要，在法院办公楼南面拆除旧审判楼原址上，新建二层审判楼，保留法院办公楼。

(二) 任务要求

设计新建审判楼审判区的大、中、小法庭与相关用房以及信访立案区。

1. 审判区应以法庭为中心，合理划分公众区、法庭区及犯罪嫌疑人羁押区，各种流线应互不干扰，严格分开。犯罪嫌疑人羁押区应与大法庭、中法庭联系方便，法官进出法庭应与法院办公楼联系便捷，详见审判楼主要功能关系图 (图 3-3-1)。

2. 各房间名称、面积、间数、内容要求见表 3-3-1、表 3-3-2。

3. 层高：大法庭 7.2m，其余均为 4.2m。

4. 结构：采用钢筋混凝土框架结构。

(三) 场地条件

1. 场地平面见总平面图 (比例尺为 1:500) (图 3-3-2)，场地平坦。

2. 应考虑新建审判楼与法院办公楼交通厅的联系，应至少有一处相通。

3. 东、南、西三面道路均可考虑出入口，审判楼公众出入口应与犯罪嫌疑人出入口分开。

(四) 制图要求

1. 在总平面图上画出新建审判楼，画出审判楼与法院办公楼相连的关系，注明不同人流的出入口；完成道路、停车场、绿化等布置。

2. 按 1:200 比例画出一层、二层平面图，并应表示出框架柱、墙、门 (表示开启方向)、窗、卫生间布置及其他建筑部件。

3. 承重结构体系、上下层必须结构合理。

4. 标出各房间名称，标出主要房间面积 (只标表中带 * 号者)，分别标出一层、二层的建筑面积。房间面积及层建筑面积允许误差在规定面积的 ±10% 以内。

5. 标出建筑物的轴线尺寸及总尺寸 (尺寸单位为 mm)。

6. 尺寸及面积均以轴线计算。

(五) 规范及要求

1. 本设计要求符合国家现行的有关规范。

2. 法官通道不得小于 1800，公众候审廊 (厅) 宽不得小于 3600。

3. 审判楼主要楼梯开间不得小于 3900。

4. 公众及犯罪嫌疑人区域应设电梯，井道平面尺寸不得小于 2400×2400。

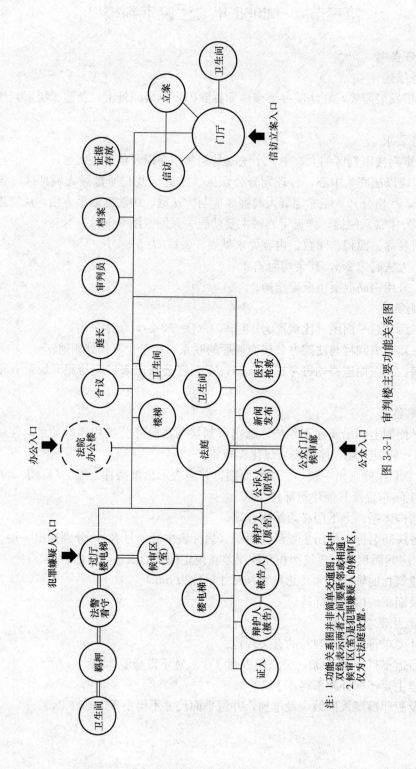

图 3-3-1 审判楼主要功能关系图

注: 1.功能关系图非简单交通图, 其中
　　双线表示两者之间要紧邻或相通。
　　2.候审区(室)若犯罪嫌疑人的候审区,
　　仅为大法庭设置。

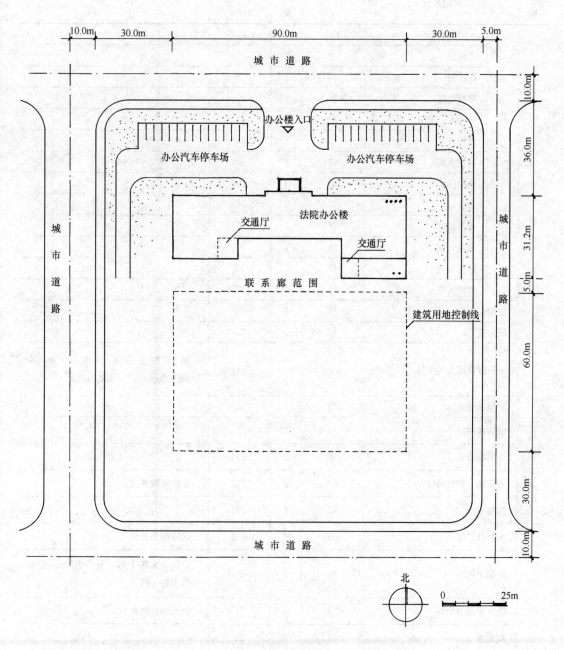

图 3-3-2 总平面图

功能		房间名称	单间面积（m²）	间数	面积小计（m²）	备注
审判区	中法庭	＊中法庭	160	2	320	
		合议室	50	2	100	
		庭长室	25	1	25	
		审判员室	25	1	25	
		公诉人（原告）室	30	1	30	
		被告人室	30	1	30	
		辩护人室	30	2	60	
	小法庭	＊小法庭	90	3	270	
		合议室	25	3	75	
		审判员室	25	1	25	
		原告人室	15	1	15	
		被告人室	15	1	15	
		辩护人室	15	2	30	
	证据存放室		25	2	50	
	证人室		15	2	30	
	＊犯罪嫌疑人羁押区		110	—	110	划分羁押室 10 间，卫生间 1 间（共 11 间，每间 6m²）及监视廊
	法警看守室		45	1	45	
信访立案区	信访接待室		25	5	125	
	立案接待室		50	2	100	
	＊信访立案接待厅		150	1	150	含咨询服务台
	档案室		25	4	100	
其他	＊公众门厅		450	1	450	含咨询服务台
	公用卫生间		30	3	90	信访立案区 1 间（分设男女），公众区男女各一间
	法官专用卫生间		25	3	75	每间均设男女
	收发室		25	1	25	
	值班室		20	1	20	
	交通面积		780	—	780	含过厅、走廊、楼梯、电梯等

本层建筑面积小计：3170m²

允许层建筑面积±10%：2853～3487m²

二层用房及要求 表 3-3-2

<table>
<tr><th>功能</th><th colspan="2">房间名称</th><th>单间面积（m²）</th><th>间数</th><th>面积小计（m²）</th><th>备　注</th></tr>
<tr><td rowspan="17">审判区</td><td rowspan="8">大法庭</td><td>*大法庭</td><td>550</td><td>1</td><td>550</td><td></td></tr>
<tr><td>合议室</td><td>90</td><td>1</td><td>90</td><td></td></tr>
<tr><td>庭长室</td><td>45</td><td>1</td><td>45</td><td></td></tr>
<tr><td>审判员室</td><td>45</td><td>1</td><td>45</td><td></td></tr>
<tr><td>公诉人（原告）室</td><td>35</td><td>1</td><td>35</td><td></td></tr>
<tr><td>被告人室</td><td>35</td><td>1</td><td>35</td><td></td></tr>
<tr><td>辩护人室</td><td>35</td><td>2</td><td>70</td><td></td></tr>
<tr><td>犯罪嫌疑人候审区（室）</td><td>20</td><td>1</td><td>20</td><td></td></tr>
<tr><td rowspan="6">小法庭</td><td>*小法庭</td><td>90</td><td>6</td><td>540</td><td></td></tr>
<tr><td>合议室</td><td>25</td><td>6</td><td>150</td><td></td></tr>
<tr><td>审判员室</td><td>25</td><td>2</td><td>50</td><td></td></tr>
<tr><td>原告人室</td><td>15</td><td>2</td><td>30</td><td></td></tr>
<tr><td>被告人室</td><td>15</td><td>2</td><td>30</td><td></td></tr>
<tr><td>辩护人室</td><td>15</td><td>4</td><td>60</td><td></td></tr>
<tr><td colspan="2">证人室</td><td>15</td><td>4</td><td>60</td><td></td></tr>
<tr><td colspan="2">证据存放室</td><td>35</td><td>2</td><td>70</td><td></td></tr>
<tr><td colspan="2">档案室</td><td>45</td><td>1</td><td>45</td><td></td></tr>
<tr><td rowspan="5">其他</td><td colspan="2">新闻发布室</td><td>150</td><td>1</td><td>150</td><td></td></tr>
<tr><td colspan="2">医疗抢救室</td><td>80</td><td>1</td><td>80</td><td></td></tr>
<tr><td colspan="2">公用卫生间</td><td>30</td><td>2</td><td>60</td><td>男女各 1 间</td></tr>
<tr><td colspan="2">法官专用卫生间</td><td>25</td><td>3</td><td>75</td><td>每间均分设男女</td></tr>
<tr><td colspan="2">交通面积</td><td>880</td><td>—</td><td>880</td><td>含过厅、走廊、楼梯、电梯等</td></tr>
<tr><td colspan="7">本层建筑面积小计：3170m²</td></tr>
<tr><td colspan="7">允许层建筑面积±10%：2853～3487m²</td></tr>
</table>

二、设计演示

（一）审题

1. 明确设计要求

法院审判楼对于应试者来说，又是一个较为生疏的题型，更需要按审题 4 个环节认真理解题意，尽快进入设计角色。

（1）审判楼是法院其中的一个部门，因此任务书要求"法官进出法庭应与法院办公楼联系便捷"。至于设计中两者在什么地方连接，采取什么设计手段联系，需要解读其他设计条件而定。

（2）这是一个要求功能分区明确的建筑类型。其中，审判区与信访立案区是两个不同功能性质的部门，各行其责。而审判区的大、中法庭属于刑事审判，审判对象为犯罪嫌疑人，其平面模式"应以法庭为中心"合理划分公众区、原告区、被告区和审判团 4 个区（任务书对此交代不明）围绕四周。小法庭属于民事审判，其当事人双方的房间可在小法庭门外区域候审。

（3）这是一个特别强调流线的题型。要求"各种流线应互不干扰，严格分开"。特别是犯罪嫌疑人到大、中法庭的流线不但要短捷，而且不能经过其他功能区的任何房间而发生流线交叉。此外，各法庭及信访立案各房间中，各类人员进出只能走各自专用门。

（4）这是一个要求局部中央空调标准的建筑，大、中、小各法庭及其相关配套房间以及信访立案区都可以人工照明、机械通风。

（5）设计细节必须满足相关规定的具体尺寸。

2. 解读"用房及要求"表

（1）先看一层和二层表格最后一行，得知层建筑面积相等。按设计构思，本想做高大门厅以体现法院建筑威严的建筑个性，现在也只能"委曲求全"做个低矮门厅了。

（2）看表格最左边第一列，得知一层只分审判区和信访立案区。就此题型来说，只分两个功能区是合理的，二层只有一个功能区即审判区也是明确的。

（3）看表格左边第二列，了解一下每个功能区大致有些什么主要房间。一层审判区主要有 2 个中法庭及其相关配套房间，以及 3 个小法庭及其相关房间。还有一个很重要的犯罪嫌疑人羁押区的相关房间。信访立案区主要有 5 个信访室和 2 个立案室及 4 个档案室。二层主要有 1 个大法庭及其相关配套房间和 6 个小法庭及其相关房间，以及 2 个较大的重要辅助房间（新闻发布室和医疗抢救室）。

3. 理解功能关系图

这是一个把一层和二层以及大、中法庭（刑事审判）与小法庭（民事审判）混为一谈的功能关系图，因此，存在着若干不清楚、不明白，甚至有错误的图示表达。应试者本来对审判楼设计原理就不熟悉，又没有生活体验，即使看了不少相关题材的电影、电视剧，也只看剧情，并未关注与建筑设计有关的细节，只能被功能关系图误导了。

（1）先看一层出入口情况

主要出入口有 4 个，数量是正确的。而且 2 个市民入口与 2 个内部入口是相对而画，应试者应理解为这两类人员在第一步布置出入口时就应相对而行。

（2）看气泡组织情况

根据一层分为审判区和信访立案区，可以看出其功能分区还是很清楚的。但审判区因不分刑事审判与民事审判，致使应试者分不清两类审判的房间构成关系。

（3）看连线关系

此功能关系图最大的问题出在连线多处连接不当：一是审判区与信访立案区是两个毫无功能关系的独立部门，后者完全可以在法院另外的楼内办公，让该建筑成为名副其实的审判楼，从而为应试者的方案设计减负。既然任务书把两者放在一起，就没必要再用线连接。二是法庭这个气泡代表哪一类性质的审判？按气泡的组织可属小法庭，其原告、被告及其各自辩护人的房间气泡与小法庭连线关系是正确的。但证人房间气泡是属大、中法庭的。如果此法庭属大、中法庭，则当事人双方的房间气泡应各自与大、中法庭直接用连线分别连接。在这一点上，功能关系图因把一层二层以及大、中法庭与小法庭混在一起，而产生了上述表达不清的问题。三是羁押区犯罪嫌疑人流线为什么有两条连线与法庭相连？为什么还要与审判团相连？这就违反了犯罪嫌疑人到大、中法庭应是不经过任何功能区的独立流线的原则。

应试者面对如此连线关系不当的功能关系图，在不懂设计原理的情况下，只能将错就错展开设计了。为此，出现若干设计错误在所难免。但这也说明应试者对于审判楼建筑设计缺乏基本常识和对设计原理的基本认知。

4. 看懂总平面图的环境条件

该总平面图是历年试题环境条件设置最简单的一次，但对于图中所列环境条件还是要看清楚、想明白。

（1）该法院是四面被城市道路围合的独立地块。南、西、北三条道路虽然等宽，但南向道路更显重要，而东面道路较窄。

（2）用地北部有一法院办公楼，为新建审判楼的环境限定条件。即应试者要看懂办公楼所包含的信息：法官从办公楼什么部位到审判楼？回答这个问题之前要先想一下，法官是在办公楼第几层办公？应试者凭生活经验应想到，既不会在一层，也不会在顶层，而应在二、三层。这就意味着法官们最宜从办公楼二层的交通厅位置（东面交通厅位置有误，应上移画在4层体量中）通过跨街架空廊道直接过来。这样做既简便又可以避免若从一层过街至审判楼必将导致法官与羁押犯罪嫌疑人流线相混的问题。

（3）法院办公楼注明为90m长，这是暗示条件。既然审判楼与办公楼是"一家"，那么，在不同时期建造的建筑，怎样形成一体呢？其设计手法之一就是采用新老楼体量对位的办法，即令新建审判楼的长度与原办公楼一样长。

（4）指北针上北下南对于可局部采用中央空调的房间来说是干扰条件，而对于靠外墙的一般房间却是限定条件，即避免东西晒。

（5）在建筑控制线与办公楼之间的距离标注为5m，这是一个陷阱条件。即审判楼至少要后退北边界1m，以保证消防间距满足防火要求。

（6）办公区内已有院内道路，而审判楼的场地道路应与之对接。

（二）展开方案设计

1. 一层平面设计程序

（1）场地设计

应试者先拿一张A4拷贝纸覆盖在1∶500地形图上，眼睛看着环境条件，开始在建筑控制线内进行设计程序第一步的分析工作。

1) 分析场地的"图底"关系

① "图"形的分析。我们在审题中已明确法院审判楼为局部中央空调，因此，"图"可以为实心。其次，我们从对地形图的解读中已构思新老楼作为相毗邻的建筑整体，在建筑面宽的设计处理中，"图"形宜为等长。由于审判楼一层建筑面积与建筑控制线用地面积之比约为0.6：1，故画矩形"图"形气泡时适当控制其大小即可。

② "图"的定位分析。因审判楼要与办公楼等长，因此"图"形东、西都压在建筑控制线上，北面要退让建筑控制线1m，使其与办公楼的间距满足6m的消防间距要求，剩下南面退让建筑控制线更多一些，由此确定了"图"的位置。

2) 分析建筑各出入口方位

此设计环节分两步走：第一步先分析场地的主次入口。主入口是对外的人，其入口处人行道路牙不能断，以防车辆进入广场造成广场人车相混。当然，外来人也会带车进入场地，但这个设计任务留待总平面设计时再去考虑。而次入口为对内的车，其入口处人行道路牙要断开让车辆进入场地。第二步再根据第一步的结果作为条件进一步分析建筑的各出入口。

① 先分析场地主次入口。场地主入口为市民使用，毫无疑问应在场地南面城市道路方向，且在用地红线居中范围进入。而场地次入口为犯罪嫌疑人由警车押入场地，因不必招摇过市，其入口方位宜在东面次要道路上的新老楼之间。

② 再分析建筑各入口。审判楼有2个对市民的入口，一是参与审判活动的市民入口，这是作为审判楼的主要入口，理应居中，并与场地的主入口有对应关系。二是参与信访活动的市民入口。仍然是从广场方向来，但它是次要的，因此，其入口位置也应面向广场，但居主入口之西侧。犯罪嫌疑人是从东面道路进入场地，但要与主入口要相对而设，故其入口应居"图"形北部中间范围。法官是从连接办公楼东西两个交通厅的过街架空廊道到达审判楼入口的，而且几乎要走到"图"形南部，以便与当事人接触。应试者要预见到法官的这两条南北向流线，也就限定了市民、当事人不可能跑到"图"形的东北角和西北角这两个范围内，否则，审判楼内部将发生不同流线交叉的现象。因为法官与市民、当事人只能在法庭或信访室碰面，而法庭、信访室不会出现在那两个"偏远"的角落。如果应试者没有上述的分析能力或预见性，则方案设计必定要走弯路，或者设计问题多多。

鉴于上述的分析，对先前的"图"形分析需作适当修正，即将矩形"图"修正为凸形"图"，并将其气泡适当向南扩张一点，以便平衡挖去的两个角损失的"图"形气泡范围（图3-3-3）。

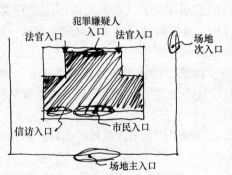

图3-3-3 "图底"关系与出入口分析

（2）功能分区（图3-3-4）

应试者要记住功能分区的原则，即各功能区气泡要将各自的建筑入口包进来，再判别气泡相对大小关系，就可用图示气泡画圈。因信访立案区小，把自己的入口包进来，只能将凸形"图"的左翼给它。剩下的大部分图形给审判区。

（3）房间布局

审判区与信访立案区有各自的若干房间，各在自己的气泡范围内用一分为二的方法分别进行房间布局的分析工作。

1）审判区的房间布局分析（图 3-3-5）

步骤 1 按公共房间与使用房间两种不同性质的房间同类项合并一分为二，前者因与主入口有关，面积小，其图示气泡画小，居整个"图"形中轴线靠主入口处，剩下大部分区域为使用房间图示气泡。

步骤 2 在使用房间气泡中，按中、小两类不同审判

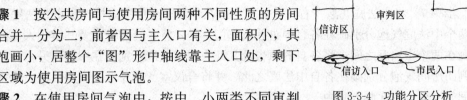

图 3-3-4 功能分区分析

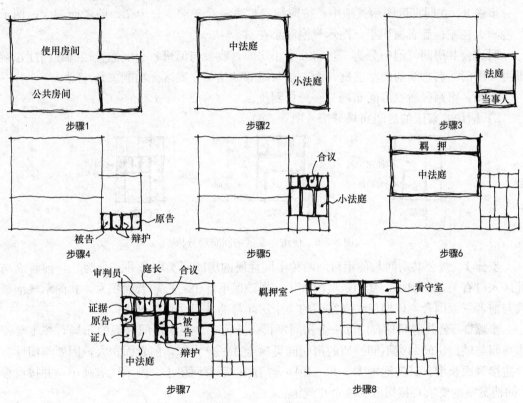

图 3-3-5 审判区房间布局分析

性质的法庭及其配套房间同类项合并一分为二，前者面积大，性质重要，其图示气泡位置应在门厅正北的"图"形中轴线上；后者图示气泡画在门厅东侧"图"形的右翼中。

步骤 3 小法庭气泡按当事人房间与法庭房间两类不同性质的房间同类项合并一分为二，前者面积小，因当事人要从门厅来，其图示气泡画小在下；后者面积大，因法官要从北面办公楼方向来，其图示气泡画大在上。

步骤 4 当事人房间按原告及其辩护人与被告及其辩护人双方使用的房间，直接并排画上 4 个同等大小的图示气泡即可。

步骤 5 法庭房间按庭审房间与辅助房间同类项合并一分为二，前者面积大，与当事人有直接关系，图示气泡画大在下；后者面积小，图示气泡画小在上。然后各自按"用房及要求"表中对其房间数量的规定直接再将前者并列均分为三，后者并列均分为四。

步骤 6 在中法庭图示气泡中，按中法庭及其配套房间与羁押区房间同类项合并一分

为二，前者面积大，与门厅有关，图示气泡画大在下；后者面积小，与其入口有关，图示气泡画小在上。

步骤7 将中法庭气泡左右一分为二。并在各自气泡范围内按刑事审判法庭平面模式将两个中法庭气泡分别画在各自中央并毗邻门厅处，将各自的被告及其辩护人房间气泡集中画在两个中法庭之间；将各自的原告及其证人房间气泡分别画在中法庭另一侧；将各自审判团房间气泡分别画在各自中法庭之北，并将合议室、庭长室、审判员室、证据室4个房间气泡分别依次画入其中。

步骤8 在羁押区图示气泡中，按羁押室与法警看守室一分为二，前者面积大，图示气泡画大在左；后者面积小，图示气泡画小在右。

回到公共房间气泡一分为二，将2个小房间（收发与值班）小气泡直接画在门厅左端即可（因门厅右端要通向小法庭，而左端与毗邻的信访立案区无功能关系）。

至此，审判区所有房间布局一一分析到位。

2）信访立案区的房间布局分析（图3-3-6）

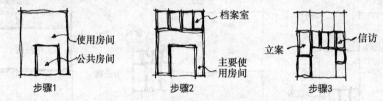

图3-3-6 信访立案区房间布局分析

步骤1 按公共房间与使用房间两种不同性质的房间同类项合并一分为二，前者因与此区入口有关，面积小，其图示气泡画小，居该区下部中心；后者面积大，其图示气泡画大与前者三面围合，以期信访立案区的7个房间都能从门厅直接进入。

步骤2 公共房间只有门厅一个房间不再一分为二。使用房间气泡的布局，按主要使用房间与辅助房间两类不同性质的房间同类项合并一分为二，前者面积大，因要与门厅有一定接触面长度，其气泡画大，并三面围合门厅；后者面积小，图示气泡画小，并按设置4间档案室的要求直接均分为4个小气泡。

步骤3 在主要使用房间气泡中，按信访与立案两类房间一分为二，信访面积稍大且房间数量多，图示气泡在右；立案面积稍小，图示气泡在左。然后，按各自房间数量分别均分前者5个小气泡，后者2个稍大气泡。

至此，一层平面设计程序前三步图示分析工作完成。因二层平面功能与一层平面功能有关，故一层平面设计程序暂停，拿第二张拷贝纸覆盖在一层平面分析图上，进行二层平面设计程序第一步至第三步的图示分析工作。

2. 二层平面设计程序

(1) "图"形与"入口"分析

因二层建筑面积等同于一层。故其"图"形同一层。而直接从二层进入"图"形的入口，就是法官从办公楼交通厅连接过来的架空廊道与审判楼对接的位置（图3-3-7）。

(2) 功能分区

二层虽然为一个审判区，可按不同审判性质分为刑事审判与民事审判2个功能区。前者为大法庭及其相关配套房间，是审判楼的主要功能内容，面积大，其图示气泡画大，居

二层"图"形中央；而后者为 6 个小法庭及其相关配套房间，面积小，且图示气泡分居二层"图"形两翼。（图 3-3-8）

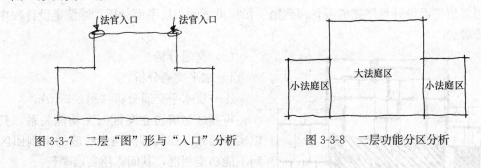

图 3-3-7　二层"图"形与"入口"分析　　　　图 3-3-8　二层功能分区分析

（3）房间布局

1）小法庭区房间布局分析

完全照抄一层东翼小法庭区的房间布局模式。

2）大法庭区房间布局分析（图 3-3-9）

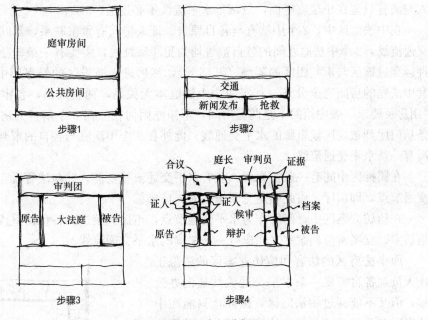

图 3-3-9　大法庭区房间布局分析

步骤 1　按公共房间与庭审房间同类项合并一分为二，前者面积小，图示气泡画小在下；后者面积大，图示气泡画大在上。

步骤 2　在公共房间气泡中，按交通空间与使用房间一分为二，两者面积差不多，前者要联系周边各房间，图示气泡在上；后者图示气泡在下。并左右再一分为二，新闻发布室面积大，图示气泡画大在左；医疗抢救室面积小，图示气泡画小在右。

步骤 3　在庭审房间气泡中，按刑事审判平面模式，将面积大的大法庭图示气泡画大居中央，且毗邻上一步的交通空间，将原告方相关房间小的图示气泡画在左；将被告方相关房间小的图示气泡画在右；将审判团气泡画在整个北面一条。

步骤 4　在审判团、原告、被告三方各自图示气泡内，分别将各自的房间气泡画入其中。

当二层平面设计程序完成后，回到第一张拷贝纸的一层平面分析，继续走设计程序以下几步骤。

图 3-3-10　一层水平交通分析

（4）交通分析

1）水平交通分析

①一层水平交通分析（图 3-3-10）。

审判区与信访立案区因无功能关系，其间以实墙隔死。在羁押区与中法庭的审判团区之间不能功能相混，其间亦用实墙隔死。

公众门厅作为审判区的水平交通节点，连接着中、小法庭区的各候审廊。

在小法庭区中，当事人各房间与 3 个小法庭，以及 3 个小法庭与各合议室之间都有紧密联系，故分别画一条水平交通流线。因当事人与法官只能在小法庭碰面，故两条水平流线不必连通。

在中法庭区中，2 个中法庭与各自原告、证人房间有紧密联系，其间分别有一条水平交通流线。2 个中法庭之间的各自被告均为犯罪嫌疑人，需要有一条单独的特殊流线从羁押区穿过该区与审判团区的隔墙（开门洞），然后进入被告区的候审廊中，这样，就把 2 套中法庭的房间完全分开。其实两个中法庭本无关系，两套人马，各审各的案子。只是"用房及要求"表中给的不是两套房间，不知原因何在？在 2 个辩护人房间之间需要有一条从门厅到被告区候审廊的水平交通线。此外在 2 个中法庭与各自的审判团房间之间都各需有一条水平交通流线。

在羁押区中间有一条监视廊，兼有水平交通流线功能，并与法警看守室之间形成水平交通节点，即门厅，由此确定犯罪嫌疑人入口坐标。

在信访立案区中，门厅作为水平交通节点，市民直接进入各信访室或立案室即可，在信访室、立案室与档案室之间应有一条法官的水平交通流线。

而小法庭区的法官和信访立案区的法院工作人员，各自需要一条水平交通流线通向办公楼，但又不能穿过中法庭区，因此，只能在中法庭区东西两外侧各做一连廊直抵北端，等待垂直交通上二层过架空廊道与办公楼联系。

②二层水平交通分析（图 3-3-11）。

东西两翼的小法庭区水平交通流线完全等同一层东翼小法庭的水平交通流线布局，直接照抄即可，其中两翼的候审廊水平交通流线都连通到中心区的大厅水平交通节点。

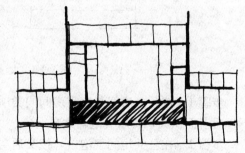

图 3-3-11　二层水平交通分析

在大法庭两侧各与原告方房间和被告方房间之间都应有候审廊水平交通流线，在北侧与审判团各房间之间也应有一条水平交通流线，使之相互功能关系紧密。

在东西两翼小法庭区中，法官与办公楼的联系，都需在一层 2 个中法庭区外侧的水平交通流线上方，各有一条水平交通流线与架空廊道对接。

2）垂直交通分析

主要垂直交通手段当属楼梯，并含有无障碍电梯。

①一层垂直交通分析（图 3-3-12）。

在公众区考虑到一层大厅面宽较大，且迎面为 2 个重要的中法庭；又考虑到二层大、小法庭较多，公众较为分散。因此，主楼梯不宜放中轴线上，而宜放在大厅入口两侧。一是让 2 个中法庭不被遮挡；二是上二层可均匀分散人流。

法官是分别从办公楼东西两个交通厅位置的二层架空廊道先到达审判楼北部东西两端部。在此处各需要一部交通楼梯下至一层。

羁押区的犯罪嫌疑人要上二层大法庭，需要在法警看守室南侧补一条短水平交通流线，在其尽端的羁押区与中法庭审判团区之间的隔墙上开门洞进入垂直交通（包括楼梯和电梯）的前室，即可上至大法庭被告区。

②二层疏散楼梯分析（图 3-3-13）。

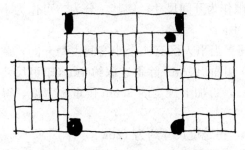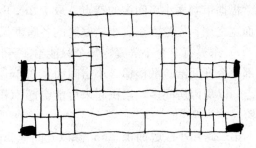

图 3-3-12　一层垂直交通分析　　　　图 3-3-13　二层疏散楼梯分析

主要检查二层疏散距离是否符合规范要求。从方案设计分析图中可发现在东西两翼小法庭的东西山墙 4 个角处，需增设疏散楼梯各一部。

（5）卫生间配置分析

1）一层卫生间配置分析（图 3-3-14）

①任务书提出审判区的公众门厅设男女厕所各一间，考虑到门厅过宽，人员过多，卫生间集中一处设置一是规模较大，二是公众使用距离不均衡，故宜分设两处。可分别设在毗邻公众门厅的东北角和西北角处。

②2 个中法庭的审判团区在各自区域非重要地段各设一处法官专用卫生间。

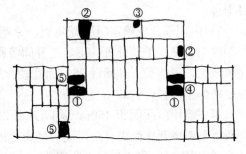

图 3-3-14　一层卫生间配置分析

③羁押区在其入口处设一间小卫生间。任务书未列法警看守室的卫生间，有面积可安排一间。

④小法庭法官卫生间可与公众门厅东卫生间毗邻，但门应开向小法庭区。

⑤在信访立案区中，在接待厅右侧设一套公众卫生间。法官专用卫生间与审判区公众门厅西卫生间毗邻，但门应开向信访立案区。

2）二层卫生间配置分析（图 3-3-15）

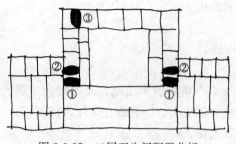

图 3-3-15　二层卫生间配置分析

①将一层公众门厅东西两端两套公用卫生间直接升上来作为二层公众卫生间。

②将一层东翼法官卫生间和西翼信访法官卫生间升上来作为二层东西两翼法官的卫生间。

③将一层西侧中法庭审判团区的卫生间升上来作为二层大法庭法官的卫生间。

（6）建立结构体系

从方案设计分析图可看出，审判楼平面较为复杂，房间众多，大小不等，不宜用方形格网，而宜用矩形格网。其格网建立的过程与2003年小型航站楼完全不同，属于另一建立格网的方法。其特征是开间尽量一致，而跨度为不等跨，且是分部建立格网并由面积计算而得跨度尺寸。由此一举两得同步解决合理结构尺寸与面积符合要求的目的。此项工作前准备好第三张A4拷贝纸，覆盖在一层平面分析图上，用绘图工具画框架格网。

根据审判楼小房间多的特点，取7.2m下限作为开间尺寸，使其一分为二可作为小房间面宽之用。先建立东翼小法庭区的各跨度尺寸。

1）东翼有3个小法庭，每个只能给1开间。当事人区有4个小房间占两开间，剩下端部一个开间给疏散楼梯。小房间面宽3.6m，用面积15m² 除得进深约4m（宁可尺寸收紧点，以免因房间多，累积起来可能会超面积），再加上规定的3.6m候审廊宽度，得第一跨尺寸为7.6m。

第二跨用小法庭面积90m² 除以开间7.2m，得跨度尺寸约为12m。

第三跨用合议室面积的下限除以3.6m开间得进深约为6.3m（因层高为4.2m，楼梯间仍需7.2m进深），再加上规定的1.8m法官通道，得跨度尺寸为8.1m。这样，东翼总进深尺寸为27.7m。

2）西翼因二层有同样规模的小法庭房间构成，故结构格网的形式与尺寸完全照抄东翼即可。

3）中间部分先确定门厅开间数，原则是仍为7.2m开间，且为奇数，避免为偶数时中轴线上出现柱子。分析一下，三开间等同于两翼宽度，难以突出主入口及其公众门厅的显要地位，只能是五开间计36m面宽较合适，总长90m扣除11个开间，剩10.8m，正好东西两部主楼梯各占5.4m。

第一跨用门厅面积450m² 除以面宽36m，得进深12.5m。考虑到二层上面有房间，且造型上考虑到立面需有两层高的柱廊，以体现法院建筑造型的特性，因此宜分为两跨且各为8m，然后，将入口门面收回3m让出柱廊，得门厅实际进深为13m，面积为13×36＝468m²。再考虑第一跨柱网宜与东翼第一跨柱网对位，以使结构合理。

第三跨先分配开间。有5个功能内容：两端各为2个中法庭的原告方房间和2套卫生间，开间皆为5.4m，候审廊按要求另加半开间为3.6m。正中开间为被告方和辩护人房间占1开间。因房间较多，还需3.6m候审廊和辩护人及犯罪嫌疑人通行走廊，估计1开间不够，可适当将其两侧中法庭原有的一开间半10.8m压缩为9m。再考虑中法庭开间已被压缩，且面积较大，为防止房间比例狭长，按九折面积（160×0.9＝144m²）除以9m，得跨度为16m。在此跨度尺寸的正中开间内，先保证横向居中的候审廊3.6m，其南侧竖向正中为1.8m

走廊，两侧各为 4.5m 开间的辩护人房间。候审廊北侧为 2 个（任务书仅为 1 个）被告人房间。在 5.4m 开间的原告方区域，按分析图安排的原告、证人、法官卫生间和公众卫生间 4 个房间的秩序，据各自面积自北而南依次就位。若面积紧张可按九折计算。

第四跨为 2 个中法庭审判团区域，按最大的房间合议室需占 1 开间，用其九折面积（50 ×0.9＝45m²），除以 7.2m，得进深为 6.3m，再加法官通道 1.8m，得跨度为 8.1m。在此跨度范围内，有 2 套中法庭的审判团各自若干房间和一组犯罪嫌疑人上二层的垂直交通（需占 1 开间），因此犯罪嫌疑人去中法庭的通道宜居正中开间的西端，以使此跨两边可安排房间的面宽较为均衡。各审判团的房间共 5 间（合议室、庭长、审判员、证据室、法官厕所），按各自面积下限计算其所需开间尺寸。若挤不下，可占用下一跨的部分面积。

第五跨为犯罪嫌疑人区。先根据羁押室需为中廊（监视廊）式，其两侧为羁押室，按一开间安排 3 间羁押室，每间宽为 2.4m，用面积 6m² 除，得进深为 2.5m。另加监视廊要有一定宽度，拟定 2.2m，羁押区总进深为 2.5＋2.5＋2.2＝7.2m，即为第五跨尺寸。在此跨度范围内先安排东西两端的法官楼梯，按任务书要求各为 3.9m 宽。再按分析图确定的此区入口门厅位置和犯罪嫌疑人通道扣除其面积，剩下部分依房间秩序自西至东按各自房间面积依次落实西侧中法庭的法官卫生间、门厅西侧羁押区 10 间羁押室及其 1 间卫生间和门厅东侧法警看守室和东侧中法庭的证据室。

最后，需要校核一下结构格网的总面积是否符合允许层建筑面积范围的要求。经计算框架结构面积为 3401.1m²，小于允许层建筑面积上限 3487m²，符合要求。

（7）在格网中落实所有房间的定位

1）在格网中落实一层所有房间（见图 3-3-17）

① 审判区的所有房间已在建立结构格网的过程中，一并落实了该区的所有房间。

② 对于信访立案区，因格网已建立，应试者要做的工作就是在格网中按方案分析图的房间布局一一落实下来。第一步，将第三跨对应东翼第三跨 4 个小房间和一部楼梯及法官通道的布局方式很快一一定位下来。第二步，西边一个开间先落实西南角疏散楼，长 7.2m，宽 3.6m。剩下为 2 个较大的立案室上下放，下立案室用面积下限 45m² 除以 7.2m 开间，得进深 6.3m。剩下上部面积给另一立案室，但其西侧应留 1.8m 的法官通道。第三步，在第二跨剩下的 2 开间 14.4m 中，看来最多只能放 4 间信访室，剩下 1 间信访室只能放在第一跨中。因此，在第二跨东端先扣除 1.8m 法官通道，剩下 12.6m 均分给 4 间信访室，每间面宽 3.15m，再用其面积下限 22.5m 除，得进深约为 7.2m。第四步，第 5 间信访室贴此区东墙放，宽为半开间 3.6m，用其面积下限 22.5 除，得进深约为 6.3m。第五步，第一跨最右开间靠外墙处安置公用卫生间。第六步，剩下中间面积部分为信访立案接待厅，核算一下面积为 136.1m²，在规定面积 150m² 的下限（135m²）之内，符合要求。

2）在格网中落实二层所有房间（见图 3-3-18）

① 二层东西两翼的小法庭区所有房间按一层东翼平面模式各就各位即可。

② 中间大法庭区第一跨的新闻发布室和医疗抢救室分别居西、东对应于一层门厅第一跨之上。前者面积大可占 2 开间半，后者占 1 开间半，但面积都不达标，且房间比例较狭长。只能向外（南）扩 1.8m 通道宽，使新闻发布室面积可达 136.8m²，医疗抢救室面积可达 82m²，符合要求。

③ 第二跨作为大厅。

④ 第三、第四跨的北端先扣除法官通道 1.8m，其余大部分面积为居中的大法庭、西侧的原告区 6 个房间（原告、辩护及 4 个证人）和 2 套卫生间（西小法庭区法官卫生间和公众卫生间）与东侧的被告区 3 个房间（被告、犯罪嫌疑人候审室、辩护人）和 2 套卫生间（东小法庭区法官卫生间和公众卫生间）以及犯罪嫌疑人上来使用的一组垂直交通。在明了了此两跨的功能内容后，可分别将各房间按其各自面积依次纳入格网中。对于西侧 5.4m 开间所能容纳的房间是先将与一层同样位置的两套卫生间直接升上来，原告房间用面积下限 31.5m² 除以 5.4m 开间，得进深 5.8m，剩下的面积只能再放 2 个证人房间。那么候审廊以及另外 2 个证人房间和 1 个辩护人房间需要再给 1 开间 7.2m。其中，前者占用左边半开间 3.6m，右边半开间 3.6m，先在其拦腰中间扣除进入大法庭的 3.6m 通道，在其之北放 2 个证人房间，之南放 1 个辩护人房间。同理，大法庭东侧毗邻的 7.2m 开间，在北端对应一层犯罪嫌疑人的垂直交通（楼梯＋电梯）进深 6.3m 升上来，剩下左边半开间拦腰中间留进入大法庭的 3.6m 通道，其南侧为辩护人房间，北侧为犯罪嫌疑人候审室。右边半开间作为候审廊。在最东面的 5.4m 开间内，先将对应一层 2 套卫生间升上来，其北可放最后一间被告室，多余的面积留 1.8m 作为被告区疏散通道。剩下东北角一小间面积无用可给审判团区。

最后，大法庭占据中间三开间，计面宽 21.6m，用其面积 550m² 的下限除，需要进深约 23m。而第三、四跨总尺寸为 16＋8.1＝24.1m，在扣除北面法官通道 1.8m 后，只有 22.3m，缺 0.7m。此时，可将大法庭向南占用大厅 0.7m 而使大法庭面积符合要求。

⑤ 第五跨先在东西两端各安排一部法官使用的主要楼梯（3.9m 宽），并按房间布局秩序依合议室、庭长、审判员、2 间证据室、档案室和一套卫生间各自面积在格网中定位。只是东头由于对应一层犯罪嫌疑人使用的楼电梯升至二层，正好占据第四跨一小段法官通道而不能直通东外廊，只好北移至毗邻的第五跨，使档案室无法安置在第五跨。幸好被告区多一间房，可挪用过来。

3. 总平面设计（图 3-3-16）

用第五张拷贝纸覆盖在地形图上，在建筑控制线范围内先将审判楼一层平面外轮廓画好作为审判楼屋顶平面。

（1）第一步，场地主次入口已确定，即南面居中为主要人流入口，人行道路牙不能断，以保证广场人车不相混。次入口为犯罪嫌疑人由警车从用地东侧次要道路进入。需补做的是场地外来人员车辆出入口。在用地西侧城市道路的新老楼之间可增设外来车辆出入口，也可利用东侧已有的车辆出入口，虽与警车同是一个出入口，但进入场地即分道扬镳，不算相混。审判楼的建筑出入口在方案设计中已定，总平面设计要做的工作就是画上对接办公楼的两条架空廊道。

（2）第二步，场地功能分区。在场地与建筑的两主入口之间，与正对审判区大、中法庭区宽度范围内为人流活动广场，其两侧为机动车停车位。

（3）用地东西两端将办公楼两侧院内道路连接过来，并将用地东西机动车场地入口在新老楼之间用院内道路连接起来。

（4）公众自行车存放分散设在毗邻三条城市道路的人行道内缘用地内，取用方便。

三、绘制方案设计成果图（图 3-3-16～图 3-3-18）

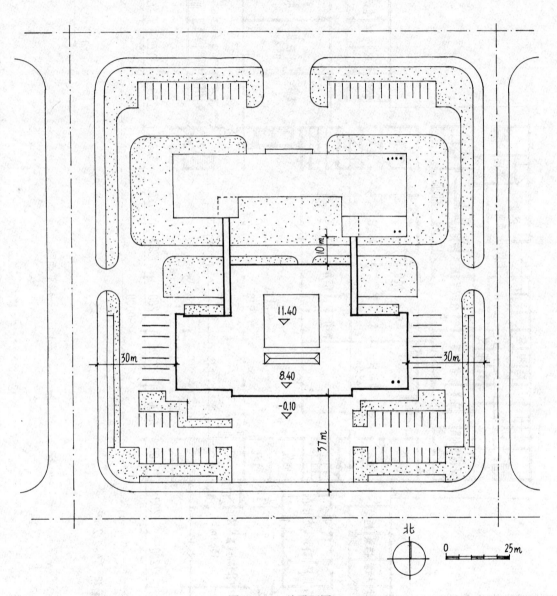

图 3-3-16 总平面图

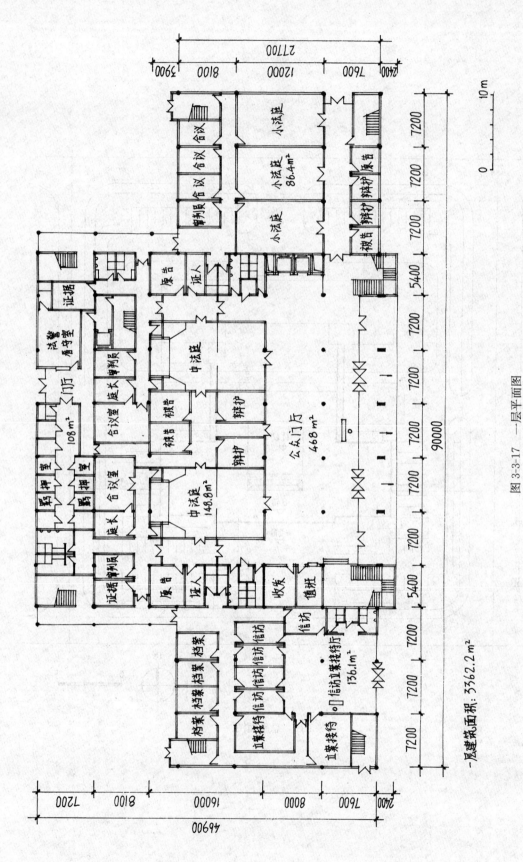

图 3-3-17　一层平面图

一层建筑面积: 3362.2 m²

公众门厅 468 m²

信访立案接待厅 136.1 m²

中法庭 148.8 m²

小法庭 86.4 m²

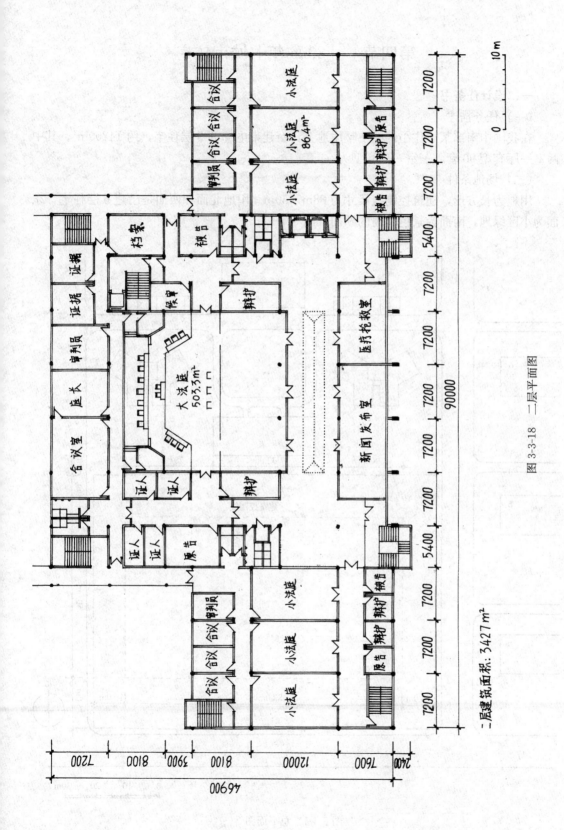

图 3-3-18 二层平面图

二层建筑面积：3427 m²

第四节 ［2006 年］城市住宅

一、设计任务书

（一）任务描述

在我国中南部某居住小区的平整用地上，新建带电梯的 9 层住宅，约 14200m²。其中两室一厅套型 90 套，三室一厅套型为 54 套。

（二）场地条件

用地为长方形，建筑控制线尺寸为 88m×50m。用地北面和西面是已建 6 层住宅，东面为小区绿地，南面为景色优美的湖面（图 3-4-1）。

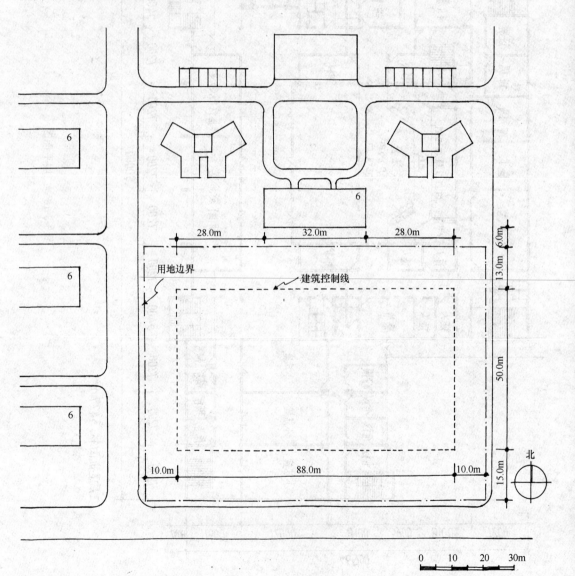

图 3-4-1 总平面图

（三）任务要求

1. 住宅应按套型设计，并由两个或多个套型以及楼、电梯组成各单元，以住宅单元拼接成一栋或多栋住宅楼。

2. 要求住宅设计为南北朝向，不能满足要求时，必须控制在不大于南偏东45°或南偏西45°的范围内。

3. 每套住宅至少应有两个主要居住空间和一个阳台朝南，并尽量争取看到湖面，其余房间（含卫生间）均应有直接采光和自然通风。

4. 住宅南向（偏东、西45°范围内）平行布置时，住宅（含北侧已建住宅）日照间距不小于南面住宅高度的1.2倍（即33m）。

5. 住宅楼层高3m，要求设置电梯，采用200厚钢筋混凝土筒为梯井壁。

6. 按标准层每层16套布置平面（9层共144套），具体要求见表3-4-1。

住宅套型及房间面积表 表3-4-1

套型	套数（标准层）	套内面积（轴线面积）	套 型 要 求					
			名　称	厅（含餐厅）	主卧室	次卧室	厨房	卫生间
两室一厅	10	75（允许±5m²）	开间（m）	≥3.6	≥3.3	≥2.7		
			面积（m²）	≥18	≥12	≥8	≥4.5	≥4
			间　数	1	1	1	1	1
三室一厅	6	95（允许±5m²）	开间（m）	≥3.6	≥3.3	≥2.7		
			面积（m²）	≥25	≥14	≥8	≥5.5	≥4
			间　数	1	1	2	1	2

（四）制图要求

1. 总平面图要求布置至少30辆汽车停车位。画出与单元出入口连接的道路、绿化等。

2. 标准层套型拼接图，每种套型至少单线表示一次，标出套型轴线尺寸、套型总尺寸、套型名称；相同套型可以用单线表示轮廓。

3. 套型布置

（1）用双线画出套型组合平面图中所有不同套型平面图。

（2）在套型平面图中，画出墙、门窗，标注主要开间及进深轴线尺寸、总尺寸；标注套型编号并填写两室套型和三室套型面积表，附在套型平面图下方。

二、设计演示

(一)审题

这是住宅建筑方案设计,不同于往年的公共建筑类型试题,相应的其设计思路、设计程序完全是另一码事。虽然应试者都经历过多年的住宅工程设计实践,又有丰富的居住生活体验,但是作为应试的住宅设计恐怕就没那么简单了,因此要谨慎对待。

1. 明确设计要求

(1)任务书要求住宅南北朝向,却为什么又添加一句:"不能满足要求时,必须控制在不大于南偏东45°或南偏西45°的范围内"?其实,对住宅来说,这并不是好朝向,尤其是后者。说明按思维定式将住宅设计成一幢板式建筑有可能行不通。因为,88m长的用地按正常情况设计,是放不下16个住宅套型的;或者勉强为之,硬"塞"进16个套型,也难免会出现较多问题。说明任务书添加的那句话是一种暗示。

(2)任务书要求第三条规定"每套住宅至少应有两个主要居住空间和一个阳台朝南,并尽量看到湖面"。什么是"主要居住空间"?这应是特指客厅和主卧室,而次卧室不属主要居住空间。因此,应试者在住宅方案设计中一定要明确,必须保证客厅和主卧室这两个主要居住空间朝南,而阳台宜与客厅连在一起,也就满足了南向和获得景观的设计要求。

(3)任务书指出可以"以住宅单元拼接成一栋或多栋住宅楼",这与往年按一幢楼设计的试题又不一样。住宅是按一幢设计好呢?还是按多幢设计好呢?虽然应试者此刻心中还没有明确结论,但有一点必须清楚,即应采用最少的套型和最简单的套型平面,以使设计问题简单化。

(4)任务书提出要保证住宅布置的日照间距,这是与应试者不谋而合的。

2. 解读"住宅套型及房间面积"表

这是住宅标准层的套型及房间面积表,与往年公共建筑类型试题的表格不一样,因此,解读程序与方法也有所不同。

(1)标准层只有两种套型,各含客厅、主卧室、次卧室、厨房、卫生间5个基本空间。只是三室一厅套型比两室一厅套型多了一间次卧室和主卫生间,这意味着多了两个外墙采光窗。

(2)两类套型的各居住空间开间尺寸已定,而辅助用房(厨房、卫生间)却未给开间尺寸。应试者对此应该有一个基本概念,即厨房开间不宜小于1.8m,卫生间不宜小于1.5m。

(3)各房间的面积下限也已规定,但两室一厅户型所有房间面积之和为46.5m²,比规定的套内面积少28.5m²;三室一厅户型所有房间面积之和为68.5m²,比规定的套内面积少26.5m²,说明各房间在设计时需要适当增大面积,以使套内面积符合要求。

3. 看懂总平面图的环境条件

应试者对该地形图的几个限定条件必须搞清楚:

(1)朝南和面向湖景是该住宅设计必须满足的要求。不能满足时,允许住宅南偏东45°,或南偏西45°,这是题目给出的一种暗示。

(2)北侧已建住宅限定了南面拟设计的住宅必须保证1:1.2的日照间距,即33m间距。

(3)建筑控制线面宽虽有88m,但欲想在板式标准层平面中安排16户,且符合题意要求几乎是不可能。因为每户面宽只有 5.5m，而两间最小开间（主、次卧室）的房间，其面宽已达 6m。因此，该住宅设计更重要的是构思。

（二）展开方案设计

针对该试题地形条件的特殊性，采用通常的一幢一梯两户板式住宅楼模式肯定不行，且难以满足任务书的设计要求。因此，需要先构思一下。

一是力求以最少的套型和最简单的套型平面完成设计工作，这样，设计工作量既少，画图工作量也省很多。

二是一梯两户板式住宅设计最简单，却无法以一整幢放在 88m 的用地上，于是另想出路。设计的灵感来自于任务书要求有 6 户三室一厅套型，怎样解决由此而增加的 2 个窗能靠外墙采光？经验告诉我们，把大户型放在端单元，利用山墙开窗是最好的办法。6 户三室一厅套型就需要 6 个山墙头，那么，不就是需要三幢板式住宅吗？据此分析，可以采用一幢长一点的正南北一梯两户板式住宅和两幢短一点的分别南偏东或南偏西的一梯两户板式住宅进行布局。三幢住宅楼各自独立，没有接触就不会有异型套型单元出现；因此，用两种套型即可解决标准层的组合平面。

上述思路一旦确定，就可以正式展开方案设计了。

1. 场地设计

对于该住宅设计而言，场地设计只需解决"图底"关系即可。其"图形"与位置则不必像对待公共建筑那样分析来分析去，根据建筑控制线范围就可以确定如图 3-4-2 所示的三幢住宅的"图底"关系。

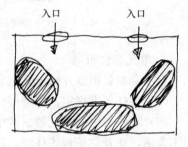

图 3-4-2 "图底"关系分析

2. 套型设计

（1）两室一厅套型房间布局分析

1）分析的思路是套型面宽要尽量窄，以避免总长超尺寸。如果以 2 个主、次卧室并列朝南，且阳台只能放在主卧室，可得 6m 套型最小面宽。而厨房、卫生间朝北是不二选择，客厅只能居中（图 3-4-3）。但是这种思路存在明显的方案缺点，一是没有按任务书要求将 2 个主要居住空间朝南，客厅位置不妥；二是阳台无法与客厅作为公共空间组织在一起，因此，套型平面需作调整。

2）但是，欲保证客厅空间朝南，而通常其开间至少为 3.6m，为避免加大套型平面的面宽，客厅就不能与主卧室并排布置，只能前后错开，最多让客厅在南向露出 2.7m 开间即可，同时将阳台与客厅连在一起，以符合居住生活的要求。

3）为此，次卧室只能朝北，而厨房、卫生间仍然朝北（图 3-4-4）。

（2）三室一厅套型房间布局分析

1）分析的思路是把三室一厅套型置于端单元，以便于利用山墙开窗解决房间的采光需要。

2）在平面布局中优先保证客厅与主卧室朝南，而且依据需做 3 幢分离式一梯两户板式住宅组合布局的构思，预计到端单元进深不能太大，故客厅与主卧室宜并列朝南，而不能前后错位布局。

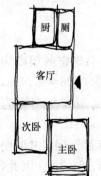

图 3-4-3 二室户房间布局分析

3) 2个次卧室只能并列朝北。

4) 剩下的2个卫生间和1个厨房置于上述4个居住空间之间的端墙位置，并可各自获得自然采光条件（图3-4-5）。

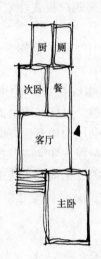
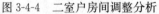
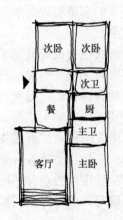

图 3-4-4　二室户房间调整分析　　　　图 3-4-5　三室户房间布局分析

3. 单元组合布局

有了套型就可以开始单元组合了。

（1）按任务书规定，标准层计16户，即需要8个单元。

（2）确定每幢的单元数。其中，南偏东和南偏西的两幢短单元组合按一个单元一幢肯定不合适，毕竟它是板式住宅，还是宜以每幢两个单元为好。还剩下4个单元就组合成正南北向的长单元组合，这样也可以保证有一半的套型拥有最好的朝向和景观。

（3）套型分配：任务书要求标准层有6个三室一厅套型，正好将其分别布置在三幢板式住宅楼各幢的端头，形成端单元。其余10个二室一厅套型作为中间单元，分别夹于三幢板式住宅的端单元之间。

4. 落实面积与尺寸

指导思想是首先保证套内面积要满足任务书的额定指标，即两室一厅为75m²，三室一厅为95m²（允许±5m²）。因此，各房间面积应比表格指标略有超出。

（1）三室一厅套型

1）按住宅规范要求，先确定楼、电梯间的开间为2.6m。根据任务书确定的层高为3m，需要做18级踏步，其两跑每梯段9步台阶；楼梯段水平长度为8×0.26＝2.08m，外加两个休息平台，共计2.4m；此外，户门前平台约1.5m，电梯进深2.5m，总计垂直交通总进深为8.5m。

2）开间尺寸的确定。根据套型设计，主卧室开间尺寸为3.3m。定客厅开间尺寸时要考虑北面次卧室最小开间尺寸为2.7m，还要加上半个楼梯间宽度1.3m，计4m。因此，客厅开间就不能按任务书要求的3.6m，而以3.9m为宜。

3）进深尺寸的确定。根据三室一厅户套内面积95m²，再加半个楼梯间面积11.05m²（1.3m×8.5m），计106.05m²，除以户型面宽7.2m，得总进深尺寸约为14.7m。

4）房间面积落实。依套型设计的端开间房间布局，用放宽的面积除以3.3m开间，得出主卧室进深为4.8m，主卫生间进深为2.1m，厨房进深为2.1m，次卫生间进深为1.8m，次卧室进深为3.9m。这样，总进深累计为14.7m，正合适。

对于另一开间的房间，朝南的客厅其面积用总进深14.7m减去楼电梯进深8.5m，得进深为6.2m，面积为24.18m²。但是，阳台不能再向外凸出而增加总进深，故凹进1m，再凸出0.2m，得客厅进深为5.2m，其面积为20.28m²。

而朝北的次卧室由于在7.2m套型面宽中扣除先前确定的次卧室开间3.3m和半个楼梯间1.3m，只剩下2.6m；比规定的次卧室开间（2.7m）还少0.1m。只好从毗邻的次卧室中挪用0.1m，使其满足2.7m开间要求，而毗邻次卧室的开间则由3.3m改为3.2m。从室内空间完整性考虑，相应的两个卫生间和厨房开间皆改为3.2m。

此外，该开间夹于客厅与次卧室之间2.7m宽的空间，可作为入口门斗和靠近厨房的餐厅，门斗面积为5.13m²，餐厅面积为8.10m²。

（2）两室一厅套型

1）根据套型设计，主卧室开间为3.3m，进深为4.8m。而客厅需后退与主卧室错位布置，在6m套型面宽内扣除楼、电梯半开间1.3m，剩下4.7m作为客厅开间，南向虽有2m被主卧室遮挡，但直接面南的开间尺寸仍为2.7m。

2）由于客厅后退，在总进深14.7m剩下的面积内，难以容纳全部剩下的房间。可将厨房、卫生间整个向北凸出于14.7m总进深之外。这个想法之所以可以实现是基于二室一厅套型都在住宅楼的中段，根据场地设计的分析，这个凸出去的体量对于左邻右舍转45°的短单元住宅楼的消防间距和正北面现状住宅的日照间距都不会产生负面影响。因此，对于厨房、卫生间，按常规尺寸确定厨房开间为1.8m，卫生间开间为1.5m，进深可为3.3m。利用洗脸盆从卫生间中移出，而形成厨房与卫生间共用的过渡空间，为此厨房面积受点损失，可加大开间尺寸为2m，使其得到补偿。

3）最后剩下次卧室放在客厅之北，可利用厨房一侧的凹入空间获得采光条件。其开间与客厅南向开口2.7m一致，其进深为3.9m。

5. 总平面设计（图3-4-6）

（1）先将由4个单元组合成的长幢紧靠南面建筑控制线居中定位，其总长为50.4m。

（2）分别将长幢东西两侧由两个单元组合成的短幢各转45°，并与长幢保证最小防火间距6m。

（3）在用地北边界留出6m停车带和7m双车道与东、西小区道路连接。考虑到双车道东、西两端与短幢住宅楼太近，故将此处的双车道北移3m，而使停车方式改为平行于道路。经计算双车道北侧可停车22辆。再在双车道南侧做6m停车带，可停8辆。

（4）在双车道两端靠近短幢住宅楼处做3.5m宅前小路，交会于三栋住宅楼之间的小广场，主要供人行之用和搬家时车辆偶尔进出。由宅前小路和小广场分别做2.6m小路连接各单元的楼梯间出入口。

三、绘制设计成果图（图3-4-6～图3-4-8）

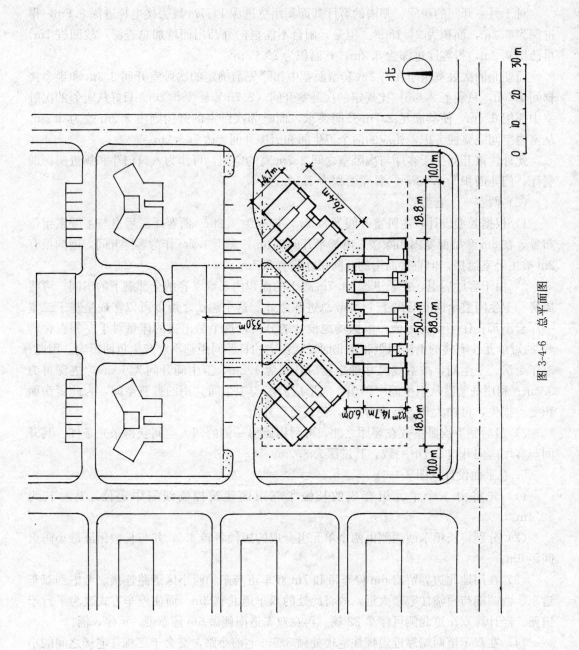

图 3-4-6　总平面图

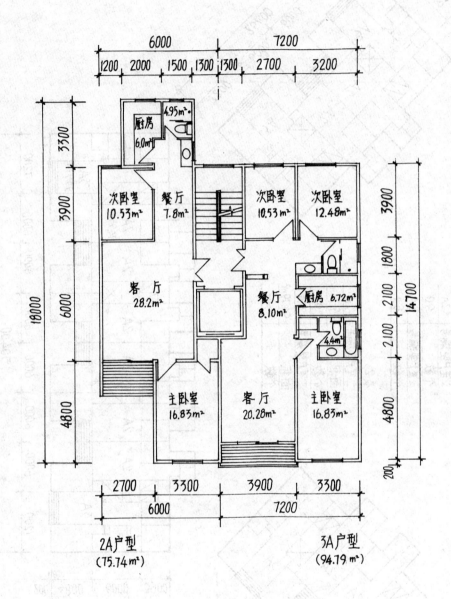

图 3-4-7 户（套）型平面图

2A户型
(75.74 m²)

3A户型
(94.79 m²)

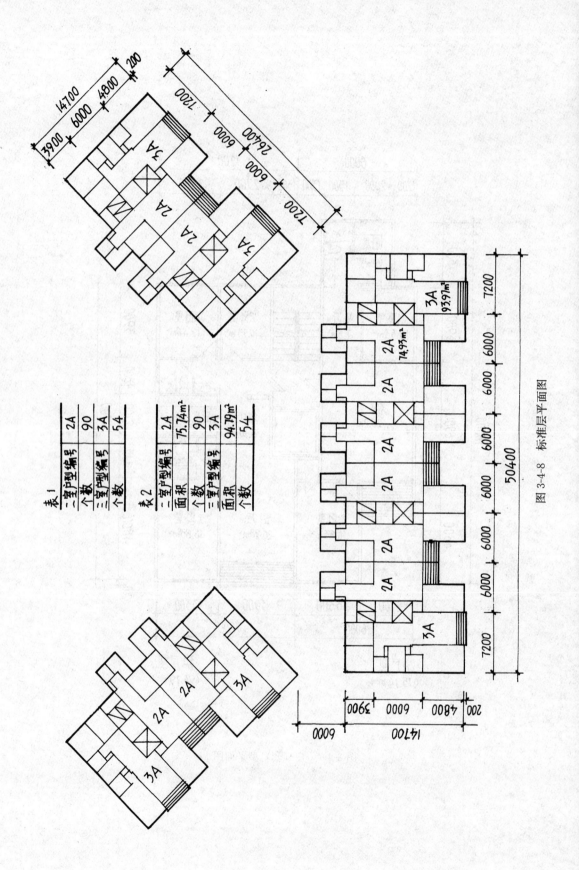

表1

一室户型编号	2A
个数	90
三室户型编号	3A
个数	54

表2

一室户型编号	2A
面积	75.74m²
个数	90
三室户型编号	3A
面积	94.79m²
个数	54

图 3-4-8 标准层平面图

第五节 [2007年] 厂房改造（体育俱乐部）

一、设计任务书

（一）任务描述

我国中南部某城市中，拟将某工厂搬迁后遗留下的厂房改建并适当扩建成区域级体育俱乐部。

（二）场地描述

1. 场地平坦，厂房室内外高差为150mm；场地及周边关系见总平面图（图3-5-1）。

2. 扩建的建筑物应布置在建筑控制线内；厂房周边为高大水杉树，树冠直径5m左右。在扩建中应尽量少动树，最多不宜超过4棵。

（三）厂房描述

1. 厂房为T形24m跨单层车间，建筑面积3082m²（图3-5-2）。

2. 厂房为钢筋混凝土结构，柱距6m，柱间墙体为砖砌墙体，其中窗宽3.6m，窗高6.0m（窗台离地面1.0m），屋架为钢筋混凝土梯形桁架，屋架下缘标高8.4m，无天窗。

（四）厂房改建要求

1. 厂房改建部分按表3-5-1提出的要求布置。根据需要应部分设置二层；采用钢筋混凝土框架结构，除增设的支承柱外亦可利用原有厂房柱作为支承与梁相连接；作图时只需表明结构支承体系。

2. 厂房内地面有足够的承载力，可以在上设置游泳池（不得下挖地坪），并可在其上砌筑隔墙。

3. 厂房门窗可以改变，外墙可以拆除，但不得外移。

（五）扩建部分要求

1. 扩建部分为二层，按表3-5-2提出的要求布置。

2. 采用钢筋混凝土框架结构。

（六）其他要求

1. 总平面布置中内部道路边缘距建筑不小于6m。机动车停车位：社会30个，内部10个。自行车位50个。

2. 除库房外，其他用房均应有天然采光和自然通风。

3. 公共走道轴线宽度不得小于3m。

4. 除游泳馆外其余部分均应按无障碍要求设计。

5. 设计应符合国家现行的有关规范。

6. 男女淋浴更衣室中应各设有不少于8个淋浴位及不少于总长30m的更衣柜。

（七）制图要求

1. 总平面布置

（1）画出扩建部分。

（2）画出道路、出入口、绿化、机动车位及自行车位。

2. 一、二层平面布置

（1）按要求布置出各部分房间、标出名称；有运动场的房间应按图3-5-3提供的资料

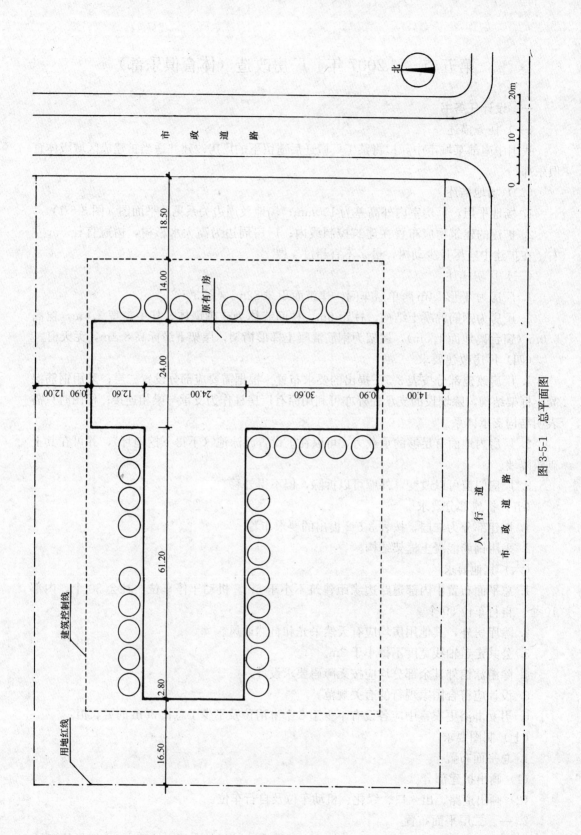

图 3-5-1　总平面图

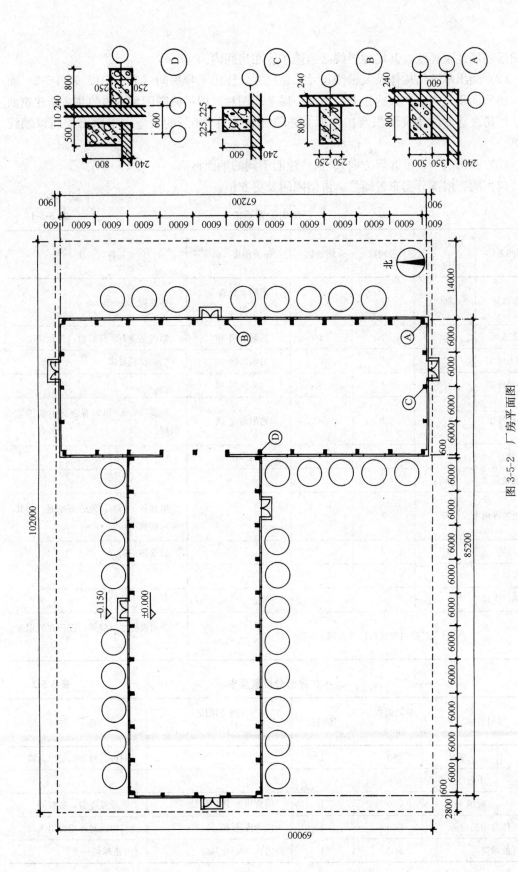

图 3-5-2 厂房平面图

135

画出运动场地及界线，其场地界线必须能布置在房间内。

（2）画出承重结构体系及轴线尺寸、总尺寸。注出＊号房间（表3-5-1、表3-5-2）面积，房间面积允许±10％的误差。填写一层平面图和二层平面图图名右边的共5个建筑面积。厂房改建后的建筑面积及扩建部分建筑面积允许±5％的误差。本题面积均以轴线计算。

（3）画出门（表示开启方向）、窗，注明不同的地面标高。

（4）厕、浴部分需布置厕位、淋浴隔间及更衣柜。

厂房内设置要求　　　　　　　　　　　　　　　　　　　　表3-5-1

房间名称	单间面积（m²）	房间数	场地数	相关用房（m²）	备　　注
游泳馆	800	1	1	另附水处理 50 水泵房 50	泳池深 1.4～1.8m
篮球馆	800	1	1	另附库房 18	馆内至少有 4 排看台（排距 750）
羽毛球馆	420	1	2	另附库房 18	二层设观看廊
乒乓球馆	360	1	3	另附库房 18	
＊体操馆	270	1		另附库房 18	净高≥4m，馆内有≥15m 长的镜面墙
＊健身房	270	1		另附库房 18	
急救室	36	1			
＊更衣淋浴	95	2			男女各一间与泳池紧邻相通，与其他运动兼用
厕所	25	2			男女各一间
资料室	36	1			
楼梯、走廊					
厂房内改建后建筑面积：4050					含增设的二层建筑，面积允许误差±5％

扩建部分设置要求　　　　　　　　　　　　　　　　　　　表3-5-2

房间名称		单间面积（m²）	房间数	相关用房（m²）	备　　注
俱乐部餐厅	＊大餐厅	250	1		对内、对外均设出入口
	小餐厅	30	2		
	厨房	180	1	内含男女卫生间 18	需设置库房、备餐间
＊体育用品商店		200	1	内含库房 30	对内、对外均设出入口
保龄球馆		500	1	内含咖啡吧 36	6 道球场一个

房间名称		单间面积 （m²）	房间数	相关用房 （m²）	备　注
办公 部分	大办公室	30	4	另附小库房一间	
	小办公室	18	2		
	会议室	75	1		
	厕所	9	2		男女各一间
公用 部分	门厅	180		内含前台、值班室共18	
	接待厅	36			
	厕所	18	4	内含无障碍厕位	男女均分设一、二层
	陈列廊	45	1		
	楼电梯、走廊				
扩建部分建筑面积：2330				面积允许误差±5%	

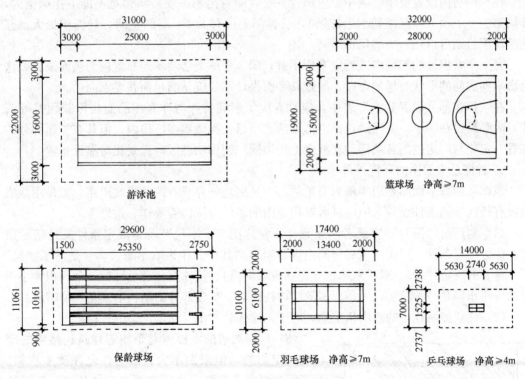

图 3-5-3　运动场地尺寸

二、设计演示

（一）审题

1. 明确设计要求

这是一个改、扩建的试题类型，与往年试题在任务书表述、设计要求、思考方式等方面略有不同。

（1）这是一幢"除库房外，其他用房均应有天然采光和自然通风"的建筑。

（2）厂房地面不可下挖。厂房需增设二层时，其结构可以与厂房柱相连接。

（3）新、老建筑作为一幢使用建筑，必须连接，但应妥善处理连接方式。即以接触面最短，且结构、构造最易处理的交通空间相连为宜，以保证各使用房间的采光、通风不受影响。

（4）各活动房间的形状、尺寸要保证相应的运动场地和设施能布置合理。

2. 解读"设置要求"表

该年试题没有按常规一、二层分列房间与面积表，而是按厂房与扩建部分分别列表，则竖向分配房间的任务，需由应试者思考。这应是应试者平日做项目设计的工作常态，好在应试者对表格中的各房间内容都是较为熟悉，且都有其生活体验的。

在"厂房内设置要求"表中，应试者一眼就能看出第一项游泳馆是不能下挖泳池的，连同第二、三项（篮球馆和羽毛球馆），三者都要占有 8.4m 高的空间，且面积最大。其他活动项目则可以用一半的厂房净高。

另一个常识性的问题应试者应有所了解，即 3 个球类活动场地布置应为侧面采光，这会影响到房间的形状与场地布置，导致其平面设计不仅仅是满足面积要求而已。

在"扩建部分设置要求"表中，应试者应了解到餐厅与体育用品商店因兼顾对外营业，故必须设在一层。而保龄球作为体育活动项目，虽然不在厂房内，但其在扩建部分的布置一定要与厂房内的各项活动在概念上作为同一使用功能区，需要相对靠近布置。

3. 看懂总平面图的环境条件

该试题的总平面图是历年最为简单的：一是用地外界只有两条市政道路，二是用地周边没有任何环境条件设置。但应试者对用地内的条件设置仍需要作一番思考。

（1）对厂房"图"形应试者能想到什么？这把"丁字尺"既是限定条件又是暗示条件。作为限定条件，厂房内所有房间内容必须容纳其中。作为暗示条件，一是"丁字尺"不一样长的三条"腿"，对于游泳馆（包括更衣淋浴）、篮球馆、羽毛球馆三个面积大小不等的房间布局是一种暗示；二是厂房的结构柱网对于扩建部分的结构形式是一种暗示。

（2）建筑控制线内的西南角空地，对于扩建部分"图"的定位是一种暗示。

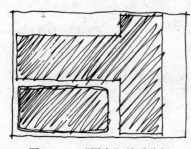

图 3-5-4 "图底"关系分析

（3）厂房周边的水杉树对于新老建筑连接点的部位有一定影响，但限制不大；因为，允许砍 4 棵树。至于因疏散要求而要改变厂房原有门的位置，只需躲开树干，从树冠下走过，并不是问题。

（二）展开方案设计

1. 平面设计程序

（1）场地设计

1）分析场地的"图底"关系（图 3-5-4）

①"图"形的分析。作为体育俱乐部整体建筑，其"图"形任务书已提供了一部分"图"形即厂房。而另一部分"图"形即扩建部分新楼需由应试者补充完成。

新楼的"图"形只能在"丁字尺"厂房西南角的空地上且为"实心"的矩形。

②"图"的定位分析。新楼东、北两侧与厂房相距6m，南、西两侧与厂房山墙对位即可。但是，新老建筑无论是从功能，还是从建筑及结构的整体性考虑，二者都应该连接在一起。现在我们只知道要用交通空间作为连接手段，具体的连接手法留待后续设计程序解决。

2）分析建筑各出入口方位（图3-5-5）

① 先分析场地主次入口。因该俱乐部属区域级体育俱乐部，而不是某单位的内部设施。因此，服务对象是市民，服务方式应是有偿服务，以供俱乐部的正常运转。这样，为市民使用的主入口就不能如同往年试题是直接进入建筑的使用功能区，而要先到管理区交费或刷卡，才能进入使用功能区的各项体育活动用房。而厂房已明确是作为各项体育活动内容的功能区，因此场地主入口不可能在用地东侧的市政道路上，只能在用地南

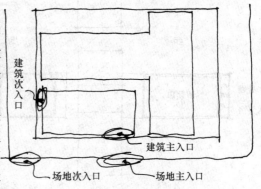

图 3-5-5　场地与建筑出入口分析

面的道路上，且在面对含有管理功能区的扩建部分的"图"形范围内。注意：场地主入口处人行道牙不能断开，以防广场人车相混。

场地次入口是供厨房运货和内部车辆出入使用的。厨房因设于扩建部分，且不宜面向市政道路，因此场地次入口虽然仍在用地南面道路上，但只能屈居最西端，且人行道牙应断开，以便于车辆进出。

② 再分析建筑各入口。建筑的主入口应对应于场地的主入口，毫无疑问应在扩建部分的南面。进一步分析，市民到体育俱乐部内的活动流程是先到厂房内的交通枢纽处，再由此到各馆或各活动房间参加体育活动。那么，这个交通枢纽在何处呢？想必是在"丁字尺"两条"腿"的交会处了。故体育俱乐部的主入口应该与厂房的交通枢纽具有最直接、最短捷的联系，即建筑主入口宜在扩建部分南面的东端。

建筑的次入口即厨房入口，要与场地次入口有最便捷的联系，它虽然也应在扩建部分，但不可能设在沿市政道路的南向，而应在西端墙，且靠上半段范围内。因为，扩建部分的南向室内空间都是为市民使用的房间。

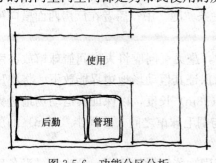

图 3-5-6　功能分区分析

（2）功能分区（图3-5-6）

1）毫无疑问，厂房应是使用功能区。

2）扩建部分应为后勤功能区和管理功能区。因前者对应的次入口在西端，而后者对应的主入口在南偏东；因此，后勤功能区在左，管理功能区在右。后勤用房面积大，图示气泡应画大；管理用房面积小，图示气泡应画小。各功能区把自己的入口包在自己的气泡内，分区位置就不会错。

（3）房间布局

1）使用功能区（厂房）房间布局分析（图 3-5-7）

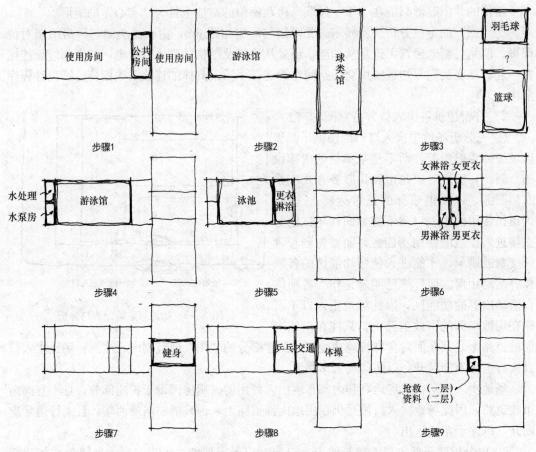

图 3-5-7　使用功能区房间布局分析

因厂房的结构形式与尺寸已定，且任务书已提供了各运动场地的平面图例，因此，可将设计程序的三、六、七 3 个步骤同步完成。

步骤 1　先按公共房间与使用房间两种不同功能性质的房间一分为二，前者属交通枢纽，应设于在"丁字尺"两条"腿"的交会处，其余皆为使用房间。前者面积小，图示气泡画小；后者面积大，图示气泡画大。

步骤 2　针对面积大且要求净空高的 3 个大房间，按"球类馆"和"游泳馆"两种不同功能内容的房间一分为二，前者在厂房东面竖向一条"腿"中；后者在厂房西面横向一条"腿"中。

步骤 3　在厂房东面南北向（竖向）的"腿"中，毫无疑问应将大房间篮球馆放在南向，并按图例要求分配给 5 开间半（33m）长度，以保证其运动场地边界能放下。将小房间羽毛球馆放在北向，并按图例要求分配给 3 开间（18m）长度，以保证其运动场地边界能放下。在此厂房东面竖向"腿"中还剩下篮球馆与羽毛球馆之间 2 开间半（15m）的房间给谁？下一步再说。

步骤 4　游泳馆先按设备房间与活动房间两种不同功能性质的房间一分为二，设备房间因管理人员要经常使用，需靠外墙在左，并按面积要求分配给 4.2m，再上下均等一分为二，作为水处理和水泵房两个房间。活动房间要方便使用者进出，需与交通枢纽联系紧密，故在右。

步骤 5 在活动房间按游泳中房间与游泳前房间两类不同功能内容的房间一分为二，前者与设备房间关系紧密在左，并按泳池活动场地的尺寸要求，分配给 5 开间，加上设备房间所占开间部分，面积正合适。还剩下两开间给后者。

步骤 6 在游泳前房间按男、女两类不同性别使用的房间一分为二，因都需自然采光、通风，故上、下均分。再按游泳前的准备程序，在其各自区域内再左右一分为二，左为淋浴靠泳池；右为更衣靠入口。

步骤 7 最后确定剩下的那个房间给谁？根据表 3-5-1，厂房还有乒乓球馆、体操馆和健身房 3 个运动房间未安排，看来只能留 1 个在一层，另 2 个要上二层。在厂房中增设二层就意味着一层的相应位置要增设立柱，而 3 个房间中只有健身房允许室内有立柱，故将那个空余房间给健身房。

步骤 8 考虑到乒乓球馆、体操馆要设于二层，那么相应的交通空间、辅助房间也必须升至二层，故需先确定能增设二层楼面的范围。首先，篮球馆、羽毛球馆和泳池上空是不允许增设二层的，剩下的健身房、男女更衣淋浴和交通枢纽在其之上是可以增设楼面的。因厂房屋面为现实条件，故支承柱可以不再升至屋顶。考虑到体操馆与健身房面积一样大，可以布置在其上。而乒乓球馆布置在一层男女更衣淋浴之上也合情合理，一是厂房24m 跨足可以容纳下 3 张球台，还剩余3m 宽正好可放一间库房。二是乒乓球馆为侧面采光符合使用要求。

步骤 9 此外还有急救和资料室 2 个小房间，各需占据 1 个网格（36m²），优先将急救室布置在一层交通枢纽空间的南向，因为游泳项目容易出事；而资料室布置在其上二层即可。

2）扩建部分一层房间布局分析（图 3-5-8）

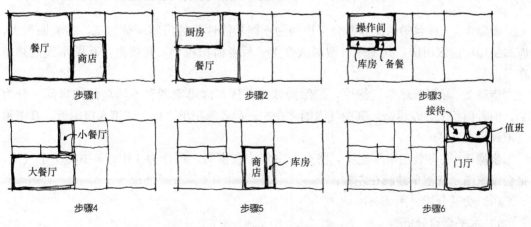

图 3-5-8 扩建部分一层房间布局分析

因扩建部分是新建，所以，需按正常设计程序展开设计，前面已完成程序第一步和第二步。第三步房间布局仍需先进行图示分析。

步骤 1 在后勤功能区按厨房餐厅与商店两种不同功能内容的房间一分为二，厨房因要与次入口靠近，且连同餐厅房间面积大，其图示气泡画大在左；商店面积小，其图示气泡画小在右。预见到在厂房活动的人要去餐厅，宜在商店之北留出通道，故气泡上面要留点空档。

步骤 2　在厨房餐厅气泡中，按厨房与餐厅两种不同功能内容的房间一分为二，因厨房面积小、需隐蔽，且应与次入口在一起，故前者图示气泡画小在左上；而餐厅面积大且要临路，故后者图示气泡画大在下。

步骤 3　在厨房气泡中，按操作间与辅助房间一分为二，前者面积大且要采光通风，图示气泡画大在上；后者备餐、库房图示气泡画小在下。

步骤 4　在餐厅气泡中，按大、小餐厅一分为二，前者面积大为开敞式散座宜临路，其图示气泡画大在下；后者面积小为包间，图示气泡画小在右上。

步骤 5　在商店气泡中，按营业厅与库房一分为二，前者面积大，宜与餐厅毗邻组成公共服务区，其图示气泡画大在左；库房面积小，图示气泡画小在右。

步骤 6　在管理功能区，只有值班与接待两个房间应在一层；其余办公用房具有相对独立性可在二层。此外，保龄球馆应属于使用功能区的用房，宜设在二层。这样，管理功能区的房间布局可按门厅与管理用房两个不同功能性质的房间一分为二，前者与主入口有密切关系，面积大，其图示气泡画大在下；管理用房面积小，其图示气泡画小在上。再将其左右均分，左为接待；右为值班。

3）扩建部分二层房间布局分析（图 3-5-9）

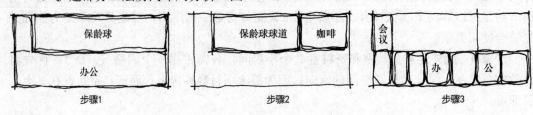

图 3-5-9　扩建部分二层布局分析

步骤 1　先按保龄球馆和办公用房两种不同功能性质的房间一分为二，前者面积大，应属使用功能区用房，其图示气泡画大在上；后者面积较小，宜朝南，其图示气泡画小在下。

步骤 2　在保龄球馆气泡中，按保龄球球道区与咖啡吧两种不同功能的房间一分为二，前者面积大，在尽端，其图气泡画大在左；后者面积小，位于球馆入口附近，其图示气泡画小在右。

步骤 3　在办公用房气泡中，将办公室集中在南向，再分为 4 中、3 小共 7 个气泡，将会议室图示气泡单独画在左端。

（4）交通分析（图 3-5-10）

1）水平交通分析

① 一层水平交通分析

A. 从主入口进入室内为门厅水平交通节点，由此直达厂房交通枢纽的水平交通节点，这条流线简捷、明确。说明新老楼的水平连接非常合理，没有出现迂回穿越服务功能区的现象。

142

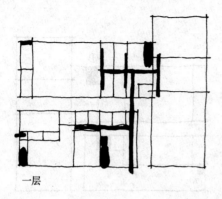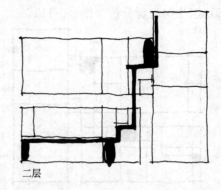

一层   二层

图 3-5-10　交通分析

B. 从厂房交通节点向东有 3 个体育运动房间，需要一条水平流线进行连接。

C. 从厂房交通节点向西虽然只有一个游泳馆，而且男女泳客本可以直接从交通节点进入各自的更衣室，但为避免外部人员"开门见山"直视更衣室，故应在男女更衣室分别设一条窄短水平流线。此外，考虑紧急情况下，将受伤泳客抬至急救室时，需要在男女更衣淋浴房间之间设置一条专用急救通道，而不能从男女淋浴更衣室内通过。

D. 在扩建部分从门厅水平交通节点向西应有一条水平交通流线直抵餐厅入口。

E. 在厨房次入口处，应有一个小门厅水平交通节点。

② 二层水平交通分析

A. 厂房二层在乒乓球馆与体操馆之间为水平交通节点。根据任务书要求，在二层应设羽毛球馆的观看廊，为使观众能看清双方球员的动作，此观看廊宜设在球场一侧的西墙处（采用钢结构外挑走廊形式）。此外，在交通节点西南角设一短廊连接扩建部分。

B. 扩建部分在新老楼之间设一条水平交通流线相连接。在办公区内设一条水平交通流线将各办公房间连接起来，并与公共水平交通流线相通。

2）垂直交通分析

① 一层垂直交通分析。在体育俱乐部整个水平交通的起始点即门厅处要设置一套垂直交通体系，包括主要楼梯和电梯，按常规设计应位于门厅西侧。

在厂房水平交通节点的东北角靠北外墙处，应设置一部交通楼梯。

由于游泳池上抬了 2.1m，因此，男女淋浴后入池需各自设置一部半层高的 2.1m 直跑楼梯。同理，急救通道在其与游泳池接合部位也应做高差为半层（2.1m）的直跑楼梯。

② 二层疏散楼梯分析。在扩建部分的办公区为超长袋形走廊，在其西南角需设置一部疏散楼梯。

3）一层水平交通疏散分析

① 在厂房水平交通节点上，应向北设直通室外的疏散门，以保证二层向一层疏散时，可以在规范规定的 15m 之内直接疏散到室外，并且可以满足厂房一层各体育运动房间双向疏散之需。

② 篮球馆、羽毛球馆、健身房因其面积都超出 120m²，故各自另行增加一个疏散门。

③ 游泳馆的泳池面积大，且为尽端房间，其房间内最远点到门的距离远大于 22m；故在泳池的西端应设疏散门，且为半层高（2.1m）的直跑楼梯。

（5）卫生间配置分析（图 3-5-11）

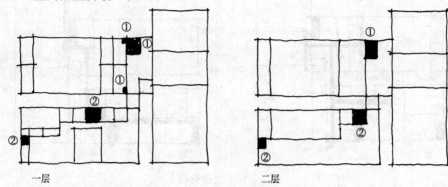

图 3-5-11　卫生间配置分析

1）一层卫生间配置分析

① 厂房使用功能区。在水平交通节点的北面靠外墙处设置一套公共卫生间。在男女更衣室前的各阻隔视线短廊的端头按常理可各设一处小便池（虽然任务书未提及）。

② 扩建部分。在管理与餐厅之间靠北外墙处可设一套公共卫生间，在厨房门厅附近靠西山墙处设置一套小卫生间。

2）二层卫生间配置分析

① 厂房使用功能区。将一层男女卫生间升上来作为二层的公共卫生间。

② 扩建部分。保龄球馆前应有一套公共卫生间，但不在一层公共卫生间之上，而移至一层值班室之上；虽然上下不对位是个遗憾，但为了保证二层功能合理，只好小局服从大局，至于卫生间上下水不对位可以通过技术手段加以解决。其次，将一层厨房的卫生间升上来作为二层办公区的公共卫生间。

（6）建立结构体系

厂房的结构形式与尺寸作为设计条件已明确，只是因局部要做二层，为此要增设立柱，其柱网毫无疑问，仍是 6m×6m 的方格网。应试者在这一设计程序的主要工作是考虑扩建部分的结构体系。

1）确定结构形式

新、老楼作为一个整体，其结构体系宜一致，即为方格网形式。

2）确定框架尺寸

应与厂房结构尺寸一致，即 6m×6m。

（7）在格网中纳入所有房间

1）在格网中落实一层所有房间的定位（见图 3-5-13）

① 厂房内的房间在设计程序第三步（房间布局）时已经一一落实。需要补充完善的工作只是一些细节。如羽毛球馆、健身房、篮球馆各自的库房需要落实，可以考虑将连接 3 馆的走廊宽度由 6m 改为 3m，由此可以设置 2 间库房；一间给羽毛球馆，另一间给健身房。篮球馆的库房是在公共空间中，无潜力可挖，只好自行解决；可以考虑设在看台的西南角。

② 在扩建部分的管理区门厅占 2 开间，楼梯、电梯占 1 开间，共 3 开间。相应北面

最后一跨自右至左依次为陈列廊、值班、接待。

③ 在扩建部分的后勤区，体育用品商店 200m² 需 5 个半格子，至少占 2 开间，跨度两个半格子（留半跨作为走道），面积为 180m²，缺 20m² 可向毗邻的门厅垂直交通空间要回半开间。

④ 在扩建部分的厨房餐厅区，先扣除西南角半开间作为二层的疏散楼梯，剩下 3 开间半全给餐厅。大餐厅面积为 250m²，需要 7 个格子，则进深为两跨即可。根据房间布局分析，大餐厅之北有厨房入口门厅（占 1 个格子），另外，库房和备餐各占 1 开间，进深为半个格子。剩下最后一跨半给厨房；其面积共计为 180m²，共占据 5 个格子（含备餐、库房）。厨房之东 2 个格子给 2 个小餐厅，其与大餐厅之间的多余面积作为交通之用。小餐厅与接待之间剩下的最后 1 个格子给公共卫生间。

2）在格网中落实二层所有房间的定位（见图 3-5-14）

① 厂房二层房间在设计程序第三步（房间布局）时都已一一落实。

② 扩建部分北面 2 跨为保龄球馆区。开间自右至左依次为：连接廊占 1 开间，公共卫生间占 1 开间，咖啡吧占 1 开间，保龄球馆根据图例长度要求需占 5 开间。

③ 扩建部分南面 2 跨为办公用房区，其实办公室进深只需 1 跨，再加走廊 2m 即可，剩下第二跨的 4m 可作为露天天井，以改善办公区与保龄球馆的采光通风效果。办公区 5 开间半正好分配给 4 间大办公、2 间小办公和 1 间库房，而会议室可占据保龄球馆区西侧的 2 个格子。

④ 扩建部分经面积计算已经超出规定要求，故将门厅上方的楼面挖空，使之符合面积要求。

2. 总平面设计（图 3-5-12）

（1）将厂房与扩建部分定位在建筑控制线之内。

（2）用地东北角和西南角作为机动车出入口，将两者以道路连接，并兼作消防通道用。

（3）在主入口前做广场；各次要入口和疏散口前均做通道与内部道路连接。

（4）在用地东侧设置社会车辆停车场（30 辆），并与厂房室外疏散通道以绿化带相隔。

（5）在用地西侧设置内部人员停车场（10 辆），便于工作人员从西南角楼梯进出。

（6）将用地东南角作为景观绿地。

（7）50 辆自行车的停放设置于主入口广场附近。

三、绘制方案设计成果图（图 3-5-12～图 3-5-14）

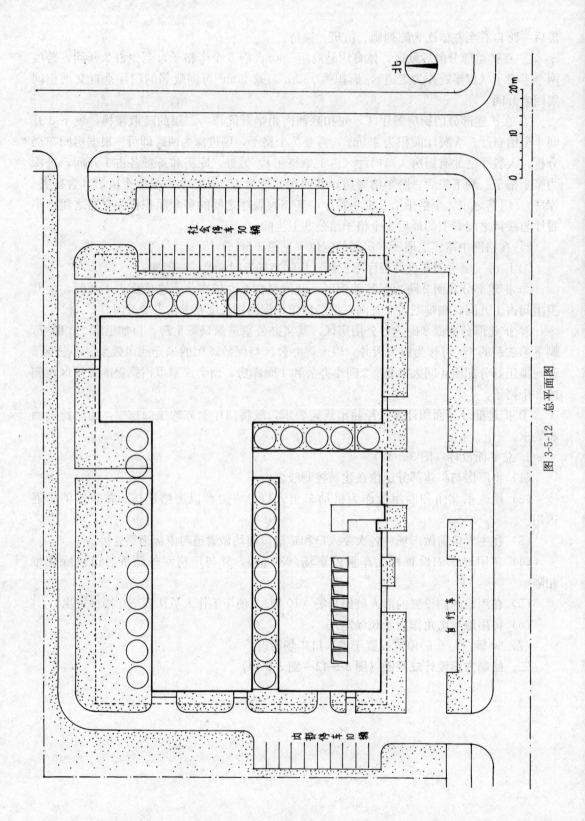

社会停车70辆

内部停车10辆

自行车

北

20m

10

0

图 3-5-12 总平面图

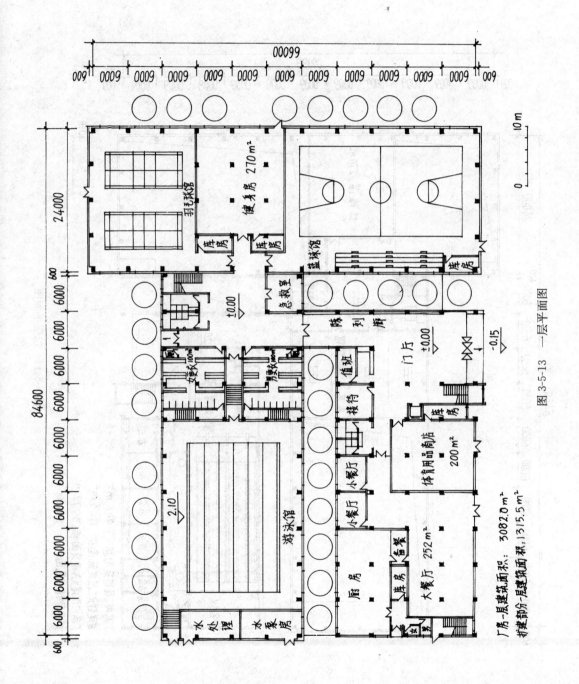

厂房一层建筑面积: 3082.0 m²
辅建部分一层建筑面积: 1315.5 m²

图3-5-13 一层平面图

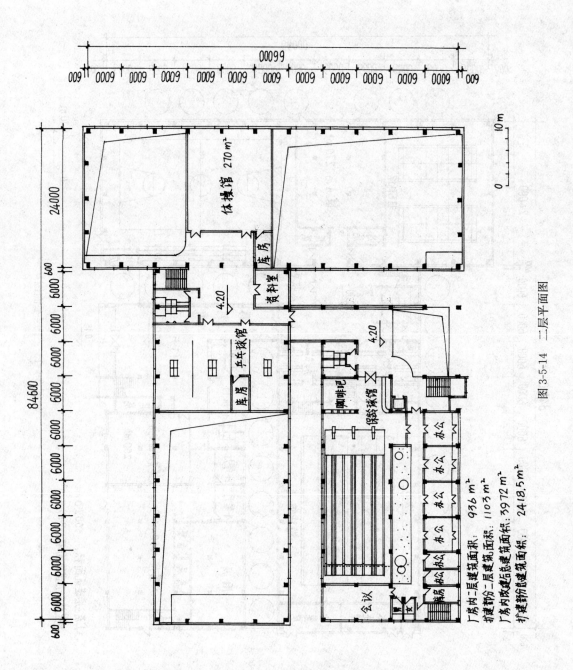

图 3-5-14 二层平面图

厂房内一层建筑面积: 936 m²
扩建的二层建筑面积: 1103 m²
厂房内改建后总建筑面积: 3972 m²
扩建阶段总建筑面积: 2418.5 m²

体操馆 270 m²

资料室

库房

库房

乒乓球馆

咖啡吧

保龄球馆

办公

办公

办公

办公

办公

办公

办公

休息

会议

男

女

4.20

4.20

84600

24000

600

6000

6000

6000

6000

6000

6000

6000

6000

6000

600

00099

009

009

009

0009

0009

0009

0009

0009

0009

0009

0009

0009

0009

10 m

0

第六节 [2008年] 公路汽车客运站

一、设计任务书

(一) 任务描述

在我国某城市拟建一座两层的公路汽车客运站，客运站为三级车站。用地情况及建筑用地控制线见总平面图（图3-6-1）。

(二) 场地条件

地面平坦，客车进站口设于东侧中山北路，出站口架高设于北侧并与环城北路高架桥相连；北侧客车坡道、客车停车场及车辆维修区已给定，见总平面图。到达站台与发车站台位置见一、二层平面图（图3-6-2、图3-6-3）。

(三) 场地设计要求

在站前广场及东、西广场用地红线范围内布置：

1. 西侧的出租车接客停车场（停车排队线路长度≥150m）。

2. 西侧的社会小汽车停车场（车位≥26个）。

3. 沿解放路西侧的抵达机动车下客站台（用弯入式布置，站台长度≥48m）。

4. 自行车停车场（面积≥300m²）。

5. 适当的绿化与景观。

6. 人车路线应顺畅，尽量减少混流与交叉。

(四) 客运站设计要求

1. 一、二层用房及建筑面积要求见表3-6-1、表3-6-2。

2. 一、二层主要功能关系要求见图3-6-4。

3. 客运站用房应分区明确，各种进出口及楼梯位置合理，使用与管理方便，采光通风良好，尽量避免暗房间。

4. 层高：一层5.6m（进站大厅应适当提高）；二层≥5.6m。

5. 一层大厅应有两台自动扶梯及一部开敞楼梯直通二层候车厅。

6. 小件行李托运附近应设置一台小货梯直通二层发车站台。

7. 主体建筑采用钢筋混凝土框架结构，屋盖可采用钢结构，不考虑抗震要求。

8. 建筑面积均以轴线计，其值允许在规定建筑面积的±10%以内。

9. 应符合有关设计规范要求，应考虑无障碍设计要求。

(五) 制图要求

1. 在总平面图上按设计要求绘制客运站屋顶平面；表示各通道及进出口位置；绘出各类车辆停车位置及车辆流线；适当布置绿化与景观；标注主要的室外场地相对标高。

2. 在图3-6-2和图3-6-3上分别绘制一、二层平面图，内容包括：

(1) 承重柱与墙体，标注轴线尺寸与总尺寸。

(2) 布置用房，画出门的开启方向，不用画窗；注明房间名称及带＊号房间的轴线面积，厕所器具可徒手简单布置。

(3) 表示安检口一组、检票口、出站验票口各两组（图3-6-5）、自动扶梯、各种楼梯、电梯、小货梯及二层候车座席（座宽500，座位数≥400座）。

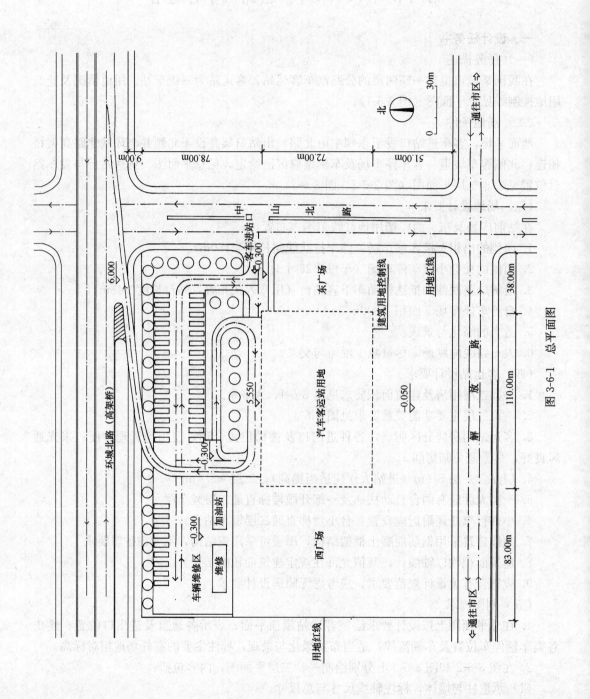

图 3-6-1 总平面图

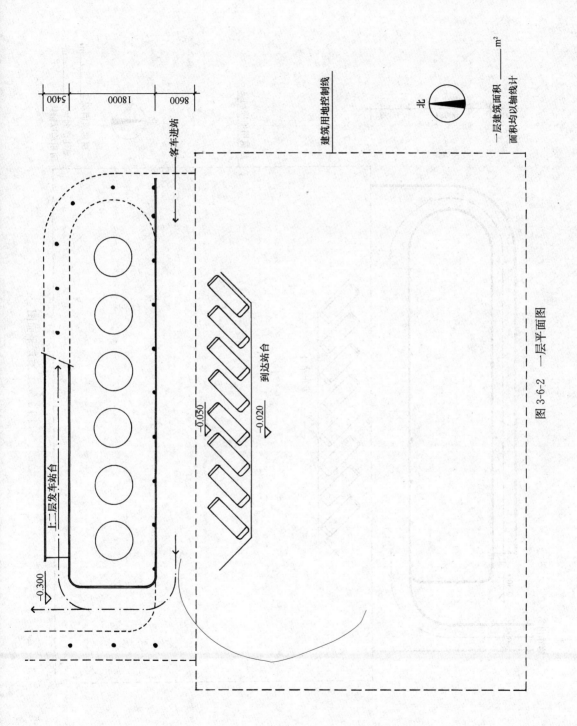

图 3-6-2 一层平面图

5400 18000 8600

客车进站

上一层发车站台

-0.300

到达站台

-0.050 -0.020

建筑用地控制线

北

一层建筑面积 ———— m²
面积均以轴线计

151

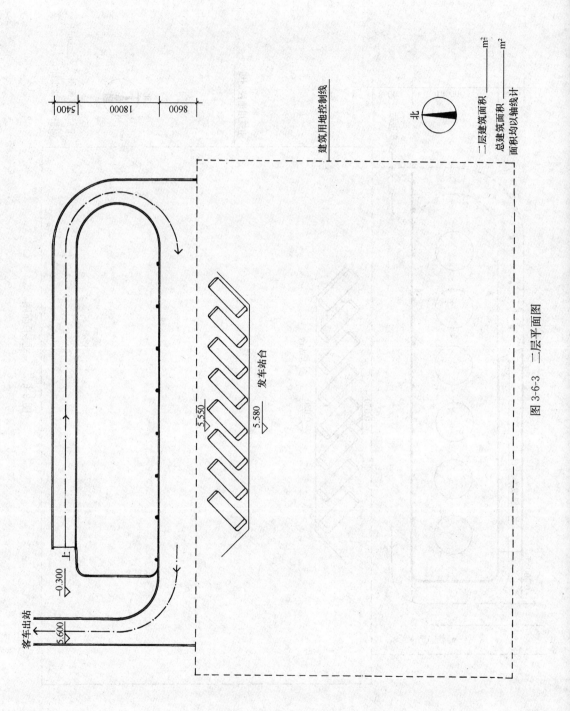

客车出站

5.600

−0.300

上

5.550 5.580 发车站台

5400 18000 8600

建筑用地控制线

北

二层建筑面积 ——— m²
总建筑面积 ——— m²
面积均以轴线计

图 3-6-3 二层平面图

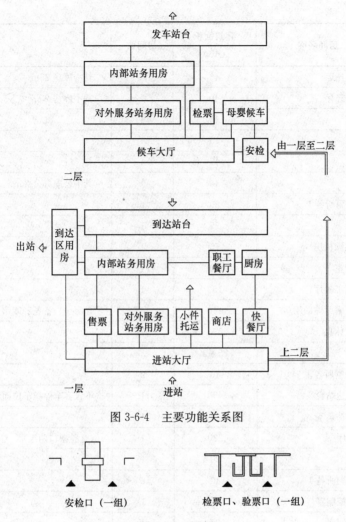

图 3-6-4 主要功能关系图

安检口（一组）   检票口、验票口（一组）

图 3-6-5 图例

（4）在图 3-6-2、图 3-6-3 左下角填一、二层建筑面积及总建筑面积。

（5）标出地面、楼面及站台的相对标高。

一层用房及建筑面积表   表 3-6-1

功能区	房间名称	建筑面积（m²）	房间数	备　注
	*进站大厅	1400	1	
售票	售票室	60	1	面向进站大厅总宽度≥14m
	票务	50	1	
	票据库	25	1	
对外服务站务用房	*快餐厅	300	1	
	快餐厅辅助用房	200	4	含厨房、备餐、库房、厕所
	商店	150	1	

功能区	房间名称	建筑面积（m²）	房间数	备注
对外服务站务用房	小件托运	40	1	其中库房 25m²
	小件寄存	40	1	其中库房 25m²
	问讯	15	1	
	邮电	15	1	
	值班	15	1	
	公安	40	1	其中公安办公 25m²
	男女厕所各 1	80	2	
内部站务用房	站长	25	1	
	＊电脑机房	75	1	
	调度室	70	1	
	＊职工餐厅	150	1	
	职工餐厅辅助用房	110	4	含厨房、备餐、库房、厕所
	司机休息	25×3	3	
	站务	25×3	3	
	男女厕所各 1	40	2	
到达区	＊到达站台	450	1	不含客车停靠车位面积
	验票补票室	25	1	
	出站厅	220	1	（含验票口两组）
	问讯	20	1	
	男女厕所各 1	40	2	
其他	消防控制室	30	1	
	设备用房	80	1	
	走廊、过厅、楼梯等	750		合理、适量布置

一层建筑面积：4665

注：上述建筑面积均以轴线计，允许范围±10％。

二层用房及建筑面积表　　　　　　　　表 3-6-2

功能区	房间名称	建筑面积（m²）	房间数	备注
候车	＊候车大厅	1400	1	含安检口一组及检票口两组
	＊母婴候车室及女厕各 1	90	2	靠站台可不经检票口单独检票
对外服务站务用房	广播	15	1	
	问讯	15	1	
	商店	70	1	
	医务	20	1	
	男女厕所各 1	80	2	

功能区	房间名称	建筑面积（m²）	房间数	备 注
内部站务用房	调度	40	1	
	办公室	50×6	6	
	＊会议室	130	1	
	接待	80	1	
	男女厕所各1	40	2	
发车区	发车站台	450	1	不含客车停靠车位面积
	司机休息	80	1	
	检票员室	30	1	
其他	设备用房	40	1	
	走廊、过厅、楼梯等	620		合理、适量布置

二层建筑面积：3500

两层合计总建筑面积：8165

注：上述建筑面积均以轴线计，允许范围±10％。

二、设计演示

（一）审题

1. 明确设计要求

公路汽车客运站属于交通类型建筑，其设计原理应试者不但较为熟悉，且有生活体验。只是能否将这些设计知识运用到应试中，就看应试者的临场发挥了。应试者在阅读设计任务书之后，在下列几方面应有清醒的认识：

（1）该试题特别强调进出站旅客流线的短捷和不相交叉，包括在室外场地、出入口，以及站房内都应严格区分。

（2）一层的进站大厅是旅客为出行办理相关业务手续的场所，客运站为旅客服务的各项内容应围绕进站大厅向心布局，而售票室是其主要服务项目，应处在进站大厅正面最醒目的位置。

（3）二层的候车大厅是旅客的主要使用房间，也是客运站的主体空间，应处在重要的位置上。

（4）这是一个要求自然采光、通风的建筑，而某些为旅客服务的房间是面向进站大厅敞开，采用柜台式服务的，因此可以利用高大明亮的进站大厅进行间接采光。

（5）客运站房的发车与到达是分层式的，应试者应立即反映二层的发车车辆是停在楼面上，而不是地面上，需要结构柱支撑，由此而影响一层平面到达区的设计。

2. 解读"用房及建筑面积"表

（1）先看一层和二层表格最后一行，得知层建筑面积"下大上小"。再从交通建筑的内部空间特点联想到一定有一个高大的公共空间（进站大厅）占据了一部分二层面积。但是，上下层建筑面积只差1165m²，而进站大厅建筑面积却为1400m²，说明二层建筑面积还不能把进站大厅面积全部扣光。应试者有了这个概念，就为二层平面设计的"图"形该多大做好了思想准备。

（2）看表格最左边第一列，了解一下任务书对汽车客运站划分了几个功能区。一层共划分了5个功能区，对于设计操作来说，功能区不宜划分太多，且彼此功能性质应有明显区分，以便在设计程序第二步时能准确而迅速地搞定。这就是设法把进出站旅客使用的用房（进站大厅、到达区）和直接面对面为旅客服务的用房（售票、对外服务用房）归于使用功能区；把内部站务用房作为管理功能区；因两个厨房要共用一个单独的出入口必须在一起，因此宜把两个餐厅辅助用房归于后勤功能区。这样，一是功能区的数量精简了，二是各功能区所有房间功能性质相近，就不会在设计程序第三步房间布局时发生离散情况了。

（3）看表格左边第二列，了解一下每一个功能区大致有哪些主要房间，心里有数就可以了。

3. 理解功能关系图

（1）先看一层出入口情况

一层功能关系图共表示了4个出入口，下为进站入口，左为出站口，很明显这两个出入口都是分别作为进出站旅客使用的，且不在一个方位上，是一种暗示条件。右面的箭头并没有注明使用对象，但从其所指向的房间名称，可判断为后勤入口。而上面的箭头也没有注明使用对象，但指向了到达站台，应该说这与到达旅客有关。那么，管理入口呢？一层功能关系图遗漏了，这个问题就留给应试者考虑。此外，在小件托运气泡处多了一个箭头，想必是提示行包应该有一个通往二层发车区的货运入口，这个问题也需应试者注意并在设计中加以解决。

（2）看气泡组织情况

对应于对功能分区的理解，一层功能关系图基本是按三大功能分区组织气泡的，应试者看了会一目了然。此外，厨房气泡只作为符号画了一个，而数量在"用房及建筑面积"表中已明确规定为2个。

二层功能关系图，只有两个功能区，即使用和管理。但欲正确理解此图需要多费点脑筋。因为，这是图示，不代表平面布局，应试者应结合设计原理和生活体验消化二层功能关系的理解。这就是"内部站务用房"和"对外服务站务用房"这两个气泡要靠边站，让候车大厅直接毗邻发车站台，不但可使两者关系紧密，而且旅客上车流线可更为短捷。

（3）看连线关系

一层功能关系图的连线表达十分清楚，但有两条连线要特别注意。一是进站大厅气泡右边有一双线指向二层安检气泡，这是此前历年试题不曾见的表述方式。由此的理解应是进站大厅有两类旅客，即办理各项出行业务手续，且当天可能不乘车离去的旅客和当天即走的旅客。对于进站大厅中的这两类旅客，前者为主，后者为次。在流线处理上，候车旅客进入大厅后宜立即上楼，以保证大厅主要为前者服务。至于候车旅客进大厅后，是从右边上楼还是从左边上楼，则要看方案设计而定。二是进站大厅气泡左边也有一条线连着到达区用房，对此的理解是到达旅客若要中转，需有通道进入进站大厅，且不能与其他流线有交叉，这是一个设计难点。此外，从设计原理与实际需要考虑，内部站务用房应与进站大厅有连线关系，如同二层内部站务用房与候车大厅有连线一样，如站务人员要与大厅有管理联系，或旅客要与站长联系解决票务问题等。

二层功能关系图的连线表达总体上也十分清楚，只是如欲图示语言更为清晰的话，应在发车站台与候车大厅和母婴候车之间分别有直接的连线表达，而不是后二者气泡要通过检票气泡才与发车站台联系。因为，检票只是为检票人休息之用，真正检票时，检票人需要到候车大厅或母婴候车室的检票口执行检票任务。只有对这一点了解清楚了，才能知道三者之间正确的连线关系。

4. 看懂总平面图的环境条件

该年试题又一次提供公路汽车客运站的完整总平面，只是将汽车客运站的后场部分已规划好，而将站房设计与室外公共场地设计交由应试者完成。对此，应试者要把周边的环境条件解读清楚。

（1）用地东、南临城市主要道路，且场地次要入口已确定在用地东北角。

（2）建筑控制线北边界是要与高架发车车道相接的，但不意味着站房要与之对接，这一点与2003年小型航站楼完全不同。

（3）在答题作图纸上，已清晰地标出高架发车车道的柱距为9m（需用比例尺量知），这也暗示站房的框架结构开间应为9m，以便与高架发车站台的柱距对位。因此，停车位只能垂直于站房而不能45°斜停。其次，到达与发车的车行方向是东进西出，客车也只有垂直于站台停靠才有利行车转向。

值得质疑的是，答题作图纸上标示出的客车进站通道只有 8600mm，与总图客车进站入口 12m（需用比例尺量知）路幅不符，且《汽车客运站建筑设计规范》第 6.0.4 条规定"发车位和停车区前的出车通道净宽不应小于 12m"，这也是客车转弯半径的最小尺寸。因此，站房与高架发车车道上的距离应扣除客车车长及其后退建筑控制线北边界的 3.4m（12－8.6＝3.4m）。实际上是让客车停车的楼板与放宽的 3.4m 行车道对接。

为了不影响一层行车道的行车，应在其南侧增添一排结构柱，以支承二层高架发车车道的楼板。这些因素必然要影响站房的设计和客车停靠方式（图3-6-6）。

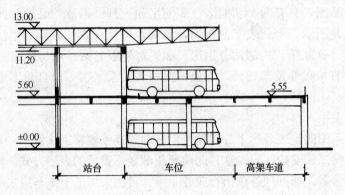

图 3-6-6　发车（到达）车位与高架车道结构关系示意图

以上疑问责任在出题方，应试者将错就错不应扣分。但作为有设计素养的建筑师，在解题时，不能不想到这些应该想到的常识性问题。

（4）西广场远大于东广场，结合一层功能关系图的出站口方位，这是一个出站广场定位的暗示条件。

（5）室外标高为－0.050，说明建筑各入口不需做台阶，作无障碍平坡入口即可。

（6）指北针为上北下南，与客运站的自然采光、通风要求相吻合。

（二）展开方案设计

1. 一层平面设计程序

（1）场地设计

1）分析场地的"图底"关系

①"图"形的分析。设计任务书虽然要求汽车客运站为自然采光、通风，但并不意味着一定要采取挖内院的手段。因为，在解读任务书的过程中，我们已了解到许多为旅客直接服务的用房都宜围绕进站大厅布局，且为敞开式柜台服务，属间接采光不算暗房间。再说，交通建筑的流线宜短捷，不能为避免暗房间就到处挖内院，使流线迂回曲折而因小失大。因此，"图"宜为"实心"的矩形。

②"图"的定位分析（图 3-6-7）。由于旅客是到站房北面发车位上车的，且客车停车区前的出车通道净宽要 12m。要把这些必要的尺寸扣除后，才是站房"图"形定位的北边界，这就意味着"图"形要压建筑控制线南边界，而"图"的北面要多退让点儿。"图"的东西两侧因都有出入口，也需退让建筑控制线少许。这与 2003 年小型航站楼试题对"图"的定位分析完全不同。

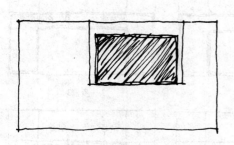

图 3-6-7 "图底"关系分析

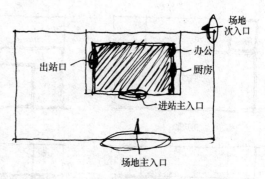

图 3-6-8 场地与建筑出入口分析

2）建筑各出入口定位分析（图 3-6-8）

① 先分析场地主次入口。场地次入口设计条件已确定在用地东北角，我们所要做的工作就是分析主入口的方位。从以下 3 个条件着手分析：一是场地主入口宜与次入口分设在城市的两条道路上，二是旅客应从站房正面进入，三是旅客行进流线应与发车站台相对而设。故场地主入口应在南面解放路上，且基本在建筑中轴线附近。

② 再分析建筑各入口。先分析外部旅客使用的两个出入口，一是旅客进站主入口应与场地主入口呈对话关系，必定在"图"的南面中心范围；二是旅客出站口从一层功能关系图出站口的明示和西广场较宽阔的暗示，都应确定在"图"的西侧偏北范围。再分析内部工作人员使用的两个出入口，因"图"形唯一剩下东面不是进出站旅客的活动范围。因此，办公与厨房入口只能在"图"形的东侧。考虑到为旅客服务的快餐厅一定是在"图"形的南部，而厨房要跟着布局，因此，厨房入口方位在"图"形的东侧居中；而办公入口则偏北。

设计程序第一步得出的"图底"关系与建筑各出入口的定位结果，就转化为下一设计程序的设计条件。

（2）功能分区

根据各功能区在"图"中的位置应纳入各自出入口的分析原则，再参照用房与面积表中各功能区面积估算出的大、中、小关系，画出图 3-6-9 图示气泡。

（3）房间布局

根据设计程序第二步划分的三大功能分区结果，在各自功能区范围内进行各自房间的布局分析，其过程仍采用一分为二的分析方法将每一房间分析到位。

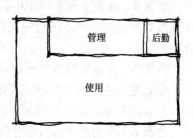

图 3-6-9 功能分区分析

1）使用功能区房间布局分析（图 3-6-10）

步骤 1 按进站旅客使用房间与出站旅客使用房间两种不同使用对象的房间同类项合并一分为二，前者面积大，与主入口有关，图示气泡画大在下；后者面积小，与出站口有关，图示气泡画小在左上。

步骤 2 在进站旅客使用房间气泡中，按大厅与服务房间两种不同使用性质的房间一分为二，前者面积大，与主入口有关，图示气泡画大居中；后者面积次之，应与大厅呈三面围合的环抱形式。

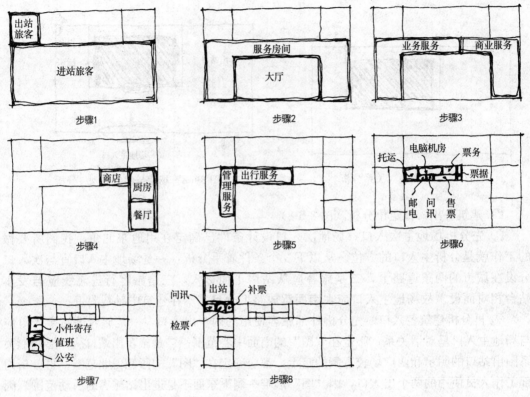

图 3-6-10　使用功能区房间布局分析

步骤 3　公共房间因是唯一空间不再一分为二。对于服务房间气泡再按商业服务与业务服务两种不同服务内容的房间一分为二，前者因有餐厅要与厨房毗邻，故商业服务图示气泡画在右；后者图示气泡则画在左。

步骤 4　在商业服务气泡中，快餐厅因面积大，旅客使用多，优先照顾其靠外墙，以便兼顾对外服务，图示气泡画大在右侧；商店面积小，只能对大厅服务，其图示气泡画小在左。

步骤 5　在业务服务气泡中，按为旅客出行服务与管理服务两种不同服务内容一分为二，前者是为旅客服务的最主要的空间，面积大，图示气泡画大在右，面对旅客进大厅方向；后者面积小，图示气泡画小在左。

步骤 6　在为旅客出行服务气泡中，售票室、票据库、票务一组房间面积大，图示气泡画大在右，正对主入口（其中售票室图示气泡要画成扁长形，以保证其窗口能有 14m 的长度。票务因与旅客无关，其图示气泡画在售票室气泡上面；而票据库气泡则画小偏于右侧）。而小件托运房间的图示气泡画小在左端，以便运送行李的货梯能在站台端头，而不妨碍旅客在站台的活动。剩下邮电、问讯两个为旅客出行服务的图示小气泡，可夹于售票室气泡与小件托运气泡之间。

步骤 7　在管理服务气泡中，按小件寄存服务与维护公共秩序服务两种不同服务性质的房间一分为二，前者图示气泡画在上；后者图示气泡画在下，再分为公安与值班一大一小两个图示气泡。

步骤 8 在出站旅客使用房间气泡中，按旅客出站房间与管理房间两种不同使用者使用的房间一分为二，前者面积大，左右要贯通，其图示气泡画大在上。后者面积小，属内部管理用房，其图示气泡画小在下。再将管理房间一分为二，问讯图示气泡在左靠近出站口，检票、补票图示气泡在右。

2）管理功能区房间布局分析（图 3-6-11）

步骤 1 按站务管理用房与车队管理用房两种不同管理内容的房间一分为二，前者宜靠近办公入口，图示气泡在右；后者图示气泡在左。两者面积差不多，两气泡大小相等。

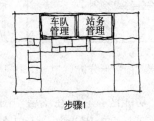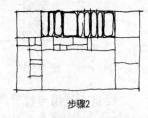

图 3-6-11　管理功能区房间布局分析

步骤 2 将站务管理用房气泡均分为四等份，3 个给站务办公，1 个给站长办公；在车队管理用房气泡中划分 3 小、1 大图示气泡，分别为 3 个司机休息和 1 个调度室。

3）后勤功能区房间布局分析（图 3-6-12）

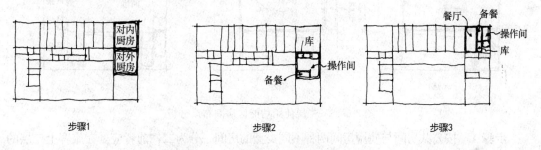

图 3-6-12　后勤功能区房间布局分析

步骤 1 按对外厨房与对内厨房两种不同服务对象房间一分为二，前者应与快餐厅连在一起，图示气泡在下；后者应靠近管理功能区，图示气泡在上。

步骤 2 在对外厨房气泡中，按食物加工流程直接将备餐毗邻快餐厅，将库房靠近厨房入口。

步骤 3 在对内厨房气泡中，先按职工餐厅与厨房一分为二，前者图示气泡在左，接近管理功能区；后者图示气泡在右，靠近后勤入口。再按食物加工流程直接将备餐毗邻职工餐厅，将库房靠近厨房入口。

最后发现还有 3 个与旅客无关的房间未能分析到位，其中电脑机房图示气泡可画在邮电和问讯 2 个小房间背后，归于管理功能区。而设备和消防控制室，因与其他房间无功能关系，其布局随意性较大，可等设计程序第七步时加以落实。但两者都要靠外墙，对此应试者要事先做到心中有数。

一层平面设计的前三步设计程序至此已完成，可暂停。现在需同步研究二层平面前三步设计程序的分析工作。

2. 二层平面设计程序

（1）"图"形的分析（图 3-6-13）

在解读"用房及建筑面积"表的过程中我们已建立了这样一个概念，即扣除一层进站大厅高大空间的面积，再设法局部向大厅挑出部分面积，即为二层的"图"形。

（2）功能分区（图3-6-14）

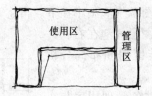

图3-6-13　二层"图"形分析　　图3-6-14　二层功能分区分析

二层只有使用与管理两个功能区，它们在二层"图"形中只能左右并排设置。关键是确定管理功能区的定位是在左还是右？因为办公入口在建筑东侧，考虑到办公人员就近上二层管理区，且其面积小，又要保证候车大厅必须居中，因此，管理功能区图示气泡画小在右；使用功能区面积大，图示气泡画大在左。

（3）房间布局

1）使用功能区房间布局分析（图3-6-15）

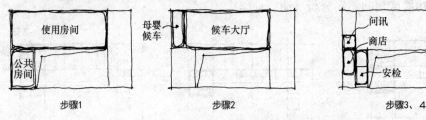

图3-6-15　二层使用功能区房间布局分析

步骤1　按公共房间与使用房间两种不同类型的房间一分为二，前者应处在旅客上二层的前区，面积小，又因与发车站台无关系，要让出便于与发车站台联系的最佳位置给候车区，因此，图示气泡画小在左且靠下；后者面积大图示气泡画大在右，占据二层"图"形居中位置。

步骤2　在使用房间大气泡中，按母婴候车室与普通旅客候车大厅两类不同旅客一分为二，前者面积小，为让其候车流线短捷，图示气泡画小在左；后者面积大，房间地位重要，其图示气泡画大在右，居二层"图"形中心。

步骤3　在公共房间气泡中，按安检与服务两种不同功能的房间一分为二，前者处于旅客上二层的第一关口，图示气泡在右；后者图示气泡在左，靠二层"图"形西端。

步骤4　在安检气泡中，按旅客行进路线上下一分为二，其分界线则为安检设施。在服务气泡中，只有商店和问讯两个房间与旅客关系密切，放在候车前区，其图示气泡上下一分为二，前者面积大在下，后者面积小在上。而广播与医务两个房间，因其服务人员属于管理区，宜放在管理功能区内，但必须面向候车大厅服务。

2）管理功能区房间布局分析（图3-6-16）

步骤1　先按办公用房与车队用房两种不同使用性质的房间一分为二，前者面积大，与候车站大厅

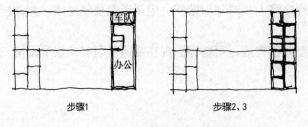

图3-6-16　二层管理功能区房间布局分析

有关系，其图示气泡画大在下；后者面积小，与发车站台有关，其图示气泡画小在上。

步骤 2 在办公用房气泡中，只要先确定接待图示气泡画在此区入口附近，将广播、医务两个小气泡画在靠近候车大厅气泡处，剩下 6 个办公、1 个会议共 7 个图示气泡按中廊两边画出即可。

步骤 3 在车队用房气泡中，按调度与司机休息两个房间一分为二，前者面积小，要靠近发车站台，其图示气泡画小在左；后者面积稍大，图示气泡画大在右。

至此，二层除设备用房暂未分析到位外（因其位置较为机动，可在后续设计程序中落实），其余所有房间都已一一分析到位，且并无与一层方案设计有矛盾之处。此时可回到一层继续完成其后各设计程序的分析任务。

（4）交通分析

1）一层水平交通分析（图 3-6-17）

①旅客进站大厅即为一个大的水平交通节点。

②旅客出站厅为另一重要的水平交通节点，且与进站大厅水平交通节点之间应有一条水平交通流线。这条流线为了不与办公区流线相交叉，应靠边绕行。

③到达站台实际上就是一条水平交通流线。

④在对外服务站务用房区与对内站务用房区之间，一定有一条水平交通流线将二者既分开又联系在一起。其西端要

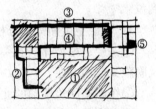

图 3-6-17 一层水平交通分析

连着行包厅和出站厅水平交通节点，东端连着办公入口门厅。而办公入口门厅应处在对内站务用房与职工餐厅这两个不同性质的功能区之间为宜，只是需要有一条水平交通流线连着站房东端的办公入口处。此外，在对外服务站务用房区的业务服务与管理服务之间，宜设一条短廊将管理区内部走廊与进站大厅联系起来（其间应设门）。

⑤在两个厨房之间可以定位后勤入口坐标，并设定其入口门厅作为水平交通节点，向北可通职工厨房，向南可达快餐厅厨房。意外的发现是，由厨房门厅水平交通节点向左可设一条水平交通流线连接商店，为其进货创造了便捷且不干扰旅客的货运流线。

2）二层水平交通分析（图 3-6-18）

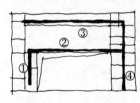

图 3-6-18 二层水平交通分析

①在使用功能区中的公共服务用房与候车大厅之间，有一宽敞的水平交通流线将各用房联系起来。

②在候车大厅南侧应有一条用候车座席分隔出来的水平交通流线，联系着各检票候车区域和办公区。在候车大厅北侧应有一条用金属栏杆围合的进站通道水平交通流线，连接着两组检票口。

③在候车大厅北侧室外的发车站台，实际上也是一条宽敞的水平交通流线，直接与母婴候车室和候车大厅的两个检票口相连。其东端也可与办公区连通。

④在办公区内，有一条中廊水平交通流线，其北端连着发车站台，其中段西侧设短廊（有门）与候车大厅相通。

3）垂直交通分析（图 3-6-19）

①在进站大厅应有一组主要垂直交通，包括 2 部自动扶梯和 1 部敞开式大楼梯，以及

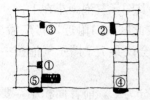

图 3-6-19　垂直交通分析

无障碍电梯。按二层功能分区结果，该组主要垂直交通应布置在进站大厅左侧偏南，以利于旅客上至二层，与第一关卡安检联系紧密合理。

②在办公区入口门厅东侧设一部主要交通楼梯。

③在小件托运北面设一部货梯运送行包至二层发车站台，并应在货梯前留有搬运和临时堆放行包的场所。

④在二层办公区的南端应补设一部疏散楼梯，下至一层直接对外疏散。在其北端设疏散门向发车站台疏散。

⑤在二层安检处宜补设一部疏散楼梯，下至一层直接对外疏散。

（5）卫生间配置分析

按各功能区应各自配置卫生间的原则，将"用房及建筑面积"表规定的各卫生间分析到位。

1）一层卫生间配置分析（图 3-6-20）

①一层进站大厅应有一组卫生间，可设于西南角主要垂直交通下部空间的靠外墙处，既隐蔽又使用方便。

②在出站厅验票前的北侧靠外墙处宜设一组男女卫生间。

③在内部站务用房区的门厅西侧宜设一组男女卫生间。

④在后勤入口门厅的两侧按任务书要求为对内、对外两个厨房，宜各设一组男女小卫生间。

2）二层卫生间配置分析（图 3-6-21）

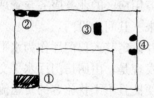

图 3-6-20　一层卫生间配置分析

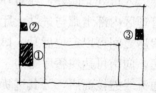

图3-6-21　二层卫生间配置分析

①在安检之后的公共服务区设一组供旅客使用的男女卫生间。

②在母婴候车室内，按任务书要求应设一间女厕。

③在办公区内，对位于一层厨房厕所位置设一组男女卫生间。

（6）建立结构体系

1）确定结构形式

由于站房"图"形为大面宽、大进深，且为实心一团，故宜采用方格网结构形式。

2）确定框架尺寸

根据站房必须与高架发车车道对接，而设计条件已给定后者的结构柱距为 9m，为使客车进出停靠站台不受柱网影响，站房的方格网尺寸也须为 9m×9m。

3）根据上述分析和建筑控制线的范围，再根据方案设计对站房东、南、西 3 面入口及其相应 3 个广场用途的分析，站房面宽设定为 10 个开间计 90m 长，则进深用一层面积除以面宽，再除以 9m 得 5.76 跨；取其整数，站房进深可有 6 个格子。再核算结构柱网的面积为$(10×9)×(6×9)＝4860m^2$，在规定面积的±10%以内（图 3-6-22）。

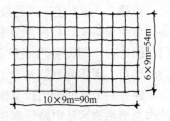

图 3-6-22　结构体系分析

（7）在格网中落实所有房间的定位

1）在格网中落实一层所有房间（见图 3-6-25）

步骤 1　根据一层房间布局分析成果，在 90m 面宽 10 开间的情况下，进站大厅要居中央可分配 6 开间，其东侧 2 开间给快餐厅，西侧 2 开间给厕所和服务用房。

步骤 2　在西侧 2 开间的进深方向，南面第一跨 9m 给男女公共卫生间，其左方格为男女厕所，其右方格按交通建筑卫生间设计的规则作为盥洗和饮水（任务书未设提及，可不考虑）。北面最后两跨 4 个格子分配给出站厅和旅客厕所。剩下中间三跨 6 个格子，其右侧 3 个格子分配给大厅管理服务用房和出站厅的检票补票辅助用房。再根据各自房间面积和房间布局秩序落实其位置。而左侧 3 个格子无房间安排，就作为出站旅客从出站厅到进站大厅的通道，但面积过大，怎么处理？以后再说，当前先抓主要房间就位。

步骤 3　在东侧 2 开间的进深方向，南面第一个房间是餐厅，用其面积打九折除以 18m 面宽，得进深为 15m（1＋2/3）跨。其后的快餐厅辅助用房计 220m²，除以 18m 面宽，正好需要（1＋1/3）跨。再在此范围内按功能要求落实好备餐、库房、小厕所及厨房的位置。至此，东侧 2 开间进深方向还剩职工餐厅及其辅助用房计 260m²，除以 18m 面宽，需要约 15m 进深（1＋2/3）跨。正好剩下 3m 作为门厅和通向商店的走道。然后，在（1＋2/3）跨内，职工餐厅与辅助用房左右各占 1 开间，再在辅助用房开间内，按功能要求落实备餐、库房、小厕所及厨房的位置。

步骤 4　在中间 6 开间进站大厅面宽 54m 中，用面积 1400m² 除，需进深约 26m，再除以 9m，约需 3 跨。中间 6 开间范围还剩下北面 3 跨，由南至北有 3 个功能内容（对外站务服务用房、内部站务用房和到达站台），各分配一跨。

步骤 5　在上述 3 跨中的南面第一跨 6 个格子为对外站务服务用房，按房间布局顺序自东向西：商店需要分配 2 个格子；票据库只需 1/3 个格子；而售票室要保证面宽不小于 14m，则需要（1＋2/3）个格子的面宽；其进深用自身面积 60m² 除以 15m，得进深为 4m。剩下 5m 进深给票务室，需 10m 面宽。再向西为邮电和问讯，合占一开间；因二者面积小，其进深 4m 即可；剩下 5m 进深分配给电脑机房，与票务室正好并列。当然其间要留有 2m 通向售票室的短走廊。如果应试者设计原理熟悉的话，可以下意识画几步台阶上售票室，因为，售票室的地面要比进站大厅地面高一截，以保证售票员坐着卖票与旅客站着取票处于平视状态。最西端一格为小件托运，但其西边要留有短走廊，剩下 6m 作为小件托运面宽，用面积 40m² 除，其进深只需 6～7m，多余部分作为交通面积。

步骤 6　在上述 3 跨中的第二跨为内部站务用房区，先扣除中廊 2m，再扣除东端一格作为办公门厅和楼梯之用，这样，到职工餐厅的走道就要南移 2m，而侵占一点商店的面积，但正好是商店面积的下限，不算违规。然后扣除西端一格作为运送和暂存行包的场所。剩下中间 4 个格子，各半分配给站务办公和车队办公。前者在东，后者在西。其中站务办公 2 个格子各一分为三，共 6 间，一间给站长，3 间给站务，2 间给男、女厕所。在车队办公的 2 个格子中，一个格子给调度，另一格子一分为三给司机休息。

步骤7 在上述三跨的最后一跨为到达站台，占有 8 个格子，面积大为超过。正好设备用房尚未落实，可放在最东端不影响到达旅客的格子里，但要留有 3m 从办公入口进入门厅的通道，则设备用房只有 6m 进深，用面积 80m² 除，可给 1 开间外加 4m，计面宽 13m 即可。考虑到到达站台不宜紧贴站务用房，故将其间 3m 范围用作为绿化隔离带。

还有一个房间即消控室未落实，回过头来看，正好第 2 步在格网西端有一个面积过大的作为出站旅客从出站厅到进站大厅的通道还有潜在余地可安排消控室房间，而恰好它又靠近无障碍电梯兼消防梯。这样，在格网中一层所有房间都落实了。

2）在格网中落实二层所有房间（见图 3-6-26）

步骤1 将站房东面 2 开间的进深方向 6 跨共 12 个方格子分配给办公区。其余全部格子归于使用功能区。

步骤2 在办公区 12 个方格子中，先分配北端 2 个格子给车队办公。其司机休息 80m² 占东面一个完整格子，调度 40m² 分配西面方格的北面半格子，剩余半个格子作为办公区与发车站台的联系通道。在办公区的 10 个方格中，西边 5 个方格内先扣除 2.5m 宽南北向中廊，再在南面 3 个格子内按 8m 进深一个办公室（52m²）可定位 3 个办公室，剩下 3m 作为办公区与候车大厅的联系走廊。向北还剩 2 个格子，依次定位医务、广播（共占 6m 进深）和 1 个办公室。剩下 4m 作为办公区北入口的门厅。

在办公区东边 5 个方格中，由南向北进深方向依次分配会议室 2 个格子，但面积有超额，可将超出面积甩到室外作为平台，此举对功能使用也较为合适。再向北将 1 个方格多 3m 计 12m 进深尺寸分配给 2 个办公室（每间 54m²）。第 4 跨还剩 6m 分配给男女厕所，正对位于一层的厨房门厅和小厕所。第 5 跨的方格正好分配给接待。

步骤3 在使用功能区，先分配最北一跨 8 个方格给发车站台，其中最西端要安排一间检票员房间。

步骤4 根据候车大厅 1400m² 需要占 7 开间，另需将进深 2 跨再向大厅挑出半跨计 22.5m 进深，方可得到 1417.5m² 面积，再考虑办公门厅上至二层和小件托运货梯上至二层都要占用候车大厅一点面积，虽然对空间形象有所影响，但从平面功能合理的大局考虑，局部就要服从整体。

步骤5 西边 2 开间的东面一开间北半段为候车大厅领域，南半段则为安检的空间范围。西边一开间由北向南按二层房间布局的顺序依次分配给母婴候车室第五跨 1 个完整格子，再添加第四跨半个格子的西一半为女厕，东一半为问讯。向南是商店，分配第四跨剩下半格再添加第三跨半格子。公共卫生间分配 1 个半方格，并让其入口处在安检之后。剩下第一跨最后 1 个方格分配给设备用房，但面积有超额，也是将超出面积甩到室外作为平台。

至此，二层所有房间在结构格网中都已一一落实定位，站房的建筑方案设计大功告成。

3. 总平面设计（图 3-6-23）

前述历年试题解析的建筑设计方法对于总平面的场地设计依然适用，这一年度试题的总平面设计思路就很有典型性。

（1）场地设计

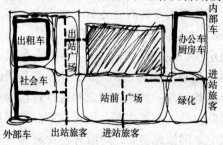

图 3-6-23　总平面设计分析

此程序所涉及的"图底"关系已在建筑方案设计中解决,现在的设计任务就是在"底"中完成各项设计内容的规划。

首先,场地的主次出入口和站房的各建筑出入口是作为总平面设计条件已完成的。我们所要考虑的是需要增加一个外来车辆进入场地的机动车出入口。其决定因素要看外来车辆的停车场设置在何处?毫无疑问应设在站房西侧,则外来机动车出入口应设在用地临解放路的西端。

(2)功能分区

站房室外场地只有人与车两大功能区,必须严格分清。人(旅客)的功能区应将场地主入口和站房旅客进站入口与旅客出站口包在自己的范围之内,剩下的部分则为车行驶与停靠的功能区。

(3)"房间"布局

将总平面各项设计内容作为虚拟的"房间"看待,则各功能区的"房间"应在各自功能区进行分析。

1)旅客活动区的"房间"布局分析

步骤1 按硬地面与软地面一分为二,后者作为绿化景观图示气泡画在用地东南角。

步骤2 在硬地面图示气泡中,按进站广场与出站广场一分为二,前者面积大,要把场地主入口与站房旅客进站入口包进来,图示气泡画大,在站房正南方;后者面积较小,与出站口和解放路有关,图示气泡画小在站房西侧。

2)车辆活动区的"房间"布局分析

步骤1 按外部车辆与内部车辆一分为二,前者面积大,与场地外来车辆出入口和站前广场及出站广场有关,图示气泡画大在西;后者面积小,与场地次入口和站房办公入口、厨房入口有关,图示气泡画小在东。

步骤2 在外部车辆气泡中,按出租车与社会车一分为二,前者面积范围大,作为接客与出站口有关,图示气泡画大在北;后者面积范围小,作为兼顾接客与送客与站前广场和出站广场有关,其图示气泡画小在南。

(4)交通分析

1)旅客交通流线分析

①站前广场作为"厅"式水平交通节点联系着总平面各个区域。

②出站口与解放路之间应有一条水平交通流线供乘出租车、乘社会车辆和步行至人行道的3类出站旅客通行。

③在站前广场水平交通节点与南北向出站水平交通流线之间应有道路连接;在站前广场与东侧中山北路之间宜有人行通道连接到人行道上。

2)车辆交通流线分析

①在外来车辆场地入口处应有一双车道向北连接着社会车辆停车场和出租车接客停车场。其中,在社会停车场为避免人车相混,宜在停车位背后设人行道,便于旅客放行包于后备厢,而不穿行停车场。在出租车接客停车场,宜采用出租车多路排队方式,以缩短规定的150m车辆排队的长度而形成环形停车的停靠流线,从而避免单排呈长蛇阵式盘绕行车的弊端。

②因无地下车库,故免去垂直交通分析。

（5）卫生间配置分析

因任务书未提出室外厕所设置要求，故此设计程序免去。

（6）建立结构体系（无此设计程序的必要）

至此，总平面设计完成。考生需注意的是总平面各功能内容的界定是以绿化作为围合手段的，这是制图阶段需要完成的工作。

三、绘制方案设计成果图（图 3-6-24～图 3-6-26）

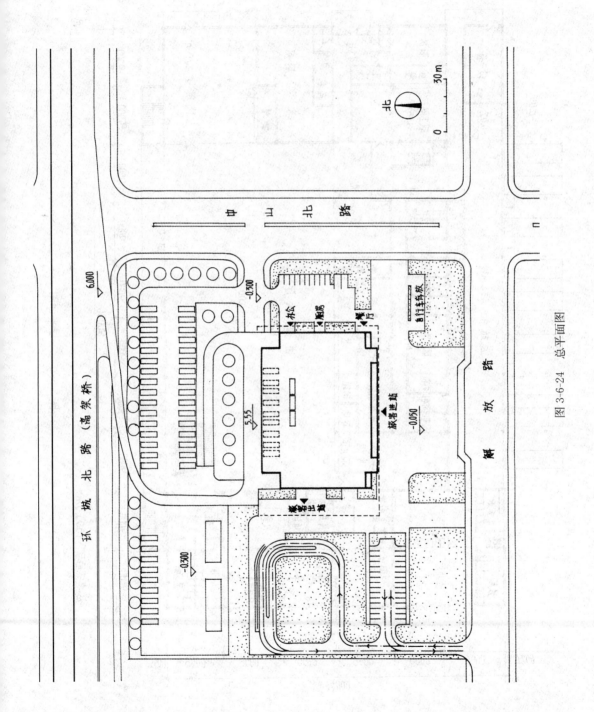

图 3-6-24 总平面图

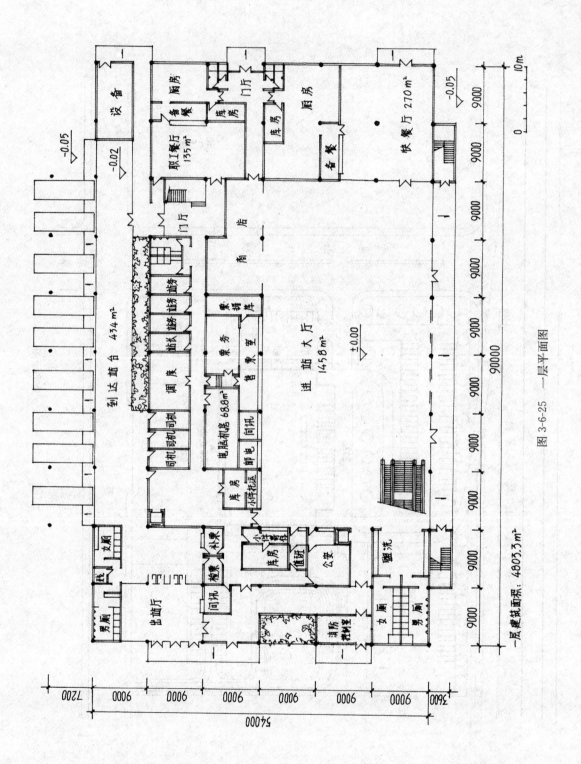

男厕

出站厅
女厕

间讯 售票 补票

值班

小件寄存 库房

公安

消防 消防材料室

女厕 男厕

盥洗

一层建筑面积：4803.3 m²

到达站台 474 m²

司机调度间机

司机休息 调度 站长 站务 旅务

库房 小件托运

电脑机房 68.8 m²

配电 间讯

门厅

商 店

进站大厅 1458 m²

±0.00

票务 售票 票房 数据库

设备

厨房

备餐

职工餐厅 135 m²

门厅

库房

库房

备餐

厨房

快餐厅 270 m²

-0.05

-0.05

-0.02

-0.05

90000

9000 9000 9000 9000 9000 9000 9000 9000 9000

54000

7200 9000 9000 9000 9000 9000 9000 3600

0 10m

图 3-6-25 一层平面图

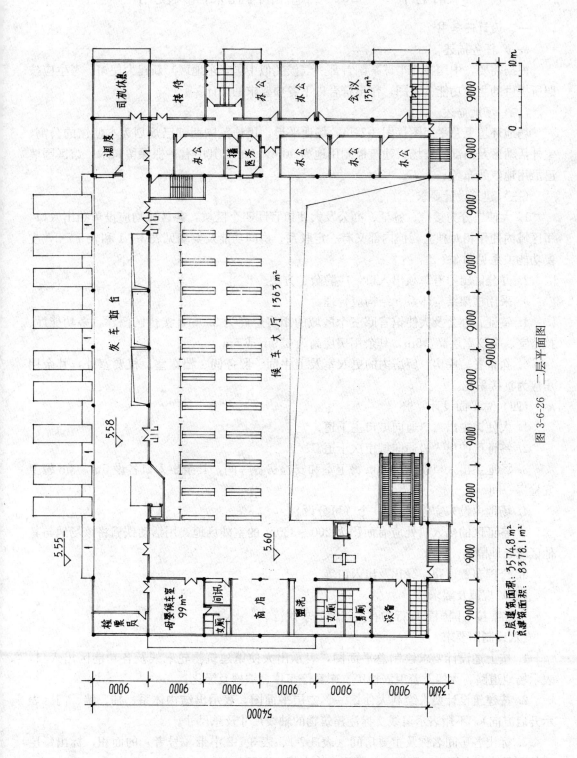

图 3-6-26 二层平面图

二层建筑面积：3574.8 m²
总建筑面积：8378.1 m²

候车大厅 1363 m²

发车站台

5.58

5.55

5.60

调度

司机休息

接待

办公

办公

会议 135 m²

办公

广播

医务

办公

办公

办公

检票厅

母婴候车室 99 m²

问讯

女厕

商店

盥洗

女厕

男厕

设备

出口

9000

9000

9000

9000

9000

9000

9000

9000

9000

90000

9000 9000 9000 9000 9000 9000 3600

54000

10 m

0

第七节 ［2009年］中国驻某国大使馆

一、设计任务书

（一）任务描述

根据需要，中国在北半球某国首都（气候类似中国华东地区）新建大使馆。考生应按照所提供的主要功能关系图，作出符合以下各项要求的设计。

（二）场地描述

场地环境见总平面图（图3-7-1），场地平坦，用地范围西部已规划为本使馆的公寓、室外活动区及内部停车场；建筑控制用地为90m×70m，其中有一棵保留树木，馆区围墙已沿用地红线布置。

（三）建筑设计要求

1. 大使馆分为接待、签证、办公及大使馆官邸四个区域，各区域均应设单独出入口，每区域内使用相对独立，但内部又有一定联系。房间功能及要求见表3-7-1和表3-7-2，主要功能关系见图3-7-2。

2. 办公区厨房有单独出入口，应隐蔽、方便。

3. 采用框架结构体系，结构应合理。

4. 签证、办公及大使馆官邸三个区域的用房层高为3.9m，接待区门厅、多功能厅、接待室、会议室层高≥5m，其余用房层高为3.9m或5m。

5. 除备餐、库房、厨房内的更衣室及卫生间、服务间、档案室、机要室外，其余用房应为直接采光。

（四）总平面设计要求

1. 大使馆主出入口通向城市主干道。

2. 签证区的出入口通向城市次干道。

3. 场地主出入口设5m×3m警卫室和安检房各一间，其余出入口各设5m×3m警卫安检房一间。

4. 场地内设来宾停车位20个（可分设）。

5. 签证区的出入口处应有面积为200～350m²的室外场地，用活动铁栅将该场地与其他区域场地隔离。

6. 合理布置道路、绿化及出入口等。

（五）规范及要求

本方案按中国国家现行的有关规范要求执行。

（六）制图要求

1. 按上述设计要求绘制总平面图，表示出大使馆建筑物轮廓线及各功能区出入口，表示场地道路、大门及警卫安检房、来宾停车位、铁栅及绿化。

2. 按建筑设计要求绘制大使馆一、二层平面图，表示出结构体系、柱、墙、门（表示开启方向），不用表示窗线。标注建筑物的轴线尺寸及总尺寸。

3. 标出各房间名称及主要房间（表3-7-1、表3-7-2中带＊号者）的面积，标出每层建筑面积（各房间面积及层建筑面积允许在规定面积的±10%以内）。

4. 尺寸及面积均以轴线计算，雨篷、连廊不计面积。

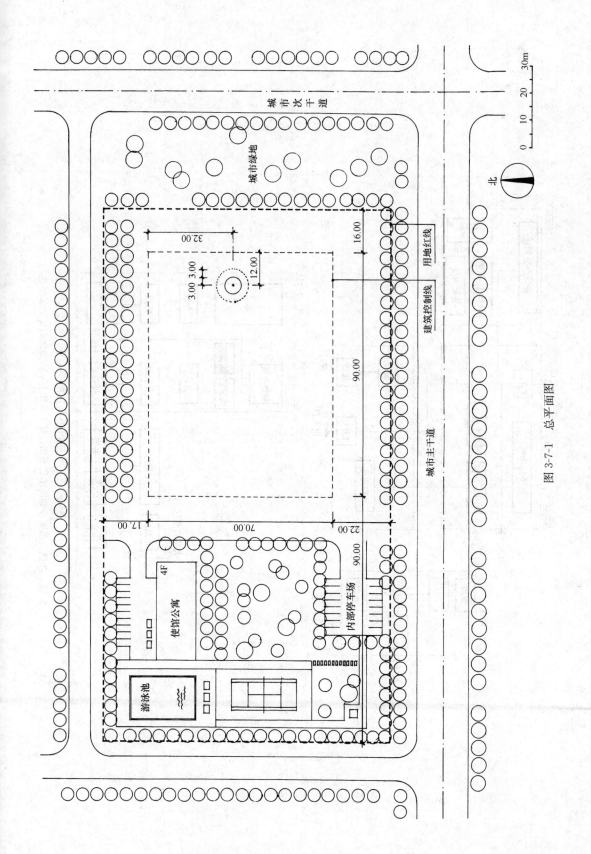

图 3-7-1 总平面图

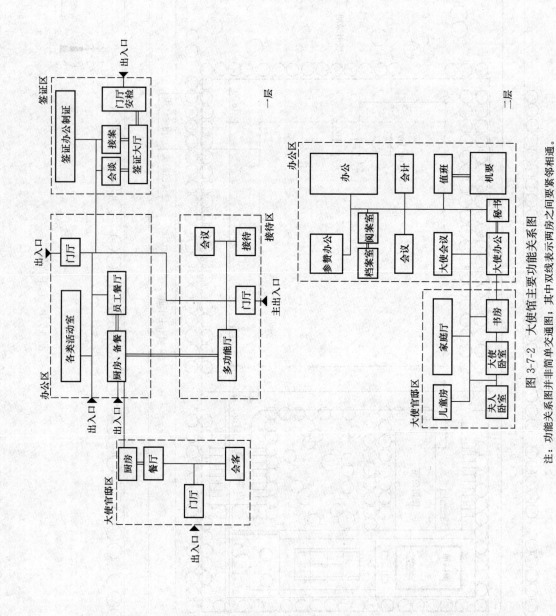

图 3-7-2 大使馆主要功能关系图

注：功能关系图并非简单交通图；其中双线表示两房之间要紧邻相通。

一层房间功能及要求 表 3-7-1

区域	房间名称	建筑面积（m²）	间数	备 注
接待区	*门厅	150	1	
	*多功能厅	240	1	兼作宴会厅
	*接待室	145	1	
	会议室	120	1	
	休息厅	80	1	
	值班、服务间	24	2	值班、服务各一间，每间12m²
	衣帽间	48	1	
	卫生间	80	2	应考虑残疾人厕位，分男女厕，每间40m²
办公区	门厅	25	1	
	门卫	16	1	
	会客	24	1	
	各类活动室	288	6	含健身、跳操、棋牌、台球、乒乓、图书室，每间48m²
	卫生间	48	2	分男女厕，每间24m²
	员工餐厅	90	1	
	备餐	120	2	分别靠近职工餐厅与多功能厅，每间60m²
	厨房	150	1	含男女更衣、厕所
	配电室	24	1	
签证区	门厅	80	1	含安检
	*签证大厅	220	1	含60m²接案，接案柜台长度不小于10m
	会谈室	32	2	每间16m²
	签证办公	64	4	每间16m²
	制证室	32	2	每间16m²
	库房	16	1	
	保安	16	1	
	卫生间	16	2	分男女厕，供签证者用
大使官邸区	门厅	50	1	
	值班	12	1	
	衣帽间	7	1	
	会客厅	60	1	
	餐厅	55	1	
	厨房	27	1	
	客房	35	1	含卫生间
	卫生间	16	1	

以上面积合计：2410

走廊、楼梯等面积：740

一层建筑面积总计：3150

允许一层建筑面积（±10%以内）：2835～3465

区域	房间名称	建筑面积 （m²）	间数	备　注
办公区	大使办公室	56	1	
	大使会议室	75	1	
	大使秘书室	20	1	
	机要室	140	4	其中机要室三间，共116m²，值班室一间24m²
	会议室	80	1	
	参赞办公室	144	3	每间48m²
	办公室	192	8	每间24m²
	会计室	72	1	含库房27m²
	档案室	80	1	含阅案室32m²
	卫生间	48	2	分男女厕，每间24m²
大使官邸区	家庭厅	40	1	
	书房	28	1	
	大使卧室	70	1	含卫生间
	夫人卧室	54	1	含卫生间
	儿童房	40	1	含卫生间
	储藏室	28	1	

以上面积合计：1167

走廊、楼梯等面积：383

二层建筑面积总计：1550

允许二层建筑面积（±10%以内）：1395～1705

二、设计演示

（一）审题

1. 明确设计要求

当应试者打开试卷，看到命题是"大使馆"时会有一种陌生感。此时，一定要稳住心态，在阅读任务书的过程中，会逐渐了解这只不过是一个办公类型的建筑。因为大使馆重要的、机密的房间，甚至包括地下室部分不为人知用途的房间等均未出现，应试者能看到的房间都是普普通通的办公和生活房间，这样，应试者在平复了紧张情绪之后，就要真正去了解设计的具体要求。

（1）在"任务描述"第一句话"中国在北半球某国首都（气候类似中国华东地区）新建大使馆"中，应试者若能留心抓住两个关键含义，对于把握方案设计的大方向大有裨益。一是这是中国驻某国大使馆，它作为一个国家的形象要屹立在某国的首都，所以形象很重要。但是考试又不考造型，那么要如何体现设计构思呢？所谓建筑创作从造型上标新立异是一种构思渠道，但这不是唯一途径，我们还可以从其他设计要素中设法找到新的构思渠道。特别是对于方案设计考试只考平面功能，那么我们就从平面设计模式中想想办法，做出有中国特点的平面来。其实，结合"气候类似于我国华东地区"，即冬冷夏热的气候特点，而大使馆建筑又要求自然采光通风，因此，大使馆平面必须采用内院式布局。再进一步联想，最能代表中国建筑特点的平面形式当属北京的"四合院"。这样，应试者立刻明确了平面设计的建构方向。

（2）任务书规定了大使馆分为接待、签证、办公和大使官邸4个功能区，要求各自独立又有一定联系，这就是说大使馆4个功能区划分要明显，又能互相连通，这种功能关系不是简单用连廊为连而连的生硬联系，而应做到自然形成。有一点应试者必须明确，即各功能区之间应设门是避免扣分的关键之处。

（3）对于厨房"既要隐蔽又要方便"的理解，首先它不能在面对城市道路的方向上。其次，它只能从内部道路进出。同时还要想到，厨房人口一定要后退内部道路一段距离才能达到隐蔽的要求。

（4）对于各功能区的层高，任务书已明确得非常具体。而除个别房间允许不直接采光外，其余用房应直接采光，这就规定了"图"形既不能做成集中式平面，又不能做完形式体量，一定是一、二层相结合的内院分散式布局。

2. 解读"房间功能及要求"表

（1）先看一层和二层表格最后一行，得知层建筑面积"下大上小"。在前述分析中就已知这是一个高低体量相结合的建筑，按任务书规定的 3.9m 和 5.0m 两种标高要求做即可。

（2）看表格最左边第一列，了解一下任务书对大使馆划分了几个功能区？一层为接待区、办公区、签证区、大使官邸区4个功能区。其中第一个就是大使馆的使用区；第二、第三个宜合并为一个管理区（对内与对外），如此合并的好处是两者始终不会分开，不会出现签证区离开办公区布局，不得不勉强用廊子生硬连接起来的现象；第四个即为大使馆的后勤区。这样，就把问题进一步简化为公共建筑通常分为使用、管理、后勤三大功能区的模式，这对于设计程序第二步的分析工作大有好处。

二层只有办公区和大使官邸区两个功能区。

（3）看表格左边第二列，了解一下每一功能区大致有哪些主要房间，心中有数就可以了。

3. 理解功能关系图

（1）先看一层出入口情况

一层功能关系图非常清楚地标出了接待入口、办公入口、签证入口和官邸入口4个主要功能区的入口，各居一方。其方位与方案设计的最终结果完全一致，但纯属巧合。因为，应试者不会有先见之明，多数情况下要根据设计条件具体问题具体分析，不能以此为准。

另外，还有一个员工餐厅的厨房入口不能遗漏。但是，大使官邸的厨房与集体的厨房应该说不是一回事，无论从服务对象、伙食标准、食材采购、经济账目等方面看都是有较大差别的，因此，应有自己单独的厨房入口（但可共用一个杂务院）。当然，作为考试应试者忽略此细节问题也不为过。

至于功能关系图中那个办公次入口，实际上应该是一个办公区的疏散口，可以不必看重它。尽管它在方案中是存在的，也会作为办公人员出入之用，但作为入口分类的概念可以不提及它。

（2）看气泡组织情况

该年试题的功能关系图气泡表述方式应该说是历年试题最清楚的一次。每个功能区的气泡归类非常明确清晰，不仅如此，每个功能区的气泡群还用虚线框起来，这对于应试者理解功能内容十分有利。

（3）看连线关系

一层和二层功能关系图的连线关系，无论功能区内还是功能区间都已表达十分清楚，不再赘述。但是，下述几个问题应试者应该加以关注。

1）签证区的会谈与签证大厅和接案分别有连线关系，说明签证人与接案人要从会谈室前、后门分别进入。

2）在办公区的厨房备餐气泡与员工餐厅和多功能厅分别有连线关系，说明一个厨房的两个备餐要分别管各自的餐厅，尤其是多功能厅与厨房备餐两个用房的平面关系不能像连线那样太远。毕竟功能关系图的连接仅表示两个房间的关系而已。

3）办公区的厨房与大使官邸的厨房有连线关系，应试者照此设计情有可原。但是，从道理上讲不应该连，其理由在第一步看一层功能关系图各入口情况时已分析过。

4）二层办公区的机要仅与值班有连线，并通过值班与外部公共流线相连，说明机要是处在专用的袋形走道中，不可与公共走道相连。但是，不代表机要要穿过值班室，可从值班室窗口前登记而入，如同传达室作用一样。

5）在二层官邸区的夫人卧室、大使卧室、书房与大使办公四者之间的连线是一种私密流线关系；不同于公共连线关系。儿童房、书房可直接与公共连线接上，但夫人卧室和大使卧室则不可以，需在其间的私密连线处与公共连线相接。只有搞清这些连线的表达，应试者才能按要求设计平面。

4. 看懂总平面图的环境条件

结合任务书对场地的描述，仔细分析下列几个环境条件及其对设计的影响。

（1）大使馆整体用地的周边临城市道路，是一个独立的地块，其四周道路的主次关系一目了然。

（2）辨清大使馆用地边界的范围与性质：南、西、北三面为道路红线，东面准确说应是绿线，即与城市次干道间的范围（约35m）是城市绿地，属驻在国领土，且为公共绿地，有不可侵犯性。说明东面绿线以外的用地不是中国领土，不可以随便占用。只有这三条道路红线和一条绿线所围合的用地范围才是代表中国主权的大使馆用地。

（3）作为大使馆整体规划已确定了用地西侧为大使馆生活区，东侧为办公区。其间有一条南北向的内部道路将两者隔开又联系起来。

（4）再看大使馆用地东侧办公区总平面设置了哪些环境条件。

1）限定条件有：周边城市道路及其重要性的等级区别将影响大使馆场地各入口的设定，指北针（上北下南）将影响大使馆各用房的布局朝向，建筑控制线尺寸决定了大使馆建造的范围，建筑控制线内东侧保留的树将影响大使馆建筑的布局。

2）暗示条件有：大使馆用地南、北两侧的防护树林带在内部道路南、北两端处断开形成空当，且路西侧的路口转弯形态都暗示了大使馆场地主次出入口的定位。用地北面两行树在东端缺了两棵树，形成一个小豁口，而不像用地东南角两行树是与城市绿地无缝对接的，是出题人漏画了吗？应试者对这种环境条件表示的差别要仔细观察并加以思考分析。

3）陷阱条件有：用地东侧毗邻的城市绿地，本应是一个限定条件；但是任务书对于总平面设计的要求是"签证区的出入口通向城市次干道"，从而使这一条件又变成了陷阱条件。它诱导应试者不假思索地在城市绿地（驻在国领土）上随心所欲地开出一条供签证人员进出的通道，这就违反了绿线与红线都不可触动的规则。尽管标准答案也是如此，但是，这种做法是不合常理的。

4）干扰条件有：用地西段的生活区规划，只是作为环境条件的交代而已，对用地东段的大使馆设计没有任何关系，可以不去管它。

（二）展开方案设计

1. 一层平面设计程序

（1）场地设计

1）分析场地的"图底"关系（图3-7-3）

① "图"形的分析。在对任务书的解读过程中我们已建立这样的构思概念，即大使馆的平面宜采用四合院的"图"形，既能解决各用房的自然采光通风要求，又能从平面形式中表达中国建筑文化的特点。这种"口"字形的平面是将"图"放在周边，而"底"放在中间，与此前历年试题的"图底"关系恰恰相反，其设计构思的出发点是将被动地挖零星小天井以利自然采光、通风，变成主动创造一个既有完整空间形态，又可观景、散步、休憩，并具有中国特色的庭园。

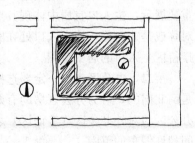

图3-7-3 "图底"关系分析

但是，一棵保留树木使四合院的"图"形无法形成，只好暂时将"口"字形去掉一个边，以保住树而变成"匚"形。但今后仍可用另一种设计手段将其围合成一个内院，这个设计构思一定不要放弃。此时，对于"口"字形暂缺的部分不必介意，只要方案最终有一

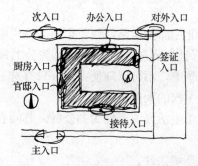

次入口　　办公入口　　对外入口

厨房入口

官邸入口

签证
入口

接待入口

主入口

图 3-7-4　场地与建筑出入口分析

个中国式庭园，不管"图"形怎样变化，只要内部功能合理就行。

②"图"的定位分析。显而易见，"匚"形"图"要放在建筑控制线以内，因"图"形四周均有出入口，皆应后退为宜。再根据建筑线面积为 6300m²，与一层建筑面积 3150m² 恰好是 2:1 的关系，画图示气泡时，据此比例大体控制大小即可。

2）分析建筑各出入口方位（图 3-7-4）

①先分析场地主次入口。任务书已明确规定"大使馆主出入口通向城市主干道"，即主出入口在用地南边界上。那么，在哪一段范围呢？要回答这个问题须事先搞懂两个概念：一是大使馆建筑的主入口作为礼仪入口，只有在大使馆有外事活动邀请外宾参加时，才有中外人员进出，且必要时，有些外交礼仪活动要在主入口外的广场进行，比如大使迎接外宾，举行小型欢迎仪式等。这些礼仪活动要不被过往市民所知、围观，因此，大使馆的主入口不宜对着城市街道空间，需要较为隐蔽，这也是为安全着想。二是在大使馆办公区与生活区之间，对着馆内道路的南边界缺了几棵树形成一个空当，就是暗示此处可以设场地主入口而不需砍树。且因主入口是以车出入为主，故要断开人行道路牙。由此分析，场地主入口宜在此范围之内。

场地次要出入口是为办公区和生活区的内部人员使用，想必要设在用地北边界。同样地分析，应在馆内道路北端两行树木空当之处。

另外还要考虑外来签证人员的场地入口，在分析此问题时也要搞清两个概念：一是任务书虽然明确规定"签证区的出入口通向城市次干道"，但是，不可以占用驻在国领土的城市绿地。二是，外来签证人员进入馆区只能步行，不能开车进入（车可停在馆外某处，作为考试不需考虑）。由上述分析，签证区的场地入口应该在用地东北角处。

②再分析建筑各入口。其原则一是按各出入口的重要性依次进行分析，二是各建筑入口与其相对应的场地入口应有对话关系。

首先分析接待区的入口方位，应选择在"图"形南面居中范围，而不是最接近场地主入口的"图"形南偏西的角落，这是因为考虑到"图"形南立面是中国大使馆对外形象的重要展示，主入口宜居中体现其重要地位，而且还考虑到大使馆方案设计不管最后成果是对称或是非对称，让主入口处在庭园中轴线上是上策。因此，权衡各因素分析，最终确定接待区主入口的居中范围。

第二，办公区入口一定要选择在"图"形的北面，因为，"图"形北面横向一条"腿"是南北向的，可为办公区房间有好的朝向创造条件。其次，还要考虑办公区入口应在内部办公区与对外办公区（签证区）之间，而其面积前者大，后者小，故其间的次入口宜在中间稍许偏东的范围。

第三，签证区入口当然要接近其在用地东北角的场地入口，且要有利于在"签证区的出入口处应有面积为 200～350m² 的围合室外场地"，以防签证人员越界。为满足此要求，签证区入口只能在"图"形东面偏北端。

第四，大使官邸入口和厨房入口只能在"图"形临内部道路的西面，至于二者谁偏北谁偏南？现在难以判断，只有等待设计深入后再行分析。

（2）功能分区

在解读任务书"房间功能及要求"表中，我们已经把一层简化为接待区、办公区和官邸区三个功能区，然后按其重要性依次在设计程序第一步得出的"图"形成果中分析定位。

1）接待区在功能上是展开外交活动的场所，在造型上又要代表国家的形象，因此，将"图"形南面整个一条"腿"全给接待区。此时，我们一定要有一个设计概念，即在功能上和形体上要保证这条"腿"的完整性，防止其他功能区混入。特别是大使官邸作为生活建筑，本应规划在生活区建一幢独立式别墅，现在任务书作为考试而将其硬挤进办公建筑，从建筑设计而言，就不能让其在城市主干道上露"脸"，以免影响中国大使馆在驻在国的建筑形象。

2）办公区自然要在"图"形北面另一条南北向的"腿"中。

3）官邸区只能在"图"形剩下的西侧中，但是，明显的问题一是东西向，二是一定会有黑房间。预计到这两个问题对于生活建筑，尤其是大使官邸而言，这个分析结果是不能成立的，设计矛盾出来了怎么办？官邸功能区的位置是不可改变的，不能因此而否定设计程序第一步的成果。但是，大使官邸的功能又必须得到满足，我们只能局部修正设计程序第一步的成果，让大使官邸区的位置仍在这儿，但其自身"图"形要脱开南北两条"腿"，以避免出现黑房间。再将大使官邸气泡画成南北向的扁长"图"形以便能南北向。问题是暂时解决了，但又出现新的问题，一是一个完整的"图"形被分成相互脱离且长短不一的3个条形"图"形。二是官邸虽然为南北向，但日照间距明显不足。这两个问题属于设计手法处理的问题，随着设计的深入是可以解决的，但前述两个问题却是致命的方案性问题，必须立即解决。

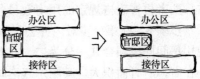

经过紧张的连续思考和对设计矛盾的综合分析，我们终于得到功能分区的分析成果（图3-7-5）。

图3-7-5　功能分区分析

（3）房间布局

1）办公区房间布局分析（图3-7-6）

步骤1 按对内办公与对外办公（签证区）两种不同性质的房间同类项合并一分为二，前者面积大，靠近场地次入口，其图示气泡画大在左；后者面积小，与签证区场地入

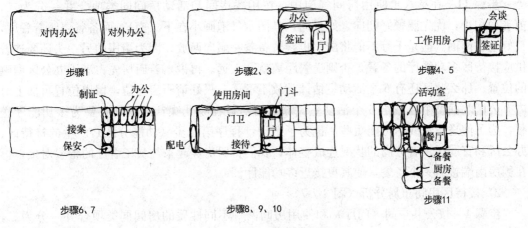

图3-7-6　办公区房间布局分析

口有关，其图示气泡画小在右。

步骤2 在对外办公气泡中，按签证用房与办公用房两种不同性质的房间同类项合并一分为二，前者面积大，又是公众场所，其图示气泡画大，并优先画在向阳且面对保留树的南面；后者面积小，与办公区入口有关，其图示气泡画小在北。

步骤3 在签证用房气泡中，按门厅与签证大厅两种不同性质的房间同类项合并一分为二，前者面积小，与入口关联，其图示气泡画小在右；后者面积大与办公有关，其图示气泡画大在左。

步骤4 在签证大厅气泡中，按签证人员用房与工作人员用房两种不同使用者的房间同类项合并一分为二，前者面积大，与门厅有关，其图示气泡画大在右；后者面积小，与办公入口有关，其图示气泡画小在左。

步骤5 在签证人员用房气泡中，将签证大厅与会谈室两种不同房间一分为二，前者面积大，其图示气泡画大在南；而会谈面积小，签证人员与接案人员要分别相对而入，故其图示气泡画小在北，夹于签证大厅与办公之间。

步骤6 在工作人员用房气泡中，将接案与保安一分为二，后者要靠外墙以利采光，面积小，其图示气泡画小在下；前者面积大，以接案台与签证大厅相对，其图示气泡画大在上。

步骤7 在第二步办公气泡中，按制证与办公室两种不同性质的房间同类项合并一分为二，前者面积小要靠近接案，其图示气泡画小在左；后者面积大，其图示气泡画大在右。两者再按表格规定的用房数量各自均分为2个制证，4个办公。

步骤8 在第一步对内办公气泡中，先将配电室气泡画小在最西端，再按公共房间与使用房间同类项合并一分为二，前者面积小，与签证办公共用入口及门厅，其图示气泡画小在右；后者面积大，其图示气泡画大在左。

步骤9 在公共房间气泡中，按门厅与接待一分为二，前者面积大，与入口相连，其图示气泡画大在上；后者面积小，对于来访客人优先照顾好朝向、好景向，其图示气泡画小在下。

步骤10 在门厅气泡中，因是北入口，又是冬冷夏热地区，宜按门斗和门厅分为两个图示气泡，前者在上，后者在下。前者再左右一分为二，左为门卫，右为过厅。

步骤11 在第八步使用房间气泡中，按用餐房间和活动房间同类项合并一分为二，前者面积小，优先照顾好朝向、好景向，其图示气泡画小在下（南）。而备餐要跟着餐厅，只好也在南面。但是千万不能将厨房也跟着备餐一顺向西放。因为厨房的另一头还要连着供应接待区多功能厅的备餐，否则送餐距离就会太远。再说，若厨房先占满了办公区南侧的位置，那么此区还有6个活动室估计就放不下了。只好请厨房让位，留出位置再加上对内办公区北面整个区域给6个活动室。那么厨房设在哪儿呢？考虑到它要为多功能厅送餐，为了使送餐流线尽可能短些，也为了把设计程序第二步（功能分区）产生的接待区、办公区和官邸区三者分离的状况连成整体，我们将厨房竖起来与员工餐厅的备餐对接，再在厨房南端接另一个备餐，使其更接近多功能厅。

2）接待区房间布局分析（图3-7-7）

步骤1 按公共空间（门厅）和使用房间两种不同性质的房间同类项合并一分为二，前者面积小，但地位重要，是接待区的核心，在室内最具代表中国建筑特色的礼仪空间，

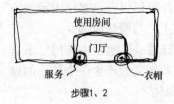
步骤1、2

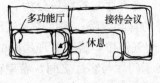
步骤3、4

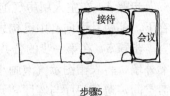
步骤5

图 3-7-7　接待区房间布局分析

其图示气泡画小，定位在四合院中轴线的南端，将主入口包进来；后者面积大，其图示气泡呈三面环绕门厅气泡之势。

步骤2　在门厅气泡中，直接在其主入口两侧挂角处分别画上服务与衣帽间2个小气泡。

步骤3　在第一步使用房间气泡中，按空间大小归类一分为二为多功能厅与接待会议，前者面积稍大，因要靠近备餐，其图示气泡画稍大在左，并有意识画成扁长以加大与官邸区的间距，为保证官邸区的日照创造条件；后者面积稍小，其图示气泡画稍小在右。

步骤4　在多功能厅气泡中，按大小一分为二，大者为多功能厅在左；小者为休息厅在右，其功能一是为多功能厅公共活动（如会议、宴会等）中途休息之用。二是作为多功能厅与门厅的空间过渡，既可减少彼此干扰，又可产生空间处理的序列变化。

步骤5　在第三步的接待和会议气泡中，两者面积相当，优先将接待图示气泡画在门厅气泡之北的中轴线上，此处坐南朝北是观景的最佳位置，视线所及的景物皆为阳光面，层次丰富，贵宾在此暂留休息可欣赏中国庭园之美。而会议图示气泡则在右端，且为竖向。这是考虑到会议室需设两个门，希望开向室内公共空间，而避免其中之一开向室外疏散。

3）大使官邸区房间布局分析（图 3-7-8）

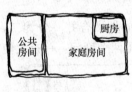
步骤1、2

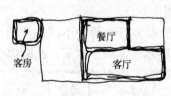
步骤3、4

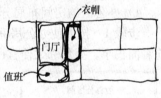
步骤5

图 3-7-8　大使官邸区房间布局分析

步骤1　按公共房间与使用房间两种不同性质的房间同类项合并一分为二。前者面积小，与入口关系紧密，其图示气泡画小在左；后者面积大，房间较多，其图示气泡画大在右。

步骤2　在使用房间气泡中，将服务房间与家庭房间两种不同性质的房间同类项合并一分为二，前者面积小，与公共厨房毗邻组成服务区，其图示气泡画小在右上角最差方位，并与公共厨房可共用室外杂务院；后者面积大，与门厅有联系，其图示气泡在左下。

步骤3　在家庭房间气泡中，按主人用房与客人用房一分为二，前者面积大，与厨房服务有关，其图示气泡画大在右；后者面积小，与门厅有关，其图示气泡画小在左，且宜向左突出门厅气泡以保证能朝南。

步骤4 在主人用房气泡中，将客厅与餐厅一分为二，两者面积相当，客厅图示气泡在下，朝南且面向心中已构思好的官邸庭院；餐厅图示气泡在上，与厨房毗邻。

步骤5 在第一步的公共房间气泡中，将其管理房间的值班图示气泡画小在门厅下方靠外墙，将衣帽图示气泡画小夹于门厅与客厅之间，希望在衣帽间之旁产生一个较小的过渡空间，避免门厅与客厅"开门见山"，且能产生空间的序列变化。

至此，一层平面的前三步设计程序完成，此时需暂停，换一张拷贝纸覆盖其上，准备着手对二层平面的前三步设计程序展开分析工作。

2. 二层平面设计程序

(1) "图"形的分析

在"二层房间功能及要求"表中，已明确只有办公区和大使官邸区两个功能区，因此，只要扣除一层的接待区即为二层的"图"形（图3-7-9）。

(2) 功能分区

对应于一层办公区和大使官邸区的图示气泡范围即可叠加为二层两大功能分区的图示气泡范围（图3-7-10）。

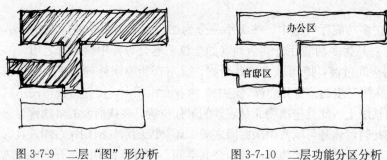

图 3-7-9　二层"图"形分析　　　　　图 3-7-10　二层功能分区分析

(3) 房间布局

1) 办公区的房间布局分析（图3-7-11）

步骤1 按大使办公房间与一般办公房间两种不同性质的房间同类项合并一分为二，前者面积小，要紧邻大使官邸，其图示气泡画小在下。此时你会提出两个疑问：一是大使

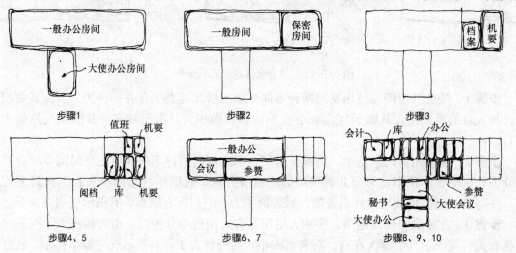

图 3-7-11　二层办公区房间布局分析

办公房间在一层公共厨房之上，位置不好，既有油烟，又有噪声干扰。二是朝向不好，为东西向。怎么办？在不能两全其美的情况下，舍什么？得什么？这就看你能否抓住设计的主要矛盾，并尽力解决之。其次，考试只有6小时，扣除绘图时间，真正做方案设计的时间不足3小时，因此，不可能面面俱到，只能有舍有得。得什么？当然是抓方案性问题，它是决定方案成败的关键。舍什么？凡是设计手法能处理的问题就可放松（其实上述两个技术性问题最后都能圆满解决）。因此，大使办公房间只能放在一层厨房之上。而一般办公房间就叠加在一层办公区之上，且为南北向，完全满足自然采光、通风要求。

　　步骤2　在一般办公气泡中，按保密房间与一般房间两种不同性质的房间同类项合并一分为二，前者面积小，宜在办公区气泡的尽端，其图示气泡画小在右；因为其对应一层为签证区，二者无功能联系。而左侧一层同为内部办公区，上下层有联系，故不是尽端，后者面积大，其图示气泡画大在左。

　　步骤3　在保密房间气泡中，按机要房间与档案房间两种不同性质的房间同类项合并一分为二，前者是大使馆的要害部门，更应处在无关人员不易到达的区域，其图示气泡在右侧端部；后者图示气泡在左。但考虑到相关人员要进机要区，故档案房间的图示气泡要让出北面的通道，画在靠下区域。

　　步骤4　在机要房间气泡中，将值班图示气泡画小在左上角，把住此区入口；而将3个机要室的图示气泡2个放南面，1个放北面。

　　步骤5　在档案房间气泡中，一分为二为阅档室和档案库。前者图示气泡在左；后者图示气泡在右，夹于阅档室与机要室之间，让后两者的入口拉开一段距离。

　　步骤6　在第二步的一般房间气泡中，按公共办公（会议室）和单独办公两种不同用途的房间同类项合并一分为二，前者面积小，其图示气泡画小在左下；后者图示气泡画大在右。

　　步骤7　在单独办公气泡中，按领导房间与下属房间两种不同使用者使用的房间同类项合并一分为二，前者面积小，优先照顾有好的朝向和景向，其图示气泡画小在下；后者面积大，其图示气泡画大在上。

　　步骤8　在领导房间气泡中，均分为3个参赞办公即可。

　　步骤9　在下属房间气泡中，将会计及库房与8个办公一分为二，前者面积小，其图示气泡画小在左端；后者面积大，其图示气泡画大在右，再继续8等分为小的办公图示气泡。

　　步骤10　在第一步的大使气泡中，只有三个房间，即大使办公、秘书、大使会议室。优先考虑将大使办公气泡画在南端，你马上就会发现大使办公室可以向南开窗了，从而避免了东西晒，原先的担心也就不复存在。其次，秘书气泡画小要毗邻大使办公气泡在上。而大使会议气泡画大在此区最上端，正好与一般办公的会议室靠近，组成会议区。

　　2）大使官邸区的房间布局分析（图3-7-12）

图3-7-12　二层大使官邸区房间布局分析

在分析之前，你一定要先有个基本概念，即要把大使官邸区当作一幢别墅来设计，即所有生活用房必须保证全部朝南，其房间布局不受规则框架结构的约束。更重要的是我们是在设计一种现代生活方式而不是往结构框架里硬塞房间！

步骤 1　按生活用房与辅助用房（储藏）两种不同性质的房间同类项合并一分为二，前者面积大，必须朝南，其图示气泡画大在下；后者面积小，其图示气泡画小在右上。

步骤 2　在生活用房气泡中，按家庭厅与个人用房同类项合并一分为二，前者面积小，为若干个人用房共享，其图示气泡画小在上；后者面积大，须朝南，其图示气泡画大在下。

步骤 3　在个人用房气泡中，按功能关系图明示的房间关系，左上角为儿童房，南面自左至右依次为夫人卧室、大使卧室和书房 3 个图示气泡。

至此，二层平面的前三步设计程序也最终完成。我们花了那么多时间，一步一步将所有房间分析到位，无一发生房间布局紊乱现象。看来，只要思路清晰，方法对头，操作得当，再多的房间总能有秩序地各就各位，不会出现盲目排房间导致的顾此失彼的烦恼和房间布局无章法的后果。进一步证明，实现方案设计目标的过程完全是思维分析和解决设计矛盾的过程，而画图仅仅是手段。应试者要想考试过关，且设计能力得以提升，只有在掌握正确的设计思维和方法上下工夫才是出路。

二层平面设计与一层平面设计没有出现明显矛盾，这时我们就可以回到一层平面继续展开后续的设计工作了。

（4）交通分析

1）水平交通分析

①一层水平交通分析（图 3-7-13）

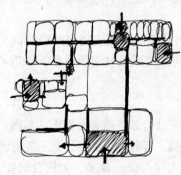

图 3-7-13　一层水平交通分析

A. 接待区的门厅就是水平交通的起始节点，相应主入口的坐标即可定位在门厅正中的轴线上。这个水平交通节点的空间应是一个规整的厅的形态，由此向左（西）有一条水平交通流线，只是空间形态不是走廊而是厅（门厅）与厅（休息厅）的对接，然后进入多功能厅。这条水平交通流线的空间序列处理，突出了多功能厅的重要地位。从门厅向右（东）可直接进入会议室，表明二者的密切关系。从门厅向北能不能如功能关系图所示，设一条正对接待入口的水平交通流线呢？不能！因为这是礼仪门厅，有时会在此举行某种外交礼仪活动，因此，门厅空间形态宜庄严稳重，不能太随意自由。况且为体现中国建筑特点，正对入口应设一照壁（实墙）作为对景，这是中国建筑重要厅堂的设计手法。因此，门厅之北的接待室不能在此开门，况且因其面积较大，应开两个门。而门是要开在交通空间中的，故应在接待室东西两侧做水平交通流线。正好在接待室与会议室之间需要一条走廊将二者既分开来又联系起来。这条水平交通流线一端连着门厅，另一端按功能关系图的要求向北连着办公区的入口门厅。此时，这条穿越"底"的流线就把庭园围合起来了。这样，"匚"形图又变回到"口"字形的四合院，实现了最初的设计构思，只不过此条边围合四合院的手段不是房间而是游廊而已，但更能体现中国庭园的意蕴。

B. 办公区的水平交通流线是以入口门厅为交通枢纽空间，向右（东）连着签证办公区的中廊，向左（西）连接内部办公区的中廊，向南对接从接待区延伸过来的游廊，构成了"T"字形水平交通流线。

C. 对外签证区的水平交通流是以入口门厅作为起始节点，向左（西）与签证大厅对接。只是在签证办公区的中廊与签证大厅之间设一过厅（设门），以使二者联系，同时满足管理的需要。

D. 大使官邸区的水平交通流线从西入口进入门厅水平交通节点后有两个走向：向右（东）到会客厅的流线是通过门厅—过厅—客厅，三个厅是串联起来的。而家人流线与此不宜相混，可从门厅向北经楼梯到达二层的私密区。

E. 厨房已退缩到较隐蔽的位置，其水平交通流线从与官邸区厨房共用的杂务院起，进入各自的厨房。办公区厨房南北两端各对接一个备餐。只是在厨房入口向北有一短廊联系着几间辅助用房（更衣、厕所）。在南面备餐需要有一条送餐廊连着多功能厅（宴会厅），并需设若干送餐口。

②二层水平交通分析（图 3-7-14）：

A. 办公区应有两条水平交通流线：一条是一般办公区的东西走向中廊，另一条是大使办公区的南北走向边廊。鉴于大使办公区为东西向，且需与大使官邸有联系，故边廊在西侧。这样，原先担心此功能区房间西晒的问题也就不存在了。注意，在大使办公区与一般办公区的接合处，有一个无法采光且不能作为房间使用的暗角，就干脆敞开作为水平交通节点，以此作为两个相邻会议室的休息区。

B. 大使官邸区的开放式家庭厅，既作家庭人员起居团聚之用，又兼作水平交通节点，以此联系着 4 间生活用房。只是在书房与储藏之间有一个短廊将官邸区与大使办公区联系起来。

2）垂直交通分析（图 3-7-15）

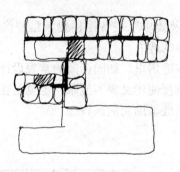
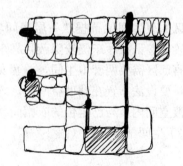

图 3-7-14　二层水平交通分析　　　　图 3-7-15　垂直交通分析

①一层主要垂直交通分析

A. 接待区因是一层建筑，同时签证区与二层办公区无功能关系，故此二区不需配置主要交通楼梯。

B. 在办公区因一、二层有功能联系，故需在门厅一侧配置楼梯，以便让一、二层人员尽早分流。现在要考虑门厅有两个功能内容（门卫和楼梯）都需放在门厅一侧，正好一边一个。但是谁在东谁在西呢？从门卫的位置选择来看，它在门厅东侧最佳，因为它可以面西对着办公人员从室外来的方向；那么楼梯只能在门厅西侧。但是，楼梯上至二层中廊时，东段的袋形走廊长度有可能超过规范允许的疏散距离。我们只好换一个思路，让门卫与楼梯位置对调，这就避免了前述问题，但门卫的位置就稍差一些，只好有得有失，以保证楼梯位置的合理性。

C. 大使官邸的交通楼梯是内部家人使用的，因此，其位置在门厅向北的水平交通流线端头。

②二层疏散楼梯配置分析

A. 在办公区中廊的东段，其袋形走廊尽端房间疏散门至楼梯的距离符合规范要求，故不需再设疏散楼梯，而西段中廊显然在其西端头需增设一部疏散楼梯。

B. 大使官邸自身有一部楼梯，东端还连着大使办公区的边廊，故无需再设疏散楼梯。

但是，考虑到大使要到一层接待区去迎接贵宾。按上述楼梯配置，需要从北面办公区主要楼梯绕道下至一层，似乎不合适，故需单独为大使设置一部专用楼梯（或电梯），使大使能便捷地从大使办公直接到达接待区门厅。

（5）卫生间配置分析

1）一层卫生间配置分析（图 3-7-16）

①接待区的卫生间位置应考虑设在使用人数多的地方，即宜放在多功能厅附近。想找一个既隐蔽又方便的地方，看来放在休息厅之北的角落较为合适。但问题又来了，它与备餐不是毗邻吗？其实只要将二者的门背相而设就不算问题。

②办公区的卫生间位置在设计程序第三步（房间布局）时，因设计条件不充分而无法预留。此时，当设计程序第五步将卫生间配置提上议事日程时，它该在哪儿就让它"挤"进去，你也不必担心放不下，它的合理位置是此时的主要矛盾，应予以保证。放在哪儿呢？由于它要为东西两个办公区的办公人员使用，因此宜设在中廊北侧靠门厅处，正好也在餐厅近旁。

③厨房的卫生间位置按卫生要求，应设在其操作间门外的入口附近，与更衣室集中在一起布置。

④签证区的卫生间位置据"一层房间功能及要求"表备注栏提示是"供签证者用"，因此，可布置在签证大厅东侧较隐蔽且靠东外墙的地方。

⑤大使官邸区需要两套卫生间，一套安排在客房里，如同标间的常规设计。另一套供公共使用的，要设法布置在辅助空间内，既要方便使用又要不显眼，也就是在门厅与会客厅之间的过渡空间内，与已定位的衣帽间共同组成辅助功能区域。

2）二层卫生间配置分析（图 3-7-17）

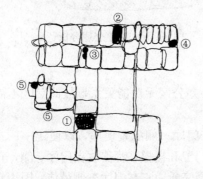

图 3-7-16　一层卫生间配置分析

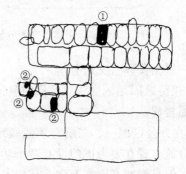

图 3-7-17　二层卫生间配置分析

①办公区的卫生间位置直接叠加在一层办公区的卫生间之上即可。

②大使官邸的卫生间数量要比一层多，位置又无法上下层对位叠置在一起，我们还是要按二层各卧室自身功能的合理性进行卫生间的配置。

儿童房的卫生间位置较为简单，直接叠加在一层客房卫生间之上即可。

大使卧室的卫生间由于也需采光，又由于只有一面外墙朝南，只好将其卫生间夹于大使卧室与书房之间；使二者可以就近方便使用，同时兼顾大使办公时使用，而不需进入卧室。

大使夫人卧室应优先保证卧室朝南，其卫生间宜放在西侧外墙处。

至此，大使馆建筑方案设计大功告成，尽管它是一个分析图，但已奠定了方案成功的基础。这是做方案必须经历的思考过程和掌握的正确方法。下面我们要做的工作就是通过设计程序第六步建立合宜的结构系统，把方案图示分析按既定房间秩序转换为有房间形状、面积符合要求的方案框图。

（6）建立结构体系

1）确定结构形式

大使馆因是办公建筑与生活建筑的综合体，且各自的建筑个性不尽相同，因此宜采用两种结构形式，即办公建筑的框架形式与大使官邸的砖混加构造柱形式。好在二者平面接触面小，结构可以脱开。对于办公建筑的平面因"图"形已经演变为较自由、多变的形状，且若干房间功能的特殊性，使结构形式不能用集中式平面常采用的单一方格网，而要让结构形式去适应平面功能的需要，而采取方格网与矩形格网结合的形式。其方法与2005年法院审判楼建立结构体系的过程一样，将框架结构的确立与房间面积的落实一并完成。

至于大使官邸的砖混结构形式，则完全服从于房间布局的要求，在自由平面中稍加考虑结构布置的合理性即可。

2）确定框架尺寸

对于办公建筑的框架尺寸，大使馆作为整体建筑其方格网与矩形格网的开间尺寸宜统一。那么，尺寸是多少呢？我们多次说过，对于考试的题型规模而言，其开间尺寸宜在7.2～8m之间，以便一分为二可以当小办公室用。若是8m方格网，则一个格子的面积为64m²；若走廊占用2m宽，则面积为48m²；若以7.2m作为方格网尺寸，则一个格子的面积约为50m²；若走廊占用2m宽，则面积约为37m²；再对照"房间功能与要求"表中，多数房间面积的规律，看来选择8m×8m方格网较为合适。那么矩形格网的开间尺寸也即为8m。

至于大使官邸的砖混结构尺寸则完全取决于平面实际需要的尺寸。

（7）同步操作建立格网与落实一层房间（见图3-7-20）

1）接待区结构的建立与房间的落实

先确定门厅的开间数，作为大使馆的入口门户，因其地位的重要，又要体现庄重的氛围，开间数一定为奇数，让入口大门居中在开间内（若开间为偶数，则入口中心为结构柱，不妥）。显然门厅一开间太小，五开间太大，只能三开间。根据一层平面分析图显示其左侧为休息厅，只能给它一开间。而休息厅之北还有一系列房间（接待区卫生间、备餐、厨房、更衣厕所和办公区活动室），那么就将这一开间一直向北通到头，使南北两个主体建筑结构能对位、规整。再向左是多功能厅，其面积较大，根据内部多功能的要求和为了增大与北面官邸的日照间距，并为创造官邸私家花园有较大场所，故多功能厅平面宜为矩形。根据多功能厅面积240m²的要求和寻求良好的长宽比例，我们取12m进深，长度则为20m，需两开间半。怎么会有半开间的尺寸呢？这是设计手法可以解决的问题，不必纠结于此。实际上，作为多功能厅舞台（或讲台）其两侧的半开间不宜开窗。对于立面处理没准儿还是件好事。

现在回到门厅右侧的会议室，在一层平面分析图中，会议室平面是竖着放的，也即朝南一面是它的进深方向，它的开间应在东面，仍然为8m开间，根据会议室面积120m²的要求和寻求良好的长宽比例，我们取10m进深，长度则为12m，需一开间半，又是一个半开间？其实在建筑开窗处理上，将一开间半变为3个4m也就不觉得尺寸奇怪了。

现在该确定接待区跨度方向的结构尺寸了。先前已确定了多功能厅的跨度为12m，将多功能厅南北两条纵轴线拉通，以加强结构的整体性。则休息厅进深亦为12m，但其面积超过规定16m²，需将进深减掉2m，使休息厅面积正好为80m²。而其北面毗邻的卫生间若占一格的话，面积（64m²）不满足规定要求，正好将休息厅多余的面积划拨给卫生间，也即将二者之间的隔墙向南移动2m即可。至于门厅内部空间实际上要不了三开间，而其两侧各有一条水平交通空间，各占4m宽，门厅实际为两开间（中间为完整开间加两侧各半开间）计16m面宽，再用面积150m²除，得门厅进深约为9m。但此处跨度与多功能厅一致为12m，则门厅入口后退3m，其两侧各安排值班、服务和衣帽间，后者面积不足可向东再扩张出去到面积满足为止。最后是接待室，其面宽对应于门厅宽度16m，用其面积除，进深为9m。

2）确定庭园的进深

在庭园西侧包含两个功能内容，一是备餐，二是厨房，二者与接待区的休息厅在同一竖向8m开间内。按其各自的面积要求，备餐需要1个格子，厨房需要2个格子。这样，庭园南北向总长即为24m，而东西向总宽度对应于接待区门厅加两侧走廊，其尺寸亦为24m（包含联系接待区与办公区的游廊）。

3）办公区结构的建立与房间的落实

以游廊连接办公区为界，其左（西）侧为内部办公用房区，按8m开间、2个8m跨度向西打好方格网，再将2m中廊放在偏北一跨内，这样就形成朝南房间进深为8m，朝北房间进深为6m。当结构格网工作准备好后，开始在格子中自东至西按次序并结合各房间面积要求分配房间。

①首先，第一开间为公共空间，包括会客室在南面一跨，其面宽8m要减去2m连接游廊的走道宽度，再用其面积24m²除，得进深为4m。这一开间的北面，门卫和门斗要占半跨4m，再左右对分。剩下居中的面积给门厅。

②南面8m跨员工餐厅需要一开间半（96m²），备餐需要一开间（64m²），厨房辅助房间（2个更衣室、2个厕所）只能给半开间。这样，一共3开间正好与厨房对位，在此3开间中廊北面的6m进深房间中，右边先放办公区卫生间占一开间，其西侧每一格正好放一间活动室，可放2间。现在还缺4间活动室，需要再向西要2开间，中廊南北各放2间活动室就满足数量要求了。但南面2间活动室8m进深使面积超规定，那就外墙向内缩2m。这样，办公区与官邸区的间距又可拉大一些。最后还有一间配电需要

半开间朝南，而将办公区西端疏散楼梯朝北，并横向放以求体型有所变化，且梯段长度可得到保证。

③办公区门厅东侧为签证区，先将内部办公区的中廊对直向东延伸，根据房间的数量判断需要 3 开间。根据房间布局分析图，中廊北跨每开间一分为二，先落实左边第一个半开间给办公区的主要垂直交通楼梯，剩下两开间半可安排 5 间小办公，其中先放 2 间制证办公，再接着放 3 间小办公。但面积（4m×6m＝24m²）都超过规定面积（16m²），因此进深要缩回 2m，使房间进深为 4m 即可。因为中廊南跨还剩 4 间小房间（1 间办公、2 间会谈和 1 间库房），在 3 开间范围内其进深可浅些，定为 3m。首先将 2 间会谈室居中，其西为库房，其东为剩下的 1 间小办公。

至于签证区域结构系统的考虑，首先要将内部办公区的南向边柱纵轴线向东延伸过来，以使结构规整，也作为支撑二层的需要。但一层签证区扣去上述被签证办公区所占进深，只剩下 5m 了，显然作为签证大厅和门厅的进深都不够，因此，需要向南扩张出去。在二者共占 3 开间的情况下，门厅只能占 1 开间，签证大厅占 2 开间。由于签证区南面有一棵保留树，为防止建筑侵入树的保护范围，我们预先要将两个厅的面积打九折，按下限计算。因此，据门厅下限面积 72m² 计，其进深需 9m（不包括此开间之北签证办公区留下未用的 5m）。此时，再检查一下签证大厅的进深（9m＋5m＝14m）是否符合面积要求（包括保安 16m²），经计算满足规定的面积下限要求。此外，在门厅格子北面的 5m×4m 面积是作为签证者的卫生间之用。

4）大使官邸结构的建立与房间的落实

此区结构系统与办公区结构系统的思考完全不一样，因为二者的功能性质大相径庭。因官邸区的结构系统要服从于平面功能的合理性及其造型特点的要求，我们就把它当作别墅来设计就自由了。其结构形式不必严整，可以随方案设计需要而灵活布置，只要受力传力合理就行。好在官邸无论从布局上，还是结构上都可以独立成区，不受大使馆框架结构的任何牵制。

5）二层房间落实在一层建立起的结构系统中（见图 3-7-21）

其方法是在现成的格网中，据分析图的成果先按功能区分大块，再在各区内按房间布局的次序分配格子，详细过程不再赘述。

（8）设计方案的完善

此项工作作为考试完全可以不予考虑，作为提高设计者的设计素养与能力有必要加以阐述。

在完善设计方案之前，需将上述设计成果放大为定稿图，因为只有放大图形，我们才能看清并发现需要进行方案完善的地方。

1）接待区门厅通过简单的室内设计（如现代博古架、装饰壁龛、照壁花槽等），使其空间严整庄重，并体现中国建筑入口门厅的风格。在多功能厅与备餐之间设送餐廊，且脱开其东侧的卫生间西墙，形成小天井。这不但解决了卫生间的采光、通风，而且可成为卫生间景观，以提高其空间品质。考虑到多功能厅举行宴会的需要，应在北面的送餐廊上开设多个送餐门，以便同步送餐；同时，亦可作为多功能厅的疏散通道。

2）签证区在门厅与签证大厅衔接处，根据任务书要求需设置安检口。在签证大厅添加接案柜台，并保证有 10m 长度。为签证大厅增设一个通向门厅的疏散门，在签证大厅的接案区南向靠外墙处设一个保安室。注意，此保安不是坐办公室办公的，其职责应在签证大厅中巡视以保安全，保安室仅作为安保人员休息之用，故此房间可不放在签证办公区内。

3）内部办公区门厅位置宜居中，形态宜方整，以体现交通枢纽空间的特点。其东侧与签证办公区应设门，否则功能相混。此区男女卫生间的门不宜直接开向公共走廊，应后退转折开向过渡空间，以阻隔视线，并使卫生间较为隐蔽。

4）签证区门厅面积是按下限 72m² 计算的，为了突出其入口的明显位置，可将门厅向东扩出 1m，使其呈 9m×9m 的方格，面积正符合要求。

5）对于官邸区的三大公共空间（门厅、会客厅、餐厅）作为现代居住公共生活而言，其空间形态宜富有流动性，其间可适当运用室内设计手法隔而不断，而不可相互设门封闭起来。在客厅南面，设法设计一个家庭花园，成为别墅设计不可缺少的要素。

6）二层三个参赞办公各占一个方格，但面积过大，可将外墙北移 2m，形成各自的观景凹阳台，反而提高了用房的档次。另外，发现了阅档室正对楼梯位置不妥，需与档案库位置对调，但阅档室入口因与机要区入口太近，可将其后退少许，以减少相互冲突。三个机要室围绕过厅布置而不是一条走道，便于值班人员观察管理。办公区西端半开间无房间安排，可甩到室外作为会议室的露天休息平台。从大使馆临北面城市道路的建筑造型考虑，可将办公区两个楼梯在不同方向突出，以打破办公楼造型的单调感（见图 3-7-18）。

7）低层居住建筑无论从功能需要还是从造型变化上都宜设置阳台或屋顶平台，大使官邸作为别墅设计更应如此。因此，将一层门厅南侧的值班室和卫生间做成一层，其屋顶就可成为两个主卧室的露台。在儿童房南向亦可挑出一个小阳台。此外，在大使卧室的卫生间北侧设计一条短内走廊，可使大使从办公经书房直接进入其卧室，且卫生间也可供大使白天在办公室工作或在书房阅读、练书法时就近使用毗邻的卫生间而不需穿越卧室。在大使夫人卧室开间的东北角设计一个小过厅，作为大使卧室和大使夫人卧室对外的共同入口，使其符合功能关系图的连线关系。在大使夫人卫生间中，配置 4 件洁具（浴缸、恭桶、净身盆、洗脸盆）和化妆间，在大使卧室卫生间中配置 4 件洁具（浴盆、淋浴房、恭桶、洗脸盆），这些完善的设计都是现代卫生间的必备用品。

8）根据任务书对各用房层高的要求，接待区的卫生间可按 3.9m 设置。这样，其屋顶就成为大使办公南向的屋顶花园，原来所担心的大使办公为东西向完全不存在，反倒成为全大使馆最好的位置。说明凡是设计过程中出现的处理手法问题千万不要纠结而止步不前，到时能解决，则幸运；不能解决，也只能抓大放小。

3. 总平面设计（见图 3-7-19）

（1）先将 1:500 的大使馆屋顶平面放在建筑控制线内，并躲开保留树木的保护范围。

（2）在 3 个场地出入口的用地范围内，按任务书要求各自配置警卫和安检用房。

（3）根据场地 3 个出入口和大使馆 5 个建筑出入口的分布位置，用环形馆内道路联系起来，且在各建筑出入口前根据其功能要求适当作广场或道路形态。

（4）重点设计接待区主入口前广场：在接待区主入口处做车道入口雨篷，正对主入口前做较大的室外礼仪广场，添加旗杆、小品等，供在室外开展小型外交礼仪活动之用。20辆贵宾临时停车按任务书要求可分散停在礼仪广场两侧。

（5）在签证区场地入口和建筑入口之间，为限定签证人员的活动范围，用金属栅栏

围合成面积为 $200\sim350m^2$ 的区域，与其他区域场地隔离，并在与道路接合处设活动移门。

（6）在四合院内适当配置园林小品，使其突出中国建筑的意蕴。

（7）在大使官邸会客厅前布置庭院设计要素，使其成为官邸私家花园。

（8）室外剩下的部分全部作为绿化。

三、绘制设计成果图（图 3-7-18～图 3-7-21）

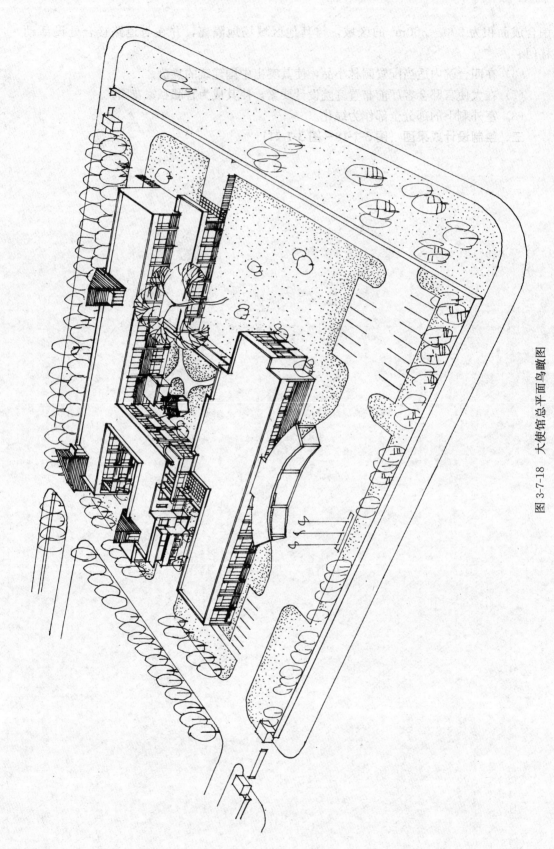

图 3-7-18　大使馆总平面鸟瞰图

194

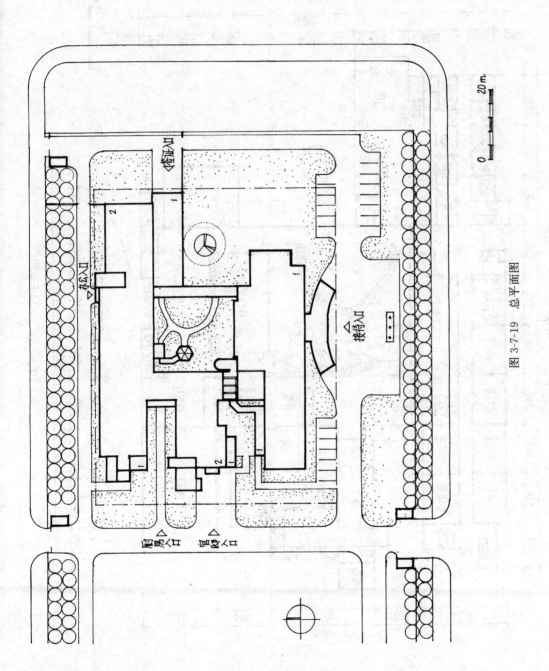

图 3-7-19　总平面图

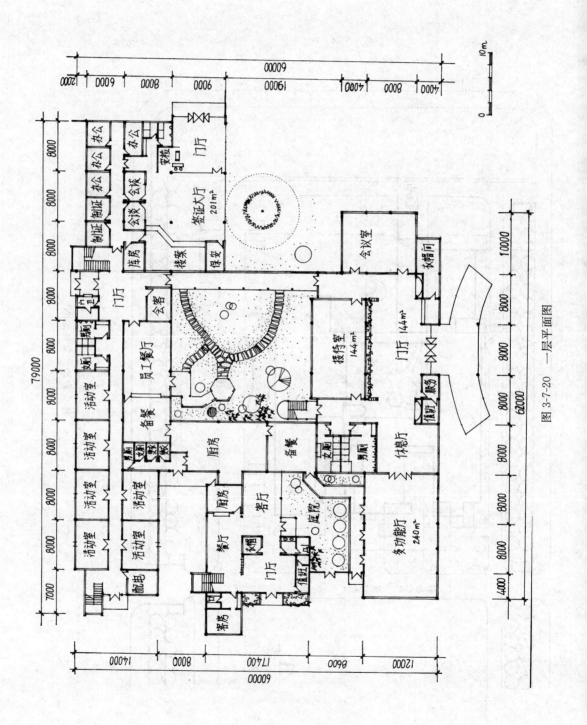

图 3-7-20　一层平面图

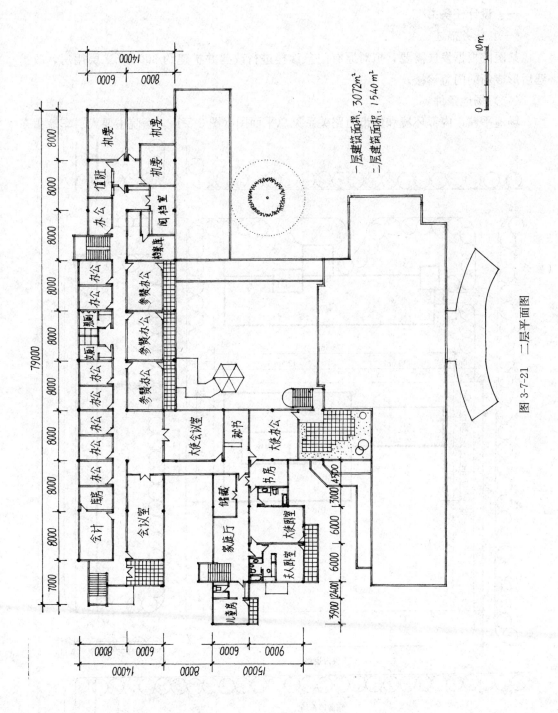

图 3-7-21 二层平面图

一层建筑面积：3072 m²
二层建筑面积：1540 m²

第八节 ［2010年］门急诊楼改扩建

一、设计任务书

（一）任务描述

某医院根据发展需要，拟对原有门急诊楼进行改建并扩建约3000m²二层用房，改扩建后形成新的门急诊楼。

（二）场地条件

场地平整，内部环境和城市道路关系见总平面图（图3-8-1），医院主要人、车流由东

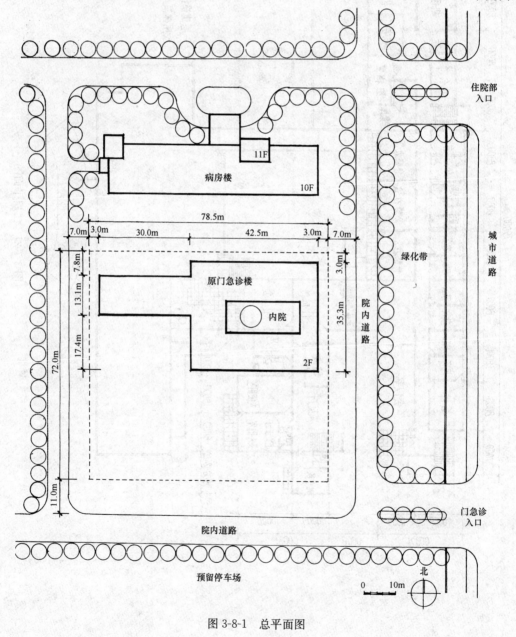

图 3-8-1 总平面图

面城市道路进出，建筑控制用地为 72m×78.5m。

（三）原门急诊楼条件

原门急诊楼为二层钢筋混凝土框架结构，柱截面尺寸为 500×500mm，层高 4m，建筑面积 3300m²，室内外高差 300mm；改建时保留原放射科和内科部分（图 3-8-2），柱网及楼梯间不可改动，墙体可按扩建需要进行局部调整。

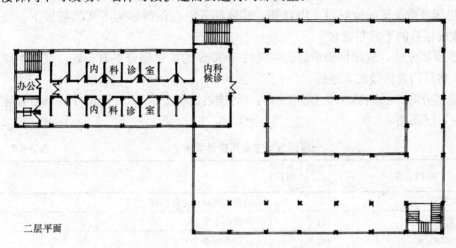

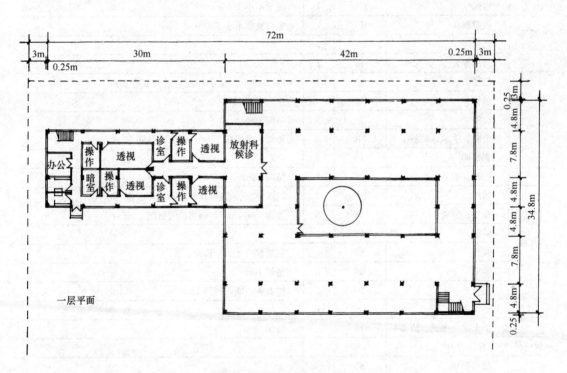

图 3-8-2　原门急诊楼平面图

（四）总图设计要求

1. 组织好扩建部分与原门急诊楼的关系。

2. 改扩建后门急诊楼一、二层均应有连廊与病房楼相连。

3. 布置 30 辆小型机动车及 200m² 自行车的停车场。

4. 布置各出入口、道路与绿化景观。

5. 台阶、踏步及连廊允许超出建筑控制线。

（五）门急诊楼设计要求

1. 门急诊楼主要用房及要求见表 3-8-1、表 3-8-2，主要功能关系见图 3-8-3。

2. 改建部分除保留的放射科、内科外，其他部分应在保持结构不变的前提下，按题目要求完成改建后的平面布置。

3. 除改建部分外，按题目要求尚需完成约 3000m² 的扩建部分平面布置，设计中应充分考虑改扩建后门急诊楼的完整性。

4. 扩建部分为二层钢筋混凝土框架结构（无抗震设防要求），柱网尺寸宜与原有建筑模数相对应，层高 4m。

一层门急诊主要用房及要求 表 3-8-1

区域	房间名称	房间面积（m²）	间数	说　明
门诊大厅	大厅	300	1	含自动扶梯、导医位置
	挂号厅	90	1	深度不小于 7m
	挂号收费	46	1	窗口宽度不小于 6m
药房	取药厅	150	1	深度不小于 10m
	收费取药	40	1	窗口宽度不小于 10m
	药房	190	1	
	药房办公	18	1	
急诊	门厅	80	3	门厅 48m²，挂号 10m²，收费取药 22m²
	候诊	50		
	诊室	50	5	每间 10m²
	抢救、手术、准备	140	3	抢救、手术各 55m²，手术准备间 30m²
	观察间	45	1	
	医办、护办	36	2	每间 18m²
儿科	门厅	120	3	门厅 90m²，挂号收费取药、药房各 15m²
	预诊、隔离	46	3	预诊一间 20m²，隔离二间每间 13m²
	输液	18	1	
	候诊	80		包括候诊厅、候诊廊
	诊室	60	6	每间 10m²
	厕所	30	2	男女各一间，每间 15m²
输液	输液室	220	1	
	护士站、皮试、药库	78	3	每间 26m²
放射科	（保留原有平面）	480		
其他	公共厕所	80		
	医护人员更衣、厕所	100		成套布置，可按各科室分别或共用设置
	交通面积	790		含公共走廊、医护走廊、楼梯、医用电梯等

一层建筑面积合计：3337

允许一层建筑面积（±10%）：3003～3671

200

二层门急诊主要用房及要求　　表 3-8-2

区域	房间名称	房间面积（m^2）	间数	说明
外科	候诊	160		包括候诊厅、候诊廊
	诊室	170	17	每间 $10m^2$
	病人更衣	28	1	
	手术室、准备间	60	2	手术室、准备间各 $30m^2$
	医办、护办、研究	60	3	每间 $20m^2$
五官科	候诊	160		包括候诊厅、候诊廊
	眼科诊室	60	6	每间 $10m^2$，其中包括暗室
	耳鼻喉科诊室	60	6	每间 $10m^2$，其中包括测听室
	口腔科诊室	45	2	口腔诊室 $35m^2$，石膏室 $10m^2$
	办公	45	3	眼科、耳鼻喉科、口腔科各一间，每间 $15m^2$
妇产科	候诊	160		妇科与产科的候诊厅、候诊廊应分设
	妇科诊室	60	6	每间 $10m^2$
	妇科处置	40	3	含病人更衣厕所 $10m^2$，医生更衣洗手 $10m^2$
	产科诊室	60	6	每间 $10m^2$
	产科处置	40	3	含病人更衣厕所 $10m^2$，医生更衣洗手 $10m^2$
	办公	40	2	妇科、产科各一间，每间 $20m^2$
检验科	检验等候	110	1	
	采血、取样	40	1	柜台长度不小于 10m
	化验、办公	120	4	化验 3 间，办公 1 间，每间 $30m^2$
内科	（保留原有平面）	480		
其他	公共厕所	80		
	医护更衣、厕所	80		成套布置，可按各科室分别或共用设置
	交通面积	860		含公共走廊、医护走廊、楼梯、医用电梯等
二层建筑面积合计：3018				
允许二层建筑面积（±10%）：2716～3320				

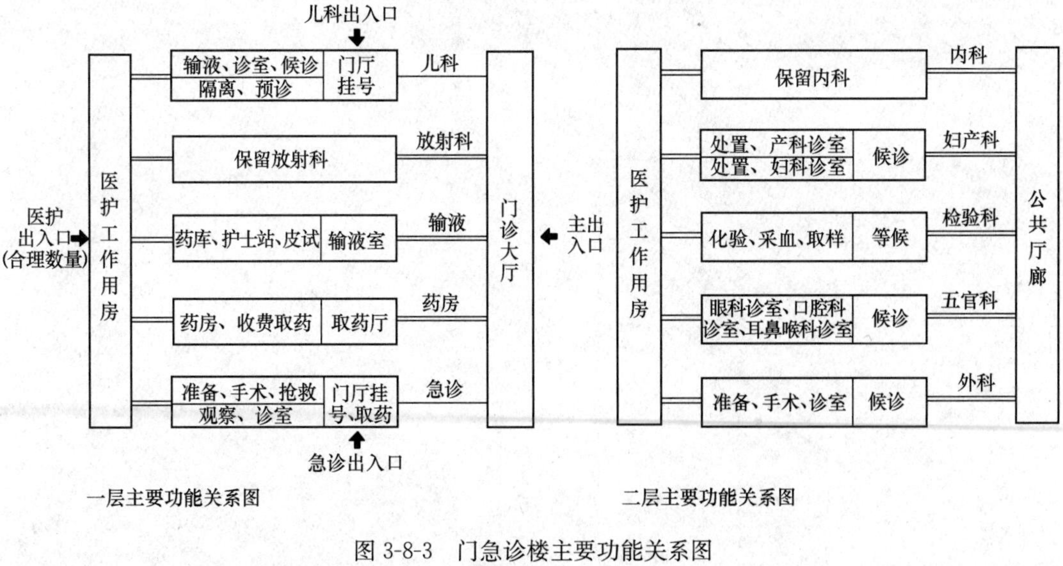

图 3-8-3　门急诊楼主要功能关系图

注：功能关系图并非简单的交通图，双线表示两者之间紧邻并相通。

5. 病人候诊路线与医护人员路线必须分流；除急诊外，相关科室应采用集中候诊和二次候诊廊相结合的布置方式。

6. 除暗室、手术室等特殊用房外，其他用房均应有自然采光和通风（允许有采光廊相隔）；公共走廊轴线宽度不小于 4.8m，候诊廊不小于 2.4m，医护走廊不小于 1.5m。

7. 应符合无障碍设计要求及现行相关设计规范要求。

（六）制图要求

1. 绘制改扩建后的屋顶平面图（含病房楼连廊），绘制并标明各出入口，道路、机动车和自行车停车位置，适当布置绿化景观。

2. 分别画出改扩建后的一、二层平面图，内容包括：

（1）绘制框架柱、墙体（要求双线表示），布置所有用房，注明房间名称，表示门的开启方向。窗、卫生间器具等不必画。

（2）标注建筑物的轴线尺寸及总尺寸，地面和楼面相对标高。在右下角指定位置填写一、二层建筑面积和总建筑面积。

（七）提示

1. 尺寸及面积均以轴线计算，各房间面积及建筑面积允许在规定面积的±10％以内。

2. 使用图例(比例 1：200)(图 3-8-4)。

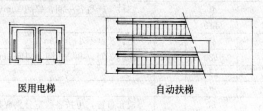

医用电梯　　　　　　　　　　　　自动扶梯

图 3-8-4　使用图例

二、设计演示

（一）审题

1. 明确设计要求

（1）这是一座改扩建的普通门急诊楼，无论在功能上还是在结构上，都应是一个有机整体。应试者对该类型建筑均多少有些生活体验，若能熟悉一些门急诊楼的设计原理，对于顺利展开方案设计大有裨益。如门急诊楼设计要做到三级分流，一是广场分流——对于需单独设置出入口的特殊科室，如急诊、儿科等应与普通病人分流，应分别从其专用出入口进出；二是大厅分流——各科普通病人经门诊综合大厅分流，进入各科候诊厅；三是候诊厅分流——同一科室的病人经候诊厅分流，依次进入二次候诊。这一流程秩序正是该试题最主要的考核内容。又如，急诊科与住院部应联系方便，这是门诊楼设计的基本常识。

（2）任务书在"场地条件"中指出："医院主要人流、车流由东面城市道路进出。"说明它是一个为市民服务的医疗机构，而不是单位的门诊部。这涉及场地主入口及门急诊楼建筑的主入口设置方位的问题。

（3）门急诊楼有三类病人和医护人员及药品器材进出，需要搞清三类病人各自的特点，即门诊病人数量大，急诊病人病情紧急，儿科病人为弱势者。其出入口位置的选择各有不同要求。

（4）在任务书"门急诊楼设计要求"第5条中提出"病人候诊路线与医护人员路线必须分流"，这一要求是该年考试的重点，但又是应试者较为陌生的概念。因为在现实中的门急诊楼几乎都是医患相混的模式。然而，任务书提供的二层内科平面布置条件图，已清晰地图解了"医患分流"的概念，即中廊为病人候诊廊，南北边廊为医护廊，且诊室为三面围合，开口朝外墙间接采光。你只要看出此门道，则其他各科室平面"依葫芦画瓢"也就不会出错了。

（5）在任务书"门急诊楼设计要求"第6条中指出："除暗室、手术室等特殊用房外，其他用房均应有自然采光和通风"。这一设计要求对于门急诊楼方案设计来说并不难做到，只是要注意科室单元的候诊廊与医护廊一定要照抄内科模式，否则，若将医护廊设为中廊，候诊廊设为南北边廊，似乎改善了候诊廊条件，但所有诊室皆为暗房间，且南北诊室相互通视也不符合就诊要求。

2. 解读"门急诊楼主要用房及要求"表

（1）先看一层和二层表格最后一行，得知层建筑面积"下大上小"。再看面积上下层只差约320m²，与门诊大厅的面积相当。这时，你就要想到门诊大厅应做成两层高的空间，那么二层只要去掉门诊大厅所占的面积就行了。

（2）看表格最左边第一列，并没有按使用、管理、后勤三大常规功能来分区，而是按不同科室独立成区。对于门急诊楼来说，这种分区是合理而清晰的。进一步发现：一层除门诊大厅为公共区外，一、二层各有5个不同的科室部门，这对于设计程序第一步确定"图"形具有指导意义。

（3）再看表格左边第二列，发现各科室房间内容并不多，但房间面积较小且数量众多，这就意味着设计时会很烦，画图工作量也不小，要作好思想准备，掌握好设计进度。

3. 理解功能关系图

（1）先看一层出入口情况

一层功能关系图中表示了 4 个入口：3 个病人入口（主入口、急诊入口、儿科入口）和 1 个医护入口。此时，有 3 个问题应试者要特别注意：一是各入口的方位决不能照搬功能关系图中所示方位，一定要根据具体环境条件和设计原理进行设计。二是在医护人员入口图示中注明"合理数量"，说明不止一个，具体有几个要在后续设计操作中加以分析。三是能看出少了 1 个药品入口吗？

（2）看气泡组织情况

对照"用房及要求"表格，一、二层功能关系图都在中间部分各画了 5 个框框（气泡），指明各科室独立分区，其左右两边各为医护人员用房与病人公共空间，二者相对而行进入各科室，这样才能保证医患不相混。顺便提及的是，由于急诊和儿科两气泡分别表示在下端和上端，而各自入口当然要紧跟其旁表示。这更说明，入口只表示与相关气泡的紧密关系，而不代表具体方位。

（3）看连线关系

除一层的急诊和儿科是以单线与门诊大厅相连，说明功能关系较弱外，其余各科室都与其左、右气泡以双线相连，说明功能关系紧密，前者只要相互能连通，不计路线长短；后者则必须彼此靠近。

4. 看懂总平面图的环境条件

（1）关注影响设计的限定条件

1）只有东面是唯一一条城市道路，这就规定了作为为市民服务的门急诊楼，其"脸面"一定要朝东，其"嘴"（主要入口）当然要长在"脸"上也要向东，以迎合来自城市道路南北方向的病人人流。而不要被用地周边 3 条院内道路忽悠。

2）门急诊楼用地是被东、南、西的院内道路和北面建筑控制线所围合的范围，因此，总平面所有设计内容均不可突破此限。

3）建筑控制线（78.5m×72m）规定了门急诊楼建筑的设计范围。

4）用地北面的病房楼规定了门急诊楼与之连接的方位。

5）原门急诊楼现状限定了新建部分扩展的范围与对接的要求。

6）指北针上北下南，规定了扩建部分的科室布局。

（2）小心陷阱条件

1）用地周边的 3 条院内道路，特别是南面院内道路比东面院内道路要宽，又与标明的总平面门急诊入口关系最为直接，就会诱导你将门急诊楼的主要入口放在南面。

2）用地隔南院内道路的对面是规划预留停车场，它将诱导你将总图设计要求的 30 辆车的停车位不假思索地放在此处。虽然这块地是医院内部的，但根据医院规划是作为预留停车场，而不是门急诊楼的用地，即使将来允许门急诊楼停车，但现在不行，因为任务书的总平面图上明确写着"预留"二字。

3）用地东面的绿化带似乎没什么障碍，是不是可以随意停车呢？这也是诱导你犯错的陷阱条件。因为，绿化带是医院总体规划的构成部分，怎么可以随心所欲想占就占呢（尽管"标准答案"自己也违规将其作了停车场）？作为建筑师应该有法律意识，而规划条件就是法律文本，不可以肆意违反。

（3）充分理解暗示条件

1）看懂病房楼屋顶平面所包含的设计信息，10层病房楼正中北面的方块应是入口门廊，其旁11层应是电梯位置，因此病房楼中间对着的入口门廊应是门厅。这就暗示你连廊从病房楼的门厅开始向南到底端就应是门急诊楼的主要水平交通流线（又称为医疗街）。

2）原门急诊楼的现状条件包含了更多的暗示信息

①平面"图"形为"树枝"状：中间为垂直"树干"，其左1根"树枝"，其右2根"树枝"，这是门急诊楼设计的典型平面模式之一，暗示了扩建部分的"图"形也应照此平面模式。

②平面结构柱网的6m开间与大小两跨尺寸已暗示扩建部分的结构柱网也照此确定。

③二层内科平面模式及医患分流的设计手法题目已作了示范图解，暗示其他科室参照设计。

④东面两根"树枝"的端部需封闭连接，实际上呈现"口"字形平面，由此暗示了内天井进深的尺寸可作为扩建部分内天井进深的下限参考值。

⑤中间"树干"占有两开间，其中左开间被左面"树枝"侵入，剩下一开间就是门急诊楼的主要水平交通走廊。此种平面布局形式暗示了扩建部分也照此处理。

⑥原门急诊楼保留了三部楼梯，暗示要纳入整体平面进行垂直交通分析。其中，内科西端的楼梯其6m长度是不够的（层高为4m），提醒应试者注意在扩建部分需避免。

（4）排除干扰条件

总平面图唯一的干扰条件就是原门急诊楼天井内的一棵保留树，它不同于大使馆试题中出现的保留树对设计的影响。因为它是被包在内天井中的，对扩建部分不产生任何限制作用，可以不用管它。

（二）展开方案设计

1. 一层平面设计程序

（1）场地设计

1）分析场地的"图底"关系（图3-8-5）

①"图"形的分析

按照原门急诊楼"树枝"状的"图"形模式，新扩建部分的"图"形仍然为"树枝"状。所要分析的问题是需要添加几根"树枝"呢？从一层功能关系图上显示有5个功能区和一个门诊大厅，共6根"树枝"。现在，原门急诊楼已具备了3根"树枝"，我们只需再添加3根就够了。再看空下来的场地，西侧大、东侧小，因此西侧放2根"树枝"，东侧放1根"树枝"，它们全是南北向。然后，将原门急诊楼

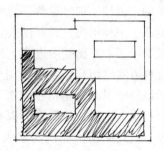

图3-8-5 "图底"关系分析

中间的公共走廊向南延伸，并把新添加的左右"树枝"连接起来。同时将西侧2根"树枝"的西端连同原门急诊楼西侧1根"树枝"封闭起来，形成两个小天井，这就是我们希望得到的整体"图"形的初步设计成果。

②"图"的定位分析

由于原门急诊楼已经定位，而扩建部分必须与之相连，故位置也就随之而定。

2）分析建筑各出入口方位

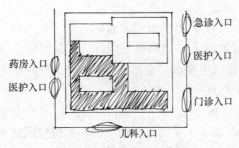

图 3-8-6　场地出入口分析

① 先分析场地主次入口（图 3-8-6）。作为医院整体规划，其主入口在门急诊楼的东南角，而次入口（内部使用）从总平面局部条件来看，至少不在东面城市道路上，这个分析对于下一步确定建筑的对内入口是有用的。

但是，我们仅知道整个医院的场地主入口还不行，还要进一步分析对外 3 类病人与对内的医护人员和药品在门急诊楼用地范围内从何处进入场地？此时，我们需要把 3 类病人按重要程度排个队，以便依次解决它们的场地入口。

门急诊楼主要的服务对象当然是数量最大的普通门诊病人，应该首先为他们寻找从医院东南角主入口进来位置最明显、距离最近的地方，这就是门急诊楼用地东南角临东面院内道路。这是因为，以城市设计的角度来分析，门急诊楼的主立面应朝向东面（城市），故门诊主入口也应朝向东面的城市道路，同时也就面向东面院内道路。

第二重要的病人是急诊病人。相比于应接近医院主入口的考虑来说，其场地入口位置的选择更重要的考虑因素是急诊部应靠近病房楼这一原理。因此，急诊的场地入口，只能在用地东北角临东面院内道路。

儿科病人作为弱势群体，有易被感染的特点，按三级分流的原理，宜与成年病人分开。因此，儿科的场地入口应在南面院内道路的西段。为什么不在东段范围更接近医院主入口呢？这是因为"图"形右下"树枝"是门诊大厅区域，病儿进不去。你若能预见到这一点，在设计上就可以少走弯路了，这跟下棋一样，要走一步看三步。

对于内部医护人员和药品的场地入口，看来只能从用地西侧院内道路的中段范围进入了，因为南北分别为儿科和放射科的区域。但是，一层功能关系图提示医护出入口应有"合理数量"是怎么回事？考虑到楼内各科室是分设在东西两侧的"树枝"中的，而其间的"树干"是病人来回走动的公共走廊。试问，医护人员怎样从西院内道路入口跨越到东侧的"树枝"中？显然是要穿越中间南北向的"树干"，这就发生了严重的医患流线交叉问题。怎样解决？只有让东侧各科室工作的医护人员从东面院内道路进入场地。但是，问题又来了，东面院内道路上已有门诊病人和急诊病人，这不又是医患相混吗？其实，东面院内道路已跑到门急诊楼用地范围以外了，任务书所说的医患分流是指在就医工作状态下而言。问题分析明白之后，我们就可以在东院内道路的中段范围，避开此路南面的门诊入口和北面的急诊入口，为医护人员设置第二个场地入口。

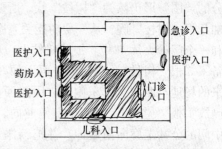

图 3-8-7　建筑出入口分析

② 再分析建筑各入口（图 3-8-7）。按各建筑出入口对位于各自场地入口就能很快得到确认。但是，你很快又发现几个问题需要妥善解决。

首先，门诊入口位置虽然正确，但是，问题在于此处人流量大、病人出入频繁而缺少相应的入口广场。此外，东南角扩建的这根横向"树枝"呈南北向，但它不是科室，而是各科室的交通纽带，应有紧密的对话关系。同时，预见到内部空间的门诊大厅与挂号厅呈人流行进方向布置，易造成相互干扰。有鉴于此，前一步的分析成果要让位于后一步分析的要求，故将此横向"树枝"转90°竖起来放。立刻入口广场就有了，门诊入口的"脸面"更宽了，且为内部门诊大厅与挂号厅的布局创造了良好的基础，可谓一举三得。

其次，"图"形只剩下西侧唯一一根"树枝"无主，而入口却有2个（医护人员和药品），给谁呢？因为，药房必须在一层，毫无疑问此"树枝"西端为药品入口，那么，医护人员从哪儿上二层呢？再说二层西侧也有3个科室，为了相互不"串门"，宜在3个"树枝"之间的端部连接处各设一个医护人员入口，这样，医护人员就需要一共3个入口了。

（2）功能分区（图3-8-8）

一层除了保留的放射科在原处外，还剩下4个功能区和1个门诊大厅功能区。记住！每个功能区必须跟着自己的建筑入口"走"，正好在5根"树枝"中进行分配。则门诊大厅在"图"形东南角对着入口广场的竖向"树枝"中，急诊在"图"形右侧北"树枝"，儿科在"图"形左侧南"树枝"，左侧剩下中间一根"树枝"只能给药房，输液就放在"图"形右侧中间的一根"树枝"。

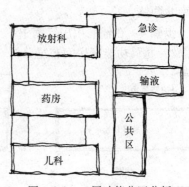

图3-8-8　一层功能分区分析

（3）房间布局

由于一层各功能区是相互独立的，我们可以分开来先易后难地展开这一设计程序的分析工作。

1）药房功能区的房间布局分析（图3-8-9）

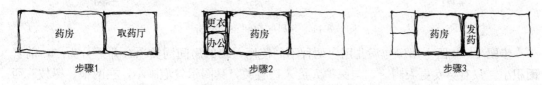

图3-8-9　药房区房间布局分析

步骤1　按内部用房与病人用房两种不同用途的房间同类项合并一分为二，前者面积大，与药品入口有关，其图示气泡画大在左；后者取药厅面积小，与医疗街关系密切，其图示气泡画小在右。

步骤2　在内部用房气泡中，按药房与辅助用房两个房间一分为二，前者面积大，与取药厅应毗邻，其图示气泡画大在右；后者面积小，与入口有关，其图示气泡画小在左。再上下一分为二为更衣和办公。

步骤3　在药房气泡中，按药房与发药一分为二，前者面积大，与入口有关，其图示气泡画大在左；后者面积小，与取药厅紧邻，其图示气泡画小在右。

2）输液功能区房间布局分析（图3-8-10）

步骤1　按病人用房与医生用房两个不同使用对象的房间同类项合并一分为二，前者

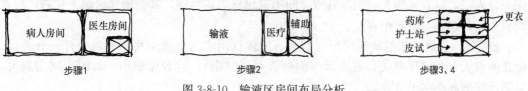

图3-8-10　输液区房间布局分析

面积大，与医疗街关系紧密，其图示气泡画大在左；后者面积小，与医护人员入口有关，其图示气泡画小在右。

　　步骤2　在医生用房气泡中按医疗服务用房与辅助用房同类项合并一分为二，前者面积大，与输液室关系紧密，其图示气泡画大在左；后者面积小，与医护人员入口有关，其图示气泡画小在右。

　　步骤3　在医疗服务用房气泡中，3个房间竖向并列，护士站居中，皮试与药库分设其南北两侧。

　　步骤4　在辅助用房气泡中，上下一分为二各为男女更衣厕所即可。

3）儿科功能区房间布局分析（图3-8-11）

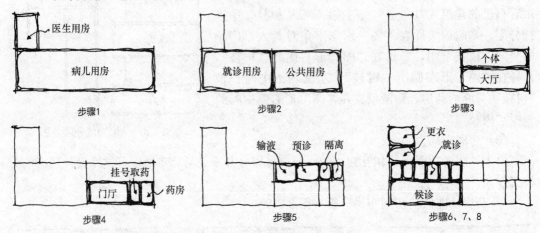

图3-8-11　儿科区房间布局分析

　　步骤1　按医生用房与病儿用房两种不同使用对象的房间同类项合并一分为二，前者面积小，只有男女更衣厕所，与医护人员入口有关，其图示气泡画小，在两根"树枝"西端连接处；后者面积大，与儿科入口有关，其图示气泡占满南"树枝"全部。

　　步骤2　在病儿用房气泡中，按公共用房与就诊用房两种不同性质的房间同类项合并一分为二，两者面积一样，前者与儿科入口关系紧密，且与门诊大厅应连通，其图示气泡在右；后者与医生用房有关，其图示气泡在左。

　　步骤3　在公共用房气泡中，按大厅房间与个体房间同类项合并一分为二，前者面积大，与儿科入口紧邻，其图示气泡画大在下（南）；后者面积小，与大厅有关，其图示气泡画小在上（北）。

　　步骤4　在大厅房间气泡中，按门厅与挂号取药一分为二，前者面积大，与就诊用房关系紧密，其图示气泡画大在左；后者面积小，可占独立一角，其图示气泡画小在右。并再一分为二，挂号取药气泡在左，药房气泡在右。

　　步骤5　在第三步的个体房间气泡中，按第一次来须预诊的房间与须多次来输液的房间一分为二，前者面积大，因串联着2间隔离诊室需在尽端，其图示气泡画大在右；后者面积小，其图示气泡画小在左。

　　步骤6　在第二步的就诊用房气泡中，按候诊用房与就诊用房同类项合并一分为二。前者面积大，与门厅有关，其图示气泡画大在下（南）；后者面积小，与医生用房有关，其图示气泡画小在上（北）。

步骤 7　在就诊用房气泡中，均分为 6 个诊室小气泡即可。

步骤 8　在第一步医生用房气泡中，一分为二为 2 个更衣。

4）急诊科功能区房间布局（图 3-8-12）

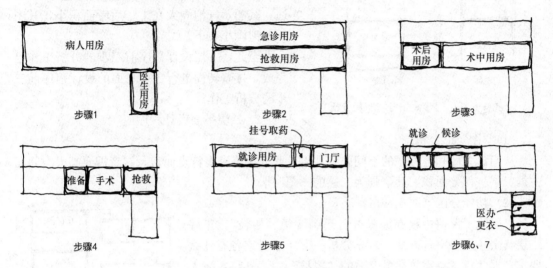

图 3-8-12　急诊区房间布局分析

步骤 1　按医生房间与病人房间两种不同使用对象的房间同类项合并一分为二，前者面积小，与医护人员入口有关，其图示气泡画小在东侧两根"树枝"的连接处；后者面积大，与急诊入口关系紧密，其图示气泡画大并占满北面整个"树枝"。

步骤 2　在病人房间气泡中，按救护车送来的病人抢救用房与因病情突发自己（或亲人陪同）来就急诊的用房同类项合并一分为二，两者面积差不多，前者要靠近医生办公室，其图示气泡在下（南）；后者图示气泡在上（北）。

步骤 3　在抢救用房气泡中，按抢救中用房与抢救后用房同类项合并一分为二，前者面积大，要靠近急诊入口，其图示气泡画大在右；后者面积小，靠近病房楼，其图示气泡画小在左。

步骤 4　在抢救中房间气泡中，按顺序先将抢救气泡画在右，准备气泡画在左，其间为手术气泡。实际上这间手术室不同于真正手术部内的手术室，它不具备做正规手术的条件，只负责抢救工作，如止大出血，心脏复苏等。在挽回病人生命后再送到医院手术部，严格执行一切手术程序，做进一步治疗。

步骤 5　在急诊科气泡中，按公共用房与就诊用房一分为二，前者包括门厅、挂号取药，其图示气泡在右紧临急诊入口；后者图示气泡在左。

步骤 6　在就诊用房气泡中，按候诊与就诊一分为二，前者图示气泡在上，与门厅连通；后者图示气泡在下与医护用房可连通，并均分为 5 个小诊室气泡即可。

步骤 7　在第一步医生房间气泡中竖向画 4 个小气泡；2 个医办气泡在上，2 个更衣气泡在下。

5）门诊大厅功能区房间布局分析（图 3-8-13）

步骤 1　按公共交通与挂号区两个房间一分为二，后者要处在不被其他人流干扰、穿越的袋形空间内，以保证挂号排队的正常秩序，其图示气泡在下（南）；前者图示气泡在

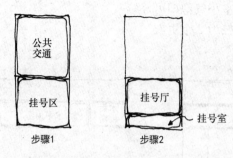

图 3-8-13　门诊大厅房间布局分析

步骤 2　在挂号区气泡中，按挂号厅与挂号室一分为二，前者面积大，应与门诊大厅沟通，其图示气泡画大在上；后者面积小，其图示气泡画小在下。

至此，一层设计程序前三步的分析工作已完成，接着转而进行二层平面的设计程序前三步的分析工作。

2. 二层平面设计程序

（1）"图"形分析

从门诊大厅和挂号厅的空间公共性以及此处人流密集特点而言，二者需要高大空间而占据二层一部分面积，其余则为二层的"图"形。

（2）功能分区（图 3-8-14）

二层除了保留内科在原处外，还剩 4 根"树枝"，正好二层其余 4 个科室各占其一。先分析一下 4 个科室各有什么要求，据此将各科室放在最合适的"树枝"中。外科：病人有行走不便的，本应放在一层，既然任务书规定在二层，就优先把它放在距垂直交通最近的地方，即靠近门诊大厅上空左侧中间一根"树枝"。妇产科：有保护隐私的要求，希望放在不被其他病人过往的走廊尽端，即左侧南面一根"树枝"。检验科：它是为各科室的病人作化验服务的，希望放

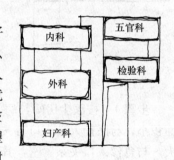

图 3-8-14　二层功能分区分析

在与各科室距离适中的位置，即右侧中间一根"树枝"。而五官科只能放在剩下的右侧北面最后一根"树枝"。

（3）房间布局

1）检验科功能区房间布局分析（图 3-8-15）

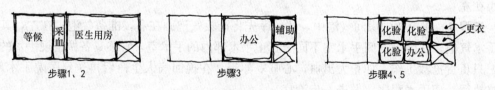

图 3-8-15　检验科房间布局分析

步骤 1　按病人房间与医生房间两种不同人使用的房间同类项合并一分为二，前者面积小，与医疗街要紧邻，其图示气泡画小在左；后者面积大，与楼梯有关，其图示气泡画大在右。

步骤 2　在病人房间气泡中，按等候与采血一分为二，前者面积大，与医疗街毗邻，其图示气泡画大在左；后者面积小，与医生办公房间有关，其图示气泡画小在右。

步骤 3　在医生房间气泡中，按办公用房与辅助用房一分为二，前者面积大，与采血有关，其图示气泡画大在左；后者面积小，在楼梯入口附近，其图示气泡画小在右。

步骤 4　在办公用房气泡中，均分为四，南北各二，为 3 个化验和 1 个办公。

步骤 5 在辅助用房气泡中，上下一分为二，为男、女更衣厕所。

2）五官科功能区房间布局分析（图 3-8-16）

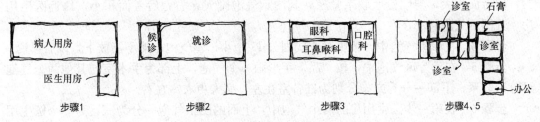

图 3-8-16 五官科房间布局分析

步骤 1 按病人用房与医生用房两种不同人使用的房间同类项合并一分为二，前者面积大，与医疗街关系紧密，其图示气泡画大，占据整个北面"树枝"；后者面积小，与楼梯入口有关，其图示气泡画小，在东侧两根"树枝"东端的连接处。

步骤 2 在病人用房气泡中，按候诊与就诊两个房间一分为二，前者面积小，应处在该区入口处，其图示气泡画小在左；后者面积大，与医生用房靠近，其图示气泡画大在右。

步骤 3 在就诊用房气泡中，按眼科、耳鼻喉科和口腔科 3 个不同功能用房一分为三，并按各自功能要求就位。其口腔科面积虽小，但有大房间，其图示气泡画小在右端；眼科要朝北，图示气泡在上；耳鼻喉科图示气泡则在下。

步骤 4 在口腔科气泡中，按大小一分为二，大者为诊室，小者为石膏间。在眼科和耳鼻喉科气泡中，再各自均分为 6 个诊室小气泡。

步骤 5 在第一步医生用房气泡中一分为三，作为办公，其更衣与检验科医生合用。

3）外科功能区房间布局分析（图 3-8-17）

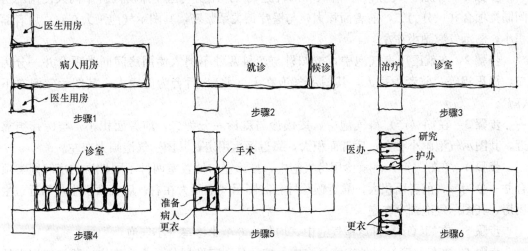

图 3-8-17 外科房间布局分析

步骤 1 按病人用房与医生用房两种不同人使用的房间同类项合并一分为二，前者面积大，与医疗街关系紧密，其图示气泡画大，因病人房间比内科多，需占满整个功能区所在"树枝"；后者面积虽小，但图示气泡也要占据西端三根"树枝"的两个连接体中。

步骤 2 在病人用房气泡中，按候诊与就诊两类房间同类项合并一分为二，前者面积小，与此区入口紧连，其图示气泡画小在右；后者面积大，与医生用房应靠近，其图示气泡画大在左。

步骤3 在就诊用房气泡中，按诊室与治疗区两种不同性质的房间同类项合并一分为二，前者面积大，与候诊厅联系紧密，其图示气泡画大在右；后者面积小，靠近医生用房，其图示气泡画小在左。

步骤4 在诊室气泡中，按中廊方式划分17个小诊室气泡，能不能放下，以后再说。

步骤5 在治疗区气泡中，按"品"字形画3个气泡，上部为手术室与其他两个气泡可分别联系；下部一分为二，分别为准备室在左，病人更衣室在右。

步骤6 在第一步医生用房的两个气泡中，上面的图示气泡一分为三，为3个医生用房；下面的图示气泡一分为二，为2个医生更衣厕所气泡。

4）妇产科功能区房间布局分析（图3-8-18）

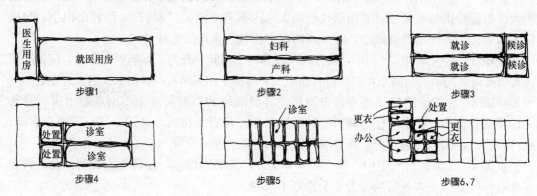

图 3-8-18　妇产科房间布局分析

步骤1 按就医（包括妇科病人和产科健康人）用房与医生用房两种不同人使用的房间同类项合并一分为二，前者面积大，与医疗街关系紧密，其图示气泡画大在右；后者面积小，图示气泡画小在左。

步骤2 在就医用房气泡中，按妇科与产科两种不同人使用房间同类项合并一分为二，面积相等，前者为病人，其图示气泡在上（北）；后者为健康人，其图示气泡在下（南）。

步骤3 在妇（产）科气泡中，按候诊与就诊一分为二，前者面积小，与医疗街靠近，其图示气泡画小在右；后者面积大，靠近医生用房，其图示气泡画大在左。

步骤4 在妇（产）科就诊用房气泡中，按诊室与处置室两种不同性质的房间同类项合并一分为二，前者面积大，靠近候诊厅，其图示气泡画大在右；后者面积小，靠近医生用房，其图示气泡画小在左。

步骤5 在妇（产）科诊室气泡中，均分为6个小诊室（小气泡）。

步骤6 在妇（产）科处置室气泡中，按"品"字形划分3个小气泡，顶端气泡为处置室与其余两个气泡可分别联系；后者为医生更衣在左，病人更衣在右。

步骤7 在第一步医生用房气泡中，竖向一分为二，其上为2个更衣气泡；其下为2个办公气泡。

至此，二层各科室的房间布局已分析到位，设计程序前三步的分析工作已完成，没有发现方案性的重大问题，可回到一层继续完成以下设计程序的分析工作。

（4）交通分析

1）水平交通分析

① 一层水平交通分析（图3-8-19）

A. 门诊大厅作为水平交通起始的交通节点与中间南北向的医疗街融为门急诊楼的水平交通核心，以此连接各个科室。

B. 儿科门厅是儿科功能区的起始交通节点，向右在挂号取药与隔离诊室两个不同的房间之间需有一条短中廊将它们隔开，并通向门诊大厅，以符合功能关系图所示的二者有连线关系。病儿

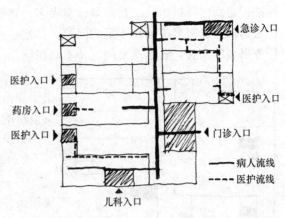

图 3-8-19　一层水平交通分析

从门厅向左到达就诊区的交通节点，即候诊厅。候诊厅与联系着6个诊室的候诊廊相接，候诊廊也兼作水平交通走廊。而儿科医生流线是从西端入口经更衣前的走廊，沿北边廊直通到儿科东端，联系着各个诊室和相关医疗房间。这样，医患流线就完全分开了，各自从诊室前后进入碰面。

C. 急诊功能区的病人流线是从门厅水平交通节点开始，若是救护车送来的有生命危险的病人，进入门厅就直接进入抢救室；若是自己来的急诊病人，在进入门厅挂号后需经由候诊廊再进入相关急诊室就诊。

医护人员的流线则从东端医护人员入口，进入医护辅助用房前的西走廊，抢救医生可以从医办直接进入抢救室，而医生欲到急诊区的诊室则要动一番脑筋。因为要为此设计另一条医生流线。看来，穿越抢救区域是不可能的，只有另外想办法在天井内做一玻璃廊，再从三个串联在一起成为整体部分的抢救中房间与抢救后的观察间之间通过，才能到达连接5个急诊室的医生走廊。这也保证了急诊区医患流线互不交叉。

当危急病人术后在观察间稳定生命体征后，需要被送入病房楼作进一步治疗；因此，危急病人流线需要接通门诊功能区的医疗街，向北通过连廊抵达住院部。

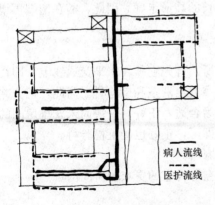

图 3-8-20　二层水平交通分析

D. 至于药房区和输液区的水平交通分析较为简单，两者因直接连通医疗街，其水平交通流线就是厅与厅的对接。只是取药厅为开敞式，而输液厅为封闭式。需要设两个门，一个通医疗街，另一个通门诊大厅。

② 二层水平交通分析（图3-8-20）

A. 二层主要水平交通就是中间南北向的医疗街，由此左右连接各科室，向北连接病房楼。

B. 各科室（外科、妇产科、五官科、检验科）的水平交通模式完全模仿内科模式，在此不作赘述。但有两点提请注意：一是妇产科有两类人，即妇科病人与产科健康人，其功能区应严格分开，则水平交通流线也应各自解决，为此需要比内科多一条候诊廊。可是妇产科"树枝"的平面进深容不下4条走廊，在这种情况下，可将

产科医护走廊向外挑出。二是外科诊室太多，其平面长度不够，也是采用在西端向外挑出医护走廊的办法来解决面积不足的问题。虽然导致流线长而曲折，但相对于平面布局应符合任务书要求而言，这是次要问题，不必纠结。

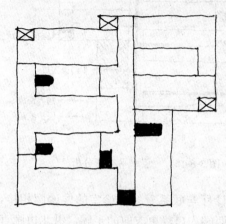

图 3-8-21 垂直交通分析

C. 由于各科室的候诊廊均为袋形走廊，且超出了规范允许的疏散距离，故在各自的候诊廊端头设法附加一条短疏散廊，并连接到医护走廊上，以保证候诊病人的双向疏散要求。

2）垂直交通分析（图 3-8-21）

① 一层垂直交通分析。按任务书给出的自动扶梯条件，想必要把它作为主要垂直交通手段设置在门诊大厅内。不过，具体位置还需仔细推敲。南面是挂号厅，排队病人多，因此，自动扶梯要向门诊大厅北面靠，且要避开门诊入口处的大量进出人流。但又不能紧贴门诊大厅北墙，因为，输液室需要向门诊大厅开门，以迎合经诊断需连续输液的病人直接从门诊大厅进入。因此，兼顾多方面考虑，自动扶梯宜位于门诊大厅入口与输液室之间居中的地方。

还需设置两部医梯，但要考虑两个原则：一是在一层它要面对病人从主入口进入门诊大厅的方向；二是在二层它要在楼面上与医疗街相接。因此，医梯应设在医疗街的西侧。

至于医护区的垂直交通手段应为楼梯。因为有 3 个医护人员入口，因此需要各设一部楼梯。一部楼梯在原门急诊楼东南角保留的楼梯，可作为从东面上二层的医护人员使用；另两部医护人员使用的楼梯应分别在西侧两个入口处。但是，西侧 3 根"树枝"的西端及其连接体在二层全部被医护用房所占据。楼梯间根本插不进，再说 6m 开间也不够楼梯间的长度。那就在两个内院各设一部开敞式楼梯，不但避免了与医护用房抢地盘的矛盾，而且可成为内院一景，可谓一举两得。

② 二层疏散交通分析。二层原门急诊楼保留有 3 部楼梯和扩建部分新增 2 部医护人员楼梯，都可以兼作疏散楼梯；但医疗街却是一条很长的袋形走廊，因此，需在南端再增设一部疏散楼梯，才能保证在医疗街双向疏散的要求。

（5）卫生间配置分析

根据任务书要求，需为门诊病人设置一套公共厕所。首先它须在水平交通线上，即在医疗街之旁。其次它宜位居各科室适中位置，最好能靠近输液室和检验科。为此，把公共厕所的位置设置在一层输液室隔医疗街对面的西侧较为合适，正好有一块尚未安排房间的空当。二层的公共厕所直接叠加在一层公共厕所之上即可，正好也接近检验科。

另外，在儿科的候诊厅西端需设一套病儿使用的厕所。

至于医护人员的卫生间按内科平面模式，全配套在各科室的更衣厕所间内。

（6）建立结构体系（图 3-8-22）

1）依据原门急诊楼的结构形式，扩建部分的开间尺寸依然为 6m，以保证新老建筑整体的一致性。

2）扩建部分每根"树枝"的跨度也应与原门急诊楼保持一致，即采用 7.8m 和 4.8m

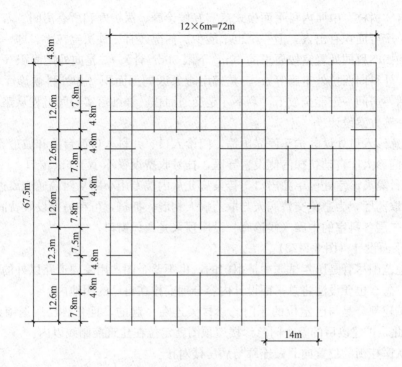

图 3-8-22 结构体系分析

两个不等跨。这样，扩建部分左侧北面的"树枝"为小跨（4.8m），与右侧原门急诊楼南"树枝"的小跨横向对齐。其南做大跨（7.8m），由此构成药房功能区的结构柱网，且与北面保留的放射科之间形成进深为 12.6m 的内院，大于原门急诊楼东侧的内院进深就不会违规。

3）而左侧南面扩建的"树枝"其功能内容为儿科，考虑到儿科房间布局的成果，北面是诊室等小房间，所以小跨（4.8m）居北，大跨（7.8m）在南。其定位要从南建筑控制线后退 1.5m（因二层产科向南外挑了 1.5m 的医护走廊），这样，经计算其北面的内院进深为 12.3m（建筑控制线南北总长 72m，减去放射科后退北建筑控制线 7.8m，左侧 3 根"树枝"进深之和为 37.8m 和一个内院进深 12.6m，以及儿科退南建筑控制线 1.5m）。

4）门诊大厅这个"树枝"是竖着放的，因此开间应朝东，那就把纵向结构轴线都贯通过来，开间不等尺寸没关系，要保证结构整齐的合理性，其跨度用门诊大厅 3 个功能内容的面积之和（436m²），除以其开间总面宽 32.7m，得出跨度为 14m（取整数）。

需要说明的是，对于二层建筑而言，新老建筑接合处不必做双柱留缝，否则，基础也要脱开，结构、施工都麻烦，而且室内因有双柱而影响使用和视觉效果。现在的施工技术完全可以采用植筋法，将新建筑的梁直接插进老建筑的柱中，而新老建筑同为两层，结构不会受沉降影响。如同 2007 年厂房改造试题，允许增设的二层梁板结构可以与厂房结构柱为一体。

（7）在格网中落实所有房间的定位

该试题的此项工作其实很简单，只是因为小房间太多比较烦而已。只要设计程序前五步思路清晰，分析得法，其所有房间的布局应该是有章法的，且结构形式与尺寸也是现成的，而各科室各占一根"树枝"，互不干扰。因此，应试者只要按房间布局的分析秩序，就能在各自"树枝"中照内科平面模式落实好候诊廊、医护廊和所有房间。若落实某些房间有困难，宁可面积有出入，但一个也不能少。何况还有三件法宝在手，即一是房间面积打九折（如妇产科的处置室按要求的 40m² 下限 36m² 计）；二是向外挑面积（如产科向南挑医护廊，外科向西挑外走廊等）；三是挪用毗邻区局部面积（如外科候诊厅等）。总之，还是那句话，房间一定能全放下，剩下才是交通面积。详细落实房间过程从略。

（8）完善方案设计

1）在急诊入口处设救护车停靠雨篷，门诊入口、儿科入口设台阶和坡道。

2）在门诊大厅自动扶梯南侧设置导医，挂号收费设置不小于 6m 窗口。

3）儿科隔离诊室处设单独出口，传染病儿从内院专用小路从西端通道离去。

4）在取药厅，为避免交费病人与取药病人相混、拥挤，可在另处设收费间。

5）在二层各科室的中廊（候诊廊）设屋顶采光通风窗口。

3. 总平面设计（图 3-8-23）

该用地范围尽管是历年试题中最抠门的，也不要企图占用院内道路以外的非门急诊楼规划用地，怎么也要设法将总平面设计内容合理安排在自己的用地内。

（1）扩建部分是与已定位的原门急诊楼紧连在一起的，且儿科已后退南建筑控制线 1.5m，因此，扩建以后的整个门急诊楼屋顶图就定位在建筑控制线以内。

（2）从医疗街的位置向北做连廊与病房楼对接。

（3）门急诊楼东山墙距东院内道路 10m，儿科距南院内道路 12.5m，可采用路边垂直停车方式，按门诊、急诊、儿科不同病人作分散式停车。200m² 的自行车停车亦可分散设于各自区域，以方便存取。

三、绘制方案设计成果图（图 3-8-23～图 3-8-25）

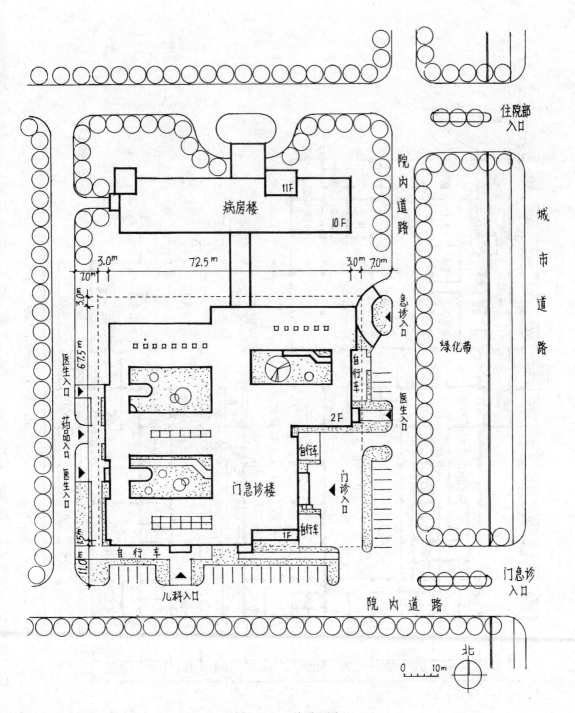

图 3-8-23 总平面图

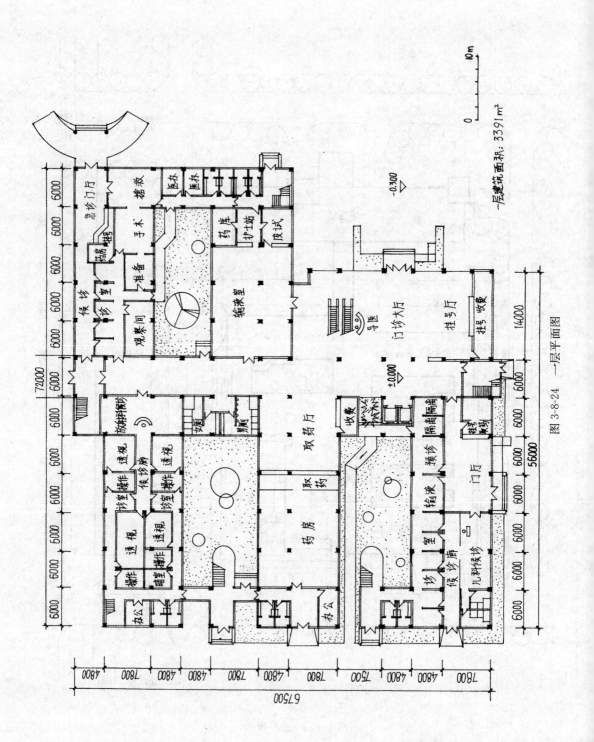

图 3-8-24 一层平面图

急诊门厅　抢救　医办　医办

候诊　诊室　药房　手术　准备　药库　护士站　皮试

观察室　输液室

放射科候诊　导医　门诊大厅　挂号厅

透视　透视　候诊廊　取药厅　挂号收费

操作　诊室　操作　诊室　收费　注射室　预诊　隔离　隔离

透视　透视　取药　药房　输液　门厅　挂号收费

操作　暗室　操作　办公　诊室　诊室　候诊　儿科候诊　办公

-0.300

±0.000

一层建筑面积: 3391 m²

10 m
0

6000　6000　6000　6000　6000　6000

72000

6000　6000　6000　6000　6000

14000

56000

67500

7800　4800　7800　4800　4800　7800　4800　7500　4800　4800　7800

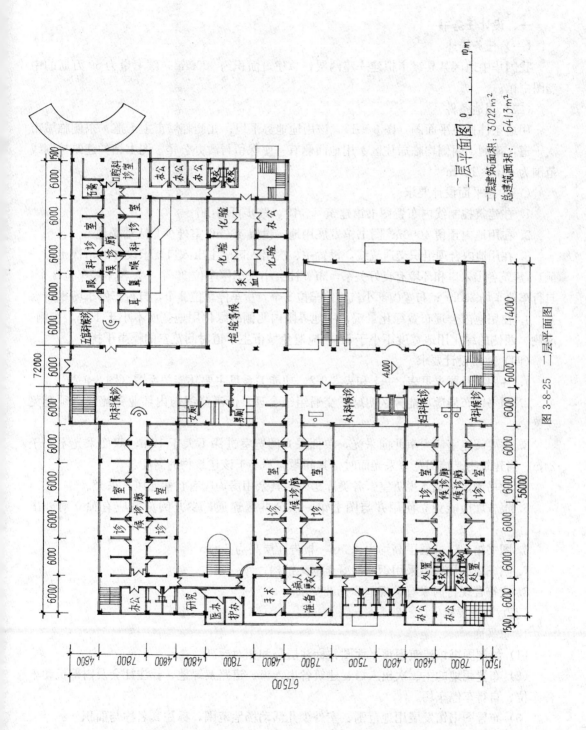

图 3-8-25　二层平面图

二层平面图

二层建筑面积：3022m²
总建筑面积：6413m²

219

第九节　［2011年］图书馆

一、设计任务书

（一）任务描述

我国华中地区某县级市拟建一座两层，总建筑面积约9000m²，藏书量为60万册的中型图书馆。

（二）用地条件

用地条件见总平面图（图3-9-1）。该用地地势平坦；北侧临城市主干道，东侧临城市次干道，南侧、西侧均临居住区。用地西侧有一座保留行政办公楼。图书馆的建筑控制线范围为68m×107m。

（三）总平面设计要求

1. 在建筑控制线内布置图书馆建筑（台阶、踏步可超出）。

2. 在用地内预留4000m²图书馆发展用地，设置400m²室外少儿活动场地。

3. 在用地内合理组织交通流线，设置主、次出入口（主出入口要求设在城市次干道一侧），建筑各出入口和环境有良好关系，布置社会小汽车停车位30个，大客车停车位3个，自行车停车场300m²；布置内部小汽车停车位8个，货车停车位2个，自行车停车场80m²。

4. 在用地内合理布置绿化景观，用地界限内北侧的绿化用地宽度不小于15m，东侧、南侧、西侧的绿化用地宽度不小于5m。应避免城市主干道对阅览室的噪声干扰。

（四）建筑设计要求

1. 各用房及要求见表3-9-1和表3-9-2，功能关系见主要功能关系图（图3-9-2）。

2. 图书馆布局应功能分区明确，交通组织合理，读者流线与内部业务流线必须避免交叉。

3. 主要阅览室应为南北向采光，单面采光阅览室进深不大于12m，双面采光不大于24m。当建筑物遮挡阅览室采光面时，其间距应不小于该建筑物的高度。

4. 除书库区、集体视听室、各类库房外，其余用房均应有自然通风、采光。

5. 报告厅应能独立使用并与图书馆一层公共区连通，少儿阅览室应有独立对外出入口。

6. 图书馆一、二层层高均为4.5m，报告厅层高为6.6m。

7. 图书馆结构体系采用钢筋混凝土框架结构。

8. 应符合现行国家有关规范和标准要求。

（五）制图要求

1. 总平面

（1）绘制图书馆建筑屋顶平面图并标注层数和相对标高。

（2）布置用地的主、次出入口、建筑各出入口、道路及绿地，标注社会及内部机动车停车位、自行车停车场。

（3）布置图书馆发展用地范围、室外少儿活动场地范围，标注其名称与面积。

2. 平面图

（1）按要求分别绘制图书馆一层平面图和二层平面图，标注各用房名称。

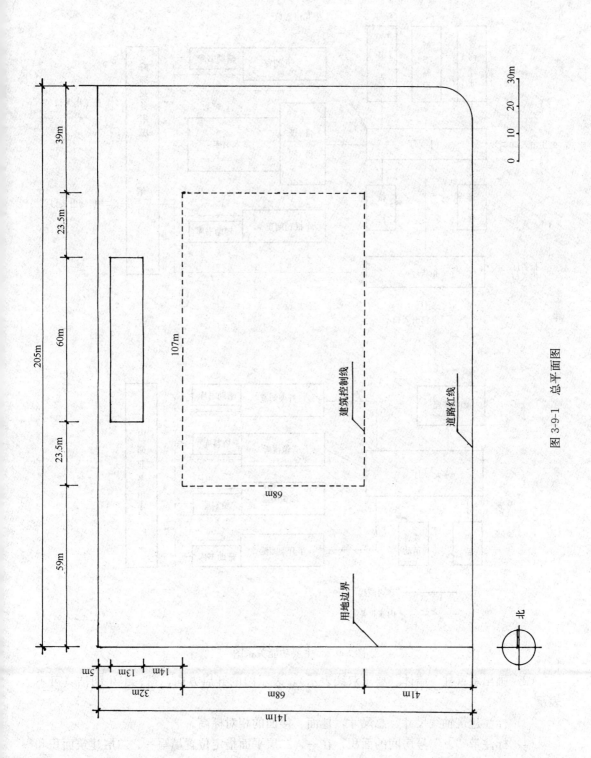

图 3-9-1 总平面图

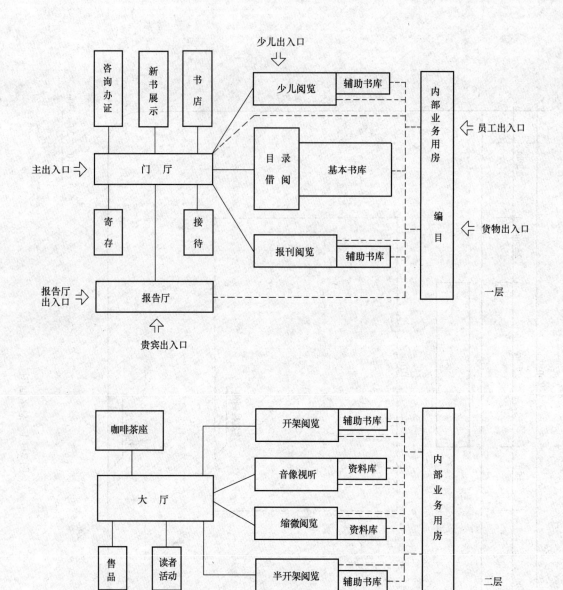

图 3-9-2 主要功能关系图

（2）画出承重柱、墙体（要求双线表示），表示门的开启方向，窗、卫生间洁具可不表示。

（3）标注建筑轴线尺寸、总尺寸，地面、楼面的相对标高。

（4）标注带"＊"号房间的面积，在一、二层平面指定位置填写一、二层建筑面积和总建筑面积（面积均按轴线计算，各房间面积、各层建筑面积及总建筑面积允许控制在规定面积的 10％以内）。

一层用房及要求 表 3-9-1

功能分区	房间名称		建筑面积（m²）	间数	设计要求
公共区	*门厅		540	1	含部分走道
	咨询、办证处		50	1	含服务台
	寄存处		70	1	
	书店		180	1+1	含 35m² 书库
	新书展示		130	1	
	接待室		35	1	
	男女厕所		72	4	每间 18m²，分两处布置
书库区	*基本书库		480	1	
	中心借阅处		100	1+1	含借书、还书间，每间 15m²；服务柜台长度应不小于 12m
	目录检索		40	1	应靠近中心借阅处
	管理室		35	1	
阅览区	*报刊阅览室		420	1+1	含 70m² 辅助书库
	*少儿阅览室		420	1+1	应靠近室外少儿活动场地，含 70m² 辅助书库
报告厅	*观众厅		350	1+1	设讲台，含 24m² 放映室
	门厅与休息处		180		
	男女厕所		40	2	每间 20m²
	贵宾休息室		50	1	应设独立出入口，含厕所
	管理室		20	1	应连通内部业务区
内部业务区	编目	拆包室	50	1	按照拆→分→编流程布置（靠近货物出入口）
		分类室	50	1	
		编目室	100	1	
	典藏、美工、装裱室		150	3	每间 50m²
	男女厕所		24	2	每间 12m²
	库房		40	1	
	空调机房		30	1	不宜与阅览室相邻
	消防控制室		30	1	
交通	交通面积		1214		含全部走道、楼梯、电梯等

一层建筑面积：4900（允许±10%：4410～5390）

223

功能区	房间名称		建筑面积 （m²）	间数	设计说明
公共区	大厅		360	1	
	咖啡茶座		280	1	也可开敞式布置，含供应柜台
	售品部		120	1	也可开敞式布置，含供应柜台
	读者活动室		120	1	
	男女厕所		72	4	每间 18m²，分两处布置
阅览区	*开架阅览室		580	1+1	含 70m² 辅助书库
	*半开架阅览室		520	1+1	含 150m² 书库
	缩微阅览	缩微阅览室	200	1	朝向应北向，含出纳台
		资料库	100	1	
	音像视听	个人视听室	200	1	含出纳台
		集体视听室	160	1+2	含控制 15m²，库房 10m²
		资料库	100	1	
		休息厅	60	1	
内部 业务区	影像	摄影室	50	1	有门斗
		拷贝室	50	1	有门斗
		冲洗室、暗室	50	1+1	按照摄→拷→冲流程布置
	缩微室		25	1	
	复印室		25	1	
	办公室		100	4	每间 25m²
	会议室		70	1	
	管理室		40	1	
	男女厕所		24	2	每间 12m²
	空调机房		30	1	
交通	交通面积		764		含全部走道、楼梯、电梯等

二层建筑面积：4100m²（允许±10%：3690～4510）

注：以上面积均以轴线计算，房间面积与总建筑面积允许±10%的误差。

二、设计演示

（一）审题

1. 明确设计要求

（1）根据题意这是一座县级市图书馆，其建筑标准应是闭架式传统图书馆，而不是开架式现代图书馆。两者的最大差别在于前者必须自然采光通风，且为南北向；读者流线与书籍流线应严格分流，不允许交叉相混，只能在借阅柜台相遇。这是传统图书馆设计的基本原理。

（2）图书馆各读者使用功能区应独立成区，相互拉开距离，才能保证"功能分区明确"和满足自然采光通风条件，如同上一年门急诊楼试题各科室的布局各占一根"树枝"一样。

2. 解读"用房及要求"表

（1）先看一层和二层表格最后一行，得知层建筑面积"下大上小"，面积差为 $800m^2$。要马上想到报告厅（确切说应是观众厅）因是高大空间，只能为 1 层，但面积不足 $800m^2$，因此公共空间的门厅可能要局部做 2 层高。这只是从层建筑面积"下大上小"想到的方案设计思路，以便为设计操作作好思想准备。

（2）看表格最左边第一列功能分区的情况：一层表格的功能分区看来稍微多了一些，可以简化为使用区（公共区、阅览区、报告厅）、管理区（内部业务区）和后勤区（书库区）。二层表格的功能分区亦如此。

（3）看左边第二列各功能区有哪些主要用房，眼睛扫描一下，头脑中有个印象即可。

3. 理解功能关系图

（1）先看一层出入口情况

一层功能关系图中表示了6个出入口，从中你要看出影响设计的几个要点：

1）6个出入口，有4个出入口对外，2个出入口对内。对外出入口是为3种读者服务，各占一方。对内2个出入口要将员工与书籍分开设置。

2）没有指向后勤区（书库）的出入口，说明书库无需靠外墙。

3）读者主入口与书籍（货物）入口是相对而设的，这为读者流线与书籍流线相对而行，避免交叉创造了条件。

4）报告厅的两个入口（听众与贵宾）总是一前一后相对而设。

（2）看气泡组织情况

对应于使用、管理、后勤三大功能区应分区明确，此功能关系图的气泡组织比较清晰。三者呈串联式，符合传统图书馆功能分区的模式。唯一的遗憾是报告厅气泡的位置组织在使用功能区的公共区内，没有向右移至阅览区内，许多应试者为此而被误导。你只要把报告厅当作阅览室的功能同等对待，只不过一个是看，一个是听，方式不同，但获取知识的目的一样。这样，概念清楚了，方案的"图"形才能更正确。

传统图书馆的书库一般是集中式的，便于库区内部书籍分类灵活调整，但该试题的书库是分散到各阅览室的，这没有本质差别，只要在一个书库区域内就行。

最好能进一步理解各气泡的空间形态，以便对设计程序第三步（房间布局）有所帮助。主要是对一层公共区那一堆气泡的功能与空间要进一步明确其设计概念：咨询、办证与寄存两个气泡是读者进入门厅要办的第一件事，其空间形态是敞开式柜台服务；新书展示气泡不是展览馆的展厅，其位置宜在读者行进路线必经的地方，且融于门厅空间中（不可作成封闭的房间），以使读者能即时获取新书信息；书店气泡是经营场所，不可干扰图书馆正常功能，其空间形态为封闭的房间；接待气泡也应是房间形态。对上述公共用房若能理解正确，就能在操作中轻而易举设计到位。

（3）看连线关系

1）功能关系图的连线分实线与虚线，实线为读者流线；虚线为工作人员和书籍流线，其表述的房间与房间关系已非常明确，无需赘述。

2）需要进一步理解的是报告厅有一条实线连着门厅，一条虚线连着管理区。由于报告厅含有多个用房，你一定要知道是报告厅的门厅要与图书馆的门厅相连，报告厅的管理室要与管理区相连。这样，在具体方案设计时才不会被动或出错。

4. 看懂总平面图的环境条件

该总平面图所表述的环境条件很简单，只有用地大小、建筑控制线范围及其定位、指北针以及两条城市道路这 4 个限定条件。而用地内保留的办公建筑为东西向，暗示图书馆若有辅助用房亦为东西向也是允许的。至于南、西两侧相邻的居住区，只是作为图书馆周边环境条件的一种交代，况且没有住宅布置示意，又在图书馆用地之南，两者毫无影响，权当作干扰条件不去管它。

（二）展开方案设计

由于该图书馆用地要预留 4000m² 发展用地，因此，作为规划先要将此二期用地扣除，剩下的用地才是图书馆一期建设范围。我们要考虑的问题是二期发展用地规划在哪儿？看来，只有规划在用地南面。根据计算，用地东西宽 141m，扣除东西两侧边缘各 5m 绿化，实际为 131m，用预留面积 4000m² 一除，预留用地南北向需 31m，再加上南侧边缘 5m 绿化。因此，从用地南边界向北 36m 切一刀。剩下用地即为一期用地范围，在此用地上就可开始展开正常设计程序的分析工作了。至于二期发展用地形状较狭长，干什么？与一期有什么关系？一概不用想，因为任务书对此没有要求。

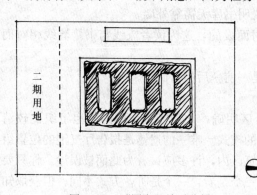

图 3-9-3 "图底" 关系分析

1. 一层平面设计程序

（1）场地设计

1）分析场地的"图底"关系（图 3-9-3）

①"图"形的分析。图书馆功能要求各功能区紧凑布局，以使流线短捷。又由于任务书要求各阅览室自然采光、通风，且为南北朝向，何况建筑控制范围并不宽裕，因此，"图"应为集中式，但又必须挖内院。那么需要几个内院呢？就看"图"形中间地带有几个阅览区，每两个阅览区之间需挖一个内院。根据任务书要求，一层有 4 个读者功能空间：中心借阅、报刊阅览、少儿阅览和报告厅。前述我们已分析过报告厅其功能、作用应与阅览室享有同等地位，才不会被一层功能关系图中报告厅处在挂边角位置而误导，正确把握住"图"形应呈横卧的"目"字形，这就为后续方案设计程序指明了正确的方向。

②"图"的定位分析。因为图书馆四周皆有建筑出入口，因此，"图"形宜周边退进建筑控制线少许而定位。

2）分析建筑各出入口方位（图3-9-4）

因为人不可能从城市道路一步跨进建筑入口，而需要分两步走，即先确定场地出入口，再据此，为不同的人分别设置各自的建筑入口。

① 先分析场地主次入口。对于场地来说，此设计阶段只有两个入口需要分析，即主次入口。前者为外部使用，以人

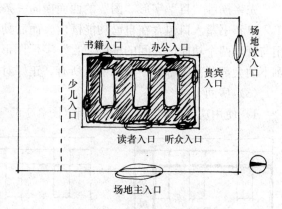

图3-9-4 场地与建筑出入口分析

为主；后者为内部使用，以车为主。而且主入口处的人行道路牙不能断开（除办公、宾馆类型建筑外），以防广场人车相混；次入口处的人行道路牙应断开，便于内部车辆进出。至于外来社会车辆需要进入场地，不是此时要考虑的，那是总平面设计的任务。

任务书已指明场地主入口在用地东侧的城市次干道上，这是作为读者使用的，因此要设在一期用地东边界的中间范围内。而次要入口主要供内部人员和书籍送货之用，故设在另一条城市主干道的西端，且对着西建筑控制线与保留办公楼之间的空当处。

② 再分析建筑各出入口。建筑各出入口分析的原则一是先外后内，二是按重要程度依次分析。

首先是分析量大面广的成人读者入口，其位置当然应在"图"形东面居中，与场地主入口形成对话关系。

其次是少儿读者入口，由于少儿阅览室和室外活动场地必须朝南，因此，其入口也应在"图"形南面偏东，接近场地主入口的范围。

第三是报告厅听众入口，也应从图书馆"图"形正面进入，但正中范围是成人读者的主入口，它只能靠边，由于横卧"目"字形的南面被少儿读者入口占据，预想到报告厅功能区只能在横卧"目"字形北面一条"腿"中，因此，听众入口需要移至"图"形东面的北端。

第四是贵宾入口，作为演讲人与听众应相对而行进入报告厅，因此，其入口宜在"图"形北面偏西范围。另外，考虑到贵宾来报告厅演讲需要开车接送，其入口接近场地次要出入口也较为合理。

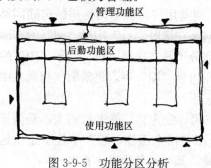

图3-9-5 功能分区分析

剩下内部两个入口（办公和书籍）都在"图"形西面。考虑到员工进出内部业务区较为频繁，其入口偏北接近场地次要入口。而书籍并不是每天进出内部业务区，且需要室外卸货场地，其入口偏南，可远离场地次要入口。

（2）功能分区（图3-9-5）

掌握一个原则，即每个功能区都要把自己的入口包在自己的功能区范围内。

先将横卧"目"字形"图"的西面横向一条长"腿"分配给管理功能区，使内部的员工入口和书籍入口包含在自己功能区内。而后勤功能区是没有入口的，因此，它应夹于使用与管理两个功能区之间的横卧"目"字形图形中间，且位于左边三条竖"腿"的西侧。剩下的大部分范围都归使用功能区所有，正好对外4个入口皆被纳入其中。

（3）房间布局

1）使用功能区的房间布局分析（图3-9-6）

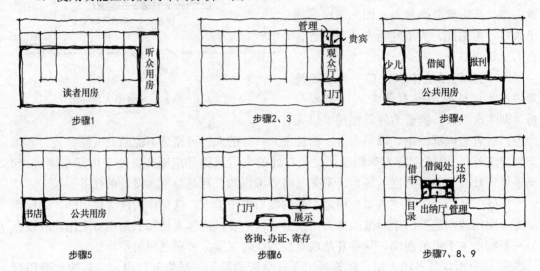

图 3-9-6　使用功能区房间布局分析

步骤 1　按读者用房与听众用房两种不同性质的房间同类项合并一分为二，前者面积大，与成人读者、少儿读者以及书库有关，其图示气泡画大在左；后者面积小，要把听众入口和贵宾入口包进来，其图示气泡画小在右。其报告厅位置正好在北面一条竖"腿"中，一方面有利于大量听众对外集中疏散；另一方面可作为北面城市主干道对阅览室噪声影响的屏障。

步骤 2　在听众用房气泡中，按公共房间与使用房间一分为二，前者面积小，与听众入口关系紧密，其图示气泡画小在下（东）；后者面积大，与贵宾入口有关，其图示气泡画大在上（西）。

步骤 3　在使用房间气泡中，按听众用房与贵宾用房一分为二，前者面积大，与公共房间（门厅）关系紧密，其图示气泡画大在下（东）；后者面积小，与贵宾入口关系紧密，其图示气泡画小在上（西）。再一分为二，管理在左；贵宾室在右。

步骤 4　在第一步读者用房气泡中，按公共用房与阅览用房两种不同性质的房间同类项合并一分为二，前者与主入口关系紧密，其图示气泡画在横卧"目"字形"图"的东面横向一条长"腿"中；后者与各书库毗邻，其图示气泡分别画在横卧"目"字形"图"的左边三条竖向"腿"中。并直接将少儿阅览气泡画在左边竖"腿"中，将借阅气泡画在中间竖"腿"中，将报刊阅览气泡画在右边竖"腿"中。

步骤 5　在公共用房气泡中，按服务空间与经营空间一分为二，前者面积大，是为读者服务的主要用房，其图示气泡画大在右，且在整个图书馆东面横"腿"中处于正中地位；后者面积小，是经营性服务，应处于公共区的边缘，其图示气泡画小在左。

228

步骤6 在服务空间气泡中，以门厅为核心，咨询、办证、寄存合为一个扁长的小气泡画在近入口的中心位置，新书展示图示气泡画在门厅右上角的开放空间迎向读者，以发挥醒目的宣传窗口作用，并获得较稳定的空间。

步骤7 在中心借阅用房气泡中（注意：借阅面积比阅览面积小很多，而书库较大，因此，要将借阅气泡改小），按读者用房与出纳用房一分为二（以服务柜台为界），前者面积大，与门厅关系紧密，其图示气泡画大在下（东）；后者面积小，与书库紧邻，其图示气泡画小在上（西）。

步骤8 在读者用房气泡中，出纳厅图示气泡居中，左为目录检索气泡，右为管理气泡。

步骤9 在出纳用房气泡中，出纳台居中，左为借书小气泡，右为还书小气泡。

2）管理功能区的房间布局分析（图3-9-7）。

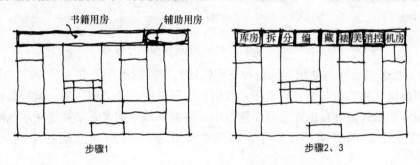

图3-9-7 管理功能区房间布局分析

步骤1 按书籍管理与辅助管理用房一分为二，前者面积大，与书籍入口关系紧密，其图示气泡画大在左；后者面积小，其图示气泡画小在右。

步骤2 在书籍管理用房气泡中，按新书加工用房与旧书加工用房一分为二，前者面积大，与各书库有关，其图示气泡画大在左；后者面积小，其图示气泡画小在右。紧跟着将新书加工用房气泡画两小（拆包、分类）一大（编目）；将旧书加工用房气泡均分为三（典藏、装裱、美工）。

步骤3 在辅助管理用房气泡中，将消控、机房和库房3个房间搞定。

3）后勤功能区的房间布局分析

少儿阅览和报刊阅览的辅助书库面积小，其图示气泡各跟随自己的阅览室画在其西头毗邻；中心借阅处的基本书库面积大，其图示气泡画大，在左边第二竖"腿"的西段，与中心借阅处毗邻。

至此，一层平面设计程序的前三步完成。此时需暂停，开始对二层平面设计程序的前三步进行同步分析。

2. 二层平面设计程序

（1）"图"形的分析

一、二层的层建筑面积下大上小，二层需要扣除一部分面积。在哪儿扣呢？一是报告厅层高为6.6m，但并不是报告厅所有房间不论大小一律同高，这是不合理的。诸如门厅比图书馆的门厅还要高，显然不可取。只有观众厅因跨度大，人员多，还需设放映间（应抬高并架空），才需要高敞空间。因此其上方不能有二层，故可将观众厅屋顶部分的二层面积扣除。再将图书馆门厅局部做成两层高空间，使上下层公共空间流通，也需扣除一部分面积，剩下部分即为二层平面的"图"形。

（2）功能分区

二层平面的使用、管理、后勤三大功能分区基本上与一层上下基本吻合。

（3）房间布局

1）使用功能区的房间布局分析（图3-9-8）

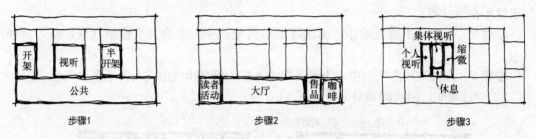

图3-9-8　二层使用功能区房间布局分析

步骤1　按公共房间与使用房间两种不同性质的房间同类项合并一分为二，前者图示气泡在东面横向狭长"腿"中；后者图示气泡在中间竖向三条"腿"中。紧接着将面积较大的开架阅览图示气泡画在南面竖向"腿"中，将面积较小的半开架阅览图示气泡画在一层报刊阅览之上层的竖向"腿"中，将缩微音像视听图示气泡画在中间一条竖向"腿"中。

步骤2　在公共房间气泡中，按大厅与服务用房一分为二，前者面积小，与一层门厅上下对位居中。后者又按商业服务与业务服务一分为二，前者面积大，其图示气泡画大，在大厅北侧；后者面积小，其图示气泡画小，在大厅南侧。再将前者一分为二，咖啡茶座面积大，需要景观，其图示气泡画大在右；售品部面积小，其图示气泡画小在左。

步骤3　在缩微音像视听气泡中，首先将需要朝北的缩微阅览图示气泡画在右，将可以为黑房间的集体视听图示气泡画在中间，将个人视听图示气泡画在左。并将集体视听一分为二，休息厅面积小，与大厅关系密切，其图示气泡画小在下（东）；集体视听面积较大，其图示气泡画大在上（西）。

2）管理功能区的房间布局分析

步骤1　将使用房间与辅助房间两种不同性质的房间同类项合并一分为二，前者面积大，与一层员工入口位置有关，其图示气泡画大在右；后者面积小，其图示气泡画小在左。

步骤2　在使用房间气泡中，按技术用房与行政用房同类项合并一分为二，前者面积小，与阅览室有关，其图示气泡画小在左；后者面积大，其图示气泡画大在右。

步骤3　在技术用房气泡中，一分为三，并按流程自右至左分别画上摄影、拷贝、冲洗3个小气泡。

步骤4　在行政用房气泡中，画上一个会议室大气泡，4个办公小气泡和一个复印小气泡。

步骤5　在第一步的辅助用房气泡中，一分为二各为管理和机房。

3) 后勤功能区的房间布局分析

在开架阅览气泡内的西头画上辅助书库小气泡，在半开架阅览气泡内的西头画上书库较大气泡，在缩微阅览西头和个人视听气泡内的西头分别画上资料库较大气泡，在集体视听气泡内的西头画上控制和库房两个小气泡。

至此，二层平面设计程序前三步分析工作完成，没有发现较大方案性问题，可以回到一层平面继续完成以下设计程序的分析工作。

（4）交通分析

1）水平交通分析

① 一层水平交通分析（图3-9-9）

A. 公共区的门厅作为图书馆水平交通流线起始节点，与各读者使用房间都是空间与空间对接，不需走廊线形空间形态连接。由于门厅门面较宽，宜在咨询、办证、寄存柜台两侧各设主出入口。

B. 在内部业务区因房间众多，且需与库区要有联系，为避免出现暗房间，宜做单廊水平交通流线。并在南北两端内院位置，布置两个入口水平交通节点作为门厅。

C. 从内部业务区水平交通流线上，分别向少儿阅览和报刊阅览做短廊相连，并沿基本书库北侧引一条水平交通流线连接中心借阅处，再延伸至公共区门厅相接。

D. 在报告厅的入口与观众厅之间作门厅水平交通节点，向左设门与图书馆门厅连通。

E. 在少儿阅览与书店之间，作为少儿阅览的门厅水平交通节点，并设门与图书馆门厅相通。

② 二层水平交通分析（图3-9-10）

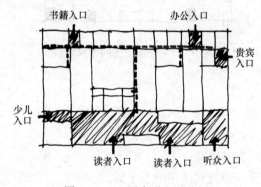
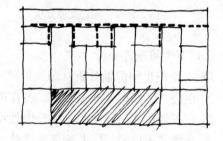

图3-9-9　一层水平交通分析　　　　图3-9-10　二层水平交通分析

A. 公共区的大厅也是作为二层水平交通的节点，分别与各读者使用房间直接相连，不需要走廊水平交通空间形态。

B. 内部业务区的水平交通流线亦为单廊。

C. 从内部业务区的水平交通流线上，分别向开架阅览、半开架阅览、个人视听、集体视听和缩微阅览5个读者使用房间作短廊连接。

2）垂直交通分析（图3-9-11）

① 一层垂直交通分析

A. 由于门厅有两个出入口，在其旁各设一部靠外墙的主要交通楼梯。一方面位置醒目；另一方面有利于一、二层读者尽快分流。而无障碍电梯在门厅中也要引人注目，且宜迎合读者进入门厅的方向，还要能上至二层大厅楼面上，因此，可将无障碍电梯布置在服务柜台对面夹于报刊阅览与中心借阅之间。

B. 内部业务区员工使用的交通楼梯，为了不占据业务办公用房面积，可分别在此区两个入口门厅的对面内院中各设一部楼梯。此外，在靠编目北侧为书籍的垂直运输设置一部货梯。

C. 观众厅的放映间需要架空抬高，因此，在其北侧应单独为放映间设置一部楼梯。

② 二层疏散楼梯分析

公共区两部楼梯和内部业务区两部楼梯共4部楼梯升至二层，可解决二层5个阅览空间的读者和管理区员工的疏散问题。但是管理区两楼梯间距虽符合双向疏散距离的规范要求，毕竟在使用中还嫌走廊较长（61.5m）。可在中间内院补设一部楼梯，正好与货梯相近，可方便员工上下使用，并在一层货梯旁设疏散过厅直接对外，更有利于疏散效率。

在大厅公共区北端的咖啡茶座区处于袋形空间内，其尽端至楼梯的距离（27m）已超过规范的要求；因此，可将放映间的楼梯再升高1.5m，以解决咖啡茶座的双向疏散。

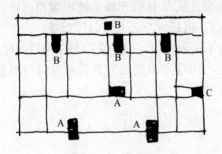

图 3-9-11　垂直交通分析

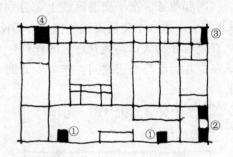

图 3-9-12　一层卫生间配置分析

（5）卫生间配置分析

1）一层卫生间配置分析（图 3-9-12）

① 在公共区根据任务书要求，各在两入口旁的楼梯另一侧设置卫生间。

② 在报告厅的门厅北侧，靠外墙处设一套卫生间。

③ 在贵宾入口的门厅西侧靠外墙处，设一套贵宾使用的卫生间。

④ 在内部业务区书籍入口门厅南侧设一套员工用卫生间，以避开此区中部有书的各房间。

2）二层卫生间配置分析

二层卫生间配置只叠加一层公共区两套卫生间和内部业务区一套卫生间即可。

（6）建立结构体系（图 3-9-13）

1）确定结构形式

由于图书馆两个方向总长尺寸都较大，且南北方向是各阅览室的主要采光面，而东面又是图书馆的主要立面，开间柱网也宜有规律，因此，框架结构的形式主要为方格网。但是，内部业务区是单廊，方格网并不适宜，而改为采用矩形格网。

2）确定框架尺寸

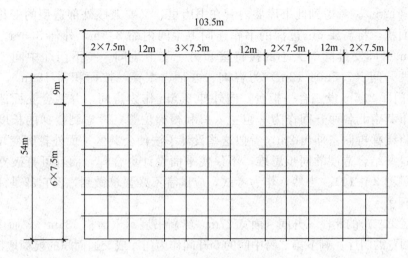

图 3-9-13 结构体系分析

在解读设计任务书时，我们已清楚这是一座传统图书馆，按其设计原理，结构开间尺寸宜与图书馆的家具排列尺寸呈模数关系，以便两者结合有机。这个尺寸模数就是以书架中距 1.25m 为模数，而阅览桌的中距为 2.5m。因此，开间尺寸宜为 2.5m 的倍数。看来适宜该图书馆规模的柱网尺寸宜为 7.5m。

3）柱网的建构

"目"字形 4 条"腿"的进深方向除中心借阅面积大，内容多，需 3 个 7.5m 柱网外，其他 3 条竖"腿"各 2 个 7.5m 柱网，总计 67.5m。而建筑控制线南北总长为 107m，还剩下 35.5m。扣除南北因有出入口需后退建筑控制的尺寸，再被 3 个内院平分，则每个内院南北进深可有 12m。也即各阅览室的采光间距为 12m，超过建筑高度 9m，符合题意要求。且每个阅览室皆为双面采光，这样，图书馆东向总面宽为（9×7.5m）+（3×12m）=103.5m。

中间 4 条竖"腿"的南北向为各阅览室的采光面，按每个功能区的阅览室面积（420m²）除，需要约 4 个 7.5m 开间柱网。

东侧的公共区和报告厅门厅部分总面积为 1297m²，再加上必要的交通面积除以总长103.5m，需要约 2 个 7.5m 柱网跨度。

西侧的内部业务区，多数房间面宽要占一个柱网 7.5m，用房间面积 50m² 除，得出进深为 6.6m，再加走廊宽度取 2.4m，得出内部业务区柱网的进深尺寸为 9m。

（7）在格网中落实所有房间的定位

1）在格网中落实一层所有房间（见图 3-9-16）

步骤 1 公共区除书店、接待和卫生间外，多为开敞式空间，边界模糊，只要定位明确、面积合适即可。考虑到门厅一、二层上下流通，从室内空间效果看两等跨并不合适，使空间主次不分明，故宜调整为大小跨（10m 和 5m）。

按照设计程序第三步房间布局的分析成果，将第一跨图书馆正中 8 开间（面宽73.5m）给门厅，其面积（735m²）超出的部分另行想办法减去。第一跨剩下南面两开间计 15m 的房间给书店（面积 150m²），缺 30m² 作为书库另设在其北与一套卫生间合占一开间（12m）。考虑到此书库要内套在书店里，又要兼顾外部造型的变化和内部减去点门厅面积，将需要6m进深的书库连同卫生间内缩2.5m，外伸3.5m。与此对称在北面12m开间安排同等大小的接待室和另一套卫生间。剩下门厅中间6开间，其中，正中两开间（7.5m＋12m）为咨询、办证、寄存，按面积需120m²，则进深需6m。可占门厅2.5m设三合一柜台，向外伸3.5m作为房间，并结合立面造型外墙作弧状。剩下其南北各两开间作为一组主入口和楼梯位置。考虑到楼梯的长度要求和造型需要，将楼梯再向东伸出2m，看似这些设计手法使公共区平面外轮廓变化多端，但是，恰恰这些结合造型的同步思维，不仅使平面设计更合理，而且可打破立面造型的单调感（见图3-9-14）。当然，作为考试，应试者不必强求做到，但它却是建筑师设计素养的体现。

公共区第二跨的北段三开间（面宽27m）给新书展示（面积135m²），而南段两开间作为少儿阅览的门厅。剩下第二跨中间的5开间作为门厅或交通面积的模糊地带。

步骤2 南面竖"腿"为少儿阅览室，用辅助书库面积（70m²）除以13m（扣除2m短走道）需要约5.5m开间，剩下2m作为出纳柜台，其余面积为少儿阅览室所有。

步骤3 在中心借阅竖"腿"中，判断虽有三跨，但面积仍然紧张，故用基本书库面积的下限432m²除以三跨总进深（22.5m），需约20m面宽，即2开间加5m，剩下第三开间的2.5m作为出纳台内的中心借阅处和借书、还书两个小房间。剩下最后一开间作为出纳厅、目录检索和管理室。

步骤4 在报刊阅览竖"腿"的格网中，落实房间的方法同少儿阅览室，不再赘述。

步骤5 在报告厅竖"腿"中，公共区（面积220m²）正好占据对应图书馆门厅最北端的两开间内（15m×15m）。但门厅入口开间为偶数，正中的柱无论对使用或空间都有不利影响，故需调整开间为中间为7.5m整开间，其两侧各为半开间（3.75m）。门厅占一开间半，卫生间占北端半开间，男女厕所各占此半开间的东西两端，其间可有一过渡空间作为缓冲，在门厅中既隐蔽又方便。

在观众厅所占竖"腿"中，先扣除东端二层放映室的进深尺寸4m（其下中部作为观众厅入口，北侧作为上二层放映间的楼梯间，南侧作为门厅的休息角），再扣除讲台背后贵宾入口门厅和管理室的面宽计4m，观众厅面宽为22m。用其面积326m²（已扣除放映室24m²），进深正好为15m。但是，从造型考虑，观众厅层高6.6m，而东西两侧图书馆两层高计9m，北外墙拉齐并不体现高低体量的有机咬合关系，既然体量不一，反映在平面设计上两部分不宜整齐划一。为此，宜将观众厅向北凸出1m，使高低体量能呈咬合关系。其面积仍在允许±10％的上限以内。

步骤6 内部业务区房间在柱网中的落实比较简单，不再赘述。

2）在格网中落实二层所有房间（见图3-9-17）

根据二层平面设计程序第三步房间布局分析的成果，自南向北三条竖"腿"依次为开架阅览室、视听缩微阅览室和半开架阅览室，我们就按此顺序依次将它们落实到结构格网中。

步骤1 南面竖"腿"的面积为30m×15m＝450m²，与表格规定的开架阅览室面积580m²相差较多，可向东面公共区的第二跨挪用5m，再将阅览室的三开间向北外挑2m，使其面积可达570m²。在此"腿"的西段再划分5.5开间给辅助书库和一条短廊。

步骤2 中间竖"腿"的面积为 $30m \times 22.5m = 675m^2$，与表格规定的缩微视听 3 个阅览室及其资料库的面积 $820m^2$ 相差太多。按面积下限 $738m^2$ 还差 $63m^2$，还不包括可能产生的交通面积。因此，只有将此功能区向西占用内部业务区一部分面积，但需留出 2.4m 走道，不阻断内部业务区南北通行是可以的，好在绝大多数业务办公和行政办公仍然集中成区。

中间竖"腿"只有三跨，3 个阅览室只能各占一跨。面宽也只能给三开间。因为缩微阅览室按功能要求一定在北，集体视听不需要采光可居中，剩下个人视听在南。由于中间竖"腿"功能内容多，面积紧张，故各房间面积按下限计算较为保险。南面个人视听室经计算需要面宽 24m（$200m^2 \times 0.9 \div 7.5m$），不得已再向西"要"1.5m。居中有集体视听室和休息厅，前者占两开间，后者占一开间。而集体视听室面积为 $135m^2$（$160m^2 - 15m^2 - 10m^2$）需 9m 进深，但跨度只有 7.5m，只好向北占用 1.5m。此时房间露出一根结构柱。因为集体视听室两端，一端是控制室，另一端墙需挂银幕，因此，观众席居中，两侧是走道。此柱正在观众席与走道的分界线上，并不妨碍视线。从集体视听室内向西"要"3m 给控制室和库房即可。北面的缩微阅览室进深被集体视听侵占了 1.5m，还剩 6m，按其面积下限 $180m^2$ 计算，也需向北外挑 2m，使面积刚好达标。

至于两个资料库，在扣除 3 个阅览室各需一条短廊与内部业务区联系的合理位置与面积后，在 3 条短廊间自然形成 2 个资料库。

步骤3 北面竖"腿"的面积为 $450m^2$，与表格规定的半开架阅览室下限面积 $468m^2$ 还差 $18m^2$。同样，将其三开间向北外挑 2m，以补偿所缺面积。在此基础上，将该阅览室所含的书库面积下限 $135m^2$，除以 12m 进深（扣除 2m 短廊），划拨 10.5m 开间给书库。

步骤4 公共区与内部业务区的房间在格网中落实较为简单，不再详述。

(8) 完善方案设计

1）将观众厅后部若干排席位做台阶状地面升起，有利视听效果。为此，在门厅的观众厅入口前需做平台（放映间下方）和踏步、坡道。在观众厅讲台两侧做斜墙，以加强厅堂的声学效果。在观众厅北外墙做对外直接疏散门。

2）在各阅览室、中心借阅处、咨询办证寄存处、咖啡茶座、售品部均设柜台。

3）在少儿阅览室南外墙设门，连通少儿室外活动场地，并以金属栅栏围合。

4）二层东南角与西南角无房间可安排，将其面积作为屋顶露台，不但可增加室外活动场所，而且有利造型变化。

3. 总平面设计（图 3-9-15）

(1) 将图书馆屋顶平面图放在建筑控制线正中，周边均匀留有退让距离。

(2) 首先在用地南侧留出 36m 宽的二期用地（包括边界 5m 绿化）。北面退让 15m，东、西各退让 5m 作为绿化带。

(3) 在一、二期分界处的一期用地东南角做读者车辆进入场地的入口，并与用地西北角的场地次要入口沿图书馆南、西两侧做内部道路连接起来。

(4) 对应于图书馆门厅两侧楼梯之间的宽度范围，在其前做入口广场，并在图书馆中轴线的场地主入口处，对位于图书馆两主入口之间的宽度做绿化限定的场地主入口开口宽度，但人行道路牙不可断开，以防机动车进入广场。

(5) 读者和听众的机动车停车场分设两处。一处在报告厅北侧，另一处在入口广场南侧，可使读者或听众就近停车，并各自方便进入图书馆门厅或报告厅。自行车存放设置在入口广场北侧的内部道路边缘，并以绿化遮掩，存取方便。

（6）在少儿阅览室南侧做 400m² 少儿室外活动场地，并以金属栅栏围合起来。

（7）内部停车场设在保留办公楼的北侧，接近场地次要入口。内部自行车存放设在保留办公楼东侧内部道路边缘。

（8）在场地东北角、城市道路交叉口处做景观绿化。

三、绘制方案设计成果图（图 3-9-14～图 3-9-17）

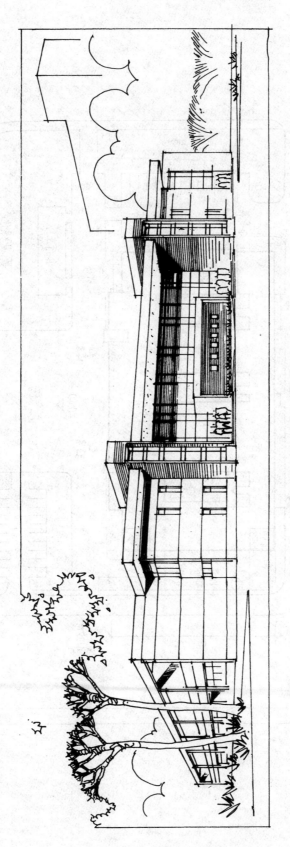

图 3-9-14 图书馆造型构思透视图

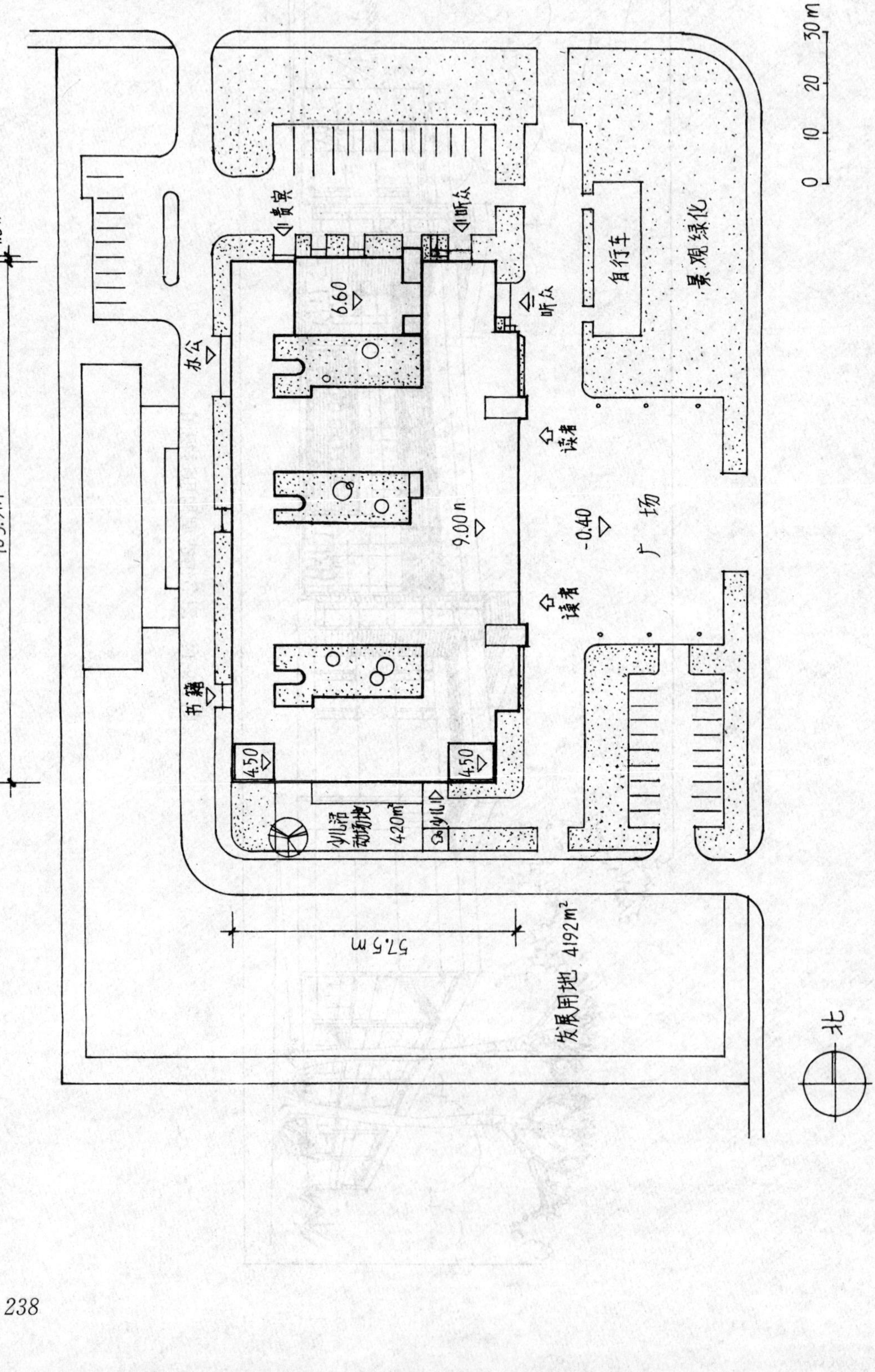

238

图 3-9-15 总平面图

1.0m

105.5m

57.5m

发展用地 4192m²

北

0 10 20 30m

小报告厅

听众

听众

办公

读者

读者

书籍

6.60

9.00

-0.40

广场

自行车

景观绿化

少儿活动场地 420m²

4.50

4.50

少儿

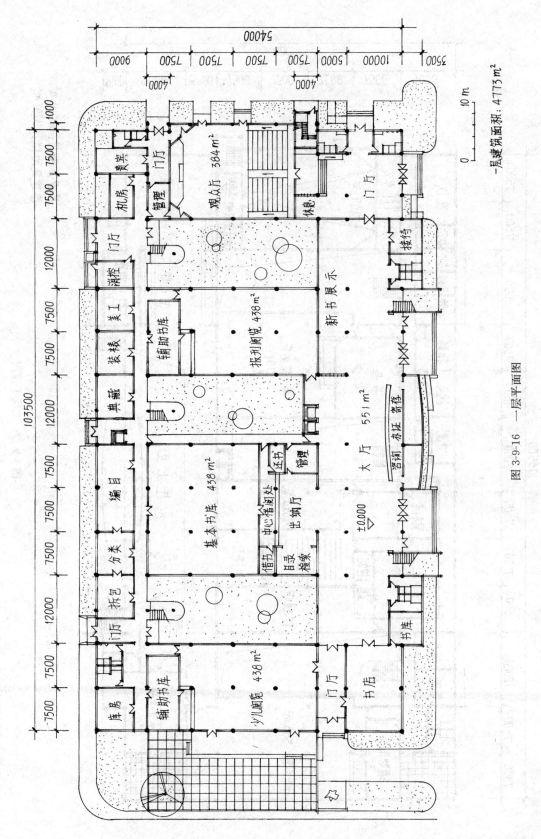

54000

9000 | 7500 | 7500 | 7500 | 7500 | 5000 | 5000 | 10000 | 3500

4000   4000

0   10 m

一层建筑面积：4773 m²

门厅

观众厅 384 m²

休息

接待

机房

管理

门厅

消控

美工

装裱

典藏

编目

分类

拆包

门厅

库房

辅助书库

少儿阅览 438 m²

门厅

书店

辅助书库

报刊阅览 438 m²

新书展示

借书
目录检索

中心管阅处

出纳厅

基本书库 438 m²

管理

还书

咨询

办证

寄存

大厅 551 m²

±0.000

书库

1000 | 7500 | 7500 | 12000 | 7500 | 7500 | 12000 | 7500 | 7500 | 7500 | 12000 | 7500 | 7500

103500

图 3-9-16 一层平面图

239

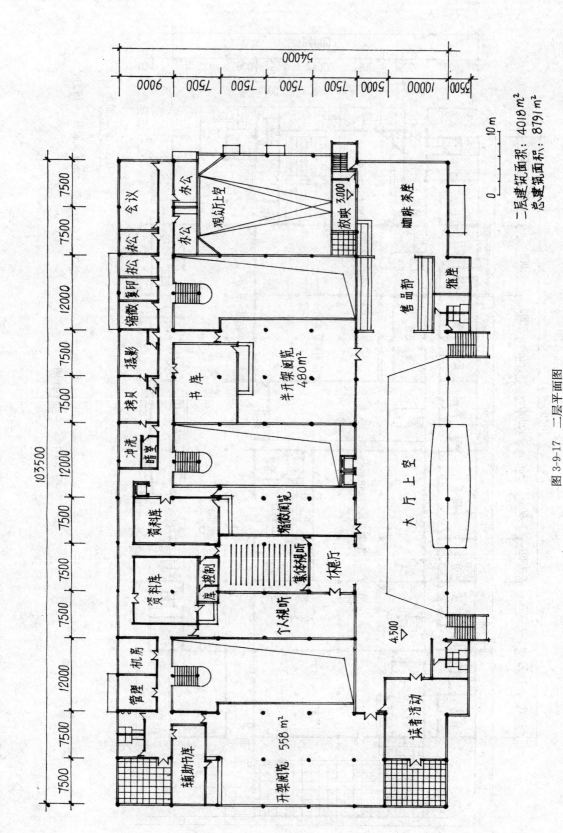

二层建筑面积：4018 m²
总建筑面积：8791 m²

图 3-9-17　二层平面图

第十节 ［2012 年］博物馆

一、设计任务书

（一）任务描述

在我国中南地区某地级市拟建一座两层总建筑面积约 10000m² 的博物馆。

（二）用地条件

用地范围见总平面图（图 3-10-1），该用地地势平坦，用地西侧为城市主干道，南侧为城市次干道，东侧和北侧为城市公园；用地内有湖面及预留扩建用地，建筑控制线范围为 105m×72m。

（三）总平面设计要求

1. 在建筑控制线内布置博物馆建筑。

2. 在城市次干道上设车辆出入口，主干道上设人行出入口；在用地内布置社会小汽车停车位 20 个，大客车停车位 4 个，自行车停车场 200m²，布置内部与贵宾小汽车停车位 12 个，内部自行车停车场 50m²，在用地内合理组织交通流线。

3. 布置绿化与景观，沿城市主、次干道布置 15m 宽的绿化隔离带。

（四）建筑设计要求

1. 博物馆布局应分区明确，交通组织合理，避免观众与内部业务流线交叉，其主要功能关系图见图 3-10-2、图 3-10-3。

2. 博物馆由陈列区、报告厅、观众服务区、藏品库区、技术与办公区 5 部分组成，各房间及要求见表 3-10-1、表 3-10-2。

3. 陈列区每层分别设三间陈列室，其中至少两间能天然采光；陈列室每间应独立使用、互不干扰。陈列室跨度不小于 12m，陈列区贵宾与报告厅贵宾共用门厅，贵宾参观珍品可经接待室，贵宾可经厅廊参观陈列室。

4. 报告厅应能独立使用。

5. 观众服务区门厅应朝主干道，馆内观众休息活动应能欣赏到湖面景观。

6. 藏品库区接收技术用房的藏品先经缓冲间（含值班、专用货梯）进入藏品库；藏品库四周应设巡视走廊；藏品出库至陈列室、珍品鉴赏室应经缓冲间通过专用的藏品通道送达（详见功能关系图）；藏品库区进出口须设门禁；缓冲间、藏品通道、藏品库不需天然采光。

7. 技术与办公用房应相对独立布置且有独立的门厅及出入口，并与公共区域相通；技术用房包括藏品前处理和技术修复两部分，与其他区域进出须经门禁。库房不需天然采光。

8. 应适当布置电梯与自动扶梯。

9. 根据主要功能关系图布置 5 个主要出入口及必要的疏散口。

10. 预留扩建用地主要考虑今后陈列区及藏品库区扩建使用。

11. 博物馆采用钢筋混凝土框架结构，报告厅层高≥6.0m，其余用房层高为 4.8m。

12. 设备机房布置在地下室，本设计不必考虑。

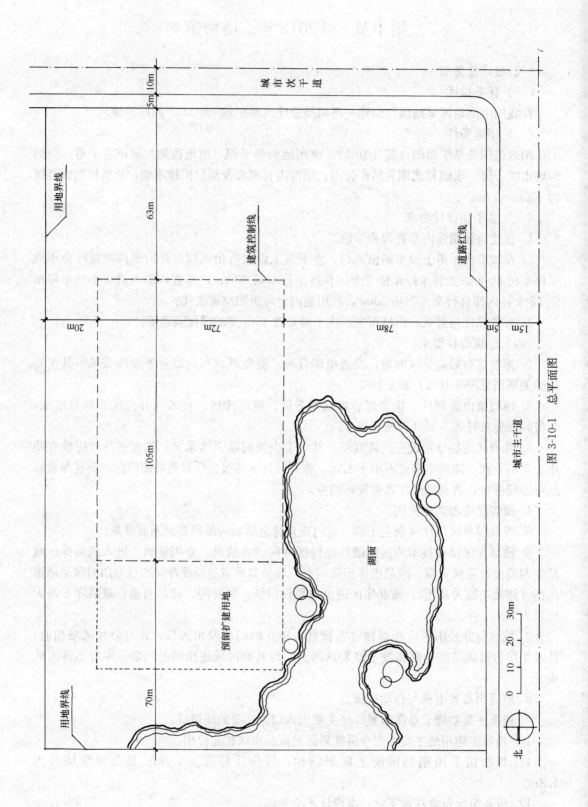

图 3-10-1 总平面图

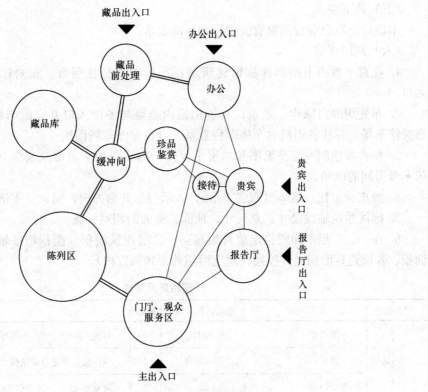

图 3-10-2　一层主要功能关系图
注：单线表示相通，双线表示紧邻相通

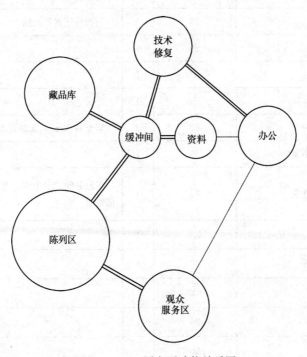

图 3-10-3　二层主要功能关系图

（五）规范要求

本设计应符合现行国家有关规范和标准要求。

（六）制图要求

1. 在总平面图上绘制博物馆建筑屋顶平面图并标注层数、相对标高和建筑物各出入口。

2. 布置用地内绿化、景观；布置用地内道路与各出入口并完成与城市道路的连接；布置停车场并标注各类机动车停车位数量、自行车停车场面积。

3. 按要求绘制一层平面图和二层平面图，标注各用房名称及表 3-10-1、表 3-10-2 中带 * 号房间的面积。

4. 画出承重柱、墙体（双线表示），表示门的开启方向，窗、卫生洁具可不表示。

5. 标注建筑轴线尺寸、总尺寸，地面、楼面的相对标高。

6. 在一、二层平面图指定位置填写一、二层建筑面积（面积均按轴线计算，各房间面积、各层建筑面积允许控制在规定面积的±10%以内）。

一层用房及要求   表 3-10-1

功能区		房间面积	建筑面积（m²）	间数	备　　注
陈列区	陈列	* 陈列室	1245	3	每间 415m²
		* 通廊	600	1	兼休息，布置自动扶梯
		男女厕所	50	3	男女各 22m²，无障碍 6m²
	贵宾	贵宾接待室	100	1	含服务间、卫生间
		门厅	36	1	与报告厅贵宾共用
		值班室	25	1	与报告厅贵宾共用
报告厅		门厅	80	1	
		* 报告厅	310	1	
		休息厅	150	1	
		男女厕所	50	3	男女各 22m²，无障碍 6m²
		音响控制室	36	1	
		贵宾休息室	75	1	含服务间、卫生间，与陈列区贵宾共用门厅、值班室
观众服务区		* 门厅	400	1	
		问讯服务	36	1	
		售品部	100	1	
		接待室	36	1	
		寄存	50	1	

功能区		房间面积	建筑面积（m²）	间数	备　注
藏品库区		＊藏品库	375	2	2间藏品库，每间110m²，四周设巡视走廊
		缓冲间	110	1	含值班、专用货梯
		藏品通道	100	1	紧密联系陈列室、珍品鉴赏室
		珍品鉴赏室	130	2	贵宾使用，每间65m²
		管理室	18	1	
技术与办公区	藏品前处理	门厅	36	1	
		卸货清点	36	1	
		值班室	18	1	
		登录	18	1	
		蒸熏消毒	36	1	清点后需经此处理
		鉴定	18	1	
		修复	36	1	
		摄影	36	1	
		标本	36	1	
		档案	54	1	
	办公	门厅	72	1	
		值班室	18	1	
		会客室	36	1	
		管理室	72	2	每间36m²
		监控室	18	1	
		消防控制室	36	1	
		男女厕所	25	2	与藏品前处理共用
其他交通面积			583		含全部走道、过厅、楼梯、电梯等
一层建筑面积			5300		
一层允许建筑面积			4770～5830		允许±10%

功能区		房间名称	建筑面积（m²）	间数	备 注
陈列区		*陈列室	1245	3	每间 415m²
		*通廊	600	1	兼休息，布置自动扶梯
		男女厕所	50	3	男女各 22m²，无障碍 6m²
观众服务区		咖啡茶室	156	1	含操作间 26m²，库房 26m²
		书画商店	136	1	
		售品部	100	1	
		男女厕所	50	3	男、女各 22m²，无障碍 6m²
藏品库区		*藏品库	375	2	2 间藏品库，每间 110m²，四周设巡视走廊
		缓冲间	110	1	含值班、专用货梯
		藏品通道	100	1	
		阅览室	36	1	供研究工作人员用
		资料室	92	1	
		管理室	18	1	
技术与办公区	技术修复	书画修复	54	2	修复 36m²，库房 18m²，室内相通
		织物修复	54	2	修复 36m²，库房 18m²，室内相通
		金石修复	54	2	修复 36m²，库房 18m²，室内相通
		瓷器修复	54	2	修复 36m²，库房 18m²，室内相通
		档案	18	1	
		实验室	54	1	
		复制室	36	1	
	办公	研究室	180	5	每间 36m²
		会议室	48	1	
		馆长室	36	1	
		办公室	72	4	每间 18m²
		文印室	25	1	
		管理室	108	3	每间 36m²
		库房	36	1	
		男女厕所	25	2	
其他交通面积			828		含全部走道、过厅、楼梯、电梯等
二层建筑面积			4750		
二层允许建筑面积			4275～5225		允许±10%

二、设计演示

（一）审题

1. 明确设计要求

该任务书的建筑设计要求共有 12 条，是历年试题要求最多之一。但关键 4 条要求一定要牢记：

（1）功能分区要明确，流线应清晰，这是博物馆设计最基本的要求。特别是观众流线与藏品流线要严格区分。

（2）"建筑设计要求"第 6 条的文字叙述是重点，要搞清藏品从经技术用房的流程处理到入库，以及藏品从出库到被送达陈列室的整个过程的专用流线要求，它决定了涉及藏品流线的相关房间布局。

（3）三间陈列室中，要有两间能自然采光，以及馆内观众休息活动区应能看到湖面，这两条设计要求对于房间布局的章法和方案设计成败至关重要，务必做到。

（4）"陈列室跨度不小于 12m"，是对陈列室进深最小尺寸的限定。显然对于陈列室 415m²，其进深还要加大，才能使其平面长宽比较为合适。

2. 解读"用房及要求"表

（1）先看一层和二层表格最后一行，得知层建筑面积"下大上小"，且只差 550m²。估计把报告厅的一部分扣除也就上下面积差不多平衡了。但要注意，一层面积 5300m²，需要按两个防火区考虑，为避免设计问题复杂化，设计时要设法把一层面积打九折，降至 5000m² 以下为宜。

（2）看表格最左边第一列功能分区情况：一层表格分了 5 个功能区，可将前 3 个功能区合并为使用功能区，这样，3 个功能区就简单了，有利于设计程序第二步很快搞定。二层亦如此。

（3）看表格左边第二列各功能区有哪些主要用房，眼睛扫描一下，头脑中有个印象即可。

3. 理解功能关系图

（1）先看一层出入口情况

1）5 个出入口中，有 3 个出入口对外，2 个出入口对内。

2）没有指向藏品库的出入口，说明其不需靠外墙。

3）观众出入口与藏品出入口是相对而设的，意指观众流线与藏品流线要相对而行，才不会交叉相混。

4）报告厅的 2 个出入口（听众与贵宾）总是成对而设。

（2）看气泡组织情况

该功能关系图的气泡似乎画得比较乱，仔细看还是可辨清的。3 大功能分区的各自气泡基本上是成组表示，且三者为串联布局。

（3）看连线关系

双线表示观众与藏品流线上各相关房间的紧密关系，两者在陈列室相遇，应该说连线关系的表达是清晰的。但单线联系中，贵宾和接待两个气泡的连线有点令人费解。即功能关系图上的接待应是陈列区的贵宾接待，而非观众服务区的接待。那为什么贵宾接待只与珍品鉴赏有连线而与观众服务区的门厅没有连线，难道不看陈列室了？肯定不是这样。因此，设计中一定也要有一条连线让贵宾接待到陈列室去。但不是设专用流线，因为办公气泡与观众服务区门厅已经有一条连线,贵宾接待可以走这条线。

此外,办公到门厅的连线似乎与贵宾到珍品鉴赏的连线有交叉,记住两点:一是连线只表示两个气泡的关系,二是连接方式要视方案而定,可能是走廊,可能是厅,可能是毗邻在一起等。可能实际方案中是交叉的,但设门后,这个问题就不存在了。

4. 看懂总平面图的环境条件

该用地条件与上一年图书馆的用地条件几乎一样简单,只是换了几个环境要素。博物馆用地同样有两边临城市主次干道的限定条件。另两边换成了城市公园要素,且其对博物馆的设计也是一个干扰条件,可以不用管它。此外,建筑控制线范围、指北针、湖面等环境条件必须遵守其限定要求。至于预留扩建用地的范围界定和与建筑控制线紧密的毗邻关系,对博物馆北部的房间布局具有较大限定作用。

此外,建筑控制线的西边界已经压在湖岸上,但并不意味着可以将博物馆建筑压在建筑控制线西边界上而不算违规,这不是好的设计思路。因为,博物馆是一个庞大的公共建筑,不是城市或公园建筑小品,不宜做成亲水建筑;况且湖面东西只有 50m 左右,最窄处只有 25m,充其量是一个池塘,若把一个庞然大物紧临水边,则湖面尺度会变得更小,与博物馆的尺度是很不相称的。如果把湖面环境条件认识到这种深度,对于方案设计是大有裨益的。

(二)展开方案设计

1. 一层平面设计程序

(1)场地设计(图 3-10-4)

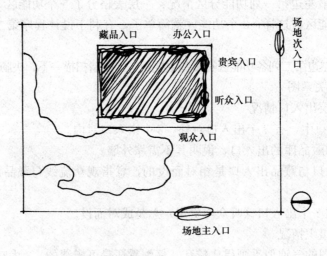

图 3-10-4 "图底"关系与出入口分析

1)分析场地的"图底"关系

①"图"形的分析。作为建筑方案设计考试,本应为中央空调标准的博物馆虽然改为要求天然采光,但由于建筑控制线范围限定了"图"形只能为集中式,这是多年来建筑方案设计作图考试的共同规律。只不过会有两种结果:一是实心;二是空心。博物馆的"图"形当属空心集中式,只不过要挖几个院子?在哪儿挖?暂时因为设计条件不具备而搁置以后再说。

248

②"图"的定位分析。按照历年考试规律，多数情况下，只要将"图"形退让周边建筑控制线少许即为"图"形定了位。只是此题西边可适当再后退些，以便与湖边保持一段距离。

2）分析建筑各出入口方位

① 先分析场地主次入口。这个问题任务书已明确指定主入口在城市主干道上，只是要结合环境条件，湖面已经遮挡了一半以上的建筑控制线范围，因此，场地主入口要对着西侧建筑控制线的南段范围。而供车辆进出的场地次入口任务书也已指定在城市次干道上。因为，内部车辆要到建筑控制线东面和二期用地去，因此场地次入口宜选在东南角的城市次干道上。

② 再分析建筑各入口。再次强调分析建筑各入口的原则，一是先外后内；二是依次就位。

首先是观众入口要与场地主入口有对话关系，即在"图"的西面靠南，也只有这个范围可供观众进出博物馆，其余的范围都被湖面占据。

其次，报告厅的一对入口，只能在"图"的南面，与场地车辆次入口接近。因二者在观众厅内是相对而行，因此听众入口在西，接近主入口广场；贵宾入口在东，与前者拉开距离，且与场地次入口更加靠近（贵宾都是由专车接送至此）。

最后，内部的两个入口，都在"图"的东面。其中，办公入口人员多，进出频繁，其入口偏南；而藏品入口则偏北。

（2）功能分区（图3-10-5）

各功能区只要将各自入口纳入其功能分区气泡范围内，则三大功能分区的气泡大小与位置即可确定。其中，使用功能区面积最大，要将对外的3个建筑入口包进来，西面要与湖面关系密切，北面要向

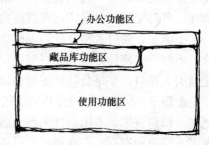

图3-10-5 功能分区分析

二期延伸，满足以上要求的功能区气泡"图"形应为纵向（南北）厚实的一整长条。再在南端将贵宾入口包进来，多一个小拐角呈"L"形气泡。办公区面积小，要把内部两个入口包进来，且要为所有房间满足采光要求创造条件，故"图"的东面一狭长条气泡为办公功能区。剩下夹于使用与办公两个功能区之间的部分为藏品库功能区；此区气泡图也是扁长形，之所以如此，就是要考虑到尽量使其与贵宾用房接近，以减少其间的流线长度。

（3）房间布局

1）使用功能区的房间布局分析（图3-10-6）

步骤1 按展览用房与报告厅用房两种不同性质的房间同类项合并一分为二，前者面积大，要把主入口包进来，并与藏品库区关系紧密，其图示气泡画大在左；后者面积小，要把自己的两个入口包进来，其图示气泡画小在右。

步骤2 在展览用房气泡中，按陈列用房与公共用房两种不同用途的房间同类项合并一分为二，前者面积大，与藏品库区有关，其图示气泡画大在左；后者面积小，与主入口有关，其图示气泡画小在右。

步骤3 在陈列用房气泡中，按陈列室与通廊两个房间一分为二，前者面积大，靠近藏品库区，其图示气泡画大在上；后者面积小，要看到湖面，其图示气泡画小在下。

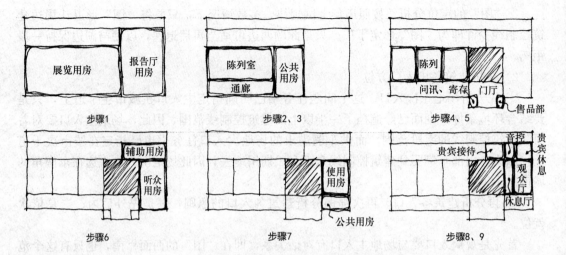

图 3-10-6　使用功能区房间布局分析

步骤 4　在陈列室气泡中，均分为三。此时会发现 3 个陈列室只有最左边陈列室可以天然采光，其他两个为黑房间，按任务书要求必须再使一个陈列室亮起来。考虑到 3 个陈列室宜彼此毗邻在一起形成整体，故在与功能性质完全不同的报告厅之间要形成内院，从而使二者都受益。但是，这样就侵占了公共区的范围。相比之下，挖内院是方案性问题，一定要满足，而后者是设计处理的次要矛盾，可以另行得到弥补。比如将公共区向西凸出去，不但没有使公共区利益受损，反而带来两个意外的好处：一是主入口因体量的突出而更加引人注目；二是公共区正对内院从而提升了室内环境品质。

步骤 5　在第二步的公共用房气泡中，按门厅与服务用房一分为二，前者面积大，要把主入口包进来，其图示气泡画大居中。后者又宜立刻按观前服务与观后服务一分为二，前者为问讯和寄存，应在观展行进流线途中，其图示气泡画在门厅左侧；后者为售品部，应在观展后离去的流线途中，其图示气泡在门厅右侧。

步骤 6　在第一步的报告厅用房气泡中，按听众用房与辅助用房一分为二，前者面积大，应把听众入口包进来，其图示气泡画大在下；后者面积小，应把贵宾入口包进来，其图示气泡画小在上。

步骤 7　在听众用房气泡中，按公共用房与使用用房一分为二，前者面积小，与观众入口和展区门厅有关，其图示气泡画小在下；后者面积大，夹于报告厅的两个入口之间；其图示气泡画大在上。

步骤 8　在使用用房气泡中，按观众厅与休息厅一分为二，前者面积大，要有利于瞬时疏散，其图示气泡画大在右；后者面积小，为报告厅中途休息之用，要有好的景观，其图示气泡画小在左。

步骤 9　在第六步的辅助用房气泡中，按看珍品贵宾接待用房与做报告贵宾用房一分为二，前者与藏品库有关，其图示气泡在左；后者与报告厅有关，其图示气泡在右。再将其一分为二，音响控制气泡在左；贵宾休息气泡在右。

2）藏品库功能区的房间布局分析（图 3-10-7）

步骤 1　按基本藏品库与珍品库（兼陈列）一分为二，前者面积大，与 3 个陈列室关系密切，其图示气泡画大在左；后者面积小，与贵宾区用房关系紧密，其图示气泡画小在右。

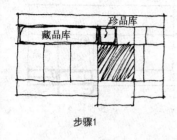
步骤1

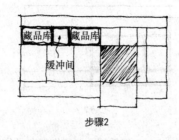
步骤2

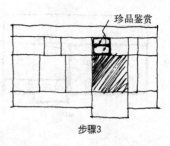
步骤3

图 3-10-7　藏品库功能区房间布局分析

步骤 2　在基本藏品库气泡中，按缓冲间与藏品库一分为二，前者面积小，因该功能区气泡扁长，其图示气泡画小应居中；后者面积大，都与缓冲间关系密切，其两个藏品库的图示气泡画大，分居缓冲间左右两侧。

步骤 3　在珍品库气泡中有 2 个珍品鉴赏室，其左边都与藏品库有关，右边都与贵宾接待室有关，故 2 个珍品鉴赏室气泡一个在上；一个在下。

3）技术与办公功能区的房间布局分析（图 3-10-8）

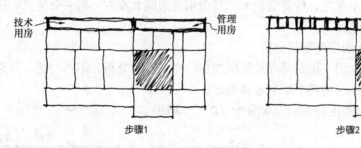
步骤1　　　　　　　　　　　步骤2

图 3-10-8　技术与办公功能区房间布局分析

步骤 1　按技术用房与管理用房两种不同性质的房间同类项合并一分为二，前者面积大，与藏品入口关系紧密，其图示气泡画大在左；后者面积小，与办公入口有关，其图示气泡画小在右。

步骤 2　在技术用房气泡中，按表格中藏品前处理房间的顺序和大小依次画上气泡；在管理用房气泡中，按表格中办公房间的顺序和大小依次画上气泡。

至此，一层平面设计程序前三步的图示分析工作完成。换一张拷贝纸覆盖其上，着手二层平面的设计程序前三步的图示分析工作。

2. 二层平面设计程序

（1）"图"形的分析

扣除一层观众厅的气泡即为二层平面的"图"形。

（2）功能分区

与一层三大功能分区完全对应。

（3）房间布局

1）使用功能区的房间布局分析（图 3-10-9）

步骤 1　按陈列用房与公共用房两种不同用途的房间同类项合并一分为二，前者面积大与藏品库区关系紧密，其图示气泡画大在左；后者面积小，其图示气泡画小在右。

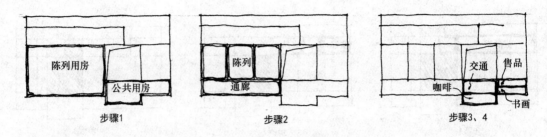

图 3-10-9　二层使用功能区房间布局分析

步骤 2　在陈列用房气泡中，按陈列室与通廊一分为二，前者面积大，与藏品库区关系紧密，其图示气泡画大在上，并直接均分为三；后者面积小，要看到湖面，其图示气泡画小在下。

步骤 3　在公共用房气泡中，按交通空间与服务空间一分为二，前者面积小，与通廊连通，其图示气泡画小在左上；后者面积大，其图示气泡在交通空间的下方和右方。

步骤 4　在服务空间气泡中，按饮食服务与商品服务一分为二，前者面积小，宜有好景观，其图示气泡画小在左；后者面积大，其图示气泡画大在右，再一分为二，售品部气泡在上，书画商店气泡在下。

2）藏品库功能区的房间布局分析

图示分析过程完全同一层藏品库功能区的房间布局图示分析，不再赘述，只是用资料与阅览两个气泡替换一层的两个珍品鉴赏而已。

3）技术与办公功能区的房间布局分析（图 3-10-10）

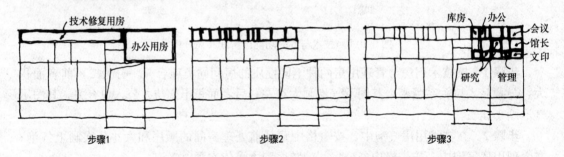

图 3-10-10　二层技术与办公功能区房间布局分析

步骤 1　按技术修复用房与办公用房两种不同性质的房间同类项合并一分为二，前者面积小，与藏品库区关系紧密，其图示气泡画小在左；后者面积大，其图示气泡画大在右。

步骤 2　在技术修复气泡中，按修复用房与技术用房同类项合并一分为二，前者面积大，靠近藏品库区，其图示气泡画大在左，并均分为 4 个气泡，分别为 4 个不同藏品的修复间；后者面积小，其图示气泡画小在右，并分为小、中、大 3 个气泡，分别为档案、复制、实验。

步骤 3　在办公用房气泡中，按研究用房与行政用房同类项合并一分为二，前者靠近资料、图书，其图示气泡在左，并上下分为 5 个小气泡，分别为 5 个研究室；后者图示气泡在右。再将馆长、会议、文印 3 个气泡画在右端朝南，其余办公气泡画在北面和南面。

至此，二层平面设计程序前三步的图示分析工作完成，没有较大方案性问题，可以回到一层平面继续完成以下设计程序的分析工作。

（4）交通分析

1）水平交通分析

①一层水平交通分析（图3-10-11）

A. 观众服务区的门厅作为观展流线的水平交通节点，与展区的通廊（休息兼交通空间）是厅对厅的连接，由此进入各陈列室。

B. 报告厅的门厅作为水平交通节点可直接进入观众厅，并与观众服务区的门厅连通。

C. 贵宾的水平交通流线从贵宾入口门厅交通节点开始，直接连接两个贵宾室，并通过内院的游廊连通观众服务区的门厅。

D. 在技术办公区与藏品库区两个有联系的不同功能区之间应有一条水平交通流线，并在其南北两端各有一个入口门厅水平交通节点。

E. 在藏品库区与陈列室两个有联系的不同功能区之间应有一条藏品专用通道的水平交通流线，并在南端连着两个珍品鉴赏。

②二层水平交通分析（图3-10-12）

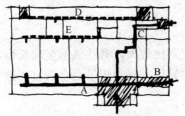 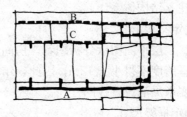

图 3-10-11　一层水平交通分析　　　　图 3-10-12　二层水平交通分析

A. 在观众服务区的交通空间与通廊（休息兼交通空间）的连接中，实际上也是观众的主要水平交通流线。

B. 在技术办公区与藏品库两个有联系的不同功能区之间，以及办公区各房间之间应有一条水平交通流线，并在一层观众厅的休息厅上层有一条水平交通流线连接到观众服务区的交通空间。

C. 在藏品库区与陈列室两个有联系的不同功能区之间应有一条藏品专用通道的水平交通流线，并在南端连接着资料与阅览。

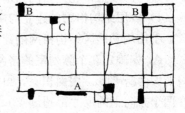

2）垂直交通分析（图3-10-13）

①一层垂直交通分析

A. 观众的主要垂直交通手段为自动扶梯和无障碍电梯，前者按任务书要求设在通廊中，考虑到通廊人流量大

图 3-10-13　垂直交通分析

且作为观众观景休息之用，可将自动扶梯用玻璃罩围合置于室外，本身也成为一景；后者设在顺应观众从门厅向左进入通廊流线的途中。

B. 技术与办公区在办公入口门厅和藏品入口门厅一侧各设一部交通楼梯。

C. 在藏品库区的缓冲间内按要求设一部货梯。

②二层疏散交通分析

A. 在通廊的北端和观众服务区的南端应各设一部疏散楼梯。

B. 在技术与办公区南北两端的交通楼梯可作为疏散之用，但在技术用房区与办公用房区之间按要求应设门禁，故办公区需在两者之间补设一部疏散楼梯，以便能双向疏散。

（5）卫生间配置

1）一层卫生间配置分析（图 3-10-14）

①陈列区的一套卫生间要找一个既方便又较隐蔽的地方，可在通廊西南角位于无障碍电梯旁的一隅。

②报告厅的一套卫生间设在门厅公共交通节点中，位于西南角处。

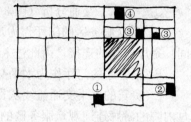

图 3-10-14　一层卫生间配置分析

③两个贵宾室的男女卫生间设在各自室内。

④在技术与办公区两者之间位于疏散楼梯一侧设一套男女卫生间。

2）二层卫生间配置分析

只将一层陈列区和报告厅以及技术与办公区的 3 套卫生间升至二层，2 个贵宾室的卫生间不上二层即可。

（6）建立结构体系

1）确定结构形式

从一、二层平面图示分析图看，房间大小差别比较大，有些气泡呈扁长形，而任务书要求陈列室跨度不得小于 12m，因此，结构形式宜以方格与矩形结合为宜，这样，可以因房间不同要求灵活设置柱网。

2）确定框架尺寸

从三大功能分区气泡图形的差异性看出，各功能区宜建立适合于本功能区的结构形式，而不必强求以一种格网形式去制约平面合理的布局。由于陈列室，观众厅面积大气泡图形规矩，宜为方格网，而任务书要求陈列室跨度不小于 12m，则方格网的开间尺寸应为 12m 的模数即为 6m。而且，作为博物馆结构的整体性，其他两功能区的开间亦为 6m。

由于博物馆有两种结构形式，就要采用"生长"法建构的方式，连同各房间面积落实一并完成。

（7）同步操作建立格网与落实各层房间

1）一层结构格网的建立与房间的同步落实（见图 3-10-17）

①使用功能区结构格网的建立与房间的同步落实

A. 先确定 3 个陈列室的格网。按陈列室 415 m² 做一跨 12m，则平面狭长显然不行，只能做两跨 24m。用面积除，再按 6m 模数取面宽为 3×6m=18m。这样，每一个陈列室在两个方向上的尺寸都超过 12m。复核面积为 432m，在允许面积上限以内符合要求。为使结构更为合理，在各陈列室的围护墙体中可按 6m 设柱。

B. 报告厅的观众厅需要 2 开间，休息厅分配一开间，计 3 开间，其进深同陈列室亦为 24m。

C. 在陈列室、报告厅横向区域还剩下内院，考虑到建筑控制线总长 105m，博物馆南北各需退让边界一点距离，计算一下，内院面宽可分配 4 个开间（24m）。

D. 通廊总长与 3 个陈列室一样长为 54m，为了使一层建筑面积控制在一个防火分区 5000 m² 以下，所有房间的面积以下限打九折计。通廊下限的面积为 600×0.9=540m²，除以 54m 长，得跨度为 10m。

E. 观众服务区从房间布局分析图中可看到接待和售品部不在此范围，按剩下部分面积的下限，再加适量垂直交通面积，除以 24＋3＝27m 面宽，需 17.2m 进深，即比通廊再向西凸出 7.2m。其入口门厅左侧为问询寄存占一开间，贮藏占半开间，剩下半开间连同北侧一开间作为公共卫生间。入口门厅南侧为二层疏散楼梯间。

F. 在报告厅门厅的 2.5 开间（有半开间被博物馆门厅占用）内，用其面积 80 m² 的下限除以面宽 15m，得进深只需 5m。门厅西侧还有两个功能内容：左边为观众服务区的售品部占一开间半计 9m，用面积下限（90 m²）除，得进深需 10m。右边为报告厅的公共卫生间占一开间，进深同售品部为 10m。在公共卫生间一开间（6m）内，右边 4m 为男女厕所，进深各为 5m，左边 2m 为走道，其尽端为无障碍厕所。

②藏品库功能区的结构格网建立与房间的同步落实

A. 根据房间布局分析图，藏品库区与 3 个陈列室等长为 54m，用其表格前 3 个房间面积之和除，得跨度约需 12m。在此范围内，先扣除 2m 藏品走道宽度剩 10m 进深。再将缓冲间居中，用其面积下限除以 10m 进深，约需面宽 10m。剩下两侧各一个藏品库。

B. 在藏品库区南侧面对内院的 4 开间中，左边两开间分配给两个珍品鉴赏，各占 12m 进深的一半。但考虑两个珍品鉴赏宜各自独立避免相套，需增加一个过厅，故将两个珍品鉴赏的进深调整为 6.5m 和 5.5m；而右边两开间分配给贵宾接待，但面积有多，可从中扣除一间作为珍品鉴赏的管理间。

C. 在藏品库区同一跨的南端三开间属于报告厅辅助用房区，其西半跨为音控和贵宾休息用房。东半跨为贵宾入口门厅及通往贵宾接待的通道。

③技术与办公功能区的结构格网建立与房间的同步落实

技术与办公区是单廊，可用一间较大技术用房的面积下限（32.4m²）除以 6m 开间，得进深约为 5.4m，加走廊宽 1.8m，跨度则为 7.2m。按照房间布局分析图的房间顺序依次将房间落实到格网中。其中，技术用房按数量排列正好与藏品库区等长（54m），但档案面积较大，又不能侵占办公区地盘，可将档案向外凸出以获得面积补偿。其次，办公区的会客室没有格网可安排进去，可在入口门厅对面的报告厅辅助房间区多余的东半跨处作开敞式空间，以避免黑房间。

2）二层各房间在格网中的落实（见图 3-10-18）

一层格网建立起来后，就作为二层所有房间落实在格网的条件。

①首先，使用功能区各房间在格网中的落实，可将 3 个陈列室、通廊、两个公共卫生间和垂直交通手段完全与一层平面相同，叠加上来即可。要调整的是观众服务区的 3 个服务用房要重新在格网中进行落实。根据房间布局分析的成果，咖啡茶座占三开间半，考虑其在主入口上方，从造型构思出发，希望挑出实体体块，使造型具有雕塑感，从而突出博物馆建筑的个性，而且可作为主入口的雨篷。因此咖啡茶座向外挑出 3m，与楼梯间齐平（图 3-10-15）。

售品部分配三开间，其进深与一层报告厅的门厅一致，而书画商店只占一开间半，用其面积的下限除，进深需 13.6m。不得以也要向外挑 3m，与咖啡茶座外挑齐平。

②藏品库区的房间在格网中落实完全与一层藏品库区相同。

③技术区各房间在格网中的落实，虽然房间内容不同，但落实成果完全一致。只是办

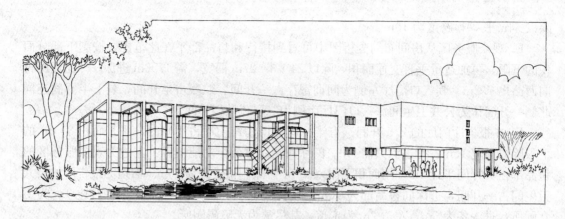

图 3-10-15　博物馆透视图

公区的房间落实要费一番脑筋。首先，要把 5 个研究室集中靠近资料、阅览。由于房间多、要做双中廊，就会出现黑房间，为此要在二层挖内天井。其次，进深尺寸不够了，西边靠内院 24m 范围的房间要向外挑 1.5m，而办公用房可沿外墙落实在格网中，其中，让馆长、会议、文印朝南，但是缺两个管理室无处落实，考虑到管理要与公众区有联系，可落实在一层报告厅的休息厅之上。

（8）完善方案设计

1）为使临城市主干道的主立面和造型完整，在观众服务区向前突出 7.2m 之后，其北侧通廊长度范围，将框架柱也外突 7.2m，形成构架。一则使体形完整，二则主立面虚实对比强烈，空间层次丰富。

2）在 24m×24m 内院中，做园林小品，以丰富内院景观，并结合贵宾与管理流线所形成的游廊把内院划分为 3 个区。即南侧小院供休息厅观众步入；东侧小院供贵宾接待观赏；北侧作为陈列室采光之用。西侧的接待伸入内院，环境条件绝佳。

3）完善一层的疏散规范要求：在通廊临湖的西面两端各设一个对外疏散门。报告厅的观众厅在南外墙设两处疏散门，以满足瞬时疏散的要求。

3. 总平面设计（图 3-10-16）

（1）将博物馆屋顶平面图放在建筑控制线内，周边均留出退让距离。

（2）首先，沿西、南两条城市主、次干道留出的绿化带。

（3）在城市主干道对着博物馆主入口的轴线上做场地主入口，并通过设计方法退让人行道形成场地主入口缓冲带。

（4）从湖边到博物馆建筑控制线南边界范围，因入口广场宽度不大，其上不做任何内容，以满足观众集散要求。在其南侧城市主次干道拐角处作绿化景观，为美化城市作出贡献。

（5）在报告厅南侧场地内设计为停车场，并以绿化围合成贵宾与社会车辆两个停车区。在停车场区与西南角绿化景观区之间作步行通道，并连接到人行道，以方便城市次干道的观众步入入口广场。并在步行道西侧设计 300m² 的自行车存放。

（6）在博物馆东侧从场地次入口作馆内道路向北直通，并分别在办公入口处设内部停车，在藏品入口处设装卸场地，其间设内部自行车停车 50m²。

三、绘制方案设计成果图（**图 3-10-16～图 3-10-18**）

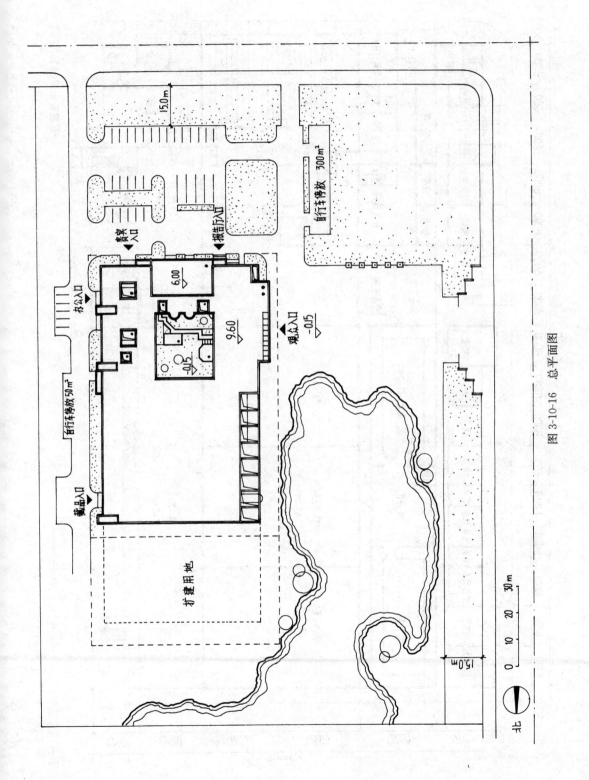

自行车停放 50 m²

藏品入口 ▲

办公入口 ▶

自行车停放 50 m²

15.0 m

15.0 m

藏品入口 ▲

制作厅入口 ▼

观众入口 ▶
-0.15

6.00

9.60

-0.15

-0.15

扩建用地

自行车停放 300 m²

0 10 20 30m

北

图 3-10-16 总平面图

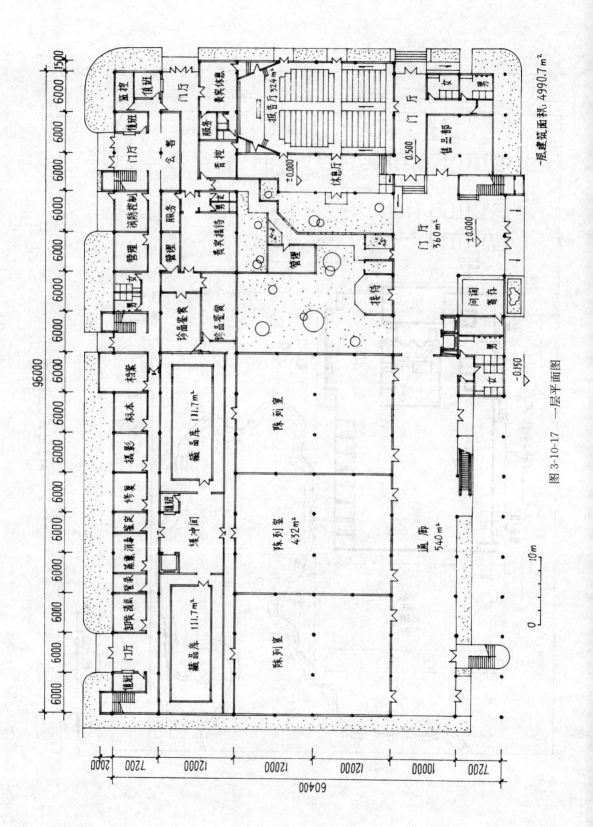

图 3-10-17　一层平面图

一层建筑面积: 4990.7 m²

值班　监控

门厅

门厅

景点休息

报告厅 324 m²

服务

音控

休息厅

门厅

会客

±0.000

0.500

女　男

门厅 360 m²

±0.000

售品部

消防控制　管理

管理　服务

男　女

景点接待

男女

接待

问询　寄存

女　男

-0.150

珍品鉴赏

珍品鉴赏

管理

女　男

档案

标本

摄影

修复

藏品库 111.7 m²

陈列室

卸货清点　熏蒸消毒鉴定

缓冲间

值班

陈列室 432 m²

通廊 540 m²

门厅

藏品库 111.7 m²

陈列室

值班

0　　10 m

96000

6000 × 15

60400

2000　7200　12000　12000　12000　10000　7200　2000

258

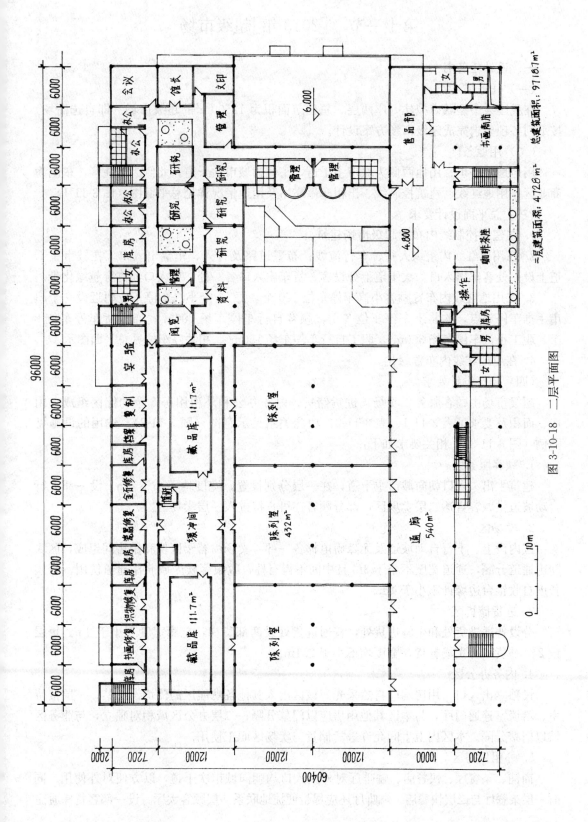

96000

6000 | 6000 | 6000 | 6000 | 6000 | 6000 | 6000 | 6000 | 6000 | 6000 | 6000 | 6000 | 6000 | 6000 | 6000

会议　办公　馆长
办公　研究　管理
办公　研究　文印
库房　研究　研究
女　研究　管理
男　资料　6.000
阅览　管理　售品部

实验　陈列室
复制　藏品库 111.7㎡
金石修复　缓冲间　值班
笔墨修复　陈列室 432㎡
裱画修复　藏品库 111.7㎡
纸物修复　陈列室
书画修复　通廊 540㎡
装裱

4.800

管理　管理
操作
咖啡茶座
男　锅房　女
女　书画商店　男

总建筑面积：9718.7㎡
二层建筑面积：4728㎡

2000 | 7200 | 12000 | 12000 | 12000 | 10000 | 7200 | 2000

60400

0　10m

图 3-10-18　二层平面图

第十一节　[2013年]超级市场

一、设计任务书

（一）任务描述

在我国某中型城市拟建一座两层、总建筑面积为 12500m² 的超级市场（即自选商场）按下列各项要求完成超级市场方案设计。

（二）用地条件

用地地势平坦；用地西侧为城市主干道，南侧为城市次干道，北侧为居住区，东侧为商业区；用地红线、建筑控制线、出租车停靠站及用地情况详见总平面图（图 3-11-1）。

（三）总平面设计要求

1. 在建筑控制线内布置超级市场建筑。

2. 在用地红线内组织人行、车行流线；布置道路及行人、车辆出入口。在城市主干道上设一处客车出入口，次干道上分设客、货车出入口各一处，出入口允许穿越绿化带。

3. 在用地红线内布置顾客小汽车停车位 120 个、每 10 个小汽车停车位附近设一个超市手推车停放点，购物班车停车位 3 个，顾客自行车停车场 200m²；布置货车停车位 8 个，职工小汽车停车场 300m²，职工自行车停车场 150m²。相关停车位见总平面图示。

4. 在用地红线内布置绿化。

（四）建筑设计要求

超级市场由顾客服务、卖场、进货储货、内务办公和外租用房 5 个功能区组成，用房、面积及要求见表 3-11-1、表 3-11-2，功能关系见示意图（图 3-11-2），选用的设施见图例（图 3-11-3）。相关要求如下：

1. 顾客服务区

建筑主出、入口朝向城市主干道，在一层分别设置，宽度均不小于 6m。设一部上行自动坡道供顾客直达二层卖场区，部分顾客亦可直接进入一层卖场区。

2. 卖场区

区内设上、下行自动坡道及无障碍电梯各一部。卖场由若干区块和销售间组成，区块间由通道分隔，通道宽度不小于 3m 且中间不得有柱，收银等候区域兼作通道使用，等候长度自收银台边缘计不小于 4m。

3. 进货储货区

分设普通进货处和生鲜进货处，普通进货处设两部货梯，走廊宽度不小于 3m。每层设 2 个补货口为卖场补货，宽度均不小于 2.1m。

4. 内务办公区

设独立出入口，用房均应自然采光。该区出入其他各功能区的门均设门禁；一层接待室、洽谈室连通门厅，与本区其他用房应以门禁分隔；二层办公区域相对独立，与业务区域以门禁分隔。本区内卫生间允许进货储货与卖场区职工使用。

5. 外租用房区

商铺、茶餐厅、快餐店、咖啡厅对外出入口均朝向城市次干道，以方便对外使用；同时一层茶餐厅与二层快餐店、咖啡厅还应尽量便捷地联系一层顾客大厅。设一部客货梯通往

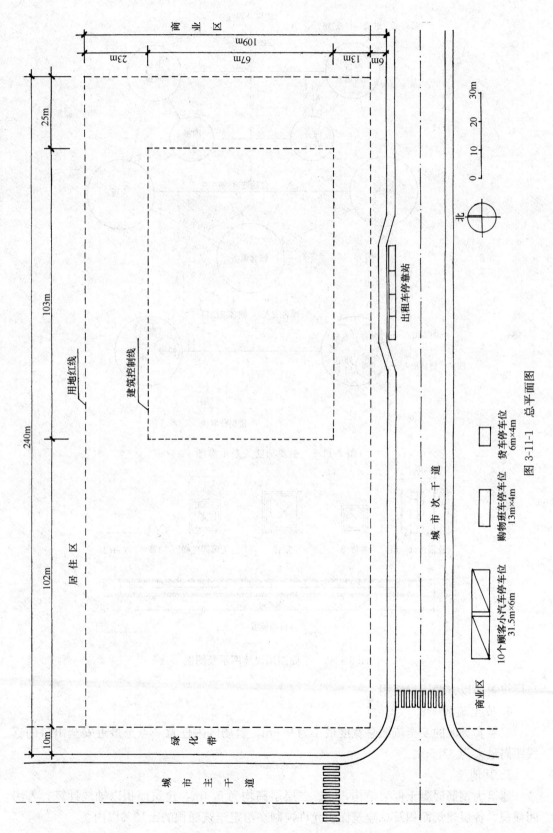

图 3-11-1　总平面图

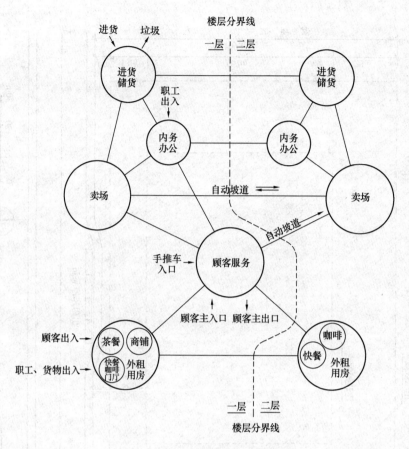

图 3-11-2　主要功能关系示意图

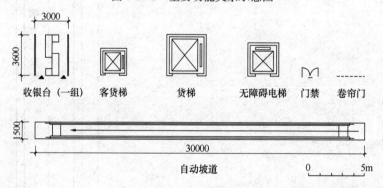

图 3-11-3　平面图用设施图示及图例

二层快餐店以方便厨房使用。

　　6. 安全疏散

　　二层卖场区的安全疏散总宽度最小为 9.6m，卖场区内任意一点至最近安全出口的直线距离最大为 37.5m。

　　7. 其他

　　建筑为钢筋混凝土框架结构，一、二层层高均为 5.4m，建筑面积以轴线计算，各房间面积、各层建筑面积及总建筑面积允许控制在给定建筑面积的 ±10％ 以内。

（五）规范要求

本设计应符合现行国家有关规范和标准要求。

（六）制图要求

1. 总平面图

（1）绘制超级市场建筑屋顶平面图并标注层数和相对标高。

（2）布置并标注行人及车辆出入口、建筑各出入口、机动车停车位（场）、自行车停车场，布置道路及绿化。

2. 平面图

（1）绘制一、二层平面图，画出承重柱、墙体（双线）、门的开启方向及应有的门禁，窗及卫生洁具可不表示；标注建筑各出入口、各区块及各用房名称，标注带＊号房间或区块（表 3-11-1、表 3-11-2）的面积。

（2）标注建筑轴线尺寸、总尺寸及地面、楼面的标高，在平面图指定位置填写一、二层建筑面积和总建筑面积。

一层用房、面积及要求　　　　　　　　　　表 3-11-1

功能区	房间或区块名称	建筑面积（m²）	间数	要求及备注
顾客服务区	＊顾客大厅	640	—	分设建筑主出、入口，宽度均≮6m
	手推车停放	80	—	设独立外入口，供室外手推车回放
	存包处	60	—	面向顾客大厅开口
	客服中心	80	—	含总服务台，20m² 售卡、广播、货物退换各 1 间
	休息室	30	1	紧邻顾客大厅
	卫生间	80	4	男女各 25m²，残卫、清洁间单独设置
卖场区	收银处	320	—	布置收银台不少于 10 组，设一处宽度 2.4m 的无购物出口
	＊包装食品区块	360	—	紧邻收银处，均分 2 块且相邻布置
	＊散装食品区块	180	—	
	＊蔬菜水果区块	180	—	
	＊杂粮干货区块	180	—	
	＊冷冻食品区块	180	—	通过补货口联系食品冷冻库
	＊冷藏食品区块	150	—	通过补货口联系食品冷藏库
	＊豆制品禽蛋区块	150	—	
	＊酒水区块	80	—	
	生鲜加工销售间	54	2	销售 18m²，36m² 加工间连接进货储货区
	熟食加工销售间	54	2	销售 18m²，36m² 加工间连接进货储货区
	面包加工销售间	54	2	销售 18m²，36m² 加工间连接进货储货区
	交通	1000	—	含自动坡道、无障碍电梯、通道等

功能区	房间或区块名称		建筑面积（m²）	间数	要求及备注
进货储货区	普通	*普通进货处	210	—	含收货间 12m²，有独立外出口的垃圾间 18m²，货梯二部
		普通卸货停车间	54	1	设 4m×6m 车位 2 个，内接普通进货处，设卷帘门
		食品常温库	80	1	
	生鲜	*生鲜进货处	144	—	含收货间 12m²，有独立外出口的垃圾间 18m²
		生鲜卸货停车间	54	1	设 4m×6m 车位 2 个，内接生鲜进货处，设卷帘门
		食品冷藏库	80	1	
		食品冷冻库	80	1	
	辅助用房		72	2	每间 36m²
内务办公区	门厅		30	1	
	接待室		30	1	连通门厅
	洽谈室		60	1	连通门厅
	更衣室		60	2	男、女各 30m²
	职工餐厅		90	1	不考虑厨房布置
	卫生间		30	3	男、女卫生间及清洁间各一间
外租用房区	商铺		480	12	每间 40m²，均独立对外经营，设独立对外出入口
	茶餐厅		140	1	连通顾客大厅，设独立对外出入口
	快餐店、咖啡厅门厅		30	1	联系顾客大厅
	卫生间		24	3	男、女卫生间及清洁间各一间，供茶餐厅、二层快餐店与咖啡厅共用，亦可设在二层
交通	走廊、过厅、楼梯、电梯等		540	—	不含顾客大厅和卖场内交通

一层建筑面积：6200（允许±10%：5580～6820）

二层用房、面积及要求 表 3-11-2

功能区	房间或区块名称	建筑面积（m²）	间数	要求及备注
卖场区	*特卖区块	300	—	靠墙设置
	*办公体育用品区块	300	—	靠墙设置
	*日用百货区块	460	—	均分 2 块且相邻布置
	*服装区块	460	—	均分 2 块且相邻布置
	*家电用品区块	460	—	均分 2 块且相邻布置
	*家用清洁区块	50	—	
	*数码用品区块	120	—	含 20m² 体验间 2 间
	*图书音像区块	120	—	含 20m² 影像、试听各 1 间
	交通	1210	—	含自动坡道、无障碍电梯、通道等

功能区	房间或区块名称		建筑面积 (m²)	间数	要求及备注
进货储货区	库房		640	4	每间160m²
内务办公区	内务	业务室	90	1	
		会议室	90	1	
		职工活动室	90	1	
		职工休息室	90	1	
		卫生间	30	3	男、女卫生间及清洁间各1间
	办公	安全监控室	30	1	
		办公室	90	3	每间30m²
		收银室	60	2	30m² 收银、金库各1间，金库为套间
		财务室	30	1	
		店长室	90	3	每间30m²
		卫生间	30	3	男、女卫生间及清洁间各1间
外租用房区	快餐店		400	2	餐厅330m²内含服务台30m²，厨房70m²，客货梯1部
	咖啡厅		140	1	内含服务台15m²
交通	走廊、过厅、楼梯、电梯等		860	—	不含卖场内交通
二层建筑面积：6240（允许±10％：5616～6864）					
一、二层总建筑面积：12440（允许±10％：11196～13684）					

二、设计演示

（一）审题

1. 明确设计要求

该任务书的设计要求可归纳为：

（1）功能性要求

1）建筑主出入口朝向城市主干道，对外营业部分（商铺、茶餐厅、快餐店、咖啡厅）的出入口朝向城市次干道。内务办公区设独立出入口，进货储货区分设普通进货和生鲜进货出入口。

2）一层茶餐厅和二层快餐店、咖啡厅应与一层顾客大厅有便捷联系。

（2）交通性要求

1）对于垂直交通要求在顾客服务区内设一部上行自动坡道，供顾客直达二层卖场区；在卖场区内设上、下行自动坡道和无障碍电梯；在厨房区设 1 部客货梯；在普通进货处设 2 部货梯。

2）对于水平交通要求在卖场区内的区块间用 3m 宽通道进行分隔，但在收银等候区兼作通道时，通道宽度要求为 4m。在进货储货区走廊宽度为 3m，每层设 2 个补货口为卖场补货，宽度不小于 2.1m。在内务办公区与其他功能区的门均应设门禁。

（3）规范性要求

二层面积超过 5000m²，应划分为 2 个防火分区，而卖场区属人员密集区，应自成一个防火分区，其安全疏散宽度最小为 9.6m，卖场内任意一点至最近安全出口的直线距离最大为 37.5m。

上述建筑设计要求只要注意不难做到，但防火分区规范要求在此次考试之前的历年试卷中不曾出现过，应试者务必正确理解，照章执行。

2. 解读"用房、面积及要求"表

（1）先看一层和二层表格最后一行，意外的是"下小上大"。这种情况只在 2004 年的医院病房楼试题中出现过，再仔细一看二层建筑面积只比一层建筑面积仅仅大 40m²，完全可以忽略不计，就当作两层建筑面积一样大。

（2）看表格最左边第一列功能分区情况：一层表格分了 5 个功能区，可将前 2 个和最后 1 个功能内容合并为使用功能区，而进货储货区为后勤功能区，内务办公区为管理区。这样，三个功能区就简单多了，有利于设计程序第二步快速完成。二层亦如此。

（3）看左边第二列各功能区有哪些主要用房，眼睛扫描一下，脑中有个印象即可。

3. 理解功能关系图

（1）先看一层出入口情况

功能关系图左半部是一层，按功能三大分区都有各自出入口。其中，使用功能区又分超市主出入口，是指向顾客服务大厅。外租用房的顾客入口另设，不与超市主出入口相混。内务办公有自己的出入口，但看了表格内务办公区有两个用房（接待、洽谈）是单设，不能与内务办公区相混，故应单独为这两个房间设出入口。因此，内务办公区应有两个出入口，一个对内，一个对外。而后勤功能区根据表格的该区功能内容也应有两个出入口（普通进货入口和生鲜进货入口），且应拉开距离。至于图中还有垃圾出口、外租区的职工货物入口和顾客服务大厅的手推车入口都是次要的，在设计要求的文字描述中都已提出。

（2）看气泡组织情况

该功能关系图的气泡虽然看起来缺乏条理，但基本上还是按三大功能分区组织各自的气泡，比较简练。但是，左下角的茶餐、商铺、快餐咖啡门厅3个小气泡被包在同一个大气泡内，但是，商铺因"均独立对外经营，设独立对外出入口"（表格"要求及备注"栏），与顾客服务大厅无关，因此，商铺气泡应圈在大气泡之外，否则，将对应试者产生误导。

（3）看连线关系

功能关系图中同层内和一、二层间两两气泡的连线关系表达得十分清楚，看懂并不难。问题是，结合任务书的建筑设计要求和表格中的相关备注，有几条连线是值得商榷的。一是，由于商铺气泡与茶餐厅和二层快餐店、咖啡厅的门厅三个小气泡被包在同一个大气泡中，而此大气泡与顾客服务大厅有连线关系，导致不少应试者将商铺直接开后门或设内走廊与卖场相通，这与表格备注中商铺"均独立对外经营，设独立对外出入口"是相左的。二是，一层顾客服务大厅欲与二层外租用房发生关系，必须经过快餐店、咖啡厅在一层的门厅，而图中的顾客服务大厅与二层外租用房的连线实属画蛇添足，应该取消这条连线。

4. 看懂总平面图的环境条件

（1）建筑控制线范围较紧张，而用地条件，特别是西边大面积停车场地，暗示了乘私家车来购物的顾客较多。但是在分析中要搞清该超市到底是以开私家车来的顾客为主，还是以步行抵达超市的顾客为主？从其规模来看，该超市充其量为区级，是为周边市民服务的；而不是顾客驾车前往购物的郊区仓储式大型超市。退一步说，120个停车位，也就200多人，而超市仅二层，按疏散宽度9.6m计算可容纳近1500人，再加上一层顾客，总共也就有3000人左右，看来顾客还是以行人为主。这个分析结论有助于我们确认场地主入口以服务于人为主而不是车。

（2）用地西南角路口的斑马线意味着城市主干道的行人顾客会在用地西南角集结，这就暗示了场地行人主入口的大致方位。

（3）用地东侧毗邻的商业区如果分析错误则是一个陷阱条件，有应试者误以为超市东侧面对商业区的应是门面房，而不敢将超市进货入口放在东面，以至于由此带来设计上的一系列不良后果。如果分析正确，认为商业区的门面应在南面的城市次干道上，决不会在西面，这样，商业区就成为一个干扰条件，可以不去管它。

（4）用地北面毗邻居住区，这可是一个限定条件，虽然没有具体的居住区规划，但我们只要稍微动动脑筋就知道，各幢住宅楼南向的卧室都正对超市，而超市进货多为凌晨，因此，超市北面安排什么入口必须考虑这一环境条件。

（二）展开方案设计

1. 一层平面设计程序

（1）场地设计（图3-11-4）

1）分析场地的"图底"关系

① "图"形的分析。根据建筑控制线范围的面积只比一层建筑面积大

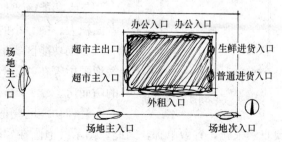

图3-11-4 "图底"关系与出入口分析

700m²，确定"图"形只能是集中式的实心矩形。

②"图"的定位分析。因为超市周边都会有若干出入口，因此，"图"形周边都要向内收进少许即可定位。

2）分析建筑各出入口方位

①先分析场地主次入口。在解读总平面图时已知场地西南角是行人顾客集结点，同时，任务书又规定主入口在城市主干道上，因此，场地主入口在场地西边靠南地段范围。但是，城市次干道上也有行人顾客，为了方便此部分行人顾客就近到超市主入口，宜在城市次干道北侧对着超市主入口广场范围增设辅助行人主入口。

而场地供内部车辆进出的次要入口，任务书已规定在城市次干道上，即在东头范围内。

②再分析建筑各出入口。建筑主入口与场地行人主入口相对，应在超市西边靠南，而超市主出口则靠北。

任务书也已规定茶餐厅、商铺，以及二层快餐店、咖啡厅在一层的门厅各入口均设在南面，面向城市次干道。

对于供货入口和办公入口谁在超市东面？谁在超市北面呢？任务书在用地条件中已提及北侧为居住区，东侧为商业区。那么，怎样分析这两个环境条件呢？对于居住区，任务书虽然没有提供住宅规划图，但必定是居住区各住宅的南向卧室与超级市场相对。而超级市场的水产品、奶制品、豆制品、蔬菜等商品为保证商品新鲜，一般都在每日凌晨供货。此时，北侧居住区居民正熟睡在梦乡中，这样，为防止超级市场在凌晨卸货时灯火通明、人声嘈杂，对北侧居民的睡眠造成干扰，其供货入口只能设置在东面。而东侧虽为商业区，但它的经营门面全临南面的次要干道，而商业区的西侧并没有城市道路，不可能有门面房。因此，不存在超级市场东侧供货入口对商业区的影响。何况从设计原理而言，超级市场的供货流线与顾客流线应相对而行。既然任务书已规定了超级市场的主入口在西侧，那么，供货入口在东侧也就顺理成章了。剩下的办公入口只能在北面，它与北侧的居住区也就不存在影响问题。接着再进一步将普通进货与生鲜进货入口分析到位，也就是前者商品量大，供货频繁，其入口宜在东侧偏南；而后者供货量小，且需要卸货场地临时摆放盛有水的生鲜盆、桶、袋等，其入口宜在东侧偏北。对于办公入口宜设两个：一个供内部工作人员进出，在北面靠东，接近场地东南角次要入口；另一个供厂家洽谈业务人员进出，在北面靠西，接近场地西北角对外车辆出入口。

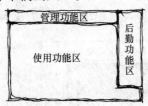

图 3-11-5　功能分区分析

（2）功能分区（图 3-11-5）

三大功能区要把各自入口包在自己的范围内，再区分三者面积大、中、小的关系，其功能分区即可定位。

后勤功能区要把 2 个进货口包进来，面积中等，其图示气泡画中等在"图"形东端，但不要占据南面临城市次干道的门面房。

管理功能区要把 2 个办公入口包进来，面积小。考虑到要自然采光，宜做单廊，因此，图示气泡画在"图"形北面一长细条。

剩下绝大部分为使用功能区，西面和南面各顾客入口全在使用功能区范围内。

（3）房间布局

1）使用功能区的房间布局分析（图3-11-6）

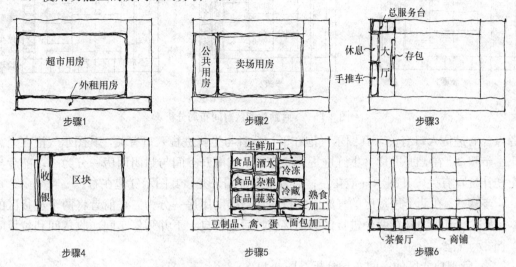

图 3-11-6　使用功能区房间布局分析

步骤 1　按超市用房与外租用房两种不同用途的房间同类项合并一分为二，后者与对外经营各入口有关，面积小，其图示气泡在下，画一长条；前者与顾客主出入口关系密切，面积大，其图示气泡画大在上。

步骤 2　在超市用房气泡中，按公共用房与卖场用房同类项合并一分为二，前者与主出入口关系密切，面积小，其图示气泡画小在左；后者与后勤区关系密切，面积大，其图示气泡画大在右。

步骤 3　在公共用房气泡中，按大厅房间与服务房间同类项合并一分为二，前者与卖场关系密切，面积大，其图示气泡画大居中；后者围绕大厅布置，其中手推车要面向广场，休息要采光靠出口，其图示气泡在大厅气泡之左；总服务台要面向大厅，但其工作人员属办公区，其图示气泡画小在北；存包处为面向大厅敞开式，并作为与卖场的分界，其图示气泡画细长一条在右。

步骤 4　在第二步卖场用房气泡中，按收银与区块一分为二，前者与出口有关，面积小，其图示气泡画小在左；后者与储货区有关，面积大，其图示气泡画大在右。

步骤 5　在区块气泡中，将散装食品与包装食品3个区块气泡归类并按任务书规定要紧邻收银处画在左；将冷冻食品和冷藏食品2个区块气泡画在右端，靠近库区；将生鲜加工销售间气泡画在靠近生鲜进货处，将面包加工销售和熟食加工销售2个气泡画在靠近普通进货处。再将蔬菜水果、杂粮干货、酒水3个区块气泡画在前述两组气泡群之间。最后将豆制品、禽、蛋区块沿卖场南墙画一长条图示气泡。

步骤 6　在第一步外租用房气泡中，按茶餐厅与12间商铺一分为二，前者与顾客服务大厅有关，面积小，其图示气泡画小在左；后者各自独立对外，面积大，其图示气泡画大在右，并直接12等分。

2）后勤功能区的房间布局分析（图3-11-7）

步骤 1　按普通货物用房与生鲜货物用房同类项合并一分为二，两者面积差不多，前

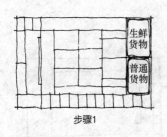
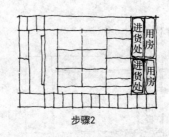
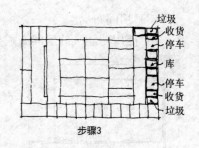

步骤1　　　　　　　　　　步骤2　　　　　　　　　　步骤3

图 3-11-7　后勤功能区房间布局分析

者与普通进货入口有关，其图示气泡在下；后者与生鲜进货入口有关，其图示气泡在上。

步骤 2　在普通进货（生鲜进货）气泡中，按敞开空间与封闭用房一分为二，前者与卖场补货口有关，其图示气泡在左；后者要靠外墙采光，其图示气泡在右。

步骤 3　在两个进货区的气泡中，按库房与辅助用房一分为二，前者将两个进货区的 3 个库房气泡集中画在两个进货区的衔接处；后者各自上下并列停车间、收货间和垃圾间 3 个图示气泡。

3）管理功能区的房间布局分析（图 3-11-8）

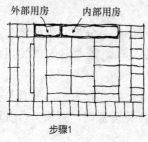
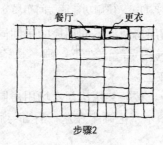
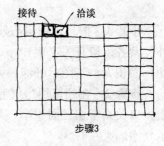

步骤1　　　　　　　　　　步骤2　　　　　　　　　　步骤3

图 3-11-8　管理功能区房间布局分析

步骤 1　按内部用房与外部用房同类项合并一分为二，前者与卖场、后勤有联系，面积大，其图示气泡画大在右；后者面积小，其图示气泡画小在左。

步骤 2　在内部用房气泡中，按职工餐厅与男女更衣一分为二，前者面积稍大，其图示气泡画大在左；后者面积稍小，其图示气泡画小在左。

步骤 3　在外部用房气泡中，按接待与洽谈一分为二，前者面积小，其图示气泡画小在左；后者面积大，其图示气泡画大在右。

至此，一层平面设计程序前三步的图示分析工作完成，暂停。换一张拷贝纸覆盖其上，着手二层平面设计程序的前三步图示分析工作。

2. 二层平面设计程序

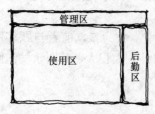

图 3-11-9　二层功能分区分析

（1）"图"形的分析

完全等同一层的"图"形。

（2）功能分区（图 3-11-9）

基本上与一层三大功能分区位置相同，只是由于各功能区面积有些变化，会使功能分区气泡图形有所修正。例如，管理区面积大大超过一层管理区的面积，因此，其图示气泡要从西到东一贯到底。而后勤 4 个库房面积也不小，其图示气泡可占据到南外墙。

（3）房间布局

1）管理功能区的房间布局分析（图 3-11-10）

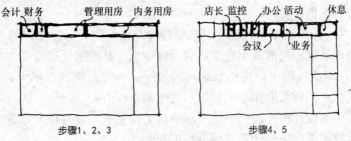

图 3-11-10 二层管理功能区房间布局分析

步骤 1 按办公用房与内务用房两种不同性质的房间同类项合并一分为二，两者面积相当。前者要求独立成区与内务区域以门禁相隔，其图示气泡在左；后者图示气泡在右。

步骤 2 在办公用房气泡中，按管账目类用房与管理类用房同类项合并一分为二，前者宜在尽端，面积小，其图示气泡画小在左；后者面积大，其图示气泡画大在右。

步骤 3 在管账目用房气泡中，按会计金库与财务一分为二，前者图示气泡在左；后者图示气泡在右。

步骤 4 在管理用房气泡中，按店长用房与办公用房一分为二，前者图示气泡在左，再一分为三；后者图示气泡在右，再一分为三。安全监控用房夹在其间。

步骤 5 在第一步内务用房气泡中，均分 4 个图示气泡（会议、业务、活动、休息）即可。

2）后勤功能区的房间布局分析

按表格要求库房的间数，均分 4 个图示气泡即可。

3）使用功能区的房间布局分析（图 3-11-11）

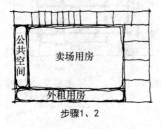 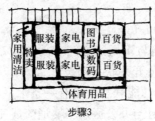 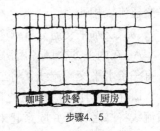

图 3-11-11 二层使用功能区房间布局分析

步骤 1 按卖场用房与外租用房同类项合并一分为二，前者面积大，与内务办公和库房有关，其图示气泡画大在上；后者与一层外租用房上下对位，面积小，其图示气泡画小在下。

步骤 2 在卖场用房气泡中，按公共空间与区块空间同类项合并一分为二，前者为二层卖场入口，面积小，其图示气泡画小在左；后者与库房关系紧密，面积大，其图示气泡画大在右。

步骤 3 在区块空间气泡中，按任务书要求先在南和西两个靠墙处画两个长条形图示

271

气泡，一个是特卖区块，另一个是办公体育用品区块。卖场中间部分，横向画三大一小4组图示气泡，分别为服装区块、家电用品区块、图书音像与数码用品区块和日用百货区块，再各自上下一分为二，满足数量要求。最后，家用清洁区块小图示气泡找个卖场死角，如西北角暂时就位。

步骤4 在第一步外租用房气泡中，按咖啡厅与快餐店一分为二，前者面积小与一层茶餐厅上下对位，其图示气泡画小在左；后者面积大，其图示气泡画大在右。

步骤5 在快餐店气泡中，按快餐店与厨房一分为二，前者面积大，与咖啡厅相邻，其图示气泡画大在左；后者面积小，其图示气泡画小在右。

至此，二层平面设计程序前三步的图示分析工作完成，没有较大方案性问题。可以回到一层平面，继续完成以下设计程序的分析工作。

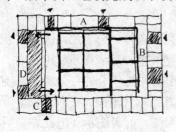

图 3-11-12 一层水平交通分析

(4) 交通分析

1) 水平交通分析

①一层水平交通分析（图 3-11-12）

A. 在办公区各用房之间及与卖场区之间有功能联系，必有一条水平交通流线将二者分开并联系起来，在此水平交通流线两端的办公入口处各有一个门厅水平交通节点。

B. 在后勤区与卖场区之间有功能联系，必有一条水平交通流线将二者分开并联系起来，且与上述水平交通流线相通。在此水平交通流线两端的进货入口处，各有一个进货处水平交通节点，并与各自卸货停车间相连。

C. 在商铺用房区与卖场区之间没有功能关系，以一墙隔死。但在茶餐厅与商铺之间应有一个门厅水平交通节点，连接着顾客大厅。

D. 在卖场区的顾客大厅即为水平交通节点，并连接着卖场内各区块之间的水平交通流线。后者通过补货口与后勤水平交通流线相通。

②二层水平交通分析（图 3-11-13）

A. 在内务办公区各用房之间与卖场区之间有功能联系，必有一条水平交通流线，将二者分开并联系起来。

B. 在库房区与卖场区之间有功能联系，必有一条水平交通流线将二者分开并联系起来，且与办公区水平交通流线相通。

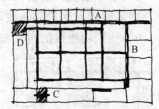

图 3-11-13 二层水平交通分析

C. 在外租用房区与卖场区之间没有功能关系，以一墙隔死，但在咖啡厅与快餐店之间应有一个过厅水平交通节点。

D. 在卖场区西端，应有过渡空间水平交通节点，与一层顾客大厅上下相通，并连接着卖场区内各区块之间的水平交通流线，且通过补货口与库房区相通。

2) 垂直交通分析

①一层垂直交通分析（图 3-11-14）

A. 在顾客服务大厅内按任务书要求设一部上行自动坡道。注意，此上行自动坡道不能占据卖场内空间，且不能

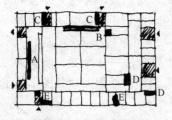

图 3-11-14 一层垂直交通分析

直接进入二层卖场区内，如同楼梯不能直接上至二层房间内一样，一定要上到二层卖场区外的公共交通空间。

B. 在卖场区内按任务书要求设上、下行各一部自动坡道，其位置宜在与顾客入口人流相对的北面靠墙处，一是顺应顾客逛一层卖场的流程；二是可保证卖场空间宽敞，利于按季节销售不同商品的区块调整。同时，还要设一部无障碍电梯，位置宜在上行自动坡道附近，以组织成垂直交通中心。提醒注意，无障碍电梯要退让水平交通线不小于1.8m规范要求，便于乘轮椅顾客候梯。

C. 在办公区两个入口门厅一侧各设一部楼梯。

D. 在普通进货处设两部货梯和一部交通楼梯。

E. 在外租区西头咖啡厅和快餐店在一层的门厅内设一部交通楼梯，考虑到二层咖啡厅与快餐店之间要有东西向通道，因此，此楼梯应横向放。此外，按无障碍设计规范，在门厅内还要设一部无障碍电梯（尽管任务书未提及）。在外租区东头，于二层厨房东侧位置设一部客货梯和交通楼梯。

②二层疏散楼梯分析（图3-11-15）

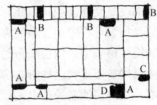

图3-11-15　二层疏散楼梯分析

A. 卖场是人员密集场所，作为独立的防火分区自己要解决9.6m的疏散宽度，这就意味着在卖场内要均匀设多部疏散楼梯，而不能与毗邻防火区共用疏散楼梯，否则因人数增加而使疏散宽度不够，更不能借用毗邻防火区的楼梯进行疏散。当卖场自身解决9.6m疏散宽度时，其楼梯一是要均匀布置，以保证室内最远点至安全疏散口的直线距离小于37.5m；二是疏散楼梯尽量靠外墙设置，当无法靠外墙采光通风时，要做防烟前室。根据以上原则，在卖场东南角于厨房和库房两个不同的功能房间之间设一部较宽大（6m）的明楼梯间，在卖场西南角和西北角各设一部3m明楼梯间；在卖场东北角只能设一部防烟楼梯间。但是，4部疏散楼梯显然不够，至少应再增加一部，设在哪儿呢？要在两个不同功能区的房间之间才能插入一部疏散楼梯。看来，只能在外租用房区的咖啡厅与快餐店（对应一层是茶餐厅与商铺）之间可以增设一部防烟楼梯间。

B. 在内务办公区，已有两部交通楼梯可兼作疏散用，但两者之间有门禁，办公区可以满足双向疏散要求，而内务区需在东端增设一部疏散楼梯。

C. 库房区自身有一部交通楼梯，另一疏散方向可以借用同一防火区的内务区的楼梯疏散。

D. 外租区的楼梯和厨房的楼梯可以作为咖啡厅和快餐店的疏散。

（5）卫生间配置分析

1）一层卫生间配置分析（图3-11-16）

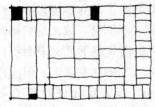

图3-11-16　一层卫生间配置分析

①使用功能区在顾客服务大厅西北角设一套卫生间，在外租用房区的对外门厅内设一套卫生间。

②在内务办公区员工入口的门厅西侧设一套卫生间。

2）二层卫生间配置分析

将一层顾客服务大厅的卫生间升至二层作为办公区的一套卫生间，将内务办公区的卫生间升至二层作为内务区的一套卫生间。

（6）建立结构体系

1）确定结构形式

由于超市"图"形规矩，卖场空间开阔，因此，结构形式为方格网。

2）确定框架尺寸

有两个暗示条件立即可以搞定柱网尺寸为9m×9m：一是任务书给的一组收银台的宽度尺寸为3m，而10组收银台的布置必须与柱网呈模数关系，即以9m为宜；二是12间商铺每间40m²，正好一个方格网可以放2间商铺，也是模数关系。

根据以上两项分析，得出超市的柱网为东西方向11个格子计9×11＝99m，南北方向7个格子计63m，柱网面积为6237m²，完全符合要求。

（7）在格网中落实所有房间的定位

这一步的设计方法重述如下：

依据我们已建立符合平面功能设计要求的结构格网，应该说所有房间全部能纳入其中，剩下的就是交通面积，因此，不必担心房间放不下。其落实所有房间在格网中位置及面积的方法是按设计程序前五步的方案设计分析成果，有秩序地先给三大功能分区分配格子，再在各功能区格子中，依房间布局秩序——落实其位置和面积。如果出现意外情况，在一个功能区内真的放不下自己的所有房间，可有三种途径解决这个矛盾：一是把房间面积打九折；二是靠外墙的房间向外凸出去；三是内部的房间向毗邻功能区占用少许，因为，此功能区面积不够，说明彼功能区的面积一定有富裕，因为总面积是平衡的。相反，如果此功能区面积有多余且无房间可放，而彼功能区又不需被占用，则也有两种途径可解决这个问题；一是靠外墙的多余面积甩到室外去；二是内部多余的房间打开作为交通面积。

运用上述方法与原则，我们开始进行设计程序的第七步工作。

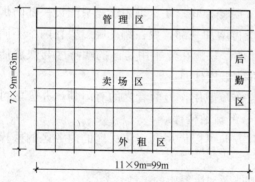

图3-11-17 在格网中分配一层三大功能区的份额

1）在格网中落实一层所有房间（见图3-11-20）

先根据设计程序第二步功能分区的分析，将南面第一跨11开间格子给茶餐厅和商铺作为门面房，将东端两开间其余6跨给后勤功能区，再将北面最后一跨剩下9开间给管理功能区。其余部分全部给卖场使用功能区（图3-11-17）。然后，各功能区在自己的格网范围内进行所有房间的有秩序落实工作。

①使用功能区的房间落实

A. 南面第一跨已经全部给了外租用房，从西至东先落实茶餐厅，由于其北第二跨是顾客主入口，又是上行自动坡道起始点和手推车取用处，顾客必然拥挤，故二层卖场疏散楼梯不宜再占用顾客主入口的9m格子而挤入茶餐厅格子内，根据其剩下进深按面积只能给一个半格子，因为要留出半个格子作为外租用房门厅与顾客大厅的联系通道。但这样计算下来茶餐厅面积不够了。只能向南、向西各凸出去1.5m，以满足允许面积的下限（126m²）。向东功能内容有2部楼梯、1部无障碍电梯和一组男女厕所及清洁间，再加上

274

门厅，怎么也要给它们一开间半，还得精心安排、紧凑布局才行。第一跨还剩下东面8个格子，12间商铺要6个格子，多2个格要分配给几部楼梯。

根据设计程序第4步交通分析的结果，在卖场东南角有一部较宽的疏散楼梯和一部厨房的交通楼梯合计需要1个格子，而厨房的客货梯以及一层卖场东南角对外的疏散需要通道，合起来给半个格子。另外，在东头尽端开间将商铺横向放，其背后设一部普通进货区需要的交通楼梯。

B. 在卖场功能区的9开间5跨内，先将西侧2开间分给顾客大厅。在左边第一开间的5跨中，先扣除头尾2个格子分别作为顾客主入口和顾客主出口（含二层卖场西北角3m疏散楼梯在一层所占位置）。中间3跨靠外墙的半开间作为大小两个房间，小间作为休息室，在北靠近顾客主出口；大间作为手推车停放在南靠近顾客主入口。另外半开间给上行自动坡道安置。右边第二开间即为顾客大厅，只是在与卖场收银处之间以开敞式存包处隔开，一是顾客存取便捷安全；二是可保障收银处的正常秩序而不受顾客大厅人来人往的干扰。至于顾客大厅的总服务台，其售卡、广播、退换的工作人员属管理功能区，因此，将管理功能区最左边2开间安排3个小管理办公，并设总服务台面向顾客大厅，使其对内联系方便，对外服务直接。而最左端一个格子分给一组公共卫生间，藏在疏散楼梯背后，即隐蔽又方便。

东侧7开间、5跨范围为卖场。先将卖场左边第一开间给收银处10组收款台，再将卖场内6开间的北面最后一跨安排上下行自动坡道，占4开间长，3m宽，在其南侧留3m通道。在其东侧6m宽范围内，设3.6m疏散楼梯和一部无障碍电梯。剩下的大部分为各区块内容，可按设计程序第三步房间布局分析的结果，并据各区块面积打九折进行仔细的尺寸计算而确定各区块的位置和大小，以及纵横3m走道的布局。但是，仍然不能完全放下全部区块，南北两个功能区各只有一跨不能再占用了，只能向东占点后勤功能区的面积试试，比如占用3m即可解决。这样卖场区第5跨最东端的6m进深范围内可再安排生鲜加工销售间，而卖场第一跨最东端一个格子可作为熟食加工销售间和面包加工销售间（面积不够可占用宽疏散楼梯第二梯段下部空间作为加工间）。其卖场东侧向后勤功能区扩出去的3m部分的南端可设置两部货梯。

②后勤功能区的房间落实。后勤功能区进深有6跨，前两跨给普通进货区，其东侧开间中的6m第一跨为收货间、垃圾间以及职工入口，第二跨为停车间。剩下前两跨的部分为普通进货处。第三、四两跨为3个库房，均分为三即可，只是其西侧要留出3m通道。最后第五、六两跨东侧开间中的6m第五跨为停车间，第六跨为收货间、垃圾间和二层内部区的疏散楼梯在一层占的位置。最后两跨剩下的部分为生鲜进货处和辅助用房。

③内务办公功能区的房间落实：内务办公区先扣除2m单廊，各房间进深为7m，依房间布局的分析结果依次就位，并以各自面积除以7m得出应占的开间尺寸，因房间不多，不再赘述。

2）在格网中落实二层所有房间（见图3-11-21）

①使用功能区的房间落实

A. 将南面第一跨先扣除东端两开间为库房和一部楼梯间后，其余向西9个开间格子为外租用房区。其中将一层此区各楼梯、无障碍电梯、客货梯升上来就自然分成两部分。西侧为咖啡厅与一层茶餐厅上下对位，也需向南、向西外挑1.5m，并对位一层男女厕所位置也纳入咖啡厅面积之内。主要考虑的是咖啡厅处在走道尽端不符设一个安全出口的条件，而设 2 个安全出口其水平距离不应小于 5m。东侧为快餐店需要 4 个半格子，厨房一个半格子，但在北侧要留 2m 的快餐店疏散走道。

B. 在卖场区，先在一层顾客大厅上行自动坡道升至二层楼面过渡空间处作为二层卖场的入口区域。此处可存放顾客用提篮，并设入口管理设施（另有监控人员或设施），防止二层顾客由此逆向（不经一层收银处）离去。即使是无购物者也必须从卖场内下行，从自动坡道下至一层，走无购物通道离开。

在卖场内部，先将一层两部上下行自动坡道和一部无障碍电梯升上来定位，再将要求 9.6m 疏散宽度的几部疏散楼梯落实。特别要注意，卖场东北角的那部防烟楼梯间位置一定要定位准确，即其下至一层时前室的外开门一定要在办公入口门厅（扩大前室）中，即为直接对外疏散。当进行各区块落实时，先将要求靠墙布置的特卖区块和办公体育用品区块落实位置，中间还有 8 个较大区块分为 4 组，接原有秩序定好位，并将最小的家用清洁区块（50m²）放在上下行自动坡道一顺的西侧靠墙处。然后，再在各区块之间设 3m 通道，慢慢调整各区块尺寸，以满足每区块下限面积即可。经一番尺寸推敲，卖场不需要像一层卖场那样去占用库房区 3m 的范围，可将东边界收回到原卖场功能区自西第十条轴线上，但两部后勤功能区的货梯不能动，即凸出在卖场区之东侧外。

②内务办公功能区的房间落实。在扣除单廊 2m 宽后，剩下 7m 进深的最后一跨先把两部交通楼梯和一部疏散楼梯从一层升上来。再把一层顾客大厅的卫生间（半开间即够）和办公区一套卫生间升上来定位，并以后一套卫生间为界，其西侧为办公区各房间所有，每间占半开间正好满足。其东侧为内务区 4 个较大房间所有，但面积不够，采取两个办法来解决：先满足会议室给 1 个半开间，使其面积符合要求。剩下范围看来只能放 2 个房间了，且需将业务和活动两个房间向外挑出 1.5m，使各自面积满足要求，第四个房间休息室只好向毗邻库房区占用 6m。地盘虽然跑到库房区去了，但房间门还开在内务区。

③库房区的房间落实。已经在第一跨东端两开间中落实了一间库房，剩下 3 间库房在本区内平均分配一下面积即可落实各库房定位，只是要事先在其西侧留出 3m 通道。但是，南面第一间库房经计算面积不够，向南外挑 1.5m 问题就解决了。

（8）完善方案设计

1）在需要设门禁的地方，按图例画上门禁符号。

2）在一层卖场北面对着办公入口门厅和南面对着厨房客货梯所占半开间内，各开一个对外的直接疏散门，且在卖场内的 3m 走道中。

3）在卖场内的 3m 走道内向后勤区的普通进货处和生鲜进货处各开一个补货口。

4）将卖场内的上下行自动坡道呈剪刀叉方式布局，上行起点与无障碍电梯组成卖场内的垂直交通中心，下行终点接近收银处和无购物通道，不但便于顾客付款或直接离去，而且使上下行顾客分开，避免相混拥挤在一处。

5）10 组收银台的布置要使结构柱立在毗邻两组收银台的柜台交接处，而不要立在两者分界的栏杆处，以免由于柱径而减小了本已狭窄的通道净宽。

6）在二层南面的咖啡厅和库房之间外挑 1.5m 作为一层商铺的雨篷，并可在外檐上做商铺的门面招牌。在西面结合建筑设计手法做些构架、广告牌等小品处理，以丰富主立面的形象（图 3-11-18）。

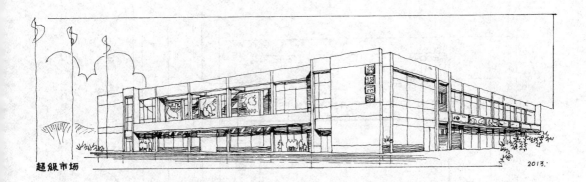

图 3-11-18　超级市场透视图

3. 总平面设计（图 3-11-19）

（1）将超市屋顶平面图放在建筑控制线正中，周边各留 2m，也可保证局部外挑 1.5m 的体块也在建筑控制线内。

（2）场地西侧广场设计以步入顾客为主，其在城市主干道上的场地主入口可定位在正对超市建筑顾客主入口的轴线上。考虑到场地还要停 120 辆小汽车，人行广场呈 90m 长、15m 宽纵向通道（其接近超市主入口的东段两侧设顾客自行车存放），且与超市主出入口前 20m 进深、80m 长的横向通道对接呈"T"字形人行广场。并在城市次干道上另设步行顾客的辅助场地入口，以方便从城市次干道东向或城市主干道南向来的顾客就近进入超市前广场。

（3）在场地西侧按任务书要求要设 2 处机动车入口：一处在西北角的城市主干道上；另一处在城市次干道的步入顾客场地入口的西边。这样，停车场就被分为两处。南停车场可停 40 辆，主要方便城市次干道上的车辆进入；北停车场可停 80 辆，主要方便城市主干道上的车辆进入。

（4）3 辆购物班车停放在场地北面内部道路的北侧，平行道路停靠。

（5）在场地东侧，距超市建筑 6m 处做 7m 双车道，与城市次干道衔接，作为货车入口。并向北延伸与北面内部道路相交。在这条道路上，正对两个进货入口之间的路对面，设 8 个货车位，其两侧各设一处职工自行车停放。正对两个办公入口之间的内部道路对面，设 300m² 的小汽车停车场，在两个办公入口两旁各设合计 150m² 的自行车停放。

（6）在城市次干道的出租车港湾式停靠站前的绿化带处留出几个豁口，便于顾客下车后步入商铺前广场或进入超市前广场，在商铺前广场设两处顾客自行车停放。

三、绘制方案设计成果图（图 3-11-19～图 3-11-21）

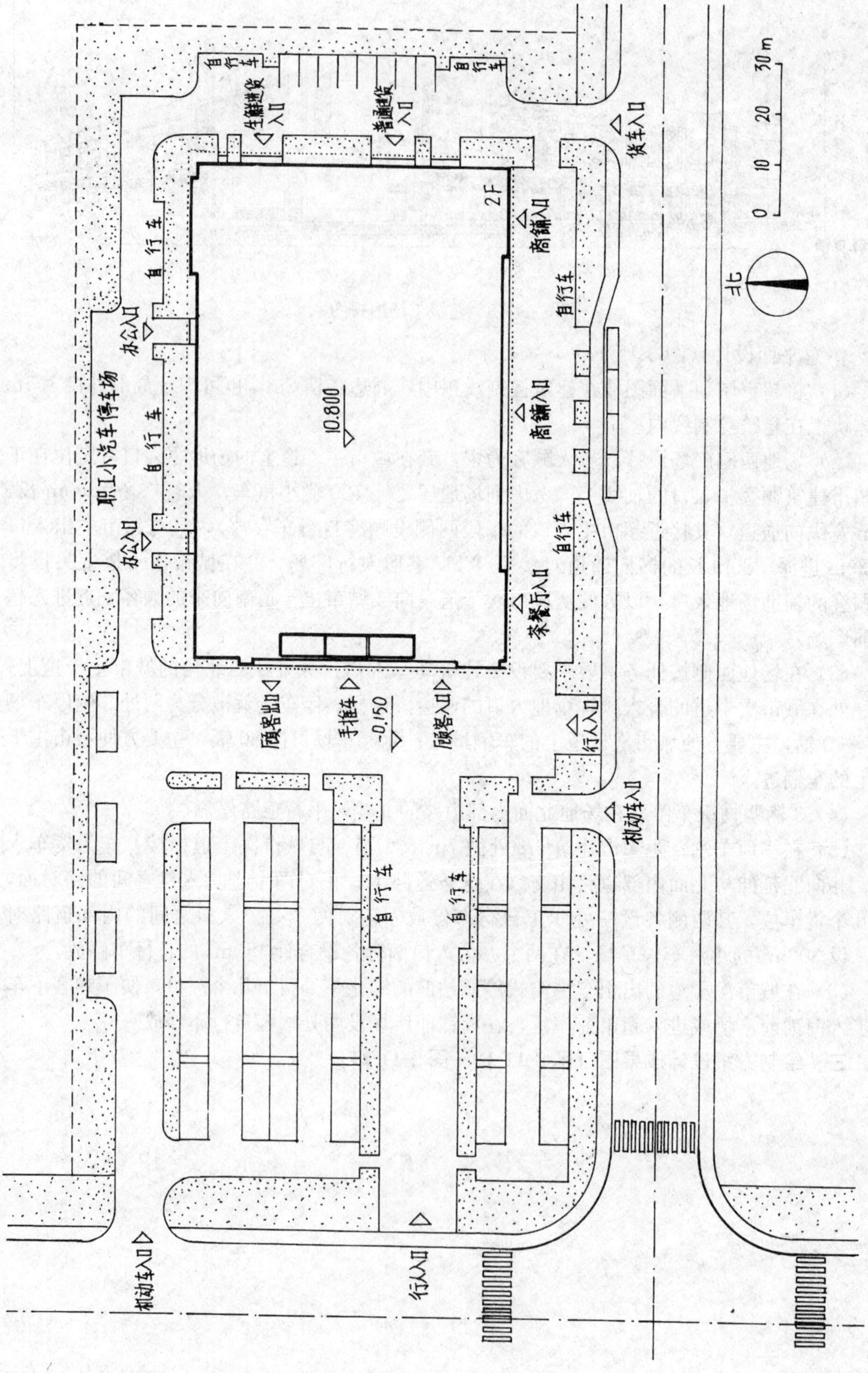

图 3-11-19 总平面图

职工小汽车停车场

办公入口

办公入口

10.800

2F

自行车

自行车

自行车

自行车

自行车

自行车

生鲜进货
入口

普通进货
入口

商铺入口

商铺入口

茶餐厅入口

顾客出口

手推车
-0.150

顾客入口

行人入口

机动车入口

自行车

自行车

行人入口

机动车入口

货车入口

北

0 10 20 30 m

278

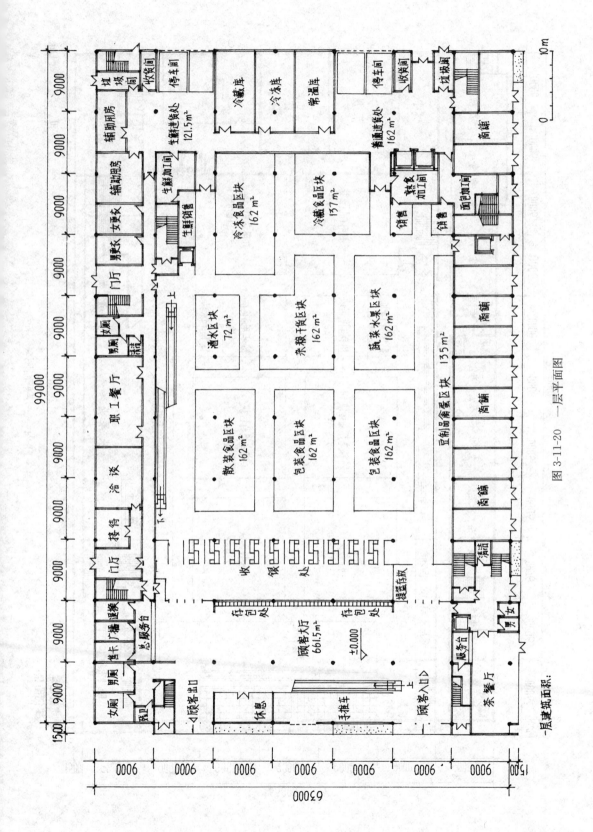

图 3-11-20　一层平面图

一层建筑面积：

279

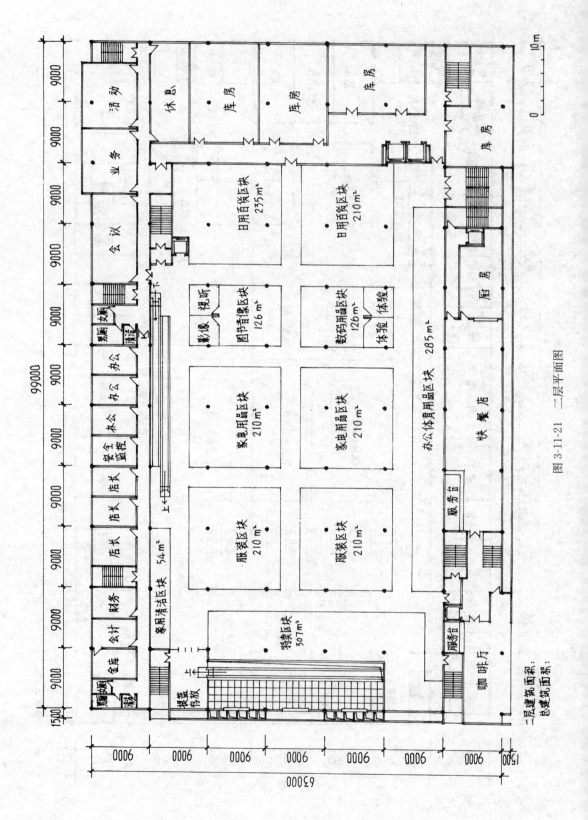

图 3-11-21 二层平面图

280

第十二节 [2014年]老年养护院

一、设计任务书

根据《老年养护院建设标准》和《养老设施建筑设计规范》的定义，老年养护院是为失能（介护）、半失能（介助）老年人提供生活照料、健康护理、康复娱乐、社会工作等服务的专业照料机构。

（一）任务描述

在我国南方某城市，拟新建二层96张床位的小型老年养护院，总建筑面积约7000m²。

（二）用地条件

用地地势平坦，东侧为城市主干道，南侧为城市公园，西侧为住宅区，北侧为城市次干道，用地情况详见总平面图（图3-12-1）。

（三）总平面设计要求

1. 在建筑控制线内布置老年养护院建筑。

2. 在用地红线内组织交通流线，布置基地出入口及道路，在城市次干道上设主、次出入口各一个。

3. 在用地红线内布置40个小汽车停车位（内含残疾人停车位，可不表示）、1个救护车停车位、2个货车停车位。布置职工及访客自行车停车场各50m²。

4. 在用地红线内合理布置绿化及场地。设1个不小于400m²的衣物晾晒场（要求邻近洗衣房）和1个不小于800m²的老年人室外集中活动场地（要求邻近城市公园）。

（四）建筑设计要求

1. 老年养护院建筑由5个功能区组成，包括：入住服务区、卫生保健区、生活养护区、公共活动区、办公与附属用房区。各区域分区明确，相对独立。用房及要求详见表3-12-1、表3-12-2，主要功能关系见图3-12-2。

2. 入住服务区：结合建筑主出入口布置，与各区联系方便，与办公、卫生保健、公共活动区的交往厅（廊）联系紧密。

3. 卫生保健区：是老年养护院的必要医疗用房，需方便老年人就医和急救，其中临终关怀室应靠近抢救室，相对独立布置，且有独立对外出入口。

4. 生活养护区：是老年人的生活起居场所，由失能养护单元和半失能养护单元组成。一层设置1个失能养护单元和1个半失能养护单元；二层设置2个半失能养护单元。养护单元内除亲情居室外，所有居室均须南向布置，居住环境安静，并直接面向城市公园景观，其中失能养护单元应设专用廊道直通临终关怀室。

5. 公共活动区：包括交往厅（廊）、多功能厅、娱乐、康复、社会工作用房5部分。交往厅（廊）应与生活养护区、入住服务区联系紧密；社会工作用房应与办公用房联系紧密。

6. 办公与附属用房区：办公用房、厨房和洗衣房应相对独立，并分别设置专用出入口。办公用房应与其他各区联系方便，便于管理。厨房，洗衣房应布置合理，流线清晰，并设一条送餐与洁衣的专用服务廊道直通生活养护区。

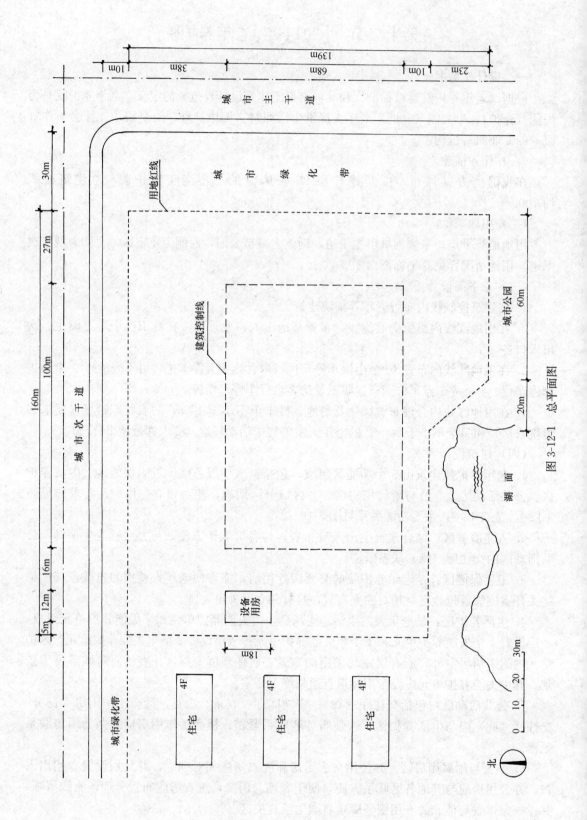

图 3-12-1　总平面图

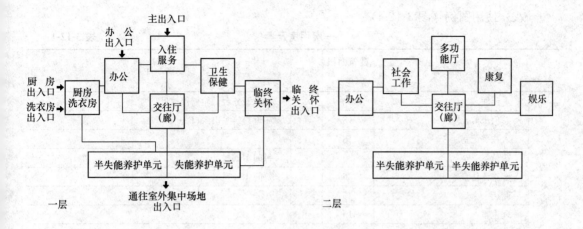

图 3-12-2　主要功能关系图

7. 本建筑内须设 2 台医用电梯、2 台送餐电梯和 1 条连接一、二层的无障碍坡道（坡道坡度≤1∶12，坡道净宽≥1.8m，平台深度≥1.8m）。

8. 本建筑内除生活养护区的走廊净宽不小于 2.4m 外，其他区域的走廊净宽不小于 1.8m。

9. 根据主要功能关系图布置 6 个主要出入口及必要的疏散口。

10. 本建筑为钢筋混凝土框架结构（不考虑设置变形缝），建筑层高：一层为 4.2m；二层为 3.9m。

11. 本建筑内房间除药房、消毒室、库房、抢救室中的器械室和居室中的卫生间外，均应天然采光和自然通风。

（五）规范及要求

本设计应符合国家的有关规范和标准要求。

（六）制图要求

1. 总平面图

（1）绘制老年养护院建筑屋顶平面图并标注层数和相对标高，注明建筑各主要出入口。

（2）绘制并标注基地主次出入口、道路和绿化、机动车停车位和自行车停车场、衣物晾晒场和老年人室外集中活动场地。

2. 平面图

（1）绘制一、二层平面图，表示出柱、墙（双线）、门（表示开启方向），窗、卫生洁具可不表示。

（2）标注建筑轴线尺寸、总尺寸，标注室内楼、地面及室外地面相对标高。

（3）注明房间或空间名称，标注带＊号房间（表 3-12-1、表 3-12-2）的面积。各房间面积允许误差在规定面积的±10％以内。在平面图指定位置填写一、二层建筑面积，允许误差在规定面积的±5％以内。

注：房间及各层建筑面积均以轴线计算。

（七）示意图例（图 3-12-3）

（八）使用图例（图 3-12-4）

一层用房及要求　　　　　　　　　　　　表 3-12-1

	房间及空间名称		建筑面积（m²）	间数	备注
入住服务区		*门厅	170	1	含总服务台、轮椅停放处
		总值班监控室	18	1	靠近建筑主出入口
		入住登记室	18	1	
		接待室	36	2	每间 18m²
		健康评估室	36	2	每间 18m²
		商店	45	1	
		理发室	15	1	
		公共卫生间	36	1(套)	男、女各 13m²，无障碍 5m²，污洗 5m²
卫生保健区		护士站	36	1	
		诊疗室	108	6	每间 18m²
		检查室	36	2	每间 18m²
		药房	26	1	
		医护办公室	36	2	每间 18m²
		*抢救室	45	1(套)	含 10m² 器械室 1 间
		隔离观察室	36	1	有相对独立的区域和出入口，含卫生间 1 间
		消毒室	15	1	
		库房	15	1	
		*临终关怀室	104	1(套)	含 18m² 病房 2 间、5m² 卫生间 2 间、58m² 家属休息
		公共卫生间	15	1(套)	含 5m² 独立卫生间 3 间
生活养护区	半失能养护单元（24床）	居室	324	12	每间 2 张床位，面积 27m²，布置见示意图例
		*餐厅兼活动厅	54	1	
		备餐间	26	1	内含或靠近送餐电梯
		护理站	18	1	
		护理值班室	15	1	含卫生间 1 间
		助浴间	21	1	
		亲情居室	36	1	
		污洗间	10	1	设独立出口
		库房	5	1	
		公共卫生间	5	1	
	失能养护单元（24床）	居室	324	12	每间 2 张床位，面积 27m²，布置见示意图例
		备餐间	26	1	内含或靠近送餐电梯
		检查室	18	1	
		治疗室	18	1	
		护理站	36	1	
		护理值班室	15	1	含卫生间 1 间
		助浴间	42	2	每间 21m²
		污洗间	10	1	设独立出口
		库房	5	1	
		公共卫生间	5	1	
		专用廊道			直通临终关怀室

房间及空间名称		建筑面积（m²）	间数	备注
公共活动区	＊交往厅（廊）	145	1	
办公与附属用房区	办公 办公门厅	26	1	
	办公 值班室	18	1	
	办公 公共卫生间	30	1（套）	男、女各 15m²
	附属用房 ＊职工餐厅	52	1	
	附属用房 ＊厨房	260	1（套）	含门厅 12m²，收货 10m²、男、女更衣各 10m²，库房 2 间各 10m²，加工区 168m²，备餐间 30m²
	附属用房 ＊洗衣房	120	1（套）	合理分设接收与发放出入口，内含更衣 10m²
	附属用房 ＊配餐与洁衣的专用服务廊道			直通生活养护区，靠近厨房与洗衣房合理布置配送车停放处
其他	交通面积（走道、无障碍坡道、楼梯、电梯等）约 1240m²			
	一层建筑面积：3750			

二层用房及要求　　　　　　　　　　　　　　　表 3-12-2

房间及空间名称		建筑面积（m²）	间数	备注
生活养护区	本区设 2 个半失能养护单元，每个单元的用房及要求与表 3-12-1 "半失能养护单元" 相同			
公共活动区	＊交往厅（廊）	160	1	
	＊多功能厅	84	1	
	康复 ＊物理康复室	72	1	
	康复 ＊作业康复室	36	1	
	康复 语言康复室	26	1	
	康复 库房	26	1	
	娱乐 ＊阅览室	52	1	
	娱乐 书画室	36	1	
	娱乐 亲情网络室	36	1	
	娱乐 棋牌室	72	2	每间 36m²
	娱乐 库房	10	1	
	社会工作 心理咨询室	72	4	每间 18m²
	社会工作 社会工作室	36	2	每间 18m²
	公共卫生间	36	1（套）	男、女各 13m²，无障碍 5m²，污洗 5m²

房间及空间名称		建筑面积（m²）	间数	备注
办公与附属用房区	办公室	90	5	每间18m²
	档案室	26	1	
	会议室	36	1	
	培训室	52	1	
	公共卫生间	30	1（套）	男、女各15m²
其他	交通面积（走道、无障碍坡道、楼梯、电梯等）约1160m²			
	二层建筑面积：3176			

生活养护区居室布置示意图

医用电梯　　　送餐电梯

图 3-12-3　示意图例　　　　　图 3-12-4　使用图例

二、设计演示

（一）审题

1. 明确设计要求

（1）基地的主、次出入口限定在北面城市次干道上，这就意味着东面的城市主干道不允许设任何出入口。

（2）老年养护院的5个功能区组成部分（入住服务区、卫生保健区、生活养护区、公共活动区、办公与附属用房区）分区应明确，相对独立，但彼此联系要紧密。

（3）卫生保健区要分成两部分，即一般医疗用房宜靠近公共交通厅廊；抢救室用房应靠近临终关怀室。而临终关怀室应独立设置，并有专用廊道连通生活养护区的失能养护单元。

（4）各层两个养护单元应独立成区，老人居室须全部朝南。

（5）厨房送餐与洗衣房配送洁衣须设一条专用服务廊道直通生活养护区。污衣须经没有独立出口的污洗间送至洗衣房接收处。

（6）除个别房间外，均应天然采光和自然通风。

2. 解读"用房及要求"表

（1）先看一层和二层表格最后一行，得知层建筑面积下大上小，马上要想到会有局部为一层的体量。

（2）看一、二层表格最左边第一列，一层分为5个功能区。如果想在设计程序第二步走得又快又稳妥的话，可以将前4个功能区合并为使用功能区，将第5个功能区拆开，分为管理区（办公）和后勤区（附属用房）。因为后两者都有自己独立的出入口。二层可归纳为使用功能区（前二者）和管理区（办公）。

（3）看一、二层表格左边第二列，各功能区有哪些主要房间，脑中有个印象即可。

3. 理解功能关系图

这是历年试题中最简练的功能关系图，也是表达最清晰的一次。应试者要从中看出几个门道：

（1）一层6个出入口中，主出入口和办公出入口在同一侧，应该面向老年养护院前广场；养护单元通往室外集中场地的出入口与主出入口相对；而厨房、洗衣房的出入口与临终关怀室出入口分设两侧。这6个图示出入口就暗示了老年养护院建筑各出入口的方位，相应也决定了各功能区的布局。

（2）各功能区的气泡基本是以交往厅（廊）为中心对称式布局，隐含着"图"形为横卧的"日"字形。

（3）连线关系除厨房、洗衣房和临终关怀外，都是以交往厅（廊）为纽带联系着各个功能区。

4. 看懂总平面的环境条件

（1）用地东面和北面虽然有两条城市道路，但场地主、次出入口只能在北面城市次干道上，东面有城市绿化带相隔是不允许开任何口子通向城市主干道路的。

（2）用地红线东南角多出一块范围，其朝向景向均佳，暗示作为老年人室外集中活动场地。

（3）用地南面临湖是作为生活养护区布局的限定条件。

（4）用地西面3幢住宅楼仅仅是环境条件的一种交代，对老年养护院的方案设计无任何影响，是一个干扰条件。

（5）建筑控制线范围以及指北针是该设计的限定条件。

（二）展开方案设计

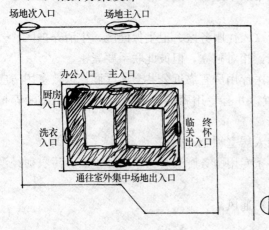

图 3-12-5　"图底"关系与出入口分析

1. 一层平面设计程序

（1）场地设计（图3-12-5）

1）分析场地的"图底"关系

①"图"形的分析。老年养护院属生活建筑，房间内容多，绝大多数房间要求天然采光和自然通风，因此，宜寻找一个外墙面多的"图"形，即"口"字形。但从功能关系图中我们已明白，5个功能区之间需要有一个核心作为联系枢纽，这样，在"口"字形中间再加一个竖腿，呈横卧"日"字形。

②"图"的定位分析。将建筑控制线周边向内缩进少许作为横卧"日"字形的外边界定位。实际上是将集中式的"图"形，中间横向挖两个较大的内院。

2）分析建筑各出入口方位

①先分析场地主、次入口。场地的主、次入口选在北面城市次干道上已无悬念了。先确定场地主入口一定是在对着建筑控制线中轴线的范围内。从功能关系图中我们已清楚老年养护院功能分区的布局是对称式的，其主入口当然要在中轴线上。

场地次入口是为内部车辆出入用的，只能放在用地北边界的西端范围。

②再分析建筑各出入口。建筑主入口与场地主入口应呈对话关系，自然在"图"形北面正中。办公入口宜接近场地次要入口，在主入口西边。

后勤（厨房、洗衣）两个入口应与场地次入口接近，在"图"形西侧。

养护单元通往室外集中场地的出入口应在"图"形南面正中。

临终关怀室的出入口只能在"图"形东面剩下的一条边。

（2）功能分区（图3-12-6）

只要将后勤功能区气泡跟着自己的两个出入口画在"图"形西内院的西侧那条"腿"上，再将管理功能区气泡跟着办公入口画在"图"形西北角上，剩下"图"形的大部分都属于使用功能区。该功能区的3个出入口全在自己的气泡范围内，证明无误。3个气泡中使用功能区最大，后勤功能区次之，管理功能区最小。

（3）房间布局

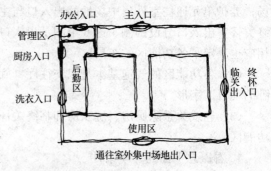

图 3-12-6　功能分区分析

1）使用功能区的房间布局分析（图 3-12-7）

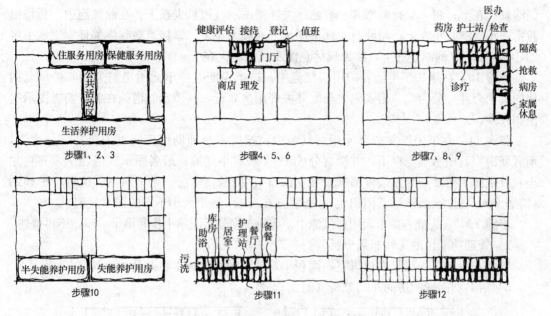

图 3-12-7　使用功能区房间布局分析

步骤 1　按公共活动区用房与专用功能区用房两种不同性质的房间同类项合并一分为二，前者面积小，处于核心地位，其图示气泡画小在中间竖"腿"上；剩下为后者图示气泡。

步骤 2　在专用功能区用房气泡中，按生活养护用房与公共服务用房两种不同性质的房间同类项合并一分为二，前者要求看到湖景，其图示气泡画在"图"形南面横"腿"上；剩下为后者的图示气泡。

步骤 3　在公共服务用房气泡中，按入住服务用房与保健服务用房两种不同服务内容房间同类项合并一分为二，前者面积小，与主入口有关，其图示气泡画小在"图"形北面横"腿"之左；后者面积大，其图示气泡在"图"形北面横"腿"之右及"图"形东侧竖"腿"上。

步骤 4　在入住服务用房气泡中，按公众服务用房与个人服务用房两种不同服务对象的房间同类项合并一分为二，前者面积大，与主入口和公共活动区关系密切，其图示气泡画大在右及左下；后者面积小，其图示气泡画小在左上。

步骤 5　在公众服务用房气泡中，将值班监控与入住登记两个小图示气泡首先分别画在主入口左右两侧，将门厅图示气泡画大居中，将商店、理发和轮椅停放两个图示气泡分别画在门厅左下角。

步骤 6　在个人服务用房气泡中，按 2 个健康评估与 2 个接待一分为二，前者图示气泡在左；后者图示气泡在右。

步骤 7　在第三步保健服务用房气泡中，按常规性保健用房与特殊性保健用房同类项合并一分为二，前者面积大，与公共交通空间关系密切，其图示气泡画大在左；后者需有单独对外出入口，其图示气泡在北横"腿"右端和竖"腿"中。

步骤 8　在常规性保健用房气泡中，将 6 个诊疗室图示气泡画在下；将药房、护士站、办公、检查 6 个图示气泡画在上。

步骤9 在特殊性保健用房气泡中，将需要独立成区并有独立出口的隔离观察室图示气泡画小在上；将一套抢救室和一套临终关怀室图示气泡画大在下。在此气泡中，再将抢救室图示气泡画小在上；将临终关怀室图示气泡画大在下。紧接着在临终关怀室气泡中将2间病房图示气泡画小在上，将家属休息图示气泡画大在下。

步骤10 在第二步生活养护用房气泡中，按半失能养护单元用房与失能养护单元用房同类项合并一分为二，后者因要与临终关怀用房靠近，其图示气泡画在右；前者图示气泡则在左。

步骤11 在半失能养护单元用房气泡中，按居室与辅助用房同类项合并一分为二，前者朝南，其图示气泡在下，并接着分成12个居室小气泡；后者图示气泡在上，并自左至右分别画上污洗（靠左端外墙须设独立出口）、助浴、库房、亲情居室、值班和护理站（需居中）、餐厅兼活动厅（面积大）、备餐（在右端）8个大小不等的图示气泡。

步骤12 在失能养护单元用房气泡中，房间布局分析同第十步和第十一步，不再赘述。

2）管理功能区的房间布局分析

管理功能区在一层只有值班室，面积小，其图示气泡画小在办公入口处。

3）后勤功能区的房间布局分析（图3-12-8）

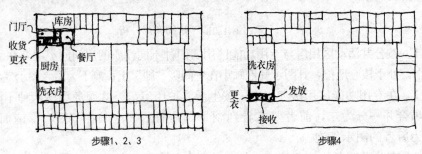

图 3-12-8 后勤区功能区房间布局分析

步骤1 按厨房与洗衣房不同功能的房间同类项合并一分为二，前者面积大，其职工餐厅要靠近管理功能区，其图示气泡画大在上；后者面积小，与养护单元关系密切，其图示气泡画小在下。

步骤2 在厨房气泡中，按辅助用房与厨房加工用房同类项合并一分为二，前者面积小，与厨房出入口关系密切，其图示气泡画小在上；后者面积大，其图示气泡画大在下。

步骤3 在辅助用房气泡中，将收货、男女更衣3个小气泡画在左，与厨房入口靠近；将2个库房小气泡画在右，靠近厨房加工区。

步骤4 在第一步洗衣房气泡中，按洗衣间与辅助用房同类项合并一分为二，前者面积大，其图示气泡画大在上；后者面积小，与养护单元关系密切，其图示气泡画小在下，并直接再分为更衣、接收、发放3个小气泡。

至此，一层平面设计程序前三步的图示分析工作完成。换一张拷贝纸覆盖其上，着手二层平面的设计程序前三步图示分析工作。

2. 二层平面设计程序

(1)"图"形的分析

由于后勤功能区和一套临终关怀用房不上二层，剩下南北两条横"腿"和中间一条竖

"腿"，其二层"图"形呈"工"字形。

（2）功能分区（图 3-12-9）

二层只有管理功能区和使用功能区，而管理功能区要与一层管理功能区在竖向上要相互对应，因此，只能在"工"字图形北横"腿"的西端，剩余的大部分范围就归属使用功能区。

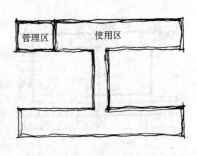

图 3-12-9　二层功能分区分析

（3）房间布局

1）使用功能区的房间布局分析（图 3-12-10）

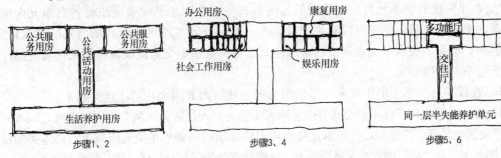

图 3-12-10　二层使用功能区房间布局分析

步骤 1　按公共活动用房与专用功能用房两种不同性质的房间同类项合并一分为二，前者面积小，处在核心位置，其图示气泡画小在"工"字图形中间竖"腿"上；后者面积大，占据剩余部分。

步骤 2　在专用功能用房气泡中，按生活养护用房与公共服务用房两种不同性质的房间同类项合并一分为二，前者与一层生活养护用房上下对应，其图示气泡画在"工"字图形南面一长横"腿"中；后者图示气泡画在"工"字图形北横"腿"两侧。

步骤 3　在公共服务用房气泡中，将房间数量与面积差不多的康复和娱乐用房图示气泡画在右；将房间数量少的社会工作室图示气泡画在左。但是，上述 4 类用房都要与公共活动区单线联系，因此，将右横"腿"中的康复用房气泡画在上，娱乐用房气泡画在下；将左横"腿"中的社会工作用房气泡画在下，办公用房气泡画在上。

步骤 4　在第三步的 4 类用房气泡中，分别按任务书对 4 个功能块要求的房间内容与数量画上图示气泡。

步骤 5　在第一步生活养护用房气泡中，先左右一分为二，呈 2 个半失能养护单元，其房间布局分析程序完全同一层半失能养护单元。

步骤 6　在第一步公共活动区气泡中，按多功能厅与交往厅一分为二，前者面积小，其图示气泡画在上；后者面积大，其图示气泡画在下。

2）管理功能区的房间布局分析

按该功能区房间数量及其面积大小，自左至右分别画上大小不等的 8 个房间图示气泡。

至此，二层平面设计程序前三步的图示分析工作完成，没有较大方案性问题。可以回到一层平面继续完成以下设计程序的分析工作。

（4）交通分析

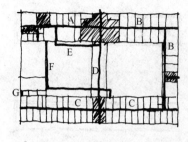

图 3-12-11　一层水平交通分析

1) 水平交通分析

①一层水平交通分析（图 3-12-11）

A. 在入住服务区内有一条中廊水平交通流线将区内各房间联系起来并连接到该区门厅水平交通节点。

B. 在卫生保健区内有一条中廊水平交通流线将区内各房间联系起来，其西端连接着主入口门厅，东端延伸至临终关怀室中廊水平交通流线，与该区单独对外的出入口门厅水平交通节点相接。

C. 在半失能养护单元与失能养护单元内各有一条中廊水平交通流线将各自单元内房间联系起来，并在其间交于过厅水平交通节点，在此设到室外集体活动场地入的出入口。将失能养护单元中廊水平交通流线的东端向北延伸一条水平交通流线与临终关怀区的门厅水平交通节点连接起来。

D. 在横"日"字图形中间有一条水平交通流线将南北两大功能区连接起来。

E. 在办公区入口门厅水平交通节点于厨房功能区与入住服务区两个不同功能区之间有一条水平交通流线将二者分开，并向南连接到西内院北端的一条水平交通流线上，再连接到横"日"图形中间竖"腿"的水平交通流线上，这样就将办公区与交往厅（廊）联系起来了。

F. 从厨房入口门厅水平交通节点始，有一条水平交通流线将收货、更衣、库房各辅助用房联系起来，并连接到厨房加工区门口。在厨房东侧有一条自备餐至职工餐厅的水平交通流线，以提供送餐联系。同时，与洗衣房自发放处共同在西内院南端有一条专用水平交通流线连接到生活养护区。

G. 在半失能养护单元西端的污洗间独立出口处有一条连接洗衣房接收处的短廊水平交通流线。

②二层水平交通流线分析（图 3-12-12）

A. 在 2 个半失能养护单元内各有一条中廊水平交通流线将各自房间联系起来，并交会于其间的过厅水平交通节点。

B. 在"工"字图形北面西半横"腿"中，办公区与社会工作区各自独立，其间以纵墙隔死，且在各自区内各有一条水平交通流线将各自房间联系起来，并在东端交会于多功能厅南面的过厅水平交通节点。

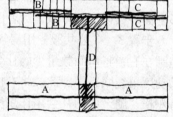

图 3-12-12　二层水平交通分析

C. 在"工"字图形北面东半横"腿"中，康复区与娱乐区各自独立，其间以纵墙隔死，且在各自区内各有一条水平交通流线将各自房间联系起来，并在西端交会于多功能厅南面的过厅水平交通节点。

D. 在"工"字图形中间竖"腿"中，有一条水平交通流线，将多功能厅南面的过厅水平交通节点与 2 个养护单元之间的过厅水平交通节点连接起来。

2) 垂直交通分析

①一层垂直交通分析（图 3-12-13）

A. 在入住服务区的门厅西侧设一部主要交通楼梯通

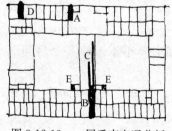

图 3-12-13　一层垂直交通分析

往二层公共水平交通节点。

B. 在 2 个养护单元之间的过厅内设两台医用电梯和一部辅助交通楼梯。

C. 在中间竖"腿"内设一部无障碍坡道。

D. 在办公区门厅西侧设一部交通楼梯，通往二层办公区内。

E. 在 2 个养护单元的备餐毗邻处各设一台送餐电梯。

②二层疏散楼梯分析（图 3-12-14）

A. 在 2 个养护单元中廊北侧毗邻污洗间处各设一部疏散楼梯，可满足本养护单元双向疏散的要求。

B. 在康复与娱乐区的东北角设一部疏散楼梯。

C. 在多功能厅东侧设一部疏散楼梯下至一层门厅。

D. 在 2 个养护单元的污洗间北侧外各设一台污衣电梯下至一层连接通往洗衣房接收处走廊（东养护单元污衣须从室外绕道送至接收处）。

（5）卫生间配置分析

1）一层卫生间配置分析（图 3-12-15）

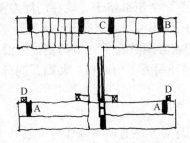
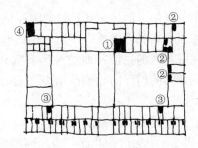

图 3-12-14　二层疏散楼梯分析　　　图 3-12-15　一层卫生间配置分析

①在入住服务区门厅东南角设一套公共卫生间。

②在卫生保健区按要求在中廊南侧设 3 个独立小卫生间；在临终关怀区设 2 个卫生间；在隔离观察室内设 1 个卫生间。

③在 2 个养护单元各 12 间居室内均设一间卫生间，在中廊北侧毗邻助浴间各设一间小厕所。

④在办公区西北角设男女卫生间。

2）二层卫生间配置分析

①在多功能厅南侧公共活动区的水平交通节点内设一套公共卫生间。

②在 2 个养护单元内的卫生间配置同一层 2 个养护单元的配置。

③在办公区内对应一层卫生间位置设一套男女卫生间

（6）建立结构体系

1）确定结构形式

根据平面图示分析的结果，为适应众多房间的形状与面积要求，宜采用矩形格网与方形格网结合的形式。

2）确定框架尺寸

决定的因素是养护单元的居室数量与面积要求。根据设计任务书要求每一个养护单元计 12 间居室即需 6 开间，2 个养护单元为 12 开间，外加其间的交通中心一开间共需 13 开间。而建筑控制线总面宽为 100m，综合考虑居室开间以下限尺寸 3.6m 计，框架的开间尺寸则为 7.2m，总长为 7.2×13＝93.6m，剩余 6.4m 作为东西两端出入口雨篷外挑的控制范围。

框架的跨度尺寸则用居室面积 27m² 除以 3.6m，得 7.5m。则框架形式为矩形，需两跨。

从"图"形看，北面横向长"腿"的框架尺寸亦以 7.2m×7.5m 矩形两跨格网为宜。而东、西两侧的结构形式与尺寸为使纵横轴线对位，宜以 7.2m×7.2m 方格网为宜。

（7）在格网中落实所有房间定位

1）在格网中落实一层所有房间（见图 3-12-17）

①入住服务区的房间落实。作为老年养护院整体建筑，其门面宜为三开间两跨计 6 个矩形格子，而入住服务区门厅面积只有 170m²，约 3.5 个矩形格子。剩下 2.5 个矩形格子，给东西两侧楼梯各半个矩形格子，给一套公共卫生间一个格子，还有半个格子作为交通面积归于交往厅（廊）。

入住服务区的 2 间接待、2 间健康评估，需要 2 个矩形格子，放在门厅左侧横"腿"中廊之北，而商店和理发放在中廊之南，有多余的面积可作为交通面积或甩到室外。

而入住服务区的总值班兼监控室和入住登记室必须放在主入口两侧，因没有空余格子，可将三开间的门厅向北侧凸出去 2.5m，中间开间为主出入口，两侧开间分别为值班室和登记室。

②卫生保健区的房间落实：

A. 先将 2m 中廊放在北面一跨，西端连接门厅，东端直通室外作为疏散口。

B. 6 间诊疗室需 3 个矩形格子，用每间诊疗室面积 18m² 除以半开间 3.6m，得进深为 5m。南跨 7.5m 多余 2.5m 作为 6 个诊疗室的候诊廊。

C. 北跨自西至东依次放药房半开间（面积不够可向北凸出去 2.5m）、护士办公半开间、护士站一开间、医办占半开间、一个检查室占半开间，剩下 2 开间让另一间检查室与一个疏散梯合占一开间，最后一开间给隔离观察室，使其处在尽端并有单独出入口。

南跨与诊疗区毗邻的东侧一开间的面宽可落实 3 间独立小厕所，南跨东端一个矩形格子留给抢救和临终关怀区。

D. "图"形东侧竖"腿"作 7.2m×7.2m 方格网，其西侧另加 2.1m 走廊空间，南端连接失能养护单元。根据该区房间内容只需 3 开间即可。自南向北依次为家属休息占 1 个方格，门厅占半个方格，2 个病房占 1 个方格（其西侧含 2.2m 走廊，该走廊之西侧另加的 2.1m 走廊在此处作为 2 间厕所），病房向北毗邻的是抢救室。最后剩下的约 4.5m 给消毒和库房 2 个小房间。

③生活养护区的房间落实：

A. 13 开间的正中一开间两跨作为过厅，其北跨设 2 台医用电梯，南跨设一部辅助楼梯。

B. 西头半失能养护单元先将 2.5m 中廊放在北跨，南跨 6 开间按图例分为 12 间居室。北跨自东向西依次在 6 开间内落实各房间：第一间备餐只能给半开间，但面积不够，需要 7.2m 进深，可向北凸出去 2.2m。第二间餐厅兼活动厅需 1.5 开间。第三、四间护理站和

294

值班需 1 开间。第五间亲情居室需 1 开间。剩下两开间计 14.4m 长，要落实 4 个小房间和一部疏散楼梯，只能根据各自面积计算其所需面宽，即厕所和库房各需 2m，助浴室需 4.2m，疏散楼梯为 3m，剩下 3.2m 给污洗间。而污洗间面积只有 $10m^2$，除以 3.2m，得进深为 3.2m。剩下 1.8m 作为污衣电梯前的操作空间。

东头失能养护单元房间落实基本同西头半失能养护单元房间落实程序，只是在北跨个别房间数量与内容略有不同而已，不再赘述。

④交往厅（廊）的房间落实：

A. 交往厅（廊）定位在正中 7.2m 开间，其长度据建筑控线南北 68m，扣除南北退让距离和南北两条横"腿"总进深尺寸，可做 4 个 8m。

B. 在此交往厅（廊）的 4 个 7.2m×8m 的格网中，划分东侧 4m 作为两跑无障碍坡道的宽度，剩下 3.2m 只能作为交通走廊。

C. 因此，在该走廊西侧中段以两跨（16m）为半径做半圆形交往厅，可真正起到交往空间的作用。

⑤厨房区与洗衣房区的房间落实

A. 厨房的辅助用房可落实在"图"形北面横"腿"西端南跨入住服务区剩余的三开间内，左边第一开间可落实收货、男女更衣 3 个小房间，每间 2.4m，进深为 4.2m，剩下 3.3m 作为门厅。第二开间的一部分作为 2 个库房和通往厨房加工区的走廊。第三开间为职工餐厅，面向办公门厅，关系紧密。

B. 剩下厨房加工区和备餐以及洗衣房若干房间需落实在"图"形西侧竖"腿"中。其结构形式仍然为 7.2m×7.2m 方格网，只是由于面积比"图"形东侧竖"腿"大，故需两跨。但其东边要扣除 2m 送餐通道，厨房、洗衣房的真正进深为 12.4m。

考虑到该区不能与南北两条横"腿"对撞，以免产生黑房间，故需要脱开一段距离，而内院南北距离为 34.2m，计算下来该区面宽可做到 3.5 开间，计 25.2m，南北两端与两条横"腿"可有 4.5m 间距。

厨房的加工区和备餐需占北面 2 开间，且东面一跨必须与库房和餐厅局部对接。

洗衣房需要南面 1 开间，剩下半开间给更衣、接收、发放 3 个小房间。

2) 在格网中落实二层所有房间（见图 3-12-18）

①在"工"字图形北面一长横"腿"中，正中三开间两跨 6 个矩形格子分配给公共空间。其中，多功能厅居北跨正中一开间，据面积计算其两侧还需各加 2m 面宽，计 11.2m，面积才符合 $84m^2$ 的额定要求。多功能厅东、西两侧各设一部 3.6m 宽楼梯间。南跨正中开间为过厅，其东侧一开间为公共卫生间，其西侧开间无房间内容，可作为多功能活动间隙时的休息交往之用。

②在"工"字图形西侧横"腿"两跨中，将北跨先扣除 2.5m 内走廊，除西端为男女厕所和楼梯上下层对位外，可放一间会议室（占一开间）和 5 间办公室（占 2 开间半）。办公区剩下的 2 间大房间（培训和档案）放在南跨西端一开间半内。南跨剩余 3 开间半，先扣除 2.5m 内走廊，然后给 4 间社会工作室占东头 2 开间，2 间心理咨询室中间隔一个亮厅占一开间半，如此，走廊可以亮起来。

③在"工"字图形东侧横"腿"两跨中，先在南跨扣除 2.5m 内走廊，5 开间正好可放 5 个活动室，每活动室占一开间，但图书室面积不够，可向外挑 2m。而此区 $10m^2$ 的

库房只好在东端占用康复区一点面积。然后在北跨扣除 2.5m 内走廊，并在东端先上下层对位落实一部疏散楼梯。剩余北跨 4.5 开间自西向东依次分配给作业康复（占一开间）、语言康复占 4.8m 面宽，而物理康复占至楼梯间的 13.8m 面宽。剩下此区的库房放在东端开间内与娱乐区库房毗邻，但库房前要留 2.5m 走廊，使康复区内走廊亮起来。

④在"工"字图形南面一长横"腿"中，2 个失能养护单元的各房间落实程序与结果同一层。

⑤"工"字图形中间竖"腿"的无障碍坡道、走廊及交往厅同一层，只是交往厅面积比一层大，可将半圆外挑 1m。

(8) 完善方案设计

1) 在主入口设自动移门和外开疏散门。

2) 在各功能区走廊之间设门，使各功能区相对独立。在办公门厅与厨房门厅之间设门，使二者有联系。

3) 养护单元各居室入口内凹，使大小门外开不影响中廊交通。

4) 无障碍坡道按规范要求分段（9m），其间设 1.8m 平台。

5) 东内院短边已超 24m，须设消防通道进入并设回车场。为此，失能养护单元与临终关怀之间连廊的中段做拱门，以保证消防车道净高为 4m。

3. 总平面设计（图 3-12-16）

(1) 将老年养护院屋顶平面放在建筑控制线正中。

(2) 正对建筑主入口三开间面宽（21.6m）做入口广场。

(3) 在用地西北角设场地次要出入口，与场地主出入口之间为 40 辆小汽车停车场。

(4) 沿建筑四周做环形内部道路，连接主入口广场和次要出入口，并连通建筑 6 个出入口和各疏散口及东内院消防回车场。

(5) 在用地东南角设 800m² 的老人室外集中活动场地和室外厕所。在用地西部洗衣房处设 400m² 的衣物晾晒场。

(6) 在近临终关怀入口的院内道路东侧设救护车停车位，在近厨房入口的院内道路西侧设 2 辆货车停车位。

(7) 在入口广场东侧设 50m² 访客自行车停车场，在办公入口、厨房入口、洗衣入口附近设职工自行车停车场。

三、绘制方案设计成果图 (图 3-12-16～图 3-12-18)

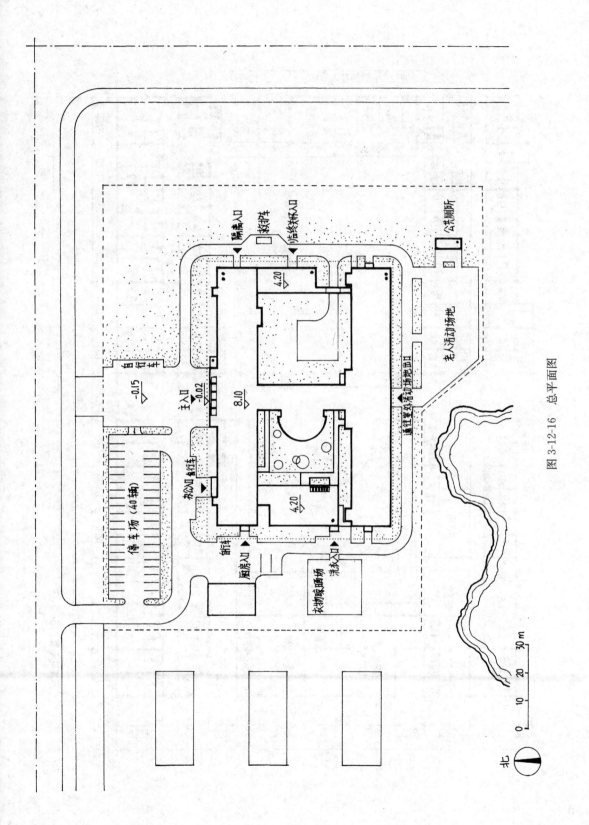

图 3-12-16　总平面图

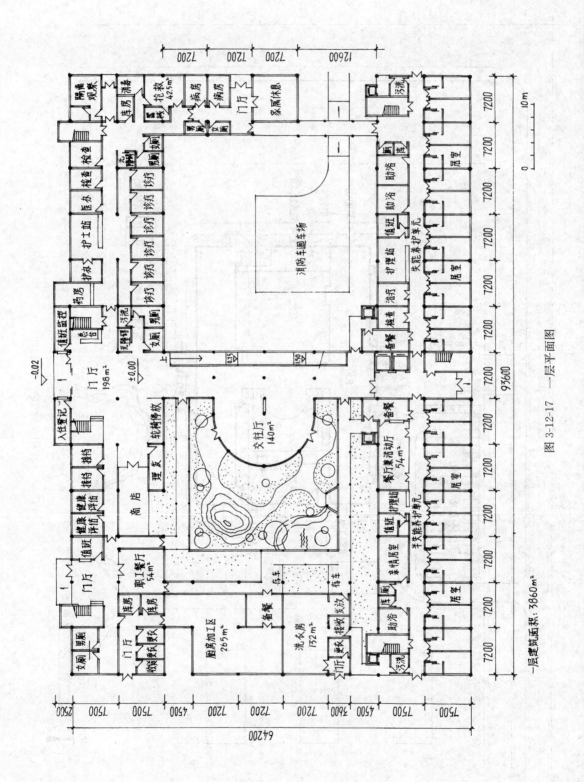

图 3-12-17 一层平面图

一层建筑面积：3860 m²

298

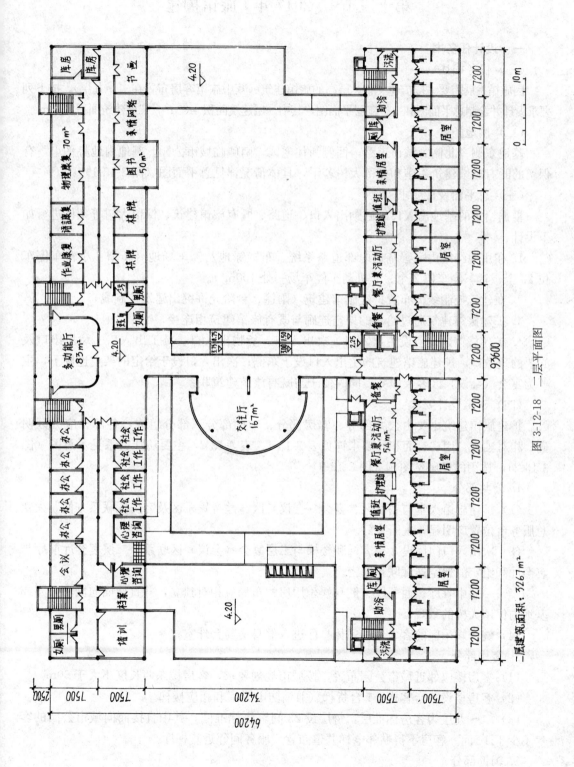

图 3-12-18　二层平面图

二层建筑面积：3267 m²

第十三节 [2017年] 旅馆扩建

一、设计任务书

(一) 任务描述

因旅馆发展需要,拟扩建一座9层高的旅馆建筑(其中旅馆客房布置在二~九层)。按下列要求设计并绘制总平面图和一、二层平面图,其中一层建筑面积4100m²,二层建筑面积3800m²。

(二) 用地条件

基地东侧、北侧为城市道路,西侧为住宅区,南侧临城市公园。基地内地势平坦,有保留的既有旅馆建筑一座和保留大树若干,具体情况详见总平面图(图3-13-1)。

(三) 总平面设计要求

根据给定的基地出入口、后勤出入口、道路、既有旅馆建筑、保留大树等条件进行如下设计:

1. 在用地红线内完善基地内部道路系统、布置绿地及停车场地(新增:小轿车停车位20个、货车停车位2个、非机动车停车场一处100m²)。

2. 在建筑控制线内布置扩建旅馆建筑(雨篷、台阶允许突出建筑控制线)。

3. 扩建旅馆建筑通过给定的架空连廊与既有旅馆建筑相连接。

4. 扩建旅馆建筑应设主出入口、次出入口、货物出入口、员工出入口、垃圾出口及必要的疏散口。扩建旅馆建筑的主出入口设于东侧;次出入口设于给定的架空连廊下,主要为宴会(会议)区客人服务,同时便于与既有旅馆建筑联系。

(四) 建筑设计要求

扩建旅馆建筑主要由公共部分、客房部分、辅助部分三部分组成,各部分应分区明确、相对独立。用房、面积及要求详见表3-13-1、表3-13-2,主要功能关系见示意图(图3-13-2),选用的设施见图例(图3-13-3)。

1. 公共部分

(1) 扩建旅馆大堂与餐饮区、宴会(会议)区、健身娱乐区及客房区联系方便。大堂总服务台位置应明显,视野良好。

(2) 次出入口门厅设2台客梯和楼梯与二层宴会(会议)区联系。二层宴会厅前厅与宴会厅和给定的架空连廊联系紧密。

(3) 一层中餐厅、西餐厅、健身娱乐用房的布局应相对独立,并直接面向城市公园或基地内保留大树的景观。

(4) 健身娱乐区的客人经专用休息厅进入健身房与台球室。

2. 客房部分

(1) 客房楼应邻近城市公园布置,按城市规划要求,客房楼东西长度不大于60m。

(2) 客房楼设2台客梯、1台货梯(兼消防电梯)和相应楼梯。

(3) 二~九层为客房标准层,每层设23间客房标准间,其中直接面向城市公园的客房不少于14间。客房不得贴邻电梯井道布置,服务间邻近货梯厅。

3. 辅助部分

(1) 辅助部分应分设货物出入口、员工出入口及垃圾出口。

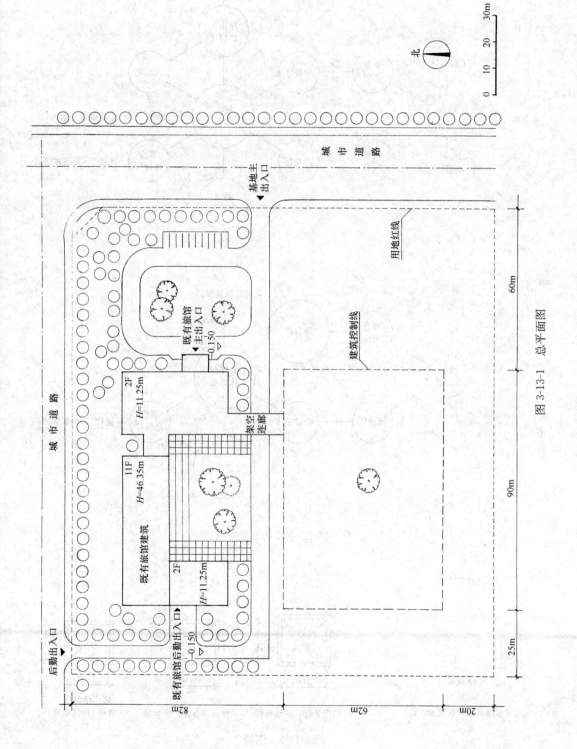

图 3-13-1 总平面图

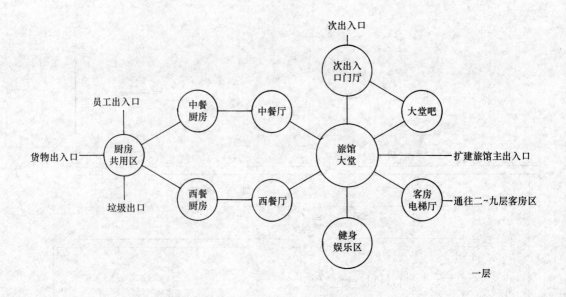

一层

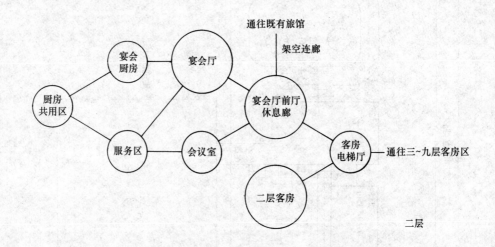

二层

图 3-13-2 主要功能关系图

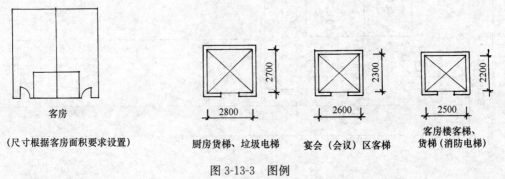

客房

（尺寸根据客房面积要求设置）

厨房货梯、垃圾电梯

宴会（会议）区客梯

客房楼客梯、货梯（消防电梯）

图 3-13-3 图例

房间及空间名称			建筑面积 m²	间数	备　注
公共部分	旅馆大堂区	*大堂	400	1	含前台办公 40m²、行李间 20m²、库房 10m²
		*大堂吧	260	1	
		商店	90	1	
		商务中心	45	1	
		次出入口门厅	130	1	含 2 台客梯、1 部楼梯，通向二层宴会（会议）区
		客房电梯厅	70	1	含 2 台客梯、1 部楼梯；可结合大堂布置适当扩大面积
		客房货梯厅	40	1	含 1 台货梯（兼消防电梯）、1 部楼梯
		公共卫生间	55	3	男、女各 25m²，无障碍卫生间 5m²
	餐饮区	*中餐厅	600	1	
		*西餐厅	260	1	
		公共卫生间	85	4	男、女各 35m²，无障碍卫生间 5m²，清洁间 10m²
	健身娱乐区	休息厅	80	1	含接待服务台
		*健身房	260	1	含男、女更衣各 30m²（含卫生间）
		台球室	130	1	
辅助部分	厨房共用区	货物门厅	55	1	含 1 台货梯
		收验间	25	1	
		垃圾电梯厅	20	1	含 1 台垃圾电梯，并直接对外开门
		垃圾间	15	1	与垃圾电梯厅相邻
		员工门厅	30	1	含 1 部专用楼梯
		员工更衣室	90	2	男、女更衣各 45m²（含卫生间）
	中餐厨房区	*加工制作间	180	1	
		备餐间	40	1	
		洗碗间	30	1	
		库房	80	2	每间 40m²，与加工制作间相邻
	西餐厨房区	*加工制作间	120	1	
		备餐间	30	1	
		洗碗间	30	1	
		库房	50	2	每间 25m²，与加工制作间相邻

其他交通面积（走道、楼梯等）约 800m²

一层建筑面积 4100m²（允许±5%：3895～4305m²）

		房间及空间名称	建筑面积 m²	间数	备 注
公共部分	宴会会议区	*宴会厅	660	1	含声光控制室 15m²
		*宴会厅前厅	390	1	含通向一层次出入口的 2 台客梯和 1 部楼梯
		休息廊	260	1	服务于宴会厅与会议室
		公共卫生间（前厅）	55	3	男、女各 25m²，无障碍卫生间 5m²，服务于宴会厅前厅
		休息室	130	2	每间 65m²
		*会议室	390	3	每间 130m²
		公共卫生间（会议）	85	4	男、女各 35m²，无障碍卫生间 5m²，清洁间 10m²，服务于宴会厅与会议室
辅助部分	厨房共用区	货物电梯厅	55	1	含 1 台货梯
		总厨办公室	30	1	
		垃圾电梯厅	20	1	含 1 台垃圾电梯
		垃圾间	15	1	与垃圾电梯厅相邻
	宴会厨房区	*加工制作间	260	1	
		备餐间	50	1	
		洗碗间	30	1	
		库房	75	3	每间 25m²，与加工制作间相邻
	服务区	茶水间	30	1	方便服务宴会厅、会议室
		家具库	45	1	方便服务宴会厅、会议室
客房部分	客房区	客房电梯厅	70	1	含 2 台客梯、1 部楼梯
		客房标准间	736	23	每间 32m²，客房标准间可参照提供的图例设计
		服务间	14	1	
		消毒间	20	1	
		客房货梯厅	40	1	含 1 台货梯（兼消防电梯）、1 部楼梯
		其他交通面积（走道、楼梯等）约 340m²			
		二层建筑面积 3800m²（允许±5%：3610～3990m²）			

(2) 在货物门厅中设 1 台货梯，在垃圾电梯厅中设 1 台垃圾电梯。

(3) 货物由货物门厅经收验后进入各层库房；员工由员工门厅经更衣后进入各厨房区或服务区；垃圾收集至各层垃圾间，经一层垃圾电梯厅出口运出。

(4) 厨房加工制作的食品经备餐间送往餐厅；洗碗间须与餐厅和备餐间直接联系；洗碗间和加工制作间产生的垃圾通过走道运至垃圾间，不得穿越其他用房。

(5) 二层茶水间、家具库的布置便于服务宴会厅和会议室。

4. 其他

(1) 本建筑为钢筋混凝土框架结构（不考虑设置变形缝）。

(2) 建筑层高：一层层高 6m；二层宴会厅层高 6m，客房层高 3.9m，其余用房层高 5.1m；三～九层客房层高 3.9m。建筑室内外高差 150mm。给定的架空连廊与二层室内楼面同高。

（3）除更衣室、库房、收验间、备餐间、洗碗间、茶水间、家具库、公共卫生间、行李间、声光控制室、客房卫生间、客房服务间、消毒间外，其余用房均应天然采光和自然通风。

（4）本题目不要求布置地下车库及其出入口、消防控制室等设备用房和附属设施。

（5）本题目要求不设置设备转换层及同层排水措施。

（五）规范及要求

本设计应符合国家相关规范的规定。

（六）制图要求

1. 总平面图

（1）绘制扩建旅馆建筑的屋顶平面图（包括与既有建筑架空连廊的联系部分），并标注层数和相对标高。

（2）绘制道路、绿化及新增的小轿车停车位、货车停车位、非机动车停车场，并标注停车位数量和非机动车停车场面积。

（3）标注扩建旅馆建筑的主出入口、次出入口、货物出入口、员工出入口及垃圾出口。

2. 平面图

（1）绘制一、二层平面图，表示出柱、墙（双线）、门（表示开启方向），窗、卫生洁具可不表示。

（2）标注建筑轴线尺寸、总尺寸，标注室内楼、地面及室外地面相对标高。

（3）标注房间或空间名称；标注带 * 号房间（见表 3-13-1、表 3-13-2）的面积，各房间面积允许误差在规定面积的±10％以内。

（4）填写一、二层建筑面积，允许误差在规定面积的±5％以内。

注：房间及各层建筑面积均以轴线计算。

二、设计演示

（一）审题

1. 明确设计要求

应试者在解读该任务书的过程中，应随即归纳几条具体的设计要求，并力求牢记作为指导设计的思想。

（1）功能性要求

1）扩建旅馆的主入口在东侧，次入口在北面连廊下，而几个辅助入口在接近后勤场地入口的西侧。

2）高层客房部分布局在用地之南，后勤部分布局在用地之西，剩下用地之东、北为公共部分。

3）用地内保留的大树及周边庭院绿地是拟扩建旅馆的趣味中心，相当于没有顶盖的中庭，则其周边宜布置需要共享景观的公共用房。

4）一层的商店与商务中心应方便为客人服务，其位置宜靠近大堂和中餐厅，以其优越的区位吸引客人并提高效益。

5）二层的两个重要空间（宴会厅与会议室）其位置应与一层次入口门厅关系紧密，故其布局宜在对应一层次出入口门厅的上方附近。

6）二层休息廊服务于宴会厅与会议室，但不意味着共享。按闹静分区的原则，休息廊宜各自设置，又能连通。

7）二层茶水间和家具库明确规定要方便服务宴会厅、会议室，属于公共部分的服务区，不要与厨房后勤区混为一谈。两者没有功能的必然联系，故在二层主要功能关系图中，服务区与厨房共用区两个气泡中间的连线实属画蛇添足，不要被误导。

8）建筑设计要求公共部分的大堂总服务台与"一层用房、面积及要求"表中大堂所含前台办公是两码事，不可混淆，前者是大堂中接待客人办事的敞开式柜台；后者是有40m² 面积的工作人员办公的房间。

（2）交通性要求

1）最重要的一条特殊交通流线就是"洗碗间和加工制作间产生的垃圾通过走道运至垃圾间，不得穿越其他用房"。

2）二层客房区走廊不得作为以上各客房层客人至二层公共区各用房的交通流线。

3）辅助部分的"员工由员工门厅经更衣后进入各厨房区或服务区"，这是员工到达各自工作岗位的两条不同流线，且后者服务员、职员人数多，分布区域广，要妥善处理好这部分员工经更衣后到达工作岗位的流线。

（3）规范性要求

1）因每层建筑面积超过高规限定的一个防火分区为3000m²（加喷淋），故扩建旅馆高层客房区与裙房区之间应设防火墙，每层按2个防火分区考虑各自的疏散要求。

2）高层客房楼疏散楼梯应为防烟楼梯间，裙房公共部分的楼梯可做成封闭楼梯间。

3）在二层客房区各客房卫生间之下的一层不能设置餐饮用房和厨房。

4）超过120m² 的房间应设两个外开门。直通疏散走道的房间疏散门，当位于两个安全出口之间时，至最近安全出口的直线距离应小于37.5m（加喷淋）。

5）高层客房楼长边应设15m进深、距外墙5m的消防车登高操作场地，且能直通建筑的疏散楼梯间。

上述建筑设计要求是应试者在解读设计任务书的过程中必须思考到的，这就提醒了自己在设计中少犯错误。因为设计的成败关键在于你是否能想到这些问题，而动手做方案和绘图是听从于设计指导思想的。

2. 解读"用房、面积及要求"表

（1）先看一层和二层表格最后一行。虽然面积下大上小，但差别不大，也就一个较大房间而已，此时你就别想大堂按通常占两层高空间来考虑。

（2）看表格左边第一竖行功能分区情况。一层只有公共部分（使用区）和辅助部分（后勤区），管理区到哪里去了呢？任务书没有设定，权当作在既有旅馆里，不用去管它。而二层有 3 个部分，实际上只有 2 个功能区，仍然是公共部分与客房部分合并为一个的使用区，剩下辅助部分即为后勤区。这样简化的目的是使设计程序的第二步操作更为快速简便。

（3）看表格左边第二、三竖行。这是设计程序第三步重点要解决的各房间布局的内容，先了解 2 个功能区各自含有哪些主要房间，做到心里明白，脑中存有印象即可，不必强记。

3. 理解功能关系图

（1）先看一层功能关系图中有几个什么样的出入口。右边有 2 个使用功能区的出入口，一个是住店旅客的主出入口，指向大堂；另一个是对外服务的次出入口，指向次出入口门厅。而"通往二～九层客房区"指向客房电梯厅的标注因与对外出入口无关，可以不理它。左边有 3 个后勤功能区的出入口，即员工出入口、货物出入口和垃圾出口。在了解了这两组不同功能区的若干出入口后，你应马上意识到，它们的定位特点是相对而行，这样才能保证内部不同的主要流线不会产生交叉。

（2）看气泡组织情况

一、二层功能关系图的气泡组织可以说是一目了然，右边几个气泡属表格中所指公共部分的使用功能区；左边若干气泡属表格中所指辅助部分的后勤功能区。需提醒应试者注意的是，这些气泡仅仅是功能内容的符号而已。根据具体情况，多数气泡是封闭的房间形态，而个别气泡是敞开的空间形态。正如表格最左边一栏标题所示"房间及空间名称"，这与历年考题表格的这一栏只标示"房间名称"有着微小的区别和暗示。即无论从理性，还是从感性上，你都不能把"大堂吧"气泡符号当作"房间"看待。它如同"大堂"一样，一定是开敞的"空间"区域，也一定是与大堂开敞空间融为一体的，而且若有条件最好能看到景观，这是客人等候、会客、休息等共享空间的特点和设计手法。这就可避免在设计操作上把大堂吧关起门来，当作房间放在一个角落，从而导致其失去大堂吧设置的目的和使用功能。

（3）看连线关系

毫无疑问，应试者对于一层功能关系图中的各气泡连线关系易于理解；对于二层功能关系图中的各气泡连线关系则需要从设计原理和生活常识中加深体会。即宴会厅与会议室不仅按任务书要求应与一层次出入口门厅发生密切联系（功能关系图中未有连线表示），而且也应与住店旅客"二层客房"气泡有密切联系。在功能关系图中两者之间没有连线并不能说明二者没有关系；客房旅客必须通过客房电梯厅（客房楼与裙房的唯一衔接口）以及宴会厅前厅或休息廊这两个空间，才能进入宴会厅或会议室，这对于二层两个公共部分用房（特别是会议室）的布局起着决定性作用。

此外，服务区气泡与厨房共用区气泡却画蛇添足地加了一条连线，这就给应试者出了道难题。因为厨房共用区与会议区是在平面的东西两端，茶水间、家具库两个房间靠哪一端才好呢？你认为它俩属于后勤而放在厨房功能区一端，那么它们与会议区太远，必定服务不便，且流线既长又可能干扰其他用房，这与二层表格备注中的要求也不符。或者为了避免这种设计问题，硬把会议区拉到后勤区附近，反而使会议区远离了一层次出入口门厅，更是本末倒置了。若将二者放在另一端会议区附近如何？此时你又担心它俩远离厨房功能区了，两难之下，你无所适从。问题出在哪儿呢？问题就出在应试者思维的僵化和对服务区与后勤区差别的误解。其实，服务区一定是紧紧跟着服务对象的。正如2011年图书馆方案设计中，后勤区是书库，它要邻近阅览室，而办公区的库房不能因为它的功能性质属于辅助用房，而被放到书库区；也不能因为读者使用区的书店库房功能性质属于辅助用房，也放到书库区去；只能邻近自己所服务的功能区才对。所以，方案设计是否出问题，关键在于你对任务书理解得正确与否。

4. 看懂总平面图的环境条件

用地的外部城市环境条件任务书中已详尽介绍，此处不再赘述。需提醒应试者注意的是，阅读地形图了解各外部环境限定条件的同时，应在头脑中赶紧构思设计程序第一步所要考虑的问题，即建筑控制线范围的各出入口方位大致在哪一边界？图底关系是实心的矩形还是空心的矩形？根据任务书和总平面图的提示，任何一位应试者对这两个问题的回答相信都会轻而易举。

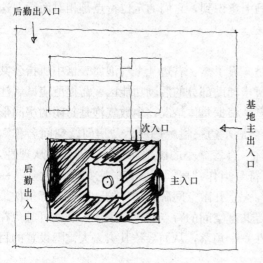

图 3-13-4 "图底"关系与出入口分析

（二）展开方案设计

1. 一层平面设计程序

（1）场地分析（图 3-13-4）

1）分析场地的"图底"关系

先拿一张拷贝纸蒙在 1：500 的基地平面图上，准备开展各设计程序的分析工作。

① "图"形的分析。根据历年考试规律，给定的建筑控制线用地范围都比较吝啬，因此，"图"形只能是集中式的一团。但基地内有一棵保留景观大树，且任务书要求多数房间应自然通风采光；毫无疑问，以保留大树为中心有一院落要占据基地中央，这就使"图形"从集中式的实心矩形变为空心矩形。

② "图"的定位分析。因为扩建旅馆一层面积总要小于基地面积，且周边会有若干出入口，因此，"图"形周边都向内收进少许即可定位。

2）分析建筑各出入口方位

由于任务书已经规定"扩建旅馆建筑的主出入口设于东侧，次出入口设于给定的架空连廊下"，故其方位大致可以确定。只是前者只能先确定在东侧中间的范围内，至于具体坐标定位，有待设计程序第三步房间布局时视大堂位置而定；而后者可立即确定在架空连廊下坐标点。

对于后勤的员工出入口、货物出入口和垃圾出口，三者只能先行合并，都在接近用地后勤出入口的"图"形西侧范围，至于谁靠北、谁靠南、谁居中，也是要等设计程序第三步厨房平面布局确定后才能知晓。

（2）功能分区（图 3-13-5）

设计程序第二步对功能分区的分析，因该题目只有使用区和后勤区 2 个功能区，且各自的出入口分设在东、西两端，加上对两个功能区面积的比较，显然前者远大于后者，故画功能分区图示时，两个气泡一大一小。前者图示气泡画大在右，把主、次两个出入口包进来，且"底"即院落也包含在内；而后者图示气泡画小在左，把后勤 3 个出入口包进来。

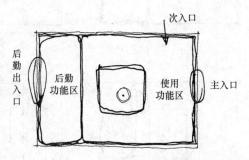

图 3-13-5 一层功能分区分析

（3）房间布局

设计程序第三步我们要面临房间表格中除卫生间之外的所有房间的布局问题。其主导思想是抓众多房间的布局秩序，而忽略房间具体面积。前者是设计程序这个阶段矛盾的主要方面，而后者是矛盾的次要方面。因此，千万不要过早地关注各房间的具体面积是否符合面积表要求。否则，你就会陷入核算面积的细节不能自拔，而忽视了房间布局应有序这个大方向问题。千万不要因小失大、前功尽弃。

下面我们采用"一分为二"的设计推演方法，演示该旅馆扩建设计的平面布局过程。

1）使用功能区的房间布局分析（图 3-13-6）

步骤 1 按大堂区用房与餐饮活动区用房两种不同使用内容的房间同类项合并一分为二，前者包括大堂、大堂吧、次入口门厅、商店、商务中心和为接待住店旅客服务的房间打包为一个"房间"；后者包括中餐厅、西餐厅、健身房、台球室打包为另一个"房间"。前者图示气泡在右，要把扩建旅馆主次入口包含在内；后者图示气泡在左。

步骤 2 在前一步骤得出的大堂区气泡中，按旅客使用房间（大堂、次入口门厅、大堂吧、商店、商务中心）与服务旅客的房间（前台办公、行李房、库房、总服务台）这两个不同使用性质的房间同类项合并一分为二，前者面积大，与主、次出入口联系紧密，图示气泡画大在上；后者面积小，图示气泡画小在下，并已预感到这个位置既能面对住店旅客从室外来的方向，又能接近客房楼的垂直交通中心，便于管理。

步骤 3 在前一步得出的旅客使用房间气泡中，按交通空间与旅客特定使用房间这两种不同性质的房间同类项合并一分为二，前者面积较大，要与主、次出入口发生关系，并彼此连通，图示气泡画稍大，且由于主、次出入口位置的特点，使图示气泡形状略作变化呈"L"形，这也是为满足后者图示气泡自身的要求而做出的预先考虑。这样，后者（旅客特定使用房间）的图示气泡就分居在前者图示气泡的左、右两侧。

步骤 4 在前一步交通空间"L"形图示气泡中，就只有两个空间，即大堂和次入口门厅。显而易见，大堂图示气泡画大，且与主入口相连在下；次入口门厅画小，且与次入口相连在上。

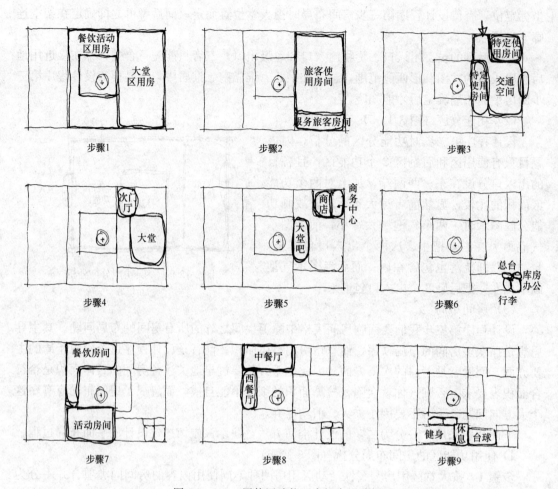

图 3-13-6 一层使用功能区房间布局分析

步骤 5 在被分居两处的旅客特定使用房间图示气泡中，包含两个房间，即大堂吧与商店和商务中心。前者图示气泡画大在左，一则能与大堂空间融为一体；再则能看到庭院景观树；后者图示气泡画小在右，他们都能与大堂旅客直接服务。紧接着再将他们一分为二，商店图示气泡画大在左，便于更靠近步骤 1 所确定的餐饮图示气泡，以提高经营效益；而商务中心图示气泡画小在右。

步骤 6 在服务旅客的房间图示气泡中，包含 3 个房间（前台办公、行李房、库房）和总服务台。由于房间不多，面积又小，肯定用不了步骤 2 提供的气泡那么大范围，就在右半部将这些小房间直接一一就位。即根据面积将 3 个房间按大、中、小图示气泡画在右，目的是把开敞式服务总台留在左侧，使其更靠近客房楼。剩余的气泡左半部留待他用。

至此，使用功能区的公共用房经过若干步骤的一分为二方法，都有序地分析到位。下面紧接着对使用功能区的餐饮活动用房区进行房间布局分析。

步骤 7 在餐饮活动用房图示气泡中，按餐饮房间与活动房间两种不同性质的房间同类项合并一分为二，前者面积大，图示气泡画大，又因要"直接面向城市公园（难以全部做到，只能保证 2 个活动房间做到）或基地内保留大树的景观（必须满足）"，因此，气泡宜环绕保留大树在上，呈"L"形（内院东侧已被大堂吧占据）；后者图示气泡画小在下。

步骤 8 在餐饮房间图示气泡中，按中餐厅与西餐厅两种不同用餐方式一分为二，前者面积大，图示气泡画大，又因人流量大，更宜接近次出入口在上；西餐厅面积小，图示气泡画小在下。

步骤 9 在活动房间图示气泡中，按健身房与台球室两种不同活动内容的房间一分为二，前者面积大，图示气泡画大在左，以便其房间入口尽量靠近大堂；而台球室面积小，图示气泡画小。正好在步骤 6 中，接待旅客服务的房间气泡还留出左半个气泡，就把台球室纳入其中。但是，任务书要求旅客进入这两个活动房间之前，必须"经专用休息厅进入"。既然是休息厅，就要创造好的景观条件，因此将休息厅图示气泡插入 2 个活动房间图示气泡之间，并列面向城市公园景观。此外，健身房内有男、女两间更衣室，其图示气泡画小，在既靠近健身房入口，又不占据南向景观面的北部。

2）后勤功能区的房间布局分析（图 3-13-7）

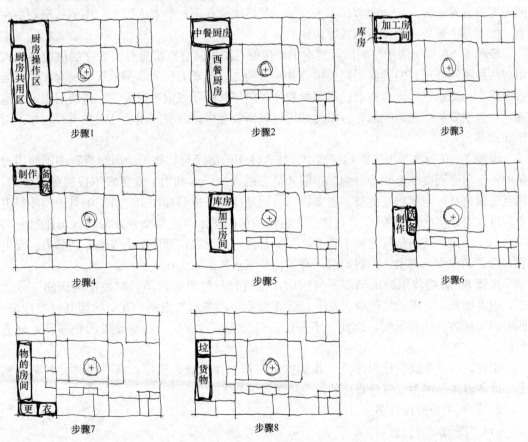

图 3-13-7 一层后勤功能区房间布局分析

步骤 1 按厨房共用区与厨房操作区两种不同功能内容的房间同类项合并一分为二，前者有若干专用出入口，并与高层客房楼对接，且面积小，其图示气泡画小在左下；后者要紧贴餐饮用房，且面积大，其图示气泡画大在右上。

步骤 2　在操作区图示气泡中，按中餐厨房与西餐厨房两种不同菜系加工方式的房间同类项合并一分为二，前者面积大，要紧贴中餐厅图示气泡，在上；后者面积小，其位置要紧贴西餐厅图示气泡，在下。

步骤 3　在中餐厨房图示气泡中，按加工流程房间与库房两种不同用途的功能房间同类项合并一分为二，前者面积大，因与中餐厅关系紧密，图示气泡画大在上，且占据与中餐厅对接的全部界面；后者面积小，图示气泡画小在下，便于与厨房共用区房间相联系，再左右一分为二为两间库房。

步骤 4　在加工流程房间图示气泡中，按加工制作间与直接服务中餐厅的供应和回收用房两种不同使用目的的房间同类项合并一分为二，前者图示气泡画大在左，紧邻库房图示气泡；后者图示气泡画小在右，紧邻中餐厅。再将其图示气泡一分为二，将备餐间图示气泡画在上，紧邻加工制作间；将洗碗间图示气泡画在下，便于与垃圾间单独联系。

步骤 5　在西餐厨房图示气泡中，按加工流程房间与库房房间两种不同用途的功能房间同类项合并一分为二，前者面积大，图示气泡画大在下；后者面积小，图示气泡画小在上，便于与中餐厨房的库房组成库房区。

步骤 6　在加工流程房间图示气泡中，按加工制作间与直接服务西餐厅的供应和回收用房两种不同使用目的的房间同类项合并一分为二，前者面积大，图示气泡画大在左；后者面积小，图示气泡画小在右，紧邻西餐厅。再将其图示气泡一分为二，洗碗间图示气泡在上，与中餐厨房洗碗间靠近，以便共用垃圾回收通道；备餐间图示气泡在下，与加工制作间紧邻。

步骤 7　在厨房共用区图示气泡中，按人使用的房间与物使用的房间两种不同使用对象的若干房间同类项合并一分为二，前者员工的入口门厅和男、女更衣不仅厨师要使用，而且旅馆公共区与客房区的员工也要使用，而且任务书也明确提示"员工由员工门厅经更衣后进入各厨房区或服务区"；这样，人使用的房间图示气泡就要画在厨房区与旅馆公共区之间。因此，其图示气泡画小在下，并接着再一分为二，画两个小气泡分别给男、女更衣；后者面积大，与中、西餐厨房区有关，其图示气泡画大在上。

步骤 8　在物使用的房间图示气泡中，按货物与垃圾两种不同物使用的房间一分为二，前者面积大，图示气泡画大在下；后者面积小，图示气泡画小在上，使其更接近中、西餐厨房区各自的洗碗间，以此为下一步流线分析时，对这一特殊流线的合理设置创造条件。

至此，一层平面设计程序前三步的图示分析工作完成，暂停。换一张拷贝纸覆盖其上，准备着手二层平面设计程序的前三步图示分析工作。

2. 二层平面设计程序

(1)"图"形的分析

因为二层面积比一层面积仅少 $300m^2$，势必会出现一小部分一层屋顶平台，以扣除这部分面积。但我们刚上手进行二层平面的设计分析，暂时还不知道该在哪儿留出屋顶平台。好在它的面积不大，又不是一开始要解决的问题，可以先忽略不计。那么，二层的"图"形可以暂时看成与一层的"图"形等大。

（2）功能分区（图 3-13-8）

二层仍然是两大功能区，即使用区和后勤区。根据一、二层功能分区上下对应的关系，前者面积大，图示气泡画大在右；后者面积小，图示气泡画小在左。

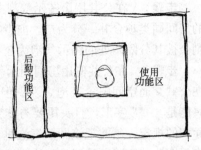

图 3-13-8　二层功能分区分析

（3）房间布局

1）使用功能区的房间布局分析（图 3-13-9）

步骤 1　按客房与公共用房两种不同使用性质的房间同类项合并一分为二，前者面积小，按任务书要求"应邻近城市公园布置"，其图示气泡画小在下；后者面积大，按任务书要求"扩建旅馆大堂与……宴会厅（会议）区……联系方便"，其图示气泡画大在上。

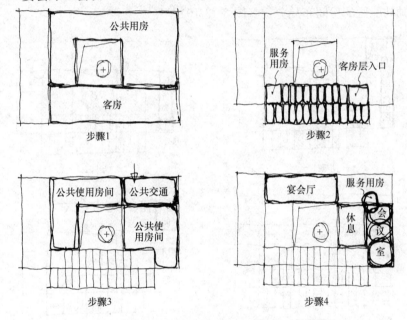

图 3-13-9　二层使用功能区的房间布局分析

步骤 2　在客房图示气泡中，根据任务书要求，其长度不得超过 60m，而基地东西长为 90m，同时，应试者要预想到客房楼不能三面被裙房围住，宜将标准层的中廊露出来，一方面解决客房层中廊的采光；另一方面可以保证高层建筑在一层中廊两端能直接对外疏散。为此，要将 60m 客房楼图示气泡东、西两侧裙房的"图"向后稍退，将一层"图"形分析时所形成的空心矩形修正为倒置的空心"凸"字形。然后，在客房图示气泡中按客房与服务用房两种不同使用功能的房间同类项合并一分为二，前者面积大，要接近一层大堂，其图示气泡画大在右；后者面积很小，要在客房层入口（与一层大堂联系方便的右端）相对的另一端，其图示气泡画小，在左端。最后，将客房区图示气泡上下一分为二，按任务书要求南向画 14 个小图示气泡，北向画 9 个小图示气泡。为避免总共要画 23 个客房小图示气泡太麻烦，此时也可不画，心里明白就行。待到设计程序最后一步（第七步）在格网中落实房间数量、面积时，再考虑也不迟。

步骤3 在公共用房图示气泡中，按公共交通空间与公共使用房间两种不同使用性质的房间同类项合并一分为二。前者宴会厅前厅要与架空连廊相接，其图示气泡在右上角；剩余被其分隔两处的图示气泡为公共使用房间。

步骤4 在公共使用房间图示气泡中，宴会厅因要与厨房功能区紧邻。其图示气泡画在公共交通空间图示气泡之左。但是，宴会厅的图示气泡呈现"L"形，这是不可能的，只能是"一"字形，且头尾要与宴会厅前厅和厨房相接；此时，结合二层面积要小于一层面积的规定，趁此把该图示气泡垂直部分去掉作为屋面反而合理。而会议区用房图示气泡画在公共交通空间图示气泡之下，再直接左右一分为二两个图示气泡，其左图示气泡为休息区；右图示气泡再画上、中、下三个会议室小图示气泡。接着再分析为前两个公共使用房间服务的房间图示气泡，因其要兼顾对宴会厅和会议区方便服务，其图示气泡画在前二者交接处较为妥当。

2）后勤功能区的房间布局分析（图 3-13-10）

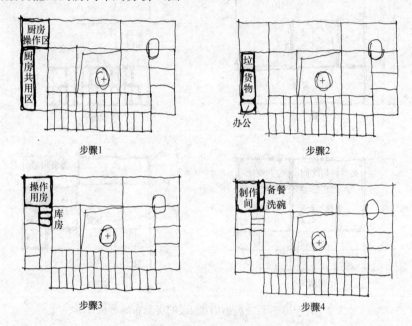

图 3-13-10 二层后勤功能区的房间布局分析

步骤1 按厨房共用区与厨房操作区两种不同功能内容的房间同类项合并一分为二，前者面积小，要靠近二层后勤功能区入口处，其图示气泡画小在下，且叠加在一层厨房共用区之上；后者面积大，要紧邻宴会厅，其图示气泡画大在上。

步骤2 在厨房共用区图示气泡中，有3个不同功能的房间，按各自的功能要求，即总厨办公室靠此区入口；货物电梯厅与一层货物电梯厅相重叠；垃圾间靠近厨房和洗碗间，且与一层垃圾间相重叠，依次将三个图示气泡画在下、中、上串在一起。此时发现这一串房间为与一层厨房共用区上下对位，只能限在二层厨房共用区气泡之左半部，其右半部没用，就作为一层屋顶。

步骤3 在厨房操作区图示气泡中，将厨房操作使用房间与3个库房房间同类项合并一分为二，前者面积大，紧邻宴会厅，其图示气泡画大在上；后者面积小，在厨房加工制

314

作间之前，且靠近货物电梯厅，其图示气泡画小在下。

步骤 4 在厨房操作使用房间图示气泡中，将加工制作间与备餐间、洗碗间辅助用房一分为二，前者面积大，与宴会厅无关，且与库房关系密切，其图示气泡画大在左；后者面积小，要紧邻宴会厅，其图式气泡画小在右。再接着将备餐间与洗碗间一分为二，后者面积稍小，要接近垃圾间，其图示气泡画小在下；前者面积稍大，其图示气泡画大在上。

至此，二层平面设计程序前三步的图示分析工作完成。此时发现，由于二层平面"图"形发生了变化，即客房楼东、西两侧的裙房"图"形后退了一部分，变成了倒置的"凸"字形，这时需将一层平面房间布局分析的最后图示气泡成果做适当修改（图3-13-11）。

（4）交通分析

1）水平交通分析

① 一层水平交通分析（图3-13-12）

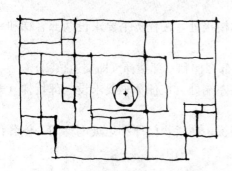

图3-13-11　一层平面房间布局分析修改

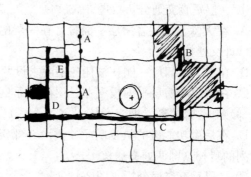

图3-13-12　一层水平交通分析

A. 先看两大功能区之间的关系。按一般规律，若两功能区之间有功能联系，其间必有一条交通流线相连通；若两功能区之间没有任何联系，则其间一定用实墙隔死。但该题一层的使用功能区与后勤功能区两者之间虽有功能联系，其联系方式却是通过备餐间和洗碗间两个房间的窗口节点，因此两大功能区之间不需要水平交通流线。

B. 在使用功能区，与主次出入口相连的大堂和次入口门厅是该区水平交通的两个起始节点，其间应有一过厅水平交通流线相通。

C. 在西餐厅与娱乐区这两个不同用房中，为方便旅客使用，功能必然有联系；其间应有一条水平交通流线，且右端要与大堂水平交通节点相连接。

D. 在后勤功能区，厨房共用区与中、西餐操作区有功能联系，其间必有一条水平交通流线，且在员工门厅与货物门厅处形成2个水平交通节点。又因部分员工更衣后要去使用功能区各服务岗位，因此这条水平流线要延伸至活动区左端。

E. 中、西餐厨房的两个洗碗间，按任务书要求，要设专用水平交通流线通向垃圾间。

② 二层水平交通分析（图3-13-13）

A. 在使用功能区与后勤功能区之间，两者虽

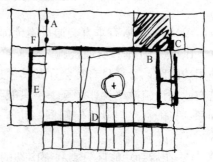

图3-13-13　二层水平交通分析

有功能联系，但联系方式只能是通过备餐间和洗碗间两个房间的窗口节点相连，因此，两大功能区之间也不需要有水平交通流线。

B. 在使用功能区，宴会厅前厅是位于架空连廊和一层次入口门厅上来的二层起始处，亦可视为水平交通节点，然后分别连接宴会厅休息廊和会议室休息廊，两个既相连功能又有所区别的休息廊也起着水平交通流线的作用。为保证会议区的安静环境，可增设一条内部水平交通流线，将3个会议室连接起来，使其与外部休息（兼交通）廊适当分隔。

C. 服务区2个内部房间宜内设一条短小的辅助水平交通流线，以便在公众场合隐蔽这2个服务间。

D. 在客房区，以中廊水平交通流线将南、北两列共计23个客房标准间联系起来。

E. 在后勤功能区，以中廊水平交通流线将共用区与厨房操作区既分隔又联系起来。

F. 在洗碗间与库房区之间设一条水平交通流线，将洗碗间与垃圾间连接起来。

2）垂直交通分析

① 一层垂直交通分析（图3-13-14）

A. 在大堂与二层客房层平面投影在一层的衔接处，按任务书要求设两部客梯和一部楼梯（即交通核①）。

B. 在次入口门厅一侧，按任务书要求设两部客梯和一部楼梯（即交通核②）。

C. 在二层客房层平面投影在一层的娱乐区左端处，按任务书要求设一部货梯（兼消防电梯）和一部楼梯（即交通核③）。

D. 在后勤功能区的员工门厅一侧设一部楼梯；在货物门厅和垃圾电梯间一侧各设一部并列的货梯（即两处交通核④）。

② 二层垂直交通分析（图3-13-15）

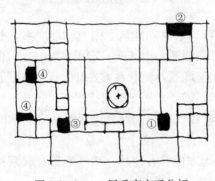
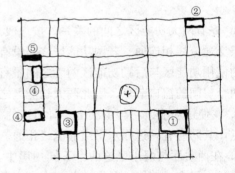

图3-13-14 一层垂直交通分析　　图3-13-15 二层垂直交通分析

A. 将一层所有垂直交通设施全部升至二层，即交通核①、②、③、④。

B. 除上述垂直交通设施之外，再考虑是否要设向下的疏散楼梯及其数量与定位。在使用功能区，看来只有宴会厅及其休息廊的左端是超长的袋形走廊，疏散距离会有问题。若在此处设疏散楼梯，下至一层只能到达内庭院而不能远离旅馆建筑，还是不能解决疏散问题。只能在二层设法借用同一防火分区的近邻后勤功能区的疏散楼梯逃生（即交通核⑤）。

C. 在后勤功能区只有一部南端的交通楼梯，而宴会厨房加工制作间又处于袋形走廊尽端，且疏散距离也超长；因此，后勤功能区需增设一部疏散楼梯。在哪儿设呢？结合上一步骤遗留的宴会厅及其休息廊西端尚未解决疏散问题，需要借用后勤功能区的疏散楼梯一并解决，则最适宜的位置是在两条水平交通流线的交叉点处，即宴会厨房加工制作间的门口处，只是在休息廊与后勤功能区中廊的衔接处需加设一道开向后勤功能区的门而已（即交通核⑤）。

（5）卫生间配置分析

1）一层卫生间配置分析（图3-13-16）

此时，需回过头看看一、二层"用房、面积及要求"表中各区需设公共卫生间的要求，以便做到有的放矢。

① 在大堂区需设一组公共卫生间，可选择在大堂与娱乐区交接处的公共交通空间一侧。

② 在餐饮区需设一组卫生间，为了能兼顾中、西餐厅客人的使用，宜配置在紧邻两餐厅的位置。

③ 分别在健身房男、女更衣间与员工门厅附近的员工男、女更衣间内各设卫生间。

2）二层卫生间配置分析（图3-13-17）

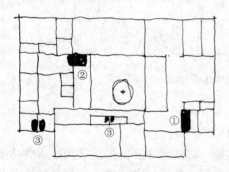 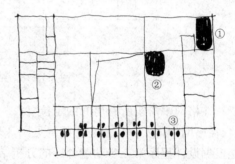

图3-13-16　一层卫生间配置分析　　　　图3-13-17　二层卫生间配置分析

① 在宴会厅前厅需设一组公共卫生间，为了既隐蔽又方便客人使用，宜配置在两台客梯背后。

② 在宴会厅、会议室公共区需设一组公共卫生间，其位置宜配置在"L"形休息廊的转角处，使用者可分别从各自的休息廊进入。

③ 在客房区，按图例示意每个标准间内设一个卫生间。

（6）建立结构体系

1）确定结构形式

由于扩建旅馆"图"形规矩且方整，因此，结构形式为方格网。

2）确定框架尺寸

根据任务书规定每间客房面积为32m²，恰好一个8m×8m的方格网可放两间客房，面积也正合适（2×32m²）。以此确定裙房也宜是8m×8m的方格网。但是，客房平面为中廊式，南北客房两跨之间宜插入一个小跨（走廊），其跨度方向上的柱网尺寸宜为8m+2.4m+8m。由于客房楼东西长度限定在60m以内，故其只能占7开间。裙房东西方向可有11个格子，即11×8m=88m长度在基地90m长度范围之内，符合要求。而南北进深方向，裙房可有6个格子，即6×8m=48m，加上客房楼向南凸出1个格子外加一个走廊

2.4m 宽度，扩建旅馆南北总进深为 48m＋2.4m＋8m＝58.4m，在基地南北方向 62m 之内，也符合要求。但是，要把裙房在保留大树周边的格子长、宽两个方向各挖去 3 个格子作为庭院。这样，初步测算一下一层平面总共占有 64 个格子，外加娱乐区一条长 7 个格子、宽 2.4m 的带形面积，则一层格网的总面积为（64×64m²）＋（56m×2.4m）＝4230.4m²，在规定的一层总面积范围之内，由此画出格网图（图 3-13-18）。

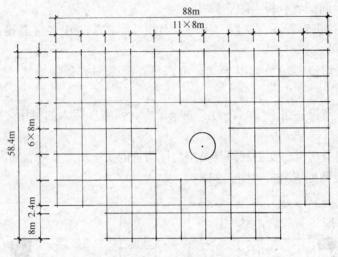

图 3-13-18　结构体系分析

（7）在格网中落实所有房间的定位

1）在格网中落实一层所有房间（见图 3-13-20）

先根据设计程序第二步功能分区的分析结果，将西面 3 开间的总进深给后勤功能区所有房间，剩下东面全部格网给使用功能区所有房间。然后，各功能区在自己的格网范围内根据设计程序第三步房间布局分析的结果，进行所有房间的有序落实工作。

① 使用功能区的房间落实

A. 先从庭院以东的公共用房落实起。这一区域自北向南进深方向有 6 个格子，依次有次入口门厅、商店和商务中心、大堂和大堂吧，以及管理服务用房 4 个功能模块。依据四者的面积规定，显然次入口门厅、商店和商务中心以及管理服务用房，三者只能各占一跨格子，剩下三跨格子要给大堂和大堂吧。好了，再通过各自的面积落实，看各房间横向需要占多少开间格子。

首先，次入口门厅面积为 130m²，需要 2 开间格子。又由于它必须与架空连廊相衔接，只能定位在自东的第二、三开间内。那么，此跨东面第一个格子就剩余了，先不管它，以后再说。而自东第四开间格子要留给中餐厅了，因为它是大房间，要预先想到这一点。

再向南一跨是商店和商务中心，其面积之和为 135m²，需占据自东第一、二横向两开间格子，面积为 126m²，比任务书规定的 135m² 少 9m²，为了保证房间能合理地纳入格网内，使平面布局规整，就不必计较差了 9m²，反正也在房间面积可增减的 10% 范围内。那么，剩下第三开间格子干什么用呢？它起着交通过厅的作用，是将次入口门厅向西连接中餐厅，向南连接大堂的过渡空间。

由此再向南三跨是大堂和大堂吧的范围，它俩占据了横向四开间格子，又处在庭院中轴线上，而且景观好，空间开敞，体现了扩建旅馆这两个房间的重要地位和空间特点。我们所要做的工作就是核实一下面积是否符合要求。首先，东面两开间计 6 个格子，还要加上不在大堂范围内的大堂管理服务房间 1 个格子，共 7 个格子计 448m²，超过面积规定（400m²）的上限 8m²，这好办，将主入口凹进来 1m 就是了。自东第三开间的三跨格子应该作为南北交通空间考虑。剩下自东面第四开间的三跨格子才是大堂吧，但面积肯定不够。好在大堂、大堂吧、交通空间三者的边界是模糊的，那就想法侵占一点右侧的交通走道，面积再不够就向西侧庭院凸出去一点，面积还不够怎么办？此时它无法再侵占上、下邻居的地盘了，那就将面积定额打 9 折。这说明面积多与少的问题，总是可以通过某些设计手法加以解决的，大可不必一开始就抓住不放。

在公共区最后的南面一跨，根据一层平面房间布局分析有三个功能内容：第一是大堂的管理服务用房，第二是大堂区的一套卫生间，第三是客房楼的垂直交通中心（包括两台客梯、一部楼梯以及候梯厅）。看来前二者只能各占 1 个格子（管理服务在右，大堂卫生间在左）。其中，按面积规定自东第一开间格子只能容纳前台办公和行李房，而总服务台通常是呈开敞式置于大堂内的，且为了便于监管旅客进出客梯的动态，宜布置在第二开间格子内。剩下库房虽然面积小，也只能含在大堂空间内，与总服务台并列置于第一开间格子内了。第三、四开间的 2 个格子是作为客房楼的垂直交通中心用的。具体考虑是，首先确定 2 台客梯的定位，为了迎合客人来的方向，以及加强客梯与大堂的对话关系，2 台客梯门宜面朝东，客梯门前应留出候梯厅的空间，两者只需占用 1 个格子；那么，一部楼梯则在客梯背后占据半个格子，剩下半个格子就作为大堂与娱乐区的联系通道了。

B. 在餐饮区中，中餐厅与西餐厅两个房间在格网中的落实，先考虑前者。根据设计程序第三步房间布局分析已将中餐厅定位在庭院之北，计 5 开间两跨共 10 个格子，面积为 640m²，在面积定额上限之内，符合要求。

西餐厅根据设计程序第三步已定位在庭院西侧，虽然面向庭院景观，又与西餐厨房关系紧密，但是疏散距离超长，这是致命的方案性问题，要趁早解决。看来西餐厅既离不开西餐厨房，一定要留在庭院西侧，而距扩建旅馆主、次出入口的超长疏散长度又无法解决，那就不指望主、次出入口作为安全疏散口了，需要另找出路。发现，利用客房楼在一层的东、西 2 个疏散口不是很近吗？只是需要修正一下西餐厅的平面形状，让其沿庭园南侧尽量向东延伸，使其平面呈"L"形，并使西餐厅处在两个安全出口之间，这样就能保证疏散距离符合要求了。此时，根据西餐厅新的平面设计构想，立即在格网中落实下来，这就是：

在庭院西侧只有竖向 3 个格子，且根据设计程序第五步卫生间配置分析，在中、西餐厅之间应有一套公共卫生间。因此，此 3 个格子的最北面 1 个格子先给中、西餐厅共用的一套公共卫生间。但其面积规定应有 85m²，1 个格子的面积肯定不够，向东扩又不行。一是庭院空间会被压缩，二是遮挡了中餐厅的采光、通风和景观；那就向西侵占一点后勤功能区的面积。如果考虑到中、西餐厅的客人去公共卫生间需要通道，则公共卫生间区域的面积还不止 85m²，可能要侵占后勤功能区的半个多格子，先这么解决问题再说。

庭院西侧西餐厅位置还剩下面竖向 2 个格子，而西餐厅面积定额应为 260m²，需 4 个格子，现在还缺 2 个格子怎么办？就沿庭院南部侵占 2 个格子。这样，西餐厅距客房楼在一层的东端安全出口比较近，一举两得。但是距保留大树太近，那就将延伸的 2 个格子进深减为半个格子，再设法将西侧 2 个完整的竖向格子向东扩出去半个格子取得补偿。这样，西餐厅平面呈现"L"形，再将两端直角抹成四分之一圆弧，以求减少对庭院空间的生硬碰撞。这样处理以后，可能使西餐厅面积不足，再向南侵占一点对应二层客房卧室下的交通空间，并做成几个半圆形平面的小空间，使西餐厅面积符合定额要求。无形中，西餐厅内部空间形成了多个弧形的雅座空间，增添了空间的流动性和浪漫色彩。

C. 娱乐区有三个功能内容，按设计程序第三步房间布局分析的结果，三者向南一字排开，休息厅居中，其右为台球室，其左为健身房。根据这个平面排列秩序逐一在格网中就位。台球室 130m²，正好给东面 2 个格子。休息厅 80m²，只能给 1 个格子，外加北面 2.4m 小跨的面积，以满足面积定额。健身房面积为 260m²，扣除所含 2 个更衣室各 30m²，实际为 200m²，那就在休息厅西侧给 3 个格子，外加其北两开间的一条 2.4m 小跨的面积，以求在进深方向与休息厅一致，但面积有点超上限，那就将南外墙向内缩回 1m。而男、女两间更衣室一是要靠近健身房入口，二是不宜占据南向景观面，而此区格网还剩第二跨没有房间安排，留作与西餐厅之间的通道也太过宽敞，就将男、女更衣间放至健身房之北即可。

以上 3 个功能房间计算下来一共占有 6 开间的格子，但根据二层客房标准层南向不少于 14 个标准间计算需 7 开间，柱网落到一层，发现现在还剩西端一开间格子未用，而该区的房间已全部在格网中落实完成了。那就先空在这儿，以后再说。

② 后勤功能区的房间落实

A. 按设计程序第三步对后勤功能区房间布局分析的结果，先将厨房共用区和厨房操作区两大块依各自的功能要求和面积要求分配好格子的范围。其中，前者（包含走廊交通面积）占据西端第一开间下方 4 个格子（上方 2 个格子对应中餐厅，是留给中餐厨房区的），以及南面第一跨自西第二开间与高层客房楼对接的 1 个格子，一共 5 个格子。在这 5 个格子中，先将南面两开间的格子给男、女员工更衣间（进深方向要扣除 2.5m 宽的走道和楼梯间），则男、女更衣间面积各为：（8m − 2.5m）× 8m = 44m²，符合面积定额。在西端开间的竖向 3 个格子里，先扣除右侧 2.5m 宽的走道，再由南向北依次按面积求出员工门厅、收验间、货物门厅、垃圾电梯厅及并列两台货梯、垃圾间和一部疏散楼梯各自所需面宽尺寸。先如数放下，再核算面积，万一面积不够，按定额面积的 9 折处理。对于考试来说，房间一个不能少是首要的，至于面积是否符合要求，对于次要的小房间可以忽略不计。

B. 在厨房操作区 12 个格子中，先将中、西餐厨房对应自己服务的餐厅各占据 6 个格子，计 384m²。检查一下面积表中两个厨房各自的总面积是否能放下若干房间。中餐厨房 4 类用房总面积为 330m²，能放下，多余的面积留给走道；西餐厨房 4 类房间总面积为 230m²，扣除先前中、西餐厅共用一套卫生间已侵占了 1 个格子，剩下分配给西餐厨房的格子实际有 5 个，面积为 320m²，还多 90m²。而西餐厨房加工制作间不靠外墙为暗房间，幸亏有这 90m²，可挖内院解决西餐加工制作间的采光问题。经过上述一番思考分析后，可以定下心来在格网中落实中、西餐厨房各自的房间了。

先落实中餐厨房各房间。将最大的加工制作间按面积要求需占 3 个格子置于最北一跨靠外墙。在其毗邻的南面一跨 3 个格子中，右端紧邻中餐厅的 1 个格子给备餐间和洗碗间，备餐间在上，与加工制作间直通；洗碗间在下，靠近垃圾间。剩下左边 2 个格子，靠西端 1 个格子给一间库房外加竖向一条 2.5m 宽的走道与共用区走道对接；中间 1 个格子给另一横向放的库房，其南侧留出 2.5m 宽的走道为垃圾专用通道，右端连接洗碗间，左端连接通向垃圾间的共用区走道。

最后落实西餐厨房各房间。决定性的第一步是先将洗碗间定位，因为它要与中餐厨房的洗碗间共用一条专用垃圾通道，因此，洗碗间与备餐间唯一只能占据与西餐厅紧邻的右边自南的第二跨格子（第三跨已被公共卫生间占据）。那么，按食物加工流程，加工制作间就要靠近备餐间，其位置就要占据南面 3 个格子，并设法挖出院子，剩下北面最后 1 个格子正好给两间库房，并错位布置以求留出必要的通道。回过头来再看看加工制作间如何挖内院？从满足加工制作间面积的角度，2 个格子就够了，剩下 1 个格子的面积是挖 1 个大院子好呢？还是挖 2 个小一点的院子好？对加工制作间而言双面采光当然好，而且对西餐厅室内设计而言，其西南死角较封闭，如果结合挖内院做景观空间不是更好吗？只是加工制作间东墙只能开高窗，下方做实墙既可布置灶台，又可以白粉墙作为西餐厅景观空间的背景，而加工制作间西侧可做常规低窗以提高采光效果。

至此，一层所有房间在格网中的落实终于完成。这一过程虽然较为费时，但可以使设计路线少折腾、少碰壁，而且基本上可以做到一步到位；以后设计熟练了，也并不费多少时间。之所以这个过程阐述得如此详尽，也是作为注册建筑师应具有的设计素质和修养而加以强调；说明作为职业建筑师应向这一设计境界不断努力。至于为了考试，大可不必如此细致考虑、精心推敲方案了。

2) 在格网中落实二层所有房间（见图 3-13-21）

在格网中落实二层所有房间其思考过程和方法与前述一样，就不再详细阐述了。

① 使用功能区的房间落实

A. 客房区的框架尺寸，开间数量，东、西两端的垂直交通体系都已确定，在格网中南跨每开间一分为二，14 间客房的落实即刻完成。北面一跨东端 1 个格子给两台客梯和候梯厅；毗邻西侧 1 个格子中，一部楼梯占半个格子。西端 1 个格子给一台货梯、一部楼梯，最多加一个服务间就充满了一个整格子，剩下一个消毒间只好向山墙西侧突出 2.5m，以控制客房楼长度在 60m 以内。第二跨剩下 4 个半格子，每开间一分为二正好计 9 间客房，符合要求。

B. 在公共用房区中，根据二层设计程序第三步房间布局分析的成果，各房间配置基本已定，可以按面积要求逐一落实到格网中。

先落实最大的房间宴会厅，面积为 660m²，需占 10 个格子。但是，这样的平面形状（16m×40m）对于一个重要的使用房间来说，似乎比例过于狭长了。最好将跨度加大，比如跨度为 18m，则开间 4.5 个格子就够了，此时面积为(4.5×8m)×18m＝648m²，符合要求。注意，对应于一层的中餐厅跨度只有 16m，而宴会厅内不可立柱子，从宴会厅屋顶结构要求来说，北面边柱要落地。因此，将一层中餐厅的外墙结构柱加长为 2m，使结构受力合理，而其外墙不动，仍为 16m 跨。另外，所含声光控制室按常规设计是置于舞台（讲台）一侧的；而休息廊按常规设计也是置于宴会厅一侧的，但没有结构格网，只能做悬挑休息廊了。

在宴会厅东侧是宴会厅前厅，按面积 390m² 需 6 个格子，其中把一层次入口门厅所含的两台客梯和候梯厅及一部楼梯升上来占1个多格子，再占据通向架空连廊的两开间计两跨半的5个格子，面积为408m²，符合要求。此外，为宴会厅前厅使用的一组公共卫生间，看来落实到两台客梯背后剩下的1格子较为合适，一是位置隐蔽，二是使用也比较方便。但是对应一层此处没有房间，这无所谓，权当作架空层，这既不是方案性问题，更不是规范禁止的。只要二层此处布置卫生间合理就是可以被允许的。

再接着落实三个会议室的平面定位。因为，三个会议室要靠近二层南北两个垂直交通中心，以便与一层大堂联系方便，因此，他们只能落实到东端第一开间竖向的5个格子里，而每个会议室要占据2个格子，5个格子就放不下三个会议室，怎么办？可以将中间一个会议室横过来放，占横向两开间就解决放下的问题了。但是，要注意2个格子就是128m²，超过120m²，按高规会议室就要设两个门，上下两个会议室是开不出两个门的，那就把端墙收进来1m，以回避规范的这一要求。其次三个会议室的门不宜开向公共交通走道，以保证会议区的安静环境，最好能留出一条能连接三个会议室的内部走道，这样中间一个会议室就需向东移，使其外挑出2m以内（不能超出90m控制线），并形成入口雨篷。

另外，二层服务区的2个房间（茶水间和家具库）是要求方便为宴会厅和会议室服务的，在第三步房间布局分析时已定位在宴会厅与会议室区两大功能区的连接处，正好在宴会厅前厅与会议室之间还有1个半格子，可以放下，且宜留出一条内部的短走道共用，使其位置虽处在方便而重要的节点处，却又十分隐蔽。

剩下要解决的是需共同为宴会厅和会议室服务的两个休息室和一套公共卫生间如何落实在格网中的问题。现在发现唯一一处可供宴会厅和会议室都能方便共用的地方，就是这两个功能区呈"L"形布局的转角处。给谁呢？看来公共卫生间只有一套，而休息室有两间，比较下来，还是给公共卫生间合适，而且可以在两个方向上开口，以便与宴会厅和会议室联系都非常紧密。就满足85m²面积要求而言，需要占据1个半格子。有点遗憾的是，在一层正是大堂吧，有点不舒服。但这不是规范禁止的。从原则上讲，凡是没有被法规禁止的都应被视为许可。在处理社会矛盾时，法律也是这么解释的。

至于两个休息室分开布局也不是问题，毕竟属于服务辅助用房，跟随主要使用房间布置，方便休息，才是需要解决的根本性设计问题。既然宴会厅与会议室分设两处，就没有必要硬性强拉它们在一起，何况宴会厅与会议室本身就需闹静分区，拉开距离布局是上策。在这种设计理念指导下，将会议区的休息室落实在会议区内部走廊的南端1个格子里，还多半个格子，正好甩到室外作为屋顶平台。另1个为宴会厅使用的休息室，宜落实在靠近舞台的休息廊西端1个格子里（但要留出借用厨房区的疏散通道，故要向南移2.5m），便于宴会时重要人物宴前休息，或举办婚宴时作为新人休息、更衣之用。

② 后勤功能区的房间落实

A. 先将厨房共用区与厨房操作区按二层第三步房间布局分析的成果，分配好各自所占据格子的位置与数量。其中，对应一层布局方式，将西端竖向3个格子给共用区，并根据各自面积要求依次将总厨办公室、货物电梯厅、垃圾电梯厅、垃圾间以及头尾两部楼梯间落实到位，包括先扣除右边2.5m宽走廊。

B. 在18m跨宴会厅格子中，西端还空余半开间一竖条面积分别给与宴会厅有联系的洗碗间（在南，因要与垃圾间有专用走廊联系）和备餐间（在北，可以沿宴会厅北侧形成送餐通道），并按各自面积要求落实定位。加工制作间面积为 260m²，需要占据 4 个格子，正好把西北角的 4 个格子全给它。剩下共用区隔中廊东侧与宴会厅休息室之间还有 1 个格子，给最后 3 间库房，但面积不够，况且垃圾专用走廊还要占据 2.5m 宽的面积，就再向南增加半个格子，让 3 个库房均分。后勤功能区剩下的格子再无房间可落实就作为屋面处理。但是西餐厅（除去扩出去占据庭院的部分），屋顶部分可作为休息廊的室外屋顶平台之用。

（8）完善方案设计

1）在各出入口及疏散口处做缓坡以表示室内外 15cm 高差。

2）为确定大堂吧的面积范围和强调其地位，可做台地处理。

3）一层东北角的 1 个格子无使用功能用房，就作为迎向来客的室外景观处理。

4）客房楼一层西南角的 1 个格子也无使用功能用房，可作为公共区和客房区安全疏散口的雨篷。

5）一层的中餐厅、健身房、台球室和中餐加工制作间、西餐加工制作间面积都超过了 120m²，各需增加一个房间对走廊或对室外的疏散门。二层的宴会厨房加工制作间面积超过了 120m²，需要做一部室外疏散钢楼梯。

6）为了使建筑形体完整，可将一层屋顶部分的框架柱升至二层屋顶，再以连系梁形成构架，这样就使南向低层裙房与高层客房楼的体量相互咬合，形成良好的整体感（图 3-13-19）。

3. 总平面设计（图 3-13-20）

（1）将扩建旅馆屋顶平面放在建筑控制线内，以不超出建筑控制线为准，并将架空走廊对准扩建旅馆次入口。

（2）在扩建旅馆东侧用地内，相对于既有旅馆前的道路形态，做环形车道。并在其中心广场正对入口的 8m 开间做绿岛，在绿岛南北两侧各做 10m 宽停车场，各设 10 辆小轿车停车位。在北停车场之北设计一块 100m² 的非机动车停车场。

（3）在扩建旅馆西侧用地内，将既有旅馆后勤车道向南延伸至用地底边，作为扩建旅馆后勤通道，并在与后勤裙房之间做南北长 32m，宽 14m 的后勤广场，将后勤各出入口安排其中，同时安排两辆货车停车位。

（4）在扩建旅馆南面 20m 进深用地内，先距高层客房楼 5m 做消防通道，连接东、西两侧南北向道路。再在对应高层客房楼 60m 长度范围内，将消防通道向南扩至用地边界，计 15m 进深，正好符合高层建筑防火规范要求的消防车登高操作场地尺寸。并连通高层建筑东、西两端直通疏散楼梯间的安全出口。

三、绘制方案设计成果图（图 3-13-19～图 3-13-22）

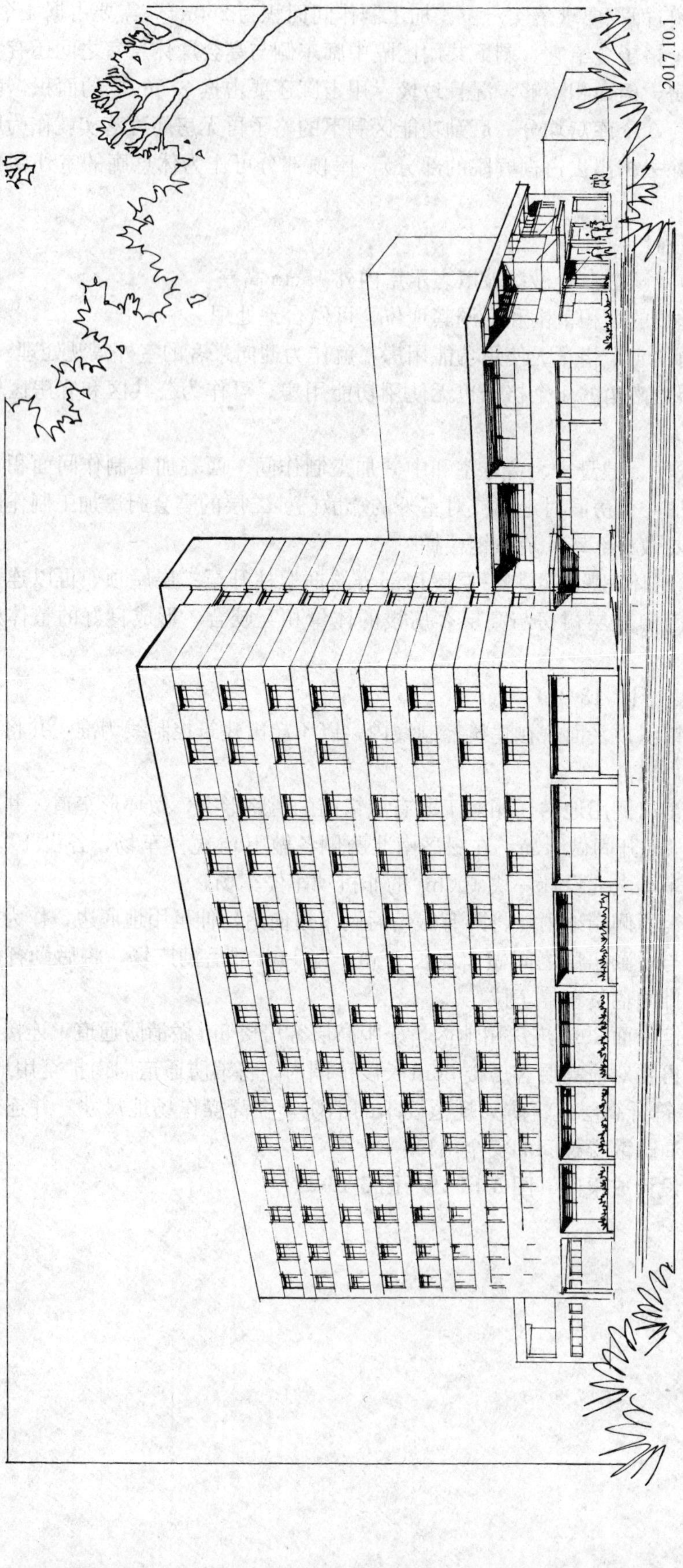

图 3-13-19 扩建旅馆透视图

2017.10.1

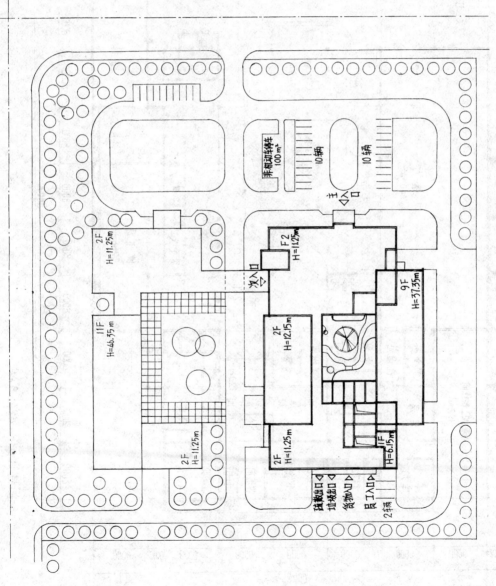

图 3-13-20　总平面图

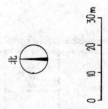

北

30m
20
10
0

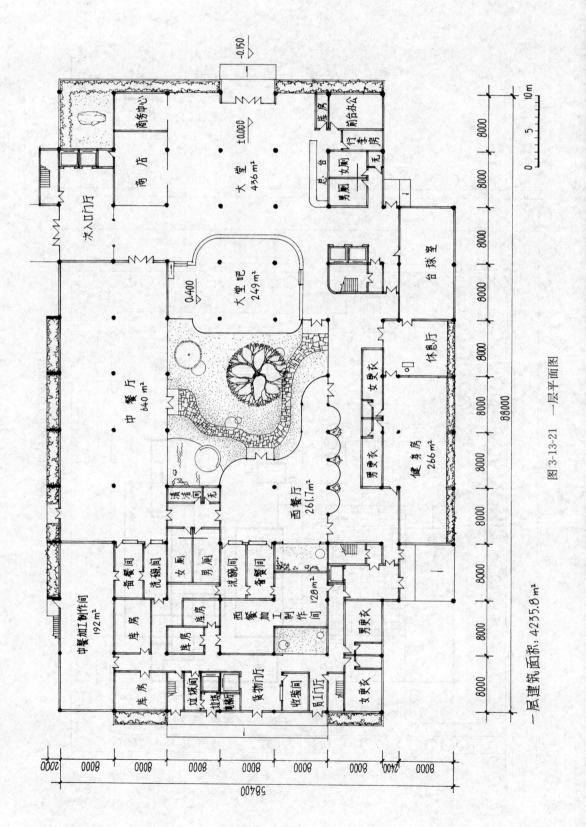

次入口门厅

商店

商务中心

大堂
436 m²

±0.000

库房

行李房

前台办公

男厕 女厕 总台

无

大堂吧
249 m²

0.400

台球室

休息厅

中餐厅
640 m²

女更衣

男更衣

健身房
266 m²

西餐厅
261.7 m²

清洁间 无

备餐间 洗碗间 女厕 男厕 洗碗间 备餐间

库房 库房 西餐加工制作间 128 m²

男更衣

中餐加工制作间
192 m²

库房

垃圾间 收货间 货物门厅 贝门厅

女更衣

一层建筑面积：4235.8 m²

图 3-13-21 一层平面图 一层平面图

0 5 10m

8000 8000 8000 8000 8000 8000 8000 8000 8000 8000 8000
88000

2000 8000 8000 8000 8000 8000 8000 2400 8000
58400

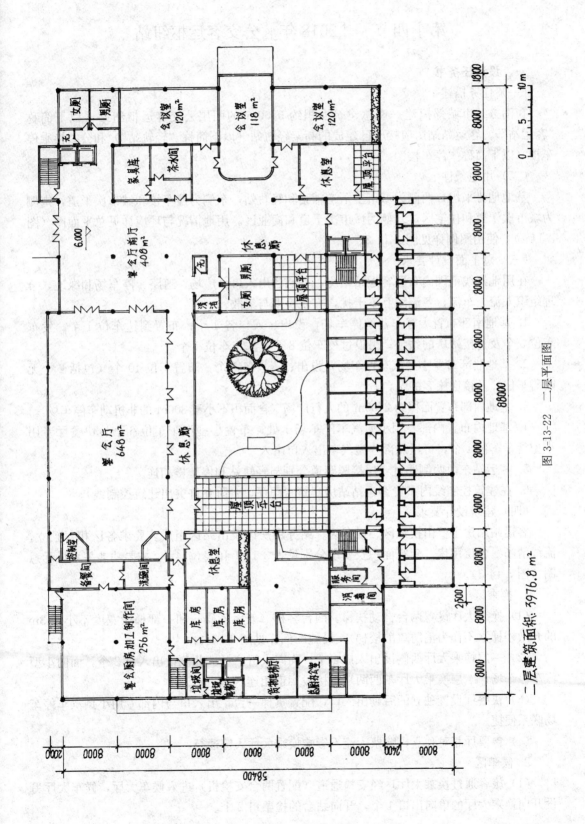

女厕

男厕

无

会议室
120 m²

会议室
118 m²

会议室
120 m²

家具库

茶水间

休息室

屋顶平台

6.000

宴会厅前厅
408 m²

无

休
息
廊

清

女厕

男厕

屋顶平台

宴会厅
648 m²

休 息 廊

屋顶平台

控制室

备餐间

洗碗间

休息室

服务间

消
毒
间

宴会厨房加工制作间
256 m²

库房

库房

库房

垃圾间

加工间

货物电梯厅

临时办公室

2000 8000 8000 8000 8000 8000 8000 2400 2000 8000

58400

8000 8000 8000 8000 8000 8000 8000 8000 8000 1800

88000

2500

0 5 10 m

图 3-13-22 二层平面图

二层建筑面积: 3976.8 m²

327

第十四节　[2018年]公交客运枢纽站

一、设计任务书

(一)任务描述

在南方某市城郊拟建一座总建筑面积约 6200m² 的两层公交客运枢纽站(以下简称"客运站")。客运站站房应接驳已建成的高架轻轨站(以下简称"轻轨站")和公共换乘停车楼(以下简称"停车楼")。

(二)用地条件

基地地势平坦,西侧为城市主干道辅路和轻轨站,东侧为停车楼和城市次干道,南侧为城市次干道和住宅区,北侧为城市次干道和商业区。用地情况与环境详见总平面图(图3-14-1)。使用图例详见图 3-14-2。

(三)总平面设计要求

在用地红线范围内布置客运站站房、基地各出入口、广场、道路、停车场和绿地,合理组织人流、车流,各流线互不干扰,方便换乘与集散。

1. 基地南部布置大客车营运停车场,设出、入口各 1 个;布置到达车位 1 个、发车车位 3 个及连接站房的站台;另设过夜车位 8 个、洗车车位 1 个。

2. 基地北部布置小型汽车停车场,设出、入口各 1 个;布置车位 40 个(包括 2 个无障碍车位)及接送旅客的站台。

3. 基地西部布置面积约 2500m² 的人行广场(含面积不小于 300m² 的非机动车停车场)。

4. 基地内布置内部专用小型汽车停车场 1 处,布置小型汽车车位 6 个、快餐厅专用小型货车车位 1 个,可经北部小型汽车出入口出入。

5. 客运站东西两侧通过二层接驳廊道分别与轻轨站和停车楼相连。

6. 在建筑控制线内布置客运站站房建筑(雨篷、台阶允许突出建筑控制线)。

(四)建筑设计要求

客运站站房主要由换乘区、候车区、站务用房区及出站区组成。要求各区相对独立,流线清晰。各层用房、建筑面积及要求分别见表 3-14-1 和表 3-14-2,主要功能关系见示意图(图 3-14-3)。

1. 换乘区

(1)换乘大厅设置两台自动扶梯、两台客梯(兼无障碍)和一部梯段宽度不小于 3m 的开敞楼梯(不作为消防疏散楼梯),设施图例详见图 3-14-4。

(2)一层换乘大厅西侧设出入口 1 个,面向人行广场;北侧设出入口 2 个,面向小型汽车停车场;二层换乘大厅东西两端与接驳廊道相连。

(3)快餐厅设置独立的后勤出入口,配置货梯一台,出入口与内部专用小型汽车停车场联系便捷。

(4)售票厅相对独立,购票人流不影响换乘大厅人流通行。

2. 候车区

(1)旅客通过换乘大厅,经安检通道(配置两台安检机)进入候车大厅,候车大厅另设开向换乘大厅的单向出口 1 个,开向站台的检票口 2 个。

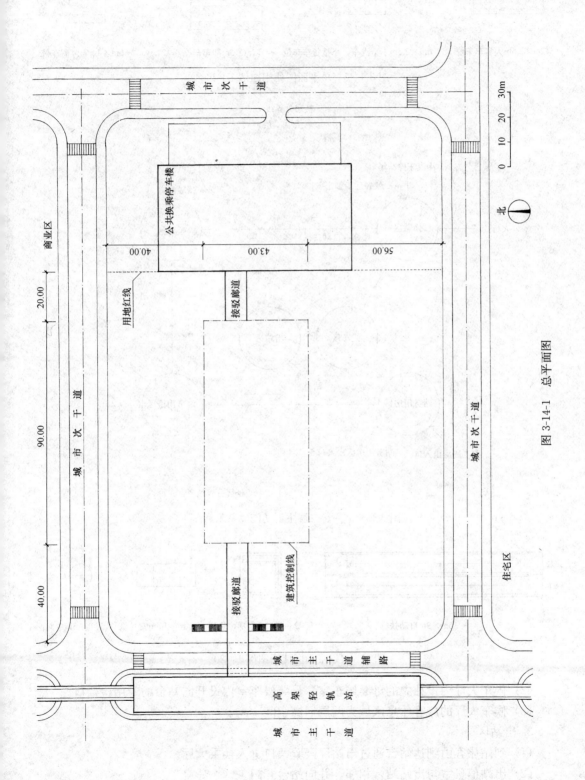

图 3-14-1 总平面图

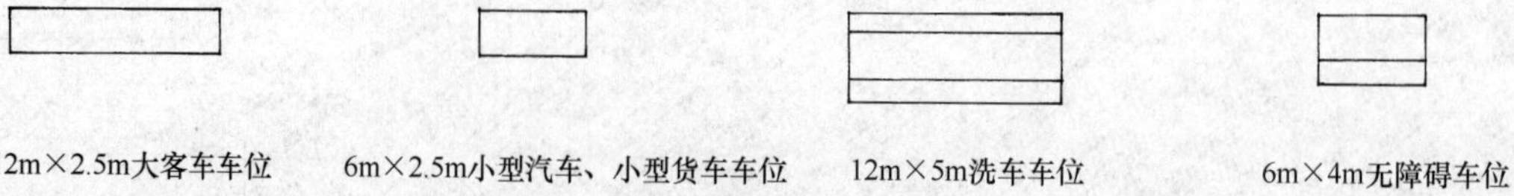

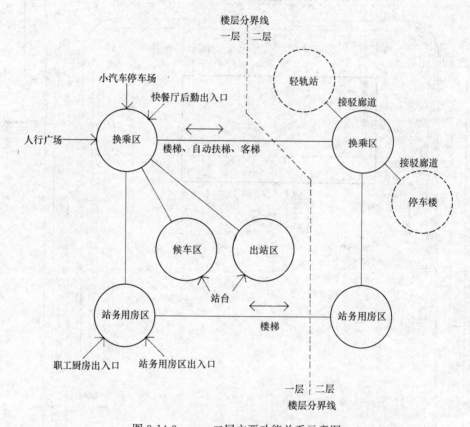

12m×2.5m大客车车位
6m×2.5m小型汽车、小型货车车位
12m×5m洗车车位
6m×4m无障碍车位

图 3-14-2　总平面图使用图例 1：500

楼层分界线
一层
二层
轻轨站
小汽车停车场
快餐厅后勤出入口
接驳廊道
人行广场
换乘区
楼梯、自动扶梯、客梯
换乘区
接驳廊道
停车楼
候车区
出站区
站台
站务用房区
楼梯
站务用房区
职工厨房出入口
站务用房区出入口
一层
二层
楼层分界线

图 3-14-3　一、二层主要功能关系示意图

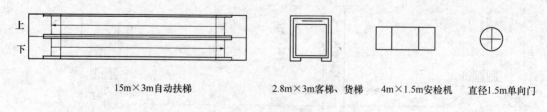

上
下
15m×3m自动扶梯
2.8m×3m客梯、货梯
4m×1.5m安检机
直径1.5m单向门

图 3-14-4　平面图使用图例 1：200

(2) 候车大厅内设独立的母婴候车室，母婴候车室内设开向站台的专用检票口。

(3) 候车大厅的旅客休息区域为两层通高空间。

3. 出站区

(1) 到站旅客由到达站台通过出站厅经验票口进入换乘大厅。

(2) 出站值班室与出站站台相邻，并向站台开门。

4. 站务用房区

（1）站务用房独立成区，设独立的出入口，并通过门禁与换乘大厅、候车大厅连通。

（2）售票室的售票窗口面向售票厅，窗口柜台总长度不小于8m。

（3）客运值班室、广播室、医务室应同时向内部用房区与候车大厅直接开门。

（4）公安值班室与售票厅、换乘大厅和候车大厅相邻，应同时向内部用房区域、换乘大厅和候车大厅直接开门。

（5）调度室、司乘临时休息室应同时向内部用房区域和站台直接开门。

（6）职工厨房需设独立出入口。

（7）交通卡办理处与二层换乘大厅应同时向内部用房区域和换乘大厅直接开门。

5. 其他

（1）换乘大厅、候车大厅的公共厕所采用迷路式入口，不设门，无视线干扰。

（2）除售票厅、售票室、小件寄存处、公安值班室、监控室、商店、厕所、母婴室、库房、洗碗间外，其余用房均有天然采光和自然通风。

（3）客运站站房采用钢筋混凝土框架结构；一层层高为6m，二层层高为5m，站台与停车场高差0.15m。

（4）本设计应符合国家相关规范、标准和规定。

（5）本题目不要求布置地下车库及其出入口、消防控制室等设备用房。

（五）制图要求

1. 总平面图

（1）绘制广场、道路、停车场、绿化，标注各机动车出入口、停车位数量及人行广场和非机动车停车场面积。

（2）绘制建筑的屋顶平面图，并标注层数和相对标高；标注建筑各出入口。

2. 平面图

（1）绘制一、二层平面图，表示出柱、墙体（双线或单粗线）、门（表示开启方向）、窗、卫生洁具可不表示。

（2）标注建筑轴线尺寸、总尺寸，标注室内楼、地面及室外地面相对标高。

（3）标注房间及空间名称，标带＊号房间及空间（见表3-14-1、表3-14-2）的面积，各房间面积允许误差±10%以内。

（4）填写一、二层建筑面积，允许误差在规定面积的±5%以内，房间及各层建筑面积均以轴线计算。

一层用房、面积及要求　　　　　　　　　　　　　　　　　　　　表3-14-1

功能区	房间及空间名称	建筑面积（m²）	数量	要求及备注
换乘区	＊换乘大厅	800	1	
	自动银行	64	1	同时开向人行广场
	小件寄存处	64	1	含库房40m²
	母婴室	10	1	
	公共厕所	70	1	男、女各32m²，无障碍6m²
	＊售票厅	80	1	含自动售票机

功能区	房间及空间名称	建筑面积（m²）	数量	要求及备注
候车区	*候车大厅	960	1	旅客休息区域不小于 640m²
	商店	64	1	
	公共厕所	64	1	男、女各 29m²，无障碍 6m²
	*母婴候车室	32	1	哺乳室、厕所各 5m²
站务用房区	门厅	24	1	
	*售票室	48	1	
	客运值班室	24	1	
	广播室	24	1	
	医务室	24	1	
	*公安值班室	30	1	
	值班站长室	24	1	
	调度室	24	1	
	司乘临时休息室	24	1	
	办公室	24	2	
	厕所	30	1	男、女各 15m²（含更衣）
	*职工餐厅和厨房	108	1	餐厅 60m²、厨房 48m²
出站区	*出站厅	130	1	
	验票补票室	12	1	靠近验票口设置
	出站值班室	16	1	
	公共厕所	32	1	男、女各 16m²（含无障碍厕所）

其他交通面积（走道、楼梯等）约 670m²

一层建筑面积 3500m²（允许±5%：3325～3675m²）

二层用房、面积及要求　　　　　　　　　　表 3-14-2

功能区	房间及空间名称	建筑面积（m²）	数量	要求及备注
换乘区	*换乘大厅	800	1	面积不含接驳廊道
	商业	580	1	合理布置约 50～70m² 的商店 9 间
	母婴室	10	1	
	公共厕所	70	1	男、女各 32m²，无障碍 6m²
	*快餐厅	200	1	
	*快餐厅厨房	154	1	含备餐 24m²，洗碗间 10m²，库房 18m²，男、女更衣室各 10m²

功能区	房间及空间名称	建筑面积（m²）	数量	要求及备注
站务用房区	＊交通卡办理处	48	1	
	办公室	24	8	
	会议室	48	1	
	活动室	48	1	
	监控室	32	1	
	值班宿舍	24	2	各含 4m² 卫生间
	厕所	30	1	男、女各 15m²（含更衣）

其他交通面积（走道、楼梯等）约 440m²

二层建筑面积 2700m²（允许±5％：2565～2835m²）

二、设计演示

（一）审题

1. 明确设计要求

（1）准确理解命题

与以往习以为常的建筑类型如宾馆、超市、博物馆、图书馆等试题不同，这一年的试题是城市发展中出现不久的新建筑类型，虽然考生们对此都有一定的生活体验，但却在理性上缺少认识，在感性上缺少观察，以至于在方案中出现一些低级错误。因此，需"意在笔先"，破解题意为要。

命题为"公交客运枢纽站"，其核心词是"枢纽站"，意指"以几种交通运输方式交会，并能处理旅客联运功能的各种技术设备的集合体。它是以旅客始发、终到为基本功能，强调并突出旅客换乘的交通网络中的重要环节"（引自《建筑设计资料集（第三版）》第 7 分册，P131）。这说明它与城市中的公交站在设计宗旨、功能要求、建筑式样等各个方面都有所不同，同时，该命题"公交客运枢纽站"与枢纽型交通建筑也有所区别。后者意指同一交通运输方式（航空、铁路、公路、城市轻轨）多线路之间的中转联运，而前者则是不同交通运输方式之间的换乘联运。因此，考生不可先入为主地套用城市公交站的人流、行车模式进行思考与设计。

（2）遵守设计原则

公交客运枢纽站既是多路旅客汇集又各奔前程的交会节点，又是来自四面八方不同车辆的集散场所；因此，合理组织人、车流线成为重要的原则。需要特别注意以下几点：

1）注意室外场地人车分流，以及按任务书规定组织各类车辆有序行驶、停放，不可相混。

2）要保证枢纽站内部交通与外部交通衔接顺畅、主次分明、组织有序。

3）枢纽站的换乘方式可分为通道换乘和厅换乘，本题既然指明要求设置"换乘大厅"，则枢纽站的功能布局应以"厅"作为换乘区域的空间形态。

4）枢纽站的流线组织应遵循主客流（即换乘客流）优先、换乘路径便捷短小的原则。

5）枢纽站含有服务经营项目时，其人流应与换乘人流相对分离，并合理衔接。

（3）准确理解细节要求

审题时，对若干设计细节要求不可囫囵吞枣，以免出现以下常识性错误：

1）任务书总平面设计要求第 1 条，说明到达车位与发车车位是两处定点，且两者旅客不是同乘一辆车，要么全下车（到达），要么全上车（发车），各行其是。因此，不能套用城市公交到达与发车车位只有一个，上、下车旅客同乘一辆车的模式，来判断枢纽站到达与发车的行车规则。

2）任务书总平面设计要求第 4 条"基地内布置内部专用小型汽车停车场一处……可经北部小型汽车出入口出入"，意指内部停车场只能与北面次干道的两个出入口有关，应就近出入。

3）任务书建筑设计要求"2. 候车区"第（1）条"旅客通过换乘大厅，经安检通道（配置 2 台安检机）进入候车大厅……"。注意关键词"安检通道"，它不是一个"点"，而应是具有一定面积的通道空间，至少长度不小于图例提供的安检设备的长度规定 4m。其实，还要加上安检机两端旅客摆放和提取行包所需的缓冲空间。因此，安检机就不能放在候车大厅入口大门这个"点"上，更不能横向放置，这些都是缺少生活常识所造成的低级设计错误。而图例遗漏了安检机之侧应有安检人员观察监视屏必备的桌椅尺寸，造成在一个格网内正常配置 2 台安检机时通道过窄的问题。

4）任务书建筑设计要求"3. 出站区"第（1）条"到站旅客由到达站台通过出站厅经验票口进入换乘大厅"，说明到站旅客的换乘路径为：到达站台→出站厅→验票口→换乘大厅，这 4 个节点环环相扣，体现了枢纽站的"主客流优先""换乘路径便捷短小"的原则。因此，不可额外增加从验票口到换乘大厅之间的距离。

如此说来，考生在审题中必须抓住两个环节，一是仔细读题，二是准确理解。而前者是考生遵循"考试游戏"规则的前提，不可误读；后者才是指导考生设计路径不失正确方向，避免设计问题频出的关键。

2. 解读"用房、面积及要求"表

（1）先看一层和二层表格最后一行的一、二层层面积状况。一、二层层面积显然是"下大上小"。此时，考生在头脑中要马上建立空间概念，即在二层要挖去约 800m² 的面积。前面审题阅读任务书要求时，也注意到候车区的"候车大厅的旅客休息区域为两层通高空间"，届时将此二层面积"挖"去即可。至于"挖"去的面积不足以使上、下两层层面积平衡，这不是现在急于要解决的问题，心中有数就行。

（2）第二步看表格最左边一列，了解一下任务书对枢纽站划分了几个功能区。表中一层划分了换乘区、候车区、站务用房区和出站区 4 个功能区。这种分区方法似乎有一定缺陷。一是，这 4 个功能区"要求各区相对独立"，这符合任务书的建筑设计要求，但却忽视了公交客运枢纽站的设计原则，即"主客流优先"，因此，换乘区、候车区、出站区这 3 个旅客使用的功能区又必须彼此"紧密联系"。为达此目的，最好将这 3 个功能区打包成一个"使用功能区"；这样，它们既可相对独立，又能毗邻在一起，以免因此而导致一系列其他连锁设计问题。二是，设计任务书要求"职工厨房需设独立出入口"且二层的"快餐厅设置独立的后勤出入口"。既然如此，就需要将快餐厅和职工餐厅的两套后勤用房集中靠在一起成为"后勤功能区"，以便需分别设置的两个厨房的出入口能够彼此靠近在一个区域内，有利于与北面次干道的"小型汽车停车场出入口联系便捷"。剩下各个办公用房组织在一个站务用房功能区内是没有任何疑义的。经过上述对一层功能区的分析，我们可以重新把功能区分为使用、管理、后勤三大部分，这种功能分区的重组为下一步操作设计程序按设计规律发展方案奠定了成功的基础。

二层表格最左一列只划分成换乘区和站务用房区2个功能区。其实，最好把"快餐厅厨房"从换乘区中剥离出来，因为快餐厅厨房只跟快餐厅有关系，与换乘区却没有关系。倒是它与一层的后勤区有着上下对应的直接关系。因此，二层仍然可以分为使用、管理、后勤三大功能区。

（3）第三步看表格左边第二列。粗略了解一下各功能区包含有哪些主要"房间"，有个概念即可。比如，明白一层使用功能区主要有换乘、候车、出站厅3个不同使用功能与要求的"房间"就可以了，至于这3个"房间"又含有各自不同内容的单一房间，此时就不必去强记硬背了。待方案设计程序走到这一步时，再回头现用现查"用房、面积及要求"表也不迟。

3. 消化功能关系图

记住：功能关系图是设计原理，也是设计游戏规则的图解，绝不是房间平面布局的蓝本，考生务必从中明白各房间布局及其相互关系的设计要求。但是，历年试题中的功能关系图总免不了出现这样或那样的表达不清、不当，甚至错误的情形，这就需要考生结合设计任务书要求、地形条件，甚至生活常识等理性地作出判断，以便有一个对该建筑类型功能要求的全面正确认识，方能指导设计的展开。

（1）第一步　先看一层各入口的标示

功能关系图左边的一层换乘区标示了人行广场入口、小汽车停车场入口、快餐厅后勤出入口计3个入口；候车区、出站区各标示了一个入口；站务用房区标示了站务用房和职工厨房2个入口；也即公交客运枢纽站内部交通与外部交通有7个不同类型的衔接口。考生在理解一层入口设计要求的基础上，还要进一步判断这些入口的合理性。首先，换乘区有来自人行广场和小汽车停车场两个不同方向的换乘旅客入口，这是任务书设计要求规定的，一定要满足。但快餐厅后勤入口为什么要指向换乘区？后勤人员到换乘区干什么？没人能回答这个问题，只能说是出题人这一误导让考生费解。如果考生能清醒看破这一错误，认定此后勤入口仅与二层快餐厅有关，就不会陷入其中而不能自拔，既浪费宝贵时间，又不得其解。再看"站台"分别指向候车区与出站区各有一个入口，问题是候车区的旅客是要乘车离开枢纽站的，箭头是不是画反了？这是一个想当然的低级笔误。最后，职工厨房入口为什么指向站务用房区？后勤人员到站务用房区干什么？这都解释不清。都是功能关系示意图表述不严谨所致，这是下一步我们要分析的问题。

（2）第二步　看功能气泡的组织

按照"房间、面积及要求"表格最左一列的功能分区划分，此一层功能关系示意图的功能气泡仍然要有换乘区、候车区、出站区、站务用房区4个功能各不相同，又相对独立的气泡，比较清晰地表达了一层平面功能的基本构成。唯一的缺憾是没有把快餐厅后勤出入口和职工厨房合并为一个后勤区，难怪造成快餐厅后勤出入口指向换乘区和职工厨房出入口指向站务用房区这两个没法解释的问题。

二层的功能关系气泡示意图更为简单，只有换乘区和站务用房区。其实，快餐厅厨房面积虽不大，但也是一个不可或缺的功能区呀，补画上去此示意图才更为完整。

（3）第三步　看连线关系

注意：连线只表示两两气泡之间有联系，而与第三者气泡无关。至于这种联系的手段是通过走廊、过厅、毗邻、嵌套何种方式相联系，则全靠考生依据条件自主判断。

从一层功能关系图中可看出，以换乘区为核心，其他3个功能区（候车区、出站区、站务用房区）都与此有连线关系；其解决方式是通过水平交通手段加以实现的。而换乘区与站务用房区又各自与二层相应的两个功能区有连线关系，其解决方式是通过垂直交通手段加以沟通。

根据任务书要求，站务用房区的"公安值班室、客运值班室、广播室、医务室应同时向内部用房区域与候车大厅直接开门"，因此，站务用房区与候车大厅是有密切关系的，图中两者之间虽漏画了连线，相信考生心里是明白的。

以上对如何看功能关系图作了详尽的阐述，说明考生做方案时，不能依葫芦画瓢，而应经过分析理解后成为指导设计的规则。

4. 看懂总平面的环境条件

结合该任务书对用地条件的描述，仔细分析下列几个环境条件设定的含义及其对设计的制约：

（1）该公交客运枢纽站是一个被南、西、北3条城市道路和东邻公共换乘停车楼围合的独立地块。其中西侧为城市主干道，南、北两面为城市次干道。

（2）枢纽站外部客流分析：地块西侧为高架轻轨站和人行广场，说明这是公交客运枢纽站与高架轻轨站和地面人行的换乘主客流方向，而南北两条次干道，是城市机动车载客而至的又一主客流方向，尽管客流量要少于前者。

（3）枢纽站外部车流分析：根据任务书描述，大客车从南面次干道出入营运场地，且按交通规则右进右出。但到达客车与发送客车在站台的停靠点只能由各自的出站区和候车大厅位置决定，而不是相反，如果套用城市公交在站台的停靠规律去决定出站区和候车大厅的位置，就本末倒置了。社会车辆和出租车只能从北面次干道出入场地。需要提醒注意的是，送客小型汽车可在站台随停随走；而离站旅客需到停车场上车走人，以保证站台处无接客等候车辆积压，与航站楼、火车站交通建筑对站前广场车辆管理的办法一样。

内部小型汽车规定"可经北部小型汽车出入口出入"。这就是说应就近设置其停车场，以避免与其他大客车车流交叉相混。

（4）总平面设计要求规定，枢纽站"东西两侧通过二层接驳廊道分别与轻轨站和停车楼相连"，说明枢纽站在建筑控制线内的定位要保证其换乘通道与接驳廊道对位，使主客流线在二层通畅便捷。

（5）再看枢纽站用地周边道路以外的环境条件设置了哪些，对设计有无影响。

总平面图只标注了北面是商业区，南面是住宅区，这完全是一种环境条件的交代，对枢纽站的设计毫无影响，可视为干扰条件，不予理会。

（二）展开方案设计

1. 一层平面设计程序

（1）场地分析（图3-14-5）

此第一步设计程序主要任务是处理好枢纽站作为整体（"图"）与场地（"底"）的设计矛盾。所要确定的设计目标只有两个：一是把握好"图"与"底"的关系；二是确定枢纽站各出入口的方位。

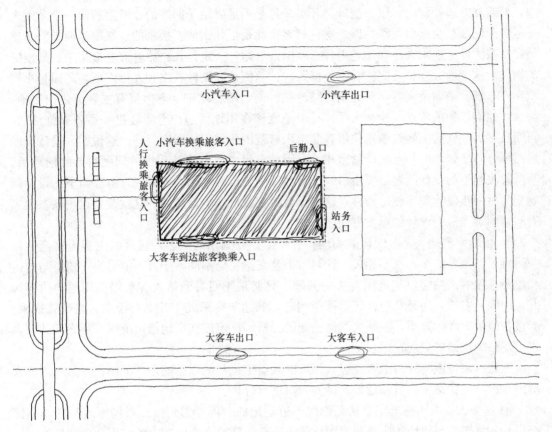

图 3-14-5   "图底"关系与出入口分析

1）分析场地的"图底"关系

先拿一张拷贝纸蒙在试卷的总平面图上，其目的一是设计自始至终要受到建筑控制线范围的限制，二是眼睛能时刻关注到环境条件对设计的影响。

①"图"形分析。根据历年考试规律，给定的建筑控制线用地范围只比一层建筑面积稍许大一点，因此，枢纽站建筑的"图"形只能是集中式呈矩形。其次，这是一座较大型公共交通建筑，内部又含有若干个大型空间，故不必"挖"内院，以实心"图"形为宜。

②"图"的定位分析。据审题可知，建筑控制线周边均有主客流和内部人员进出，因此"图"形定位在建筑控制线正中，周边都向内收进少许即可。注意：在设计起步时，重点抓设计大方向的问题，且都是粗线条地落实设计构想，不必计较精准。这样，既可提高设计效率，又可避免钻牛角尖而失大局。

2）分析枢纽站各出入口方位

此设计环节应遵循先定位主客流的出入口，后安排内部人员和后勤出入口的分析程序。

①场地西侧是人行广场，从城市主干道而来的换乘旅客自然要进入人行广场；而后将用地西侧（且宜在接驳廊道下的范围）作为主客流入口。

②场地北侧是小型汽车停车场，意味着乘坐社会车辆或出租车来换乘的旅客要从用地北面进出枢纽站。但枢纽站用地北边界过长，此入口范围到底是确定在中部，还是在左

边，抑或在右边？此时，仅根据外部环境条件是不足以给予回答的。考生若换一个角度来思考这个问题就会迎刃而解。即，这些旅客来此是干什么的？换乘的。在哪里换乘？当然是在换乘大厅。换乘大厅在用地内什么范围最合适？一定是几路旅客交会最集中、最便捷的地方。这个地方在哪儿呢？看看外部条件：西侧是高架轻轨站和人行广场，北面是小型汽车停车场，南面是大客车营运场。结论是：南、西、北三个方向都有主客流进出用地；那么，他们汇集的焦点（换乘大厅）是不是应该在用地西边。考生经过一系列思维活动，自问自答后，就这么轻松地定位旅客北出入口范围要靠用地西边一些。这说明，设计程序虽然可分几步走，但相互之间紧密相关。因此，思考当前设计程序的问题时要瞻前顾后。有时解决当下的设计问题是要由后一设计程序的要求确定的；或者说，解决当下的设计问题要为后一步设计程序创造条件，这样设计过程就可以少走弯路。这就是要运用联系起来看问题的观点进行设计的重要方法之一。

③ 场地南侧是大客车营运的场地。有发车亦有到站的旅客，这两股主客流完全不是一码事，各乘各的车，互不相关，这与城市公交站完全不同，千万不能混为一谈。与这一步要考虑旅客出站定位与范围有关的问题，只能是先回答到站大客车停在用地南边界哪儿？中间，右边，还是左边？还是那个问题，到达旅客来此干什么？换乘。在哪儿换乘？当然在换乘大厅。好了，换乘大厅经前面的分析，已定位在用地西边范围。那么到达旅客进枢纽站的出站口只能在西边了。

至此，来自不同方向主客流进入用地的入口定位与范围已确定，下面就开始对内部人员的入口，包括站务人员和后勤人员的入口进行分析。

④ 站务人员的车辆规定是从北面次干道进出的，再考虑到今后布局枢纽站的功能区布局时，管理区与使用区应是相对而行的，既然包括换乘大厅在内的使用功能区已经定位在用地西边范围；那么，管理区只能在东边了。为此，管理区的入口宜选择在用地的东端。如果考生思维敏捷，再想远点，即管理功能区今后还要分两部分：站务管理和站场管理，后者房间少，需与南面站台紧贴，这样，管理区入口定位在前述两者之间的东端偏南范围为宜。

⑤ 两套厨房的后勤入口虽然规定要分别设置，但宜集中靠在一起，使货运流线尽量少干扰内外人流，其次还要考虑与北面次干道的车辆出入口接近。看来，后勤区入口最宜选在用地北面的东端了。

设计程序第一步就此圆满完成，并为方案发展的走向与布局奠定了成功的基础。接下来，设计程序进入第二步，即考虑"图"的问题，而"底"的问题待"图"的结果出来后，作为设计条件之一再一并解决。

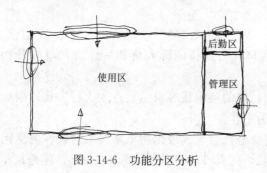

图 3-14-6　功能分区分析

（2）功能分区（图 3-14-6）

由于前一步设计程序是在比例尺较小的总平面图上进行操作的，从设计程序第二步开始，当考虑"图"的问题时，就需要将"图"放大到 1：500，以便后续设计程序的成果能全部容纳进"图"中。

那么，一层数十个房间是如何进入"图"中的？绝不能一个一个"排"进去！

这样做只能使房间布局顾此失彼而乱了章法。一定要把方案的形成当作"生命"的生长过程来看待，并按其客观发展规律行事，从而事半功倍地实现设计目标。

因此，考生在进行设计程序第二步时，事先要将一层所有房间进行同类项合并成使用、管理、后勤三大功能区，这个准备工作我们实际上已在审题第二步解读"用房、面积及要求"表时完成。其目的是把一层数十个难以理顺关系的房间简化为只有3个"房间"，就容易对付了。考生只要将这3个"房间"的相对大、中、小关系搞清楚，并掌握各自把入口纳入各自的势力范围之内，此环节的设计任务就轻松解决了。

在具体操作中，将最大的使用功能区气泡画在"图"的左边大半部分，使南、西、北3个方向的主客流出入口范围全部纳入其中。剩下"图"右边小部分的南段是管理区入口，则管理功能区气泡跟着自己的入口走，画在南边。而后勤入口在东北角，其后勤功能区气泡只能画在北边。两者面积相比，前者稍大，后者最小，则气泡前者画稍大，后者画稍小就不言而喻了。

（3）房间布局

设计程序在完成第二步功能分区之后，又向前迈进一步，即第三步设计程序的房间布局。其设计的主要目标就是将各功能区自身所有房间有秩序地各就各位。所谓房间布局的秩序就是平面设计的章法。在这里要告诫考生，千万不要过早地陷入死抠房间面积的泥潭中不能自拔。要知道在"秩序"与"面积"这一对设计矛盾中，"秩序"是矛盾的主要方面，而"面积"则是矛盾的次要方面。前者是影响方案质量的关键所在，而后者是后续设计程序才需解决的问题；因此，看问题不能喧宾夺主。

那么，在这一设计阶段如何有秩序地布局房间呢？还是按照生命发展的现象和规律，采取"一分为二"的"细胞"裂变生长法，才能逐一将所有房间分层次、分步骤一一有秩序地就位。此法要点是：先将某一组房间，根据某一差异同类项合并为两组，再搞清两者各自的要求，从而判断两者在上下摆放或左右摆放中取其一，即可定位。如此，两者再各自"细胞"一分为二裂变下去，直到最后一个"细胞"裂变完成。这种一分为二的房间布局方法可保证每一步确定房间布局的阶段性成果轻而易举，且房间布局的秩序感特强。

下面我们就来具体推演这个过程。

1）使用功能区的房间布局分析（图3-14-7）

步骤1 使用功能区的所有房间都是为旅客服务的，那么各房间还有什么差别吗？分析可知，其差别在于有两类不同的旅客：一是大量从外面进入枢纽站来换乘的旅客，二是即将离开枢纽站的候车旅客。前者房间多，面积大，且与南、西、北3个换乘主客流入口有关；后者房间少，面积小，仅与南面站台的检票口有关。因此，换乘旅客的房间图示气泡画大在左，候车旅客的房间图示气泡画小在右。如果想到为下一步创造条件，即后者与北面入口无关，且为了不阻断右端管理区与左端换乘区的联系，可将候车旅客房间图示气泡扣除北面一小部分。至于这部分给谁？现在不必定论，到时自有他用。

步骤2 在候车大厅图示气泡中，按成人旅客候车与母婴候车一分为二，两者都要紧邻站台和安检通道，且前者还要靠近管理区，故前者图示气泡画大在右，后者图示气泡画小在左。为了保证成人旅客候车大厅的空间完整，宜将母婴候车图示气泡侵占一点换乘旅客房间，画在毗邻候车大厅左侧紧邻站台之处。

步骤3 在成人旅客候车大厅图示气泡中，按旅客候车空间与服务空间（商店）一分

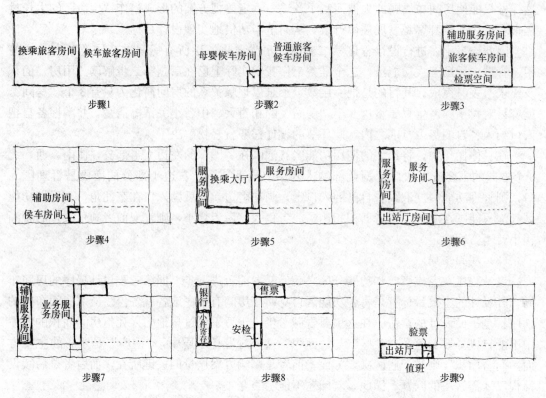

图 3-14-7　一层使用功能区房间布局分析

为二，前者面积大，要求紧邻站台，其图示气泡画大在下；服务空间面积小，要面向候车大厅服务，其图示气泡画小在上。在成人旅客候车空间图示气泡中，再按两层通高的候车休息空间与仅有一层高的检票通过空间一分为二，前者与站台无关，图示气泡画大在上；检票通过空间面积小，要求紧邻站台，图示气泡画小在下。

　　步骤 4　在母婴候车图示气泡中，按旅客房间（候车室）与辅助房间（哺乳室）一分为二，前者面积大，要求直通站台，图示气泡画大在下；后者哺乳室面积小，与站台无关，只与候车室有关，图示气泡画小在上。

　　步骤 5　在前一步骤得出的换乘旅客使用房间图示气泡中，按共享空间（即换乘大厅）与服务房间同类项合并一分为二。前者面积大，要求居中，便于与各服务房间毗邻，且要求与北站台有两个直接出入口；后者房间多，要求环绕换乘大厅布局。因此，前者图示气泡画大，居中定位，且北面需直接对外；后者图示气泡环绕前者图示气泡的南、西、东三面。

　　步骤 6　在共享空间图示气泡中因只有一个换乘大厅，分析就此为止。再看服务房间图示气泡中，先将为乘大客车到达出站区的旅客服务房间（出站厅）与为换乘大厅内旅客服务的房间一分为二。前者面积小，要求与到达站台紧邻，图示气泡画小在下；后者面积较大，服务点较分散，图示气泡画大在上。

　　步骤 7　在为换乘大厅旅客服务的房间图示气泡中（实际上分设在换乘大厅左右两侧），按出行业务服务用房（售票厅、安检通道）与出行辅助服务用房（自助银行、小件寄存）一分为二。前者要求靠近候车大厅和站务用房区，故图示气泡在右，由于右图示气泡太小，而售票厅较大，正好候车大厅之北范围无房间可用，此时，划分左侧一半给售票厅即可。后者要求靠近人行广场，故图示气泡图在左。

步骤 8 在出行业务服务图示气泡中，安检通道必须在换乘大厅与候车大厅之间，其图示气泡画小在下；售票厅要求与换乘大厅毗邻，又因有售票室要与站务用房区靠近，其图示气泡画大在上。在出行辅助服务图示气泡中，自助银行与小件寄存都需靠近换乘旅客西入口和人行广场，故两者图示气泡上下画均可。

步骤 9 在出站区图示气泡中，按旅客房间（出站厅）与管理房间一分为二。前者面积大，且要求出站旅客人流呈穿过式，故前者图示气泡画大在左；后者面积小，要求能管理站台和验票口，图示气泡画小在右。在管理用房图示气泡中又因值班要出入站台，验票要管理验票口，故前者图示气泡画大在下，后者图示气泡画小在上。

至此，一层使用功能区的所有房间经过若干次的一分为二方法，逐一有序地分析到位。紧接着我们开始对管理功能区的所有用房进行布局分析。

2）管理功能区的房间布局分析（图 3-14-8）

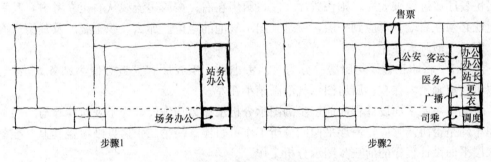

图 3-14-8　一层管理功能区房间布局分析

步骤 1 将站务用房（站长、办公、医务、广播、客运、公安、售票等）与场务用房（调度、司乘）两类不同管理内容的房间同类项合并一分为二。后者面积小，要求面向站台，图示气泡画小在下；前者面积大，要求与候车大厅、换乘大厅关系紧密，图示气泡画大在上。

步骤 2 两间场务用房因与站台均有密切关系，其图示气泡画同等大小左右放。在站务用房图示气泡中，按需直接连通候车大厅的房间（客运、医务、广播、公安）与不需直接连通候车大厅的房间（站长、办公、售票、更衣）同类项合并一分为二。前者图示气泡在左，后者图示气泡在右。然后，两者各自房间在自己图示气泡范围内分别再如数划分即可。但前者的公安因要求与换乘大厅和售票厅相邻，而换乘大厅已确定在"图"形左边；因此，需将公安图示气泡单独拉至紧邻换乘大厅和售票厅处。同时，售票室也必须紧跟着已定位在换乘大厅右侧的售票厅，故也要从站务区各办公室集中的东端拉到毗邻售票厅的东面。其次，在后者图示气泡中，也需将男女更衣先定位在与场务用房的衔接处，因为此处将来一定是站务用房功能区的入口坐标点。

提醒一点，在这个分析过程中，考生会发现客运、医务、广播无采光条件，为黑房间；此时，当出现不能两全其美的矛盾时，一定要抓方案性的主要矛盾，即客运、医务、广播的房间布局必须如此，否则就会违规。至于解决采光问题那是设计处理手法问题，留待后续设计程序处理，不必在此纠缠，使设计进程受阻。

3）后勤功能区的房间布局分析（图3-14-9）

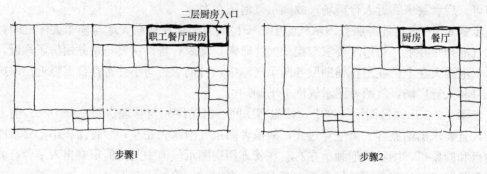

图3-14-9　一层后勤功能区房间布局分析

步骤1　将一层后勤用房（职工餐厅、厨房）与二层快餐厅厨房在一层的入口及其垂直交通空间两个服务对象不同的房间同类项合并一分为二。后者面积小，因事先需考虑到二层快餐厅接近换乘大厅，则快餐厅在左，厨房在右；按厨房流线从右至左考虑，其垂直交通就必须在右端。对应到一层，就是其图示气泡的定位。那么，职工餐厅及其厨房面积大，图示气泡画大在左。

步骤2　将职工餐厅与厨房一分为二。考虑到职工餐厅宜就近方便为站务人员服务，其图示气泡画稍大在右；厨房图示气泡画稍小在左。

至此，一层平面设计程序前三步的图示分析工作大功告成，为了及时检验与二层平面房间布局是否协调呼应，一层平面的分析工作可暂停。换第二张拷贝纸覆盖其上，准备着手二层平面设计程序的前三步图示分析工作。

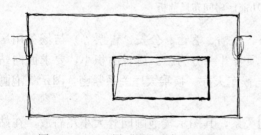

图3-14-10　二层"图"形与入口分析

2. 二层平面设计程序

（1）"图"形与入口分析（图3-14-10）

根据房间面积表的规定，二层面积比一层面积少 800m²，说明二层平面"图"形为空心矩形。那么，在哪儿挖去一部分二层面积呢？任务书又提示一层"候车大厅的旅客休息区域为两层通高空间"，对应一层房间面积表——其面积不小于 640m²。那就先将二层平面"图"形在此处挖空即可。至于还需再挖去一部分才能使一、二层面积平衡的问题，因此时条件暂不具备，留待后续设计步骤再说。

根据任务书要求，枢纽站"东西两侧通过二层接驳廊道分别与轻轨站和停车楼相连"，因此，"图"形与东西接驳廊道衔接处即为二层的2个出入口位置。

（2）功能分区（图3-14-11）

二层仍然分为使用、管理、后勤三大功能区。按照一、二层功能分区应上下对应的

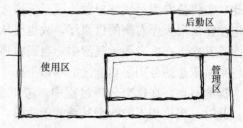

图3-14-11　二层功能分区分析

原则，使用功能区面积大，图示气泡居左、上，呈倒"L"形；管理功能区面积次之，图示气泡在右、下，呈反"L"形；后勤功能区（另加厨房）面积最小，图示气泡画在右上角（注意：不要阻断东侧的接驳廊道）。

（3）房间布局

1）使用功能区的房间布局分析（图 3-14-12）

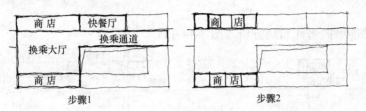

图 3-14-12　二层使用功能区房间布局分析

步骤 1　按公共房间（换乘大厅和换乘通道）与服务房间（商店、快餐厅）两种不同使用性质的房间同类项合并一分为二。前者面积大，要求与通往轻轨站的接驳廊道对接，并与一层换乘大厅在竖向上沟通，其图示气泡居中，并对接其右侧换乘通道图示气泡；后者 9 个商店分居换乘大厅南北两侧，而快餐厅既与换乘大厅关系紧密，又与后勤区厨房紧贴，其图示气泡夹于两者之间。

步骤 2　将南北两处商店图示气泡，分别划分为 4 个商店和 5 个商店。此时，只保证商店数量要符合房间表格的规定。至于各商店面积达标问题以后再说。

2）管理功能区的房间布局分析（图 3-14-13）

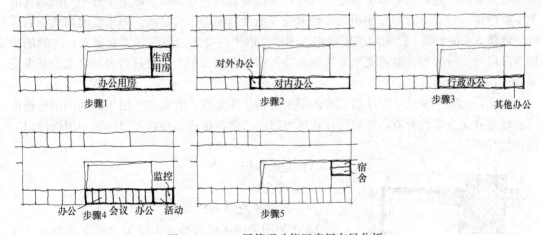

图 3-14-13　二层管理功能区房间布局分析

步骤 1　在前一步骤所得管理功能区反向"L"图示气泡中，将办公用房与生活用房两种不同性质的房间同类项合并一分为二。前者房间多，面积大，为主要房间宜朝南，其图示气泡画大在下；后者房间少，面积小，为次要房间可朝东，其图示气泡画小在上。

步骤 2　在办公用房图示气泡中，将对外办公与对内办公两种不同办公性质的房间同类项合并一分为二。前者（办卡）面积小，但必须面向换乘大厅为旅客办事，其图示气泡画小在左（此时要挤占一点商店的图示气泡）；后者房间多，面积大，图示气泡画大在右。

步骤 3　在对内办公图示气泡中，将行政办公房间与其他办公房间（活动、监控）同类项合并一分为二。前者房间多，面积大，图示气泡画大在左；后者房间少，面积小，图示气泡画小在右。

步骤 4 在行政办公图示气泡中，将会议室居中，8 个办公分居其两侧。在其他办公图示气泡中，将活动与监控两个图示气泡一左一右画即可。

步骤 5 在第一步骤的生活用房图示气泡中，2 个宿舍一分为二，画 2 个图示气泡上下放即可。

3) 后勤功能区的房间布局分析（图 3-14-14）

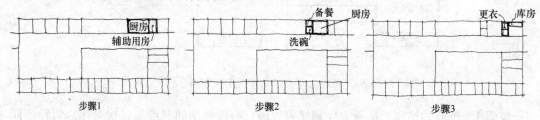

图 3-14-14　二层后勤功能区房间布局分析

步骤 1 在二层功能分区设计程序确定的后勤功能区图示气泡中，将厨房用房与辅助用房两种不同功能的房间同类项合并一分为二。前者面积大，要求与快餐厅靠在一起，图示气泡画大在左；后者面积小，要求与厨房用房靠在一起，图示气泡画小在右。

步骤 2 在厨房用房图示气泡中，将餐前（备餐）、餐后（洗碗）2 个房间与食材加工用房（厨房）一分为二。前者面积小，要求紧邻快餐厅，图示气泡画小在左，且因两者都要左与快餐厅相通，右与厨房相连，因此，紧接着就再一分为二，画 2 个更小的图示气泡上下放即可；后者（厨房）面积大，要求处在前者与辅助用房之间，图示气泡画大在右。

步骤 3 在步骤 1 已确定的辅助用房图示气泡中，将人的房间（男女更衣）与货的房间（库房）一分为二。前者要求紧靠厨房，图示气泡画 2 个上下放；后者与将来的垂直交通接近，图示气泡在右。

至此，二层平面设计程序前三步的图示分析工作完成。看来与一层平面的图示分析前三步成果并无方案性矛盾，证明设计程序可以放心向前推进。现在可以回到一层继续以下的设计程序。

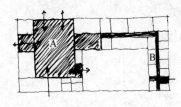

图 3-14-15　一层水平交通分析

（4）交通分析

1）水平交通分析

① 一层水平交通分析（图 3-14-15）

A. 在使用功能区，以换乘大厅为水平交通节点，北面与出入口站台直接沟通；南面与出站厅对接；西边在银行和小件寄存之间插入一个过厅水平交通空间与西入口连通；东面在与售票厅之间设置一个水平交通过渡空间，使两者既有联系，又互不干扰。在与候车大厅之间要插入一个安检所需的通道空间。由此分析可知，在使用功能区中，水平交通的空间形态是以换乘大厅为交通核心，与其周边的功能房间是厅与厅的连接方式，而无走廊空间形态。

B. 在管理功能区中，是以中廊水平交通流线将各站务用房连成一个整体的，且这条中廊水平交通流线向西要连通使用功能区的换乘大厅。同时，管理功能区的这条中廊水平交通流线还要设法添加通往候车大厅的短小水平交通流线，以满足任务书规定的两者功能联系要求。其次，在站务办公与场务办公之间的入口处插入一个门厅水平交通节点，作为办公人员出入之用，并将两部分不同性质的办公加以分隔。

C. 在后勤功能区中，两套厨房的出入口是分开设置的，其间没有任何功能联系之必要，故此功能区无须考虑水平交通流线。

② 二层水平交通分析（图3-14-16）

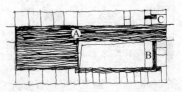

图3-14-16　二层水平交通分析

A. 在使用功能区，有一条横贯东西的换乘大通道水平交通流线与东、西两侧的接驳廊道联系起来，并与西边的换乘大厅水平交通节点融为一体。

B. 在管理功能区设置一条北边廊水平交通流线，将南向各用房联系起来，并与东侧的中廊沟通，形成反"L"形水平交通形态，此水平交通流线的两端分别与换乘通道和换票大厅对接处相通。

C. 在后勤功能区，3个辅助用房（男女更衣、库房）和厨房之间需设置一个水平交通节点，将彼此连接起来。

2）垂直交通分析

① 一层垂直交通分析（图3-14-17）

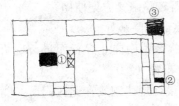

图3-14-17　一层垂直交通分析

A. 按任务书要求，一层的主要垂直交通手段是两部自动扶梯和一部敞开式大楼梯的组合体，另设两部电梯。其定位于换乘大厅中央，并据轻轨站和候车大厅位置现状及人流行进规律，将此垂直交通组合体西高东低横向布置，以有利于主客流线短捷顺畅。两部电梯设置在背靠候车大厅，面向垂直交通组合体的垂直交通核心处，便于旅客选择乘行（即交通核①）。

B. 在管理功能区的入口门厅北侧，设置一部交通楼梯，供站务功能区上下联系（即交通核②）。

C. 在东北角的后勤功能区，仅为二层快餐厅厨房设置一部交通楼梯和一部货梯（即交通核③）。

如此，三大功能区都拥有独自使用的垂直交通设施，从而保证了各功能区在竖向上自成一体。

② 二层垂直交通分析（图3-14-18）

A. 将一层三大功能区各自的垂直交通设施升至二层（即交通核①②③）。

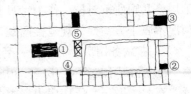

图3-14-18　二层垂直交通分析

B. 考虑二层疏散要求，因使用功能区的换乘大厅敞开式大楼梯不能作为疏散之用，便出现无一部疏散楼梯的状况，故需考虑在南侧站务办公与商店两个不同功能用房区之间，并对应一层在母婴候车室与出站厅两个不同功能用房之间设置一部疏散楼梯④直接对外。在北侧商店与快餐厅两个不同功能用房之间，并对应一层在换乘大厅与售票厅之间设置另外一部疏散楼梯⑤直接对外。这样，二层换乘大厅的双向疏散问题就解决了。至于快餐厅前换乘通道的疏散，西有新增设的疏散楼梯，东可借用站务办公区的疏散楼梯，也满足了双向疏散的要求。

站务办公区目前只在东头有一部交通楼梯可代为疏散，而西端是超长的袋形走廊，但向换乘大厅打通后，可借用新增的毗邻疏散楼梯进行疏散，也解决了问题。故站务用房区不需再增设疏散楼梯。

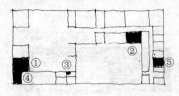

图 3-14-19　一层卫生间配置分析

（5）卫生间配置分析

1）一层卫生间配置（图 3-14-19）

此时，考生需回头看看一、二层"用房、面积及要求"表中各功能区需设置的卫生间数量与要求，以便做到有的放矢。

① 在换乘大厅需设置一套男女厕所和无障碍厕所，由于换乘大厅北、东、南和西上半部都是换乘旅客来往流线密集区，因此，只能选择在西出入口下方小件寄存与出站厅之间的死角处（①）较为适宜。此外，换乘大厅有一间母婴室，其功能是为母亲提供喂奶或给婴儿换尿不湿的场所，故一并考虑放在女厕所入口迷路之前为宜。

② 在候车大厅需设置一套男女厕所和无障碍厕所，主要是为候车休息的旅客提供方便，其位置宜在候车大厅之北的服务空间东端（②），此处既较隐蔽又方便使用。

③ 在母婴候车室内需设置一间女厕，定位在母婴候车室北端隐蔽处（③）。

④ 在出站区需设一套男女厕所，因出站厅要保证到达旅客由南向北穿行而过，且两间管理用房已占据该区东侧，故男女厕所只能靠西一侧上下布置（④）。

⑤ 在站务用房区需设一套男女厕所（含更衣），按一般设计规律宜放在此区门厅一侧即可（⑤）。

⑥ 后勤用房区，因用房表格中并无要求设置男女厕所，故不予考虑。

2）二层卫生间配置分析（图 3-14-20）

① 在换乘区需设置一套男女厕所和无障碍厕所，因二层换乘大厅的房间布局要求，其平面位置由一层的竖向布置改为二层的横向布置，使一层公共厕所无法垂直升入二层。为不影响二层平面大局，只能将其公共厕所移到北面的商店与快餐厅之间（①），尽管上下层公共厕所不对位，作为考试是次要矛盾，

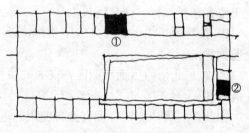

图 3-14-20　二层卫生间配置分析

何况不属于方案性、规范性问题，就不必钻牛角尖而因小失大。

② 在站务用房区需设置一套男女厕所，直接对位一层的男女厕所即可（②）。

③ 后勤用房区因用房表格中并无要求设置男女厕所，故不予考虑。

至此，一、二层用房表格中全部房间经前五步设计程序的分析，终于无一遗漏地有序进入各自"图"中。但这毕竟是方案图解的分析图，如何在此基础上演变成有模有样的平面方案框图，就需要在下一步设计程序中建立起合适的相应结构体系。

（6）建立结构体系

我们之所以到设计程序第六步才考虑结构问题，是因为对于考试而言结构是配合建筑方案设计的，不同的平面方案应有与之相适应的结构体系，比如方格网、矩形格网或两者

并用的混合格网，在历年试题中均出现过。因此，采用何种形式框架格网一定是由平面方案所决定的，千万不可在动手做方案前，就先验地、毫无根据地拍脑袋采用所谓万能方格网。

那么，建立结构体系要考虑什么问题呢？

1）确定结构形式

对于考试来说，历年试题都采用框架结构是毫无疑问的，问题是应该采用方格网，矩形格网，抑或两者并用的混合格网？这要因题而论。

就枢纽站而言，考虑到"图"形规整，且是大面宽、大进深、大空间，故宜采用方格网。

2）确定格网尺寸

观察一下面积表，考生会发现，许多大房间的面积都设定为"8"的整数倍，即使中、小房间的面积也含有"8"的影子；由此，就可立即确定格网尺寸为8m×8m。

3）绘制格网图（图3-14-21）

① 此步骤需运用绘图工具（丁字尺、三角板、比例尺）正规画出1∶500的格网图。根据任务书给定的建筑控制线尺寸长为

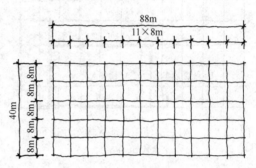

图3-14-21 结构体系分析

90m，除以8，得出面宽为11开间，即总长为88m；则东西两侧距建筑控制线可各有1m余地。

② 用一层面积表限定的一层建筑面积3500m² 除以面宽88m，得出总进深尺寸接近40m，再除以方格网尺寸8m，得出平面进深方向需5跨。

最后核算一下，一层总建筑面积为88m×40m＝3520m²，符合要求。

（7）在格网中落实所有房间

此过程的原则是在已确定的格网中，依据设计程序第五步得出的平面布局气泡分析成果，先行对大功能块按原有平面秩序进行分配格网；继而在各自功能块之内，按原有平面秩序再分别进行二次分配格网；如此一个房间不能少地，连环分配下去，直到最后一个房间分配定位。在这个过程当中，如果有条件将房间按面积定死一步到位亦可。但千万注意，不能因为要核准面积而打乱原有平面布局的秩序。至于有些房间秩序放对了，但面积控制不到位，这是次要矛盾，到最后一步总有办法解决的；何况单个房间的面积还有±10%的浮动范围。

1）在格网中落实一层所有房间

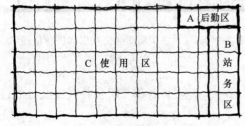

图3-14-22 对一层功能区进行格网分配

① 对三大功能分区进行格网分配（图3-14-22）。

A. 先从简单功能区即北面偏东的后勤功能区进行格网分配。此处有2个独立使用的后勤房间：一是二层快餐厅厨房在一层的出入口和垂直交通设施，需占1个格网；二是一层的职工餐厅和厨房面积为108m²，约需2个格

347

网，后勤区一共需 3 个格网。

B. 再考虑枢纽站东端站务用房区的格网分配。此处有若干房间呈竖向中廊式布局。若面宽只给 1 个格网（只有 8m）肯定太窄，若面宽给 2 个格网 16m，则又嫌太宽。看来只能给 1 个半格网较为合适，在总进深计 5 个格网中已被后勤用房占去最北 1 个格网，则剩下进深 4 个格网全部给站务用房区。

C. 除上述 2 个功能区已分配的格网外，剩余的所有格网全属于使用功能区。

从上述分配格网过程可知，三大功能分区所占格网比例大体与其面积相称，且布局秩序与第二步设计程序即"功能分区"的结果基本相符。

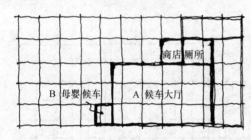

图 3-14-23　对一层使用功能区候车厅进行格网
二次再分配

② 对使用功能区的候车厅进行格网二次再分配（图 3-14-23）。

A. 候车大厅，其面积为 960m²，经计算需 15 个格网。在总进深 5 个格网中，扣除后勤用房已占有北面一跨格网，还得预留北面第 2 跨格网作为站务用房区与换乘大厅相通的交通空间等用，现在只剩下南面 3 跨格网，为了全部纳入候车大厅面积，其开间就需要 5 个格网。现在东面第二格网还剩半个开间，则再补 4 开间半的格网，即可满足候车大厅的面积要求。

B. 母婴候车室要包含在候车区内，且宜布局在候车区入口附近。为了不占用面积已合适的候车大厅空间，可分配在南向第一跨毗邻候车大厅西侧还剩下的半开间内，按母婴候车室面积 32m² 计算，进深一跨为 8m，开间正好需要 4m 即可。但考虑到母婴候车室内有 3 个房间，其间宜增加一些交通面积，以避免 3 个房间相套，故面宽再增加 2m，共 6m 为佳。

C. 此外，候车区还有 1 个辅助用房，即商店。根据分析图的结果，它只能纳入北面已预留的第二跨中，考虑到此跨最右格网位置较为隐蔽，最好事先留给候车大厅的厕所，则商店放在其左侧格网为宜。

③ 对使用功能区的公共房间进行格网二次再分配（图 3-14-24）。

扣除上述候车区所占格网数后，剩余的格网数全部归公共区所有。

A. 出站区各用房总面积为 130＋12＋16＋32＝190m²，需约 3 个格网，占此区南向第一跨自左 3 个格网开间。其中男、女厕所占左端格网的半开间，2 间管理用房占右端格网的半开间，出站厅居中占 2 开间。现在发现在出站区与母婴候车室之间还剩 3/4

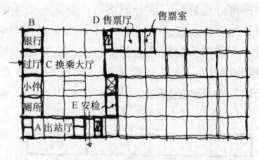

图 3-14-24　对使用功能区公共房间进行格网
二次再分配

个格网（面宽 6m），正好分配给一层公共区向南的一个疏散通道和二层公共区在此处的一部疏散楼梯。

B. 西端开间还剩下第二至第五跨 4 个格网，正好分配给 4 个房间，依前述一层平面房间布局分析秩序，各占一个格网，它们自北向南依次为自助银行、西入口过厅、小件寄存和公共厕所以及母婴室，各得其所。

C. 换乘大厅面积为 800m²，将左边第二至第四开间（面宽 24m），进深剩下 4 跨（32m）的完整空间全部分配给换乘大厅，另加上自动扶梯对面半个格网的电梯间，其面积之和为 800m²，符合任务书要求。

D. 售票厅和售票室紧连在一起的图示气泡处在换乘大厅与职工餐厅、厨房之间的最北一跨内，两者的面积之和为 128m²（80m²＋48m²），刚好需要 2 个格网，只是在其与换乘大厅之间还有一个疏散楼梯的位置，所以要另加半个格网。在此 2 个半格网计 20m 的面宽中，先落实左边的疏散楼梯为 3m 面宽，右边的售票室 48m² 需 6m 面宽，剩下中间面宽 11m 为售票厅范围，其面积为 88m²，在面积上限范围之内，符合规定要求。只是售票厅南面一跨再无房间安排，就当作与换乘大厅之间的缓冲空间，使两者既分隔又不失紧密联系。

E. 最后，在左边第 5 开间竖向上的 2 部电梯与母婴候车室之间，和横向上的换乘大厅与候车大厅之间还剩有半个格网，按一层平面房间布局分析，此处属于安检通道。虽然面积表对此没有给出面积要求，但安检机的长度 4m 是提示了的，半个格网的面宽正好符合要求。只是图例漏画了安检机一侧应有安检人员工作所需的桌椅尺寸，导致在此半个格网中布置 2 台安检机后，2 股旅客人流通过的宽度太窄，这是出题人的失误，考生就不必纠结了。

④ 对站务区的房间进行格网二次再分配（图 3-14-25）。

A. 此区面宽是 1 个半格网，先将 2m 宽中廊定位在东端开间的左边，剩下右边 6m 为靠外墙各用房的进深。

B. 按此区房间布局气泡分析图的成果，将 2 个场务办公（调度、司乘）与入口门厅共占南向第一跨的一个半格网。前者两个房间平行面临站台并分居中廊左右，后者门厅占第一跨上半个格网。此格

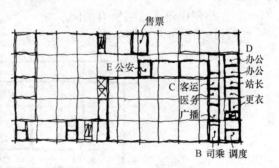

图 3-14-25 对一层站务功能区房间进行格网二次再分配

网左上角还有 1 个 2m×4m 的面积，可作为站务用房区与候车大厅的联系走廊。

C. 将与候车大厅有直接关系的客运、医务、广播 3 个房间分别放在中廊左侧半开间的第一、二跨半个格网中。

D. 中廊右侧还剩 3 个格网，先将 2 个办公和 1 个站长 3 个房间各分配半个格网在上，但下面 1 个半格网分配给男女更衣和楼梯面积就多了，可将 3m 宽楼梯先定位在门厅北侧，而最后的两个半格网分配给男女更衣各 1 个。只是面积都超标，那就把女更衣多余的面积甩到室外，把男更衣多余的面积打开作为交通面积，作为男女更衣前的过渡空间。

E. 站务用房区还剩售票室和公安 2 个房间，需要从中拉出放到它们应该在的位置。即售票室前述已确定在售票厅右侧，而公安值班室因要与售票厅、换乘大厅和候车大厅相邻，其位置应在北面第二跨的商店左侧。为了使公安值班室和售票室能与东端站务用房集中区保持沟通，需在北面第二跨与后勤用房区之间设置 2m 横向走廊与东面竖向中廊相通。

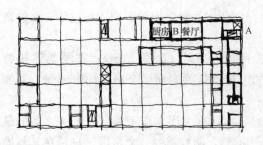

图 3-14-26 对一层后勤功能区房间进行格网
二次再分配

⑤ 对后勤区的房间进行格网二次再分配（图 3-14-26）。

A. 二层快餐厅厨房在一层的出入口和垂直交通设施已确定在东北角占据 1 个格网。在此格网中，将楼梯、货梯就位，剩下的面积作为水平交通空间。

B. 北面第一跨扣除左边已经落实房间内容的 7 个半格网后，还剩下 3 个半格网计 224m²，但职工餐厅和厨房 2 个房间面积之和只有 108m²，3 个半格网用不了怎么办？那就打开其中 1 个格网作为交通面积，剩下 2 个半格网面积还有 160m²，再接着把房间进深扣除 2m 甩到室外去，剩下房间进深为 6m。核算两者面积之和为 120m²，还是超上限（118.8m²）一点点。没办法，再将餐厅的面宽缩进一点，将多余的面积甩给前述已打开 1 个格网作为交通的面积。至于要如此准确计算面积是因为职工餐厅和厨房是打了 "﹡" 号的房间，否则，作为考试，根本就不必斤斤计较了。

至于 3 个半格网中，要打开哪一个格网作为交通空间合适呢？考虑到这个打开的格网除了作为交通空间之用外，还宜作为餐厅前用餐人员出入的开敞缓冲空间。而一、二层办公人员用餐人流集中来自东向，故这个开敞空间，设置在后勤用房区的东侧为宜。那么厨房位置只能在西侧了。

2）在格网中落实二层所有房间

① 对功能区进行格网分配（图 3-14-27）

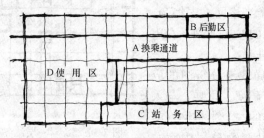

图 3-14-27 对二层功能区进行格网分配

A. 将与东西侧接驳廊道对接的北面第二跨作为换乘通道先行确定下来。

B. 后勤功能区按功能分区秩序在东北角，面积为 154m²，另加交通面积需 3 个格网。

C. 站务用房功能区按功能分区秩序，应在东南方向呈反向 "L" 形，覆盖在一层候车大厅南向第一跨和东端站务用房之上。

D. 自候车大厅通高空间之西边界起至西端外墙止，另加换乘通道之北边跨的厨房以西部分，全部格网属于使用功能区。

② 对后勤区的房间进行格网二次再分配（图 3-14-28）

A. 在已确定后勤用房占有 3 个格网的东端第一个格网中，先将楼梯和货梯升上来定位，剩下北面 2.5m×8m 的面积作为库房。

B. 在第 2 格网的东侧，上下靠边各做 3m×3m 两间男女更衣，其间留有 2m 通道，作为厨师出入通道之用。

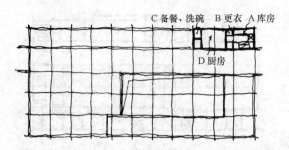

图 3-14-28　对二层后勤区房间进行格网二次再分配

C. 在第 3 格网的西侧与快餐厅毗邻处，安排面宽为 3.5m，上下并列的备餐和洗碗 2 个房间。

D. 后勤区 3 个格网至此还剩下中间 1 个多一点的格网给厨房。

③ 对站务区的房间进行格网二次再分配（图 3-14-29）

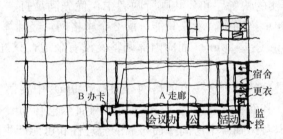

图 3-14-29　对二层站务区房间进行格网二次再分配

A. 首先在南向第一跨的内侧扣除 2m 宽作为边廊，并连接东端第一开间的 2m 中廊，构成此区的水平交通格局。

B. 在一层候车大厅通高空间宽度范围内的南面第一跨有 5 个开间的格网，每个格网一分为二，正好可落实 8 个办公和 1 个会议室。在左端还要向西额外添加一间面向换乘大厅的交通卡办理房间。其面宽与楼下的母婴候车室等同，只是面积未达标，等后续再说。在 8 个办公区右端还剩下 1 个半格网，正好安排活动室在左，占 8m 面宽，而监控室须竖向安置占半个格网，面积正合适。

C. 在站务用房区还剩下东端的第二、三两跨。先将一层门厅的楼梯升上来，加上男女厕所，三者共占中廊右侧第二跨一个格网，2 间宿舍占第三跨一个格网。

至此，二层站务用房所有房间全部纳入格网中，但中廊左侧的面积已无房间安排，就打开作为屋顶平台。

④ 对使用区的房间进行格网二次再分配（图 3-14-30）

A. 将对应一层呈竖向平面的换乘大厅升上来，并转 90 度呈横向平面换乘大厅（以保证换乘通道直通接驳廊道），占据当中 3 跨计 12 个格网，另加属于换乘大厅的 2 部电梯半个格网，计 800m² 。此外，及早把换乘大厅南北两部对应一层的疏散楼梯定位下来。

B. 将 9 个商店分为 2 组，各居换乘大厅南北 2 个边跨。此时，商店大小只能按面积表规定的 50～70m² 要求，量体裁衣在一个跨度内进行横墙划分，若有面积不足规定只能

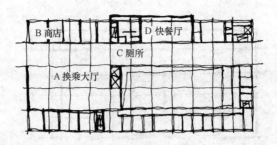

图 3-14-30　对二层使用区房间进行格网二次再分配

向换乘大厅面积的下限以内挖潜。

C. 换乘大厅的公共厕所无法与一层的换乘大厅公共厕所上下对位了（属技术问题，上下水问题可以解决，考试不作考虑）。只好搬到北面疏散楼梯的东侧，与还需落实的快餐厅并列共享剩下的不足 4 个格网。

D. 在前一步待落实的快餐厅和公共厕所两者中，优先满足打"*"号的快餐厅定位与面积要求。在不足 4 个格网中，看来只能分配 2 个半格网，经计算只有 160m²，显然离 200m² 定额的下限 180m² 还差 20m²。而向内部调整又没有余地，只好向外挑出 1m，就满足下限面积要求了。

回过头再在剩下最后的 1 个多一点的格网（面宽计 9m）中要落实男女厕所、无障碍厕所和母婴室 4 间房，其面积之和应为 80m²，而格网面积只有 8m×9m＝72m²，虽然达到面积定额的下限，但考虑到 4 个房间平面布局的合理性和可能产生的交通面积因素，只能让母婴室侵占一点快餐厅的面积，而快餐厅再挤压一点厨房的面积，才能使各房间的面积勉强满足各自面积的下限要求。

至此，二层各房间基本保持原有布局秩序全部纳入格网中。枢纽站的建筑方案设计就此完成。

（8）完善方案设计

1）完善一层平面方案设计

① 候车大厅南向第一跨是乘车检票区，按现代交通建筑设计手法，宜设置刷卡通行设施。但此通道不能作为疏散通道，故对于 960m² 的候车大厅应增设 2 个对外疏散门。

② 候车大厅内的公共厕所位于东北角既隐蔽又方便使用之处，具体落实男女厕所和无障碍厕所时，可将男女厕所横向并列占据 1 个格网，但面积仅为 48m²，可将厕所入口迷路向右半个格网占用 1.5m。剩下敞向候车大厅的 2.5m 作为前厅缓冲空间。而无障碍厕所安排在前厅的右侧，与客运室伸入此跨的 2m 共占有 1/4 格网，剩余的 1/4 格网因再无房间可安排，可打开作为站务区的交通面积。

③ 候车大厅内的商店占有不到 1 个半格网，面积为 66m²，符合要求。

④ 在候车大厅左上角设置 1 个开向换乘大厅的单向门。

⑤ 为了保证母婴候车室空间完整，且尽量加大南向面宽，将 2 个各 5m² 的小房间放在较安静、隐蔽的北半部，由此在入口处形成一个过厅，以减少母婴候车室受外界的干扰。

⑥ 在换乘大厅将上下行自动扶梯分开置于敞开式大楼梯两侧，以减少乘行旅客在始终两端的拥挤。

⑦ 换乘大厅的母婴室宜在女厕附近，但难以挤在 1 个格网中，可占用毗邻的小件寄存处一点面积。

2）完善二层平面方案设计

① 在换乘大厅北边跨有 4 个格网，计 256m²，可安置 5 个商店。除 1 个商店占 1 个完整格网外，其余 3 个格网计 24m 总面宽，4 个商店平均各占 6m 店面，面积各为 48m²，在规定最小面积 50m² 下限之内，符合要求。

② 在换乘大厅南边跨只有不到 3 个半格网计 27m 总面宽，面积为 216m²，按商店总面积 580m² 的下限 522m² 计算，南边跨 4 个商店总面积应为 522m²－256m²＝266m²，还缺 50m²，只能向换乘大厅索要面积。经计算（50m²÷27m≈2m），南边跨商店可向换乘大厅延伸 2m。则在此总面积范围内自西向东可划分店面宽各为 6m 和 3 个 7m 的 4 个商店。面积分别为 60m² 和 3 个 70m²。

检查一下换乘大厅的面积由此是否会受到不利影响。最终换乘大厅的进深为 22m，面宽为 32m，其面积为 704m²，另加属于换乘大厅的 2 部电梯面积（32m²）共 736m²，在符合面积表规定的下限范围之内。

③ 在分析站务用房区房间布局时，交通卡办理处房间面积不足的问题现在可提到议事日程。先跟随左侧商店在进深方向也向换乘大厅延伸 2m，其面积可达 6m×10m＝60m²。但在扣除办公区通向换乘大厅的 2m 走廊面积（2m×4m＝8m²）后，面积实际为 52m²，在面积上限以内，符合要求。

④ 在站务用房区东端中廊的左侧屋顶平台上，正对楼下客运、医务、广播 3 个房间的上方开 3 个天窗，以解决此 3 个房间无自然采光的问题。

3. 总平面设计

（1）将枢纽站屋顶平面放在建筑控制线内，并使二层换乘通道中轴线与接驳廊道中轴线对位。

（2）在距停车楼 9m 的南北两条次要干道之间设计一条路幅 7m 宽的南北向场内道路，与南次干道交叉口为大客车营运场的入口；与北次干道交叉口为小汽车停车场的出口。在南次干道距城市主干道的辅路 70m 处设置大客车营运场的出口；在北次干道距城市主干道的辅路 70m 处设置小汽车停车场的入口。

（3）在大客车营运场，毗邻枢纽站前设 5m 宽通长站台，并以 6m 宽绿化带将营运场地分割为两部分：北为路幅 15m 宽的发车、到站大客车行车道；南为 25m 进深的大客车过夜停车场和洗车车位。

（4）在北场地毗邻换乘大厅与售票厅之间的北外墙处设 5m 宽的站台。在出入口之间临北次干道处设可停 38 辆接客小汽车的停车场一处。从小汽车入口至站台设逆时针环形行车道送客至站台。在面向站台的绿岛中设 2 辆无障碍车位和到站旅客赴小汽车停车场通行的人行通道。

（5）在场地东端南北向内部道路的右侧，距停车楼 6m 处设可停 6 辆内部专用小汽车和 1 辆货车的停车场，并在北场地东南角的 2 个厨房入口处设临时卸货场地。

（6）在西场地布置 2200m² 面积的人行广场，并在其南北两侧布置各为面积 150m² 的非机动车停车场两处。

三、绘制方案设计成果图（图 3-14-31～图 3-14-34）

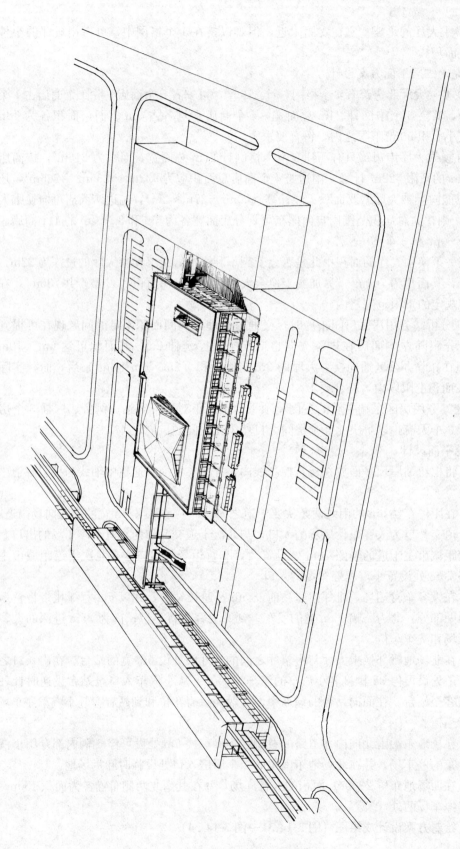

图 3-14-31　鸟瞰图

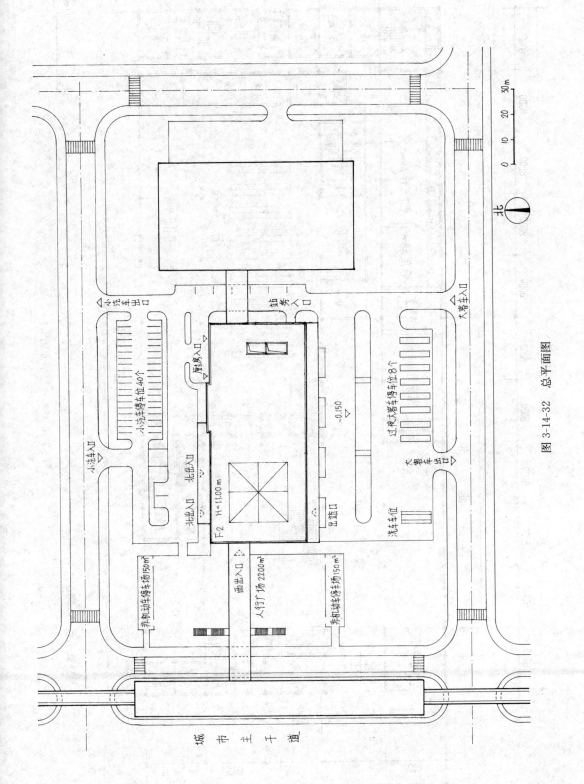

图 3-14-32　总平面图

城市主干道

北

0　10　20　50m

小汽车出口
小汽车入口
小汽车停车位40个
非机动车停车场150㎡
北出入口
北出入口 F2 H=11.00 m
厨房入口
出车入口
人行广场 2200㎡
站务入口
非机动车停车场150㎡
出站口
-0.150
洗车车位
过夜大客车停车位8个
大客车入口
大客车出口

355

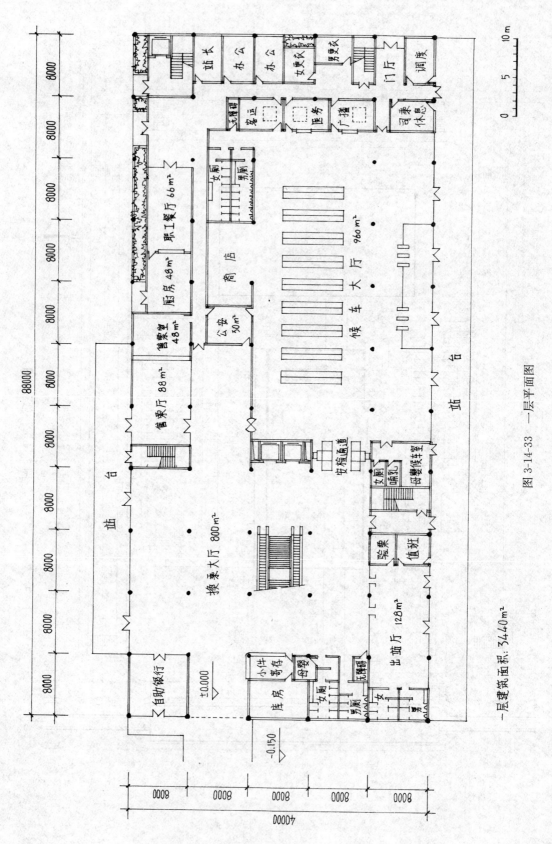

站 台

站 台

站 台

8000 8000 8000 8000 8000 8000 8000 8000 8000 8000 8000

88000

40000

8000 8000 8000 8000 8000

自助银行

±0.000

-0.150

换乘大厅 800 m²

售票厅 88 m²

售票室 48 m²

厨房 48 m²

职工餐厅 66 m²

公安 50 m²

商店

女厕 男厕

候 车 大 厅 960 m²

安检通道

小件寄存

母婴哺乳

库房

女厕 男厕

无障碍

验票

值班

女厕 哺乳 母婴候车室

出站厅 128 m²

客运

医务

广播

站长

办公

办公

女更衣

男更衣

门厅

调度

司乘休息

一层建筑面积: 3440 m²

图 3-14-33 一层平面图

0   5   10 m

356

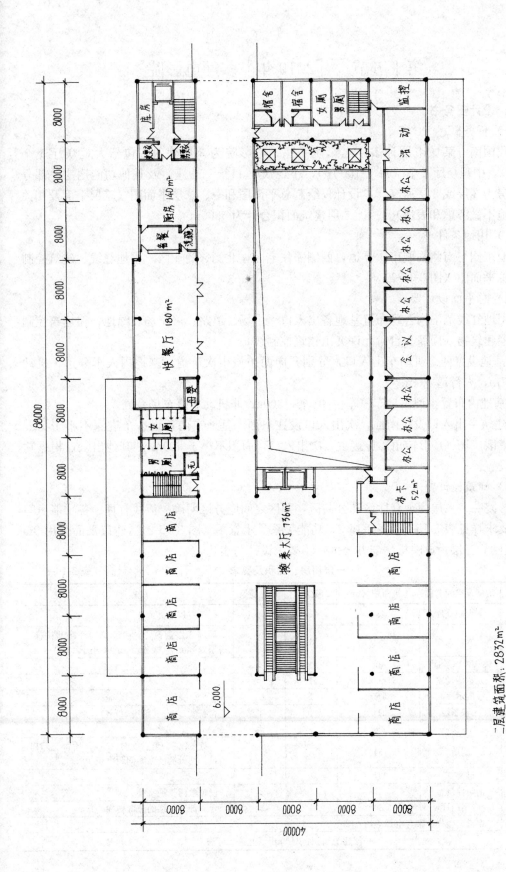

图 3-14-34　二层平面图

二层建筑面积: 2832m²

357

第十五节 ［2019年］多厅电影院

一、设计任务书

（一）任务概述

在我国南方某城市设计多厅电影院一座。电影院为3层建筑，包括大观众厅1个（350座），中观众厅2个（每个150座），小观众厅1个（50座）及其他功能用房。部分功能用房为2层或3层通高。本设计仅绘制总平面图和一、二层平面图（三层平面及相关设备设施不做考虑和表达）。一、二层建筑面积合计为5900m²。

（二）用地条件

基地东侧与南侧临城市次干道，西侧邻住宅区，北侧邻商业区。用地红线、建筑控制线详见总平面图（图3-15-1）。

（三）总平面设计要求

在用地红线范围内合理布置基地各出入口、广场、道路、停车场和绿地，在建筑控制线内布置建筑物（雨篷、台阶允许突出建筑控制线）。

1. 基地设置两个机动车出入口，分别开向两条城市次干道。基地内人车分道，机动车道宽7m，人行道宽4m。

2. 基地内布置小型机动车停车位40个，300m²非机动车停车场一处。

3. 建筑主出入口设在南面，次出入口设在东面。基地东南角设一个进深不小于12m的人员集散广场（L形转角）连接主、次出入口，面积不小于900m²。其他出入口根据功能要求设置。

（四）建筑设计要求

电影院一、二层为观众厅区和公共区，两区之间应分区明确、流线合理。各功能房间面积及要求详见表3-15-1、表3-15-2，功能关系见示意图（图3-15-2）。建议平面采用9m×9m柱网。三层为放映机房与办公区，不要求设计与表达。

一层用房、面积及要求   表 3-15-1

功能区	房间及空间名称	建筑面积（m²）	数量	采光通风	备 注
观众厅区	*大观众厅	486	1		一至三层通高
公共区	*入口大厅	800	1	#	局部二层通高，约450m²，含自动扶梯、售票处50m²（服务台长度不小于12m）
	*VR体验厅	400	1	#	
	儿童活动室	400	1	#	
	展示厅	160	1		
	*快餐厅	180	1	#	含备餐20m²、厨房50m²
	*专卖店	290	1	#	
	厕所	54	2处		每处54m²，男、女各27m²，均含无障碍厕位。两处厕所之间间距大于40m
	母婴室	27	1		
	消防控制室	27	1	#	设疏散门直通室外
	专用门厅	80	1	#	含一部至三层的疏散楼梯
其 他	走道、楼梯、乘客电梯等约442m²				
	一层建筑面积：3400m²（允许±5%）				

功能区	房间及空间名称	建筑面积（m²）	数量	采光通风	备 注
公共区	*候场厅	320	1		
	*休息厅	290	1	#	含售卖处 40m²
	*咖啡厅	290	1	#	含制作间和吧台合计 60m²
	厕所	54	1处		男、女各 27m²，均含无障碍厕位
观众厅区	*入场厅	270	1		需用文字示意验票口位置
	入场口声闸	14	5处		每处 14m²
	*大观众厅	计入一层			一至三层通高
	*中观众厅	243	2个		每个 243m²；二至三层通高
	*小观众厅	135			二至三层通高
	散场通道	310	1	#	轴线宽度不小于 3m，连通入场厅
	员工休息室	20	2个		每个 20m²
	厕所	54	1处		男、女各 27m²，均含无障碍厕位
其 他	走道、楼梯、乘客电梯等约 181m²				

二层建筑面积：2500m²（允许±5%）

1. 观众厅区

（1）观众厅相对集中布置，入场、出场流线不交叉。各观众厅入场口均设在二层入场厅内，入场厅和候场厅之间设验票口一处。所有观众厅入场口均设声闸。

（2）大观众厅的入场口和出场口各设两个，两个出场口均设在一层，一个直通室外，另一个直通入口大厅。

（3）中观众厅和小观众厅的入场口和出场口各设一个，出场口通向二层散场通道。观众经散场通道内的疏散楼梯或乘客电梯到达一层后，既可直通室外，也可不经室外直接返回一层公共区。

（4）乘轮椅的观众均由二层出入（大观众厅乘轮椅的观众利用二层入场口出场）。

（5）大、中、小观众厅平面长×宽尺寸分别为 27m×18m、18m×13.5m、15m×9m，前述尺寸均不包括声闸，平面见示意图（图 3-15-3）。

2. 公共区

（1）一层入口大厅局部两层通高。售票处服务台面向大厅，可看见主出入口。专卖店、快餐厅、VR 体验厅临城市道路设置，可兼顾内外经营。

（2）二层休息厅、咖啡厅分别与候场厅相邻。

（3）大观众厅坐席升起的下部空间（观众厅长度 1/3 范围内）需利用。

（4）在一层设专用门厅为三层放映机房与办公区服务。

3. 其他

（1）本设计应符合国家现行规范、标准及规定。

（2）在入口大厅设自动扶梯 2 部，连通二层候场厅。在公共区设乘客电梯 1 部服务进场观众，在观众厅区散场通道内设乘客电梯 1 部服务散场观众。

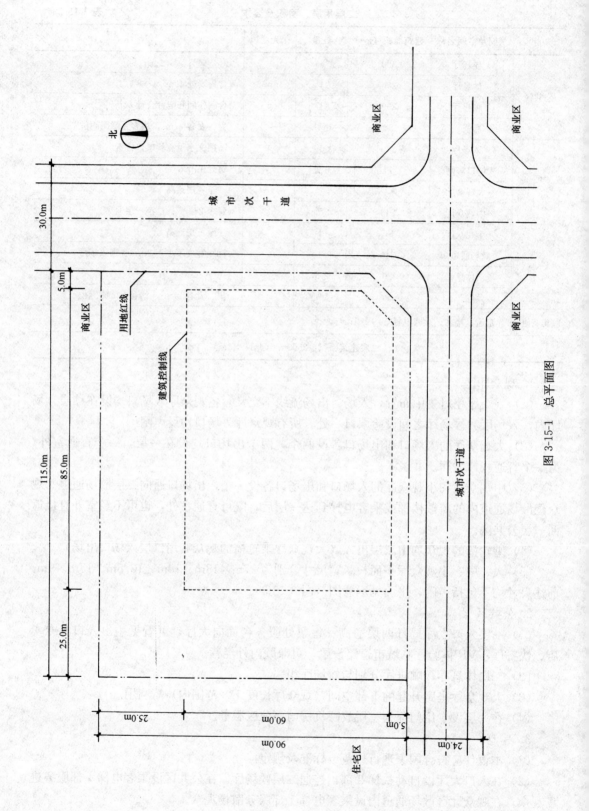

图 3-15-1 总平面图

（3）层高：一、二、三层各层层高均为 4.5m（大观众厅下部利用空间除外）。入口大厅局部通高 9m（一至二层）；大观众厅通高 13.5m（一至三层）；中、小观众厅通高 9m（二至三层）；建筑室内外高差 150mm。

（4）结构：钢筋混凝土框架结构。

（5）采光通风：表 3-15-1、表 3-15-2"采光通风"栏内标注♯号的房间，要求有天然采光和自然通风。

（五）制图要求

1. 总平面图

（1）绘制建筑物一层轮廓，并标注室内外地面相对标高。

（2）绘制机动车道、人行道、小型机动车停车位（标注数量）、非机动车停车场（标注面积）、人员集散广场（标注进深和面积）及绿化。

（3）注明建筑物主出入口、次出入口、快餐厅厨房出入口、各散场出口。

2. 平面图

（1）绘制一、二层平面图，表示出柱、墙（双线或单粗线）、门（表示开启方向）。窗、卫生洁具可不表示。

（2）标注建筑轴线尺寸、总尺寸，标注室内楼、地面及室外地面相对标高。

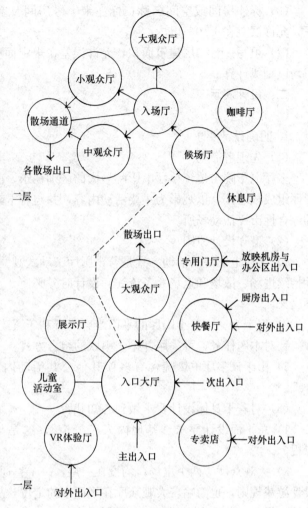

图 3-15-2　主要功能关系图

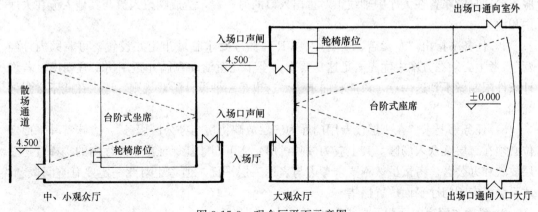

图 3-15-3　观众厅平面示意图

（3）标注房间或空间名称；标注带＊号房间及空间（见表 3-15-1、表 3-15-2）的面积，允许误差在±10％以内。

（4）填写一、二层建筑面积，允许误差在规定面积的±5％以内，房间及各层建筑面积均以轴线计算。

二、设计演示

（一）审题

1. 明确设计要求

（1）先理解命题

多厅电影院与传统单厅电影院最大的区别在于，前者是由多个大、中、小不同规模的影厅组成核心区，以观影为主要活动内容，并与若干其他服务用房共同构成文化娱乐休闲的综合性市民活动场所。

（2）遵守设计原则

1）多厅电影院的活动方式是若干影厅滚动式独立放映各场影片，由此产生观众间隔性持续进场、散场和返场 3 条流线。设计时务必使 3 条观众流线分流明确、行进顺畅、互不交叉。

2）多个大、中、小影厅的平面组合应有利于紧凑布局，并使各影厅的放映间集中设置。针对本题任务，可采用并排＋串联的组合方式。

3）由于该多厅电影院含有多项其他公共活动内容，务必做到功能分区明确，使用合理。

（3）对若干具体设计要求做到心知肚明

1）总平面设计要求"基地内人车分道"，这是与历年考试不同的特殊要求，不可忽视。

2）大观众厅"两个出场口均设在一层，一个直通室外，另一个直通入口大厅"，这是设计游戏规则，也隐喻着大观众厅在平面中的定位，从而决定了该多厅电影院平面布置的整体格局。对此，考生不可大意失荆州。

3）入口大厅的售票处服务台要求"面向大厅，可看见主出入口"。不可误解为正对大厅和正对主出入口。因为这是售票处服务台两种不同平面布置的方案。因为前者（面向）可将售票处服务台布置在大厅一侧，使购票人流与其他人流分开；而后者（正对）售票处服务台，只能布置在大厅中轴线正对主出入口的另一端，造成购票人流与其他人流在大厅中相混。

4）任务书指出"专卖店、快餐厅、VR 体验厅要求临城市道路设置，可兼顾内外经营"。考生必须在方案中优先满足这一要求。至于儿童活动室属儿童用房，宜朝南，若设计条件限制做不到这一点，只能委曲求全。这也是一种设计游戏规则，考生在此不必强词夺理。

5）任务书要求"在一层设专用门厅为三层放映机房与办公区服务"。意味着其平面定位必须在二层观众入场区（其上应为放映机房）之下，才能保证专用门厅内的楼梯直达三层放映和办公区。考试虽然不要求考虑与表达三层平面，但考生对此一定要有空间概念，才不会将专用门厅平面位置搞错。

2. 解读"用房、面积及要求"表

（1）第一步先看一层和二层表格最后一行的两层层面积状况，表格显示两层层面积差为 900m² （3400m²－2500m²），显然"下大上小"。根据设计要求"一层入口大厅局部两层通高"且面积"约 450m²"。毫无疑问，二层平面要把这部分面积扣除。但，两层层面积还有 450m² 的差距是怎么回事呢？原来二层面积表格中出现了错误，即大观众厅的面积 486m² 提示全部计入一层面积，但是，在建筑设计要求的公共区第 3 条提示"大观众厅坐席升起的下部空间（观众厅长度 1/3 范围内）需利用"，说明这个另作他用的 1/3 的范围与大观众厅前部 2/3 范围面积合计为 486m²。而这个 1/3 范围的二层是大观众厅后部 1/3 座席面积，这样上下两层这部分的面积就重叠起来了。这就意味着二层用房、面积及要求表中总建筑面积 2500m² 有误，应该把大观众厅后部 1/3 的座席面积（486m²÷3＝162m²）增补到原二层建筑面积 2500m² 内为 2662m² 才对。按历年出题惯例，层建筑面积应为整数，那就把交通面积约 181m² 再增加 38m²，为 219m²，使二层建筑面积凑成 2700m² 整数。同时应将"任务概述"中，一、二层建筑面积合计为 5900m² 改为 6100m²，才不会让考生在计算面积时因出题本身错误而为难。总之，两层面积不平衡，考生心里有数就行了。

（2）第二步看表格最左边一竖行，任务书划分功能区情况

从多厅电影院设计任务书对其功能内容的设置来看，一、二层几乎没有管理用房。即使快餐厅含有一个小厨房，也成不了作为后勤功能区的气候，反而它要取决于快餐厅的位置（临城市道路）而定位。因此，就不需要按常规分为使用、管理、后勤三大功能分区了。表格中一、二层均划分为观众厅区和公共区是合适的。

（3）第三步看表格左边第二竖行，大概了解一下两个功能区包含有哪些主要房间，有个印象既可。

3. 消化功能关系图

（1）第一步先看一层各入口的标示

对外市民入口有：指向入口大厅的主入口和次入口；分别指向 VR 体验厅、专卖店、快餐厅 3 个兼顾内外经营的入口。对内部人员的入口有：指向专用门厅的放映人员和办公人员入口以及指向快餐厅厨房的入口。

（2）第二步看功能气泡的组织

一层因观众厅只有一个功能内容，而公共区有多个功能内容，就没必要按功能区组织功能气泡了，而是以入口大厅气泡为中心，环以各功能气泡更能表达一层平面功能关系的特点，但并不代表平面构成就是如此布局！

二层将观众厅区与公共区各气泡分为左右两组，其功能分区关系图解得十分清楚了。

（3）第三步看连线关系

一层功能关系是以入口大厅为核心，分别与各独立使用的功能用房单线联系。考生一看就明白。

二层是以候场厅为咽喉，一侧分别连接着咖啡厅和休息厅；另一侧唯一连接着电影区的入场厅，再以入场厅为枢纽，分别连接着大、中、小观众厅和疏散通道，而中、小观众厅又连接着散场通道，如此看来，各用房功能关系和观众入场流线及散场流线都图解得很清楚。但是，返场流线却被图解忽视了。既然图解了一层入口大厅与二层候场厅有一条连线，说明二者有功能关系，那么任务书的建筑设计要求第 3 条"观众经散场通道内的疏散

楼梯或乘客电梯到达一层后，既可直通室外，也可以不经室外直接返回一层公共区"。为什么一、二层功能关系图中没有被标示呢？显然是出题人遗漏了，审题人也没看出问题。使考生对此却疑惑、费解了。

4. 看懂总平面的环境条件

（1）多厅电影院的用地位于城市两条次干道交叉路口的西北地块，有2条临城市道路的界面，有利于要求面向城市道路的房间布置。也有利于要求布置2个机动车出入口。

（2）用地北面为商业区，与多厅电影院的设计无任何环境影响。而用地西侧为住宅区与多厅电影院同处于东西向城市次干道的北侧。鉴于住宅区环境并没有给出具体的住宅规划平面图条件，就可以认为这只是对环境条件的一个交待，不能认为暗藏着对多厅电影院设计是一种陷阱条件。若出题人真有此意，应该把住宅区环境条件提得充分一点，把住宅规划图画出来，才能引起考生思考多厅电影院的市民活动对住宅是否有噪声干扰影响。即使试题有具体的住宅规划条件，也都是南北向布置，对住宅有噪声干扰影响的主要来源应是紧邻的城市道路，而不是多厅电影院，因后者处于住宅区之东侧，不是正面对着南向住宅。应该说，笼统的住宅区空白条件并不构成对多厅电影院设计的某种限定，仍可视为环境干扰条件而不受其制约。也许出题人也是此意。

（二）展开方案设计

1. 一层平面设计程序

（1）场地分析（图 3-15-4）

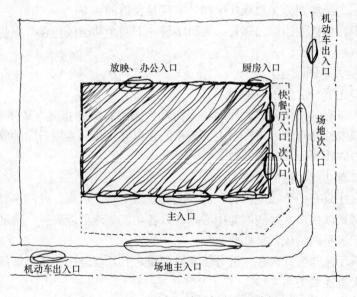

图 3-15-4　"图底"关系与出入口分析

1）分析场地的"图底"关系

再次提醒各位考生，先拿一张拷贝纸蒙在 1：500 的基地平面图上，准备在建筑控制线内开展各设计程序的连续图示分析工作。这应该是一种下意识的设计行为习惯。

① "图"形的分析。依据对任务书的阅读与理解，多厅电影院的"图"形毫无疑问应该是集中的实心"图"形。因为各大、中、小观众厅本身就不需要采光，即使靠外墙也不

能开窗，且多个公共区主要房间必须临街，剩下几个小的次要辅助房间又可以允许不采光，因此没必要挖天井或院落了。

②"图"的定位分析。由于基地面积为 85m × 60m = 5100m²，比一层建筑面积 3400m² 大了 1700m²，较之以往考题给的基地面积虽然稍大些，但任务书要求基地东南角应有一个不小于 900m² 的人员集散广场，且进深不小于 12m，因此，"图"形的定位在东、南两个方向必须后退多一点，而西、北两个方向甚至可以压建筑控制线，因为总平面设计要求允许雨篷、台阶突出建筑控制线。

2）出入口分析

①场地的入口分析。人和车是从城市道路方向进入场地的，不同的是人必须从人行道进入场地，故路牙不能断开，以防车辆进入广场，造成人车相混。因此，人进入场地是整个人行道范围。而机动车进入场地的两个入口只能在远离十字路口的东北角和西南角两个坐标点。且路牙要断开，以利车辆通行。

②建筑的入口分析。建筑的主入口设在南面，次入口设在东面，且与 L 形转角人员集散广场相通，这是任务书规定的。另有 VR 体验厅、快餐厅、专卖店 3 个兼顾内外经营的用房各自需有单独入口，且必须在面对城市道路的南、东两个方位。其中，快餐厅因带有厨房，而厨房的入口宜靠近前一设计程序确定了的场地东北角机动车出入口，因此，快餐厅入口可先定位在"图"形东面靠上。而 VR 体验厅和专卖店入口就可定位在"图"形南面，并分设在建筑主入口东、西两侧，但具体落实还有待于第三步房间布局成果出来后才能确定。内部人员使用的入口除厨房刚确定在"图"形北面的东端外，剩下专用门厅的入口定位前，先预想一下，这个专用门厅是为谁而设的？任务书已告知是为三层放映人员和办公人员而设的。那么，这两部分人员在三层何处？一定是在观众厅区。而观众厅区只能在"图"形西边，因此放映机房和办公区也应跟随而至。这样，专用门厅的入口只能在"图"形北面的西段了。

（2）功能分区（图 3-15-5）

因一层只有观众厅区和公共区两个功能区，且前者只有一间用房，面积相对又小，看似平面简单。但观众厅区的气泡画在"图"形哪儿至关重要，它将决定方案格局发展的走向和目标。那么，什么是决定观众厅区气泡位置的因素呢？那就是观众厅其中一个疏散口必须在入口大厅内，另一个疏散口直接对外。这是任务书规定的设计游戏规则。而入口大厅已经由建

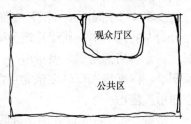

图 3-15-5 一层功能分区分析

筑主入口定位在"图"形中部。那么，观众厅区气泡画小只能在"图"形中部靠北，而剩下的大气泡全部是公共区的范围了。

（3）房间布局

下面我们仍然要不厌其烦地讲解此设计程序的思维方法，即运用"一分为二"的设计推演方法，解决所有房间是怎样有序地逐步分析到位的。

下面是公共区的房间布局分析（图 3-15-6）：

步骤 1 按共享空间与单功能使用房间同类项合并一分为二，前者为入口大厅，面积小，要将主入口含在自己空间内，图示气泡画小，落实在公共区气泡居中；后者为除入口

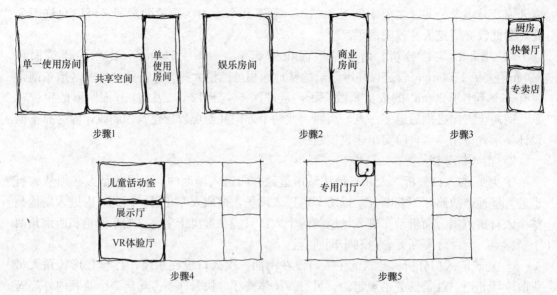

图 3-15-6 一层公共区房间布局分析

大厅以外的其他公共区所有房间，图示气泡只能分为两部分，分别画在入口大厅气泡东西两侧。但要事先分析一下这两个图示气泡的大小关系，其分析依据是要为二层的房间布局创造条件。因为入口大厅气泡局部是通高的，势必会将二层东西隔成两部分，要预见到二层的西边是观众厅区，其房间数量多，面积大，而东边房间数量少，面积小，说明入口大厅通高的两侧面积大小不一样，西边大，东边小。这样预分析后，考虑到一、二层房间布局上下对应关系就决定了先前考虑的入口大厅图示气泡画在公共区居中需要修正一下，即向东偏一点，使其西侧的单一功能使用房间的图示气泡画大一点，而其东侧的单一功能使用房间的图示气泡画小一点。

　　步骤 2　中间图示气泡只有唯——间入口大厅就不需要再一分为二了。现在来确定已经分为左右两个单一使用功能区图示气泡的房间布局。按功能内容的差别将商业房间（快餐厅、专卖店）与娱乐展示房间（VR 体验厅、儿童活动室、展示厅等）一分为二，前者面积小，因厨房入口已在东北角，此 2 个房间确定在右图示气泡内，后者面积大，确定在左图示气泡内。

　　步骤 3　在右侧商业用房区图示气泡中，将快餐厅与专卖店两个经营内容不一样的房间一分为二，快餐厅面积小，要求与厨房入口在一起，其图示气泡画小在上；专卖店面积大，要求门面临城市道路交叉口，经营效益更有利，其图示气泡画大在下。接着再将快餐厅按餐厅与厨房一分为二，厨房面积小，要求厨房入口在自己房间内，其图示气泡画小在上；餐厅面积大，要求靠公共区，其图示气泡画大在下。

　　步骤 4　在左侧娱乐区图示气泡中，将成人的房间与儿童的房间一分为二，前者面积大，要求临城市道路，其图示气泡画大在下；后者面积小，在现有条件下只能将其气泡图画小在上。接着再将成人房间 VR 体验厅和展示厅一分为二，前者面积大，要求临城市道路，其图示气泡画大在下；展示厅面积小，没有特殊要求，其图示气泡画小在上。

　　步骤 5　公共区还剩下若干小房间，可视具体条件决定能否即刻就位。

　　① 专用门厅　它是为三层放映人员和办公区人员出入而设的，故必须在三层放映区的

垂直下方的一层位置，这个位置就在毗邻大观众厅的左侧，其上二层就是观众入场厅，再上三层就是集中放映区。因此，在此处补上专用门厅图示气泡。

② 消防控制室 它既要直接对外，又要靠近能直达三层的电梯（兼消防电梯）。但设计程序还没到第四步交通分析，可作为悬案后期处理。

③ 母婴室 它的功能如同2018年的公交客运枢纽站的母婴室一样，宜靠近女厕所，以方便母亲喂奶或换尿不湿等。但设计程序也没到第五步卫生间配置分析，留待后期一并解决。

至此，一层平面所有房间通过若干次一分为二的步骤分析，都一一有序地就位，一层平面设计章法初见成效。

2. 二层平面设计程序

(1)"图"形的分析（图3-15-7）

因为二层面积比一层面积少700m²（前述已对任务书的二层建筑面积有误做了纠正），则"图"形就要挖去一部分成为空心"图"形了。在哪儿挖空呢？一是入口大厅局部为通高的450m²部分，二是大观众厅前部2/3部分。

(2)功能分区（图3-15-8）

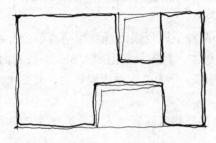

图3-15-7 二层"图"形分析

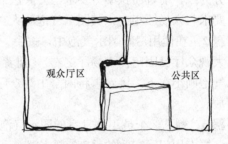

图3-15-8 二层功能分区分析

二层仍然是两个功能区，即公共区和观众厅区。前者面积小，要求避开一层专用门厅是为放映区服务的范围，且要包含一层入口大厅通高部分，图示气泡画小在右；后者面积大，要求含有大观众厅后部1/3座席，其图示气泡画大在左。

(3)房间布局

1)公共区的房间布局分析（图3-15-9）

步骤1 按公共空间（候场厅）与单一使用功能房间（休息厅、咖啡厅）两种不同用途的房间同类项合并然后一分为二，前者面积小，要求靠近观众厅区，其图示气泡画小在

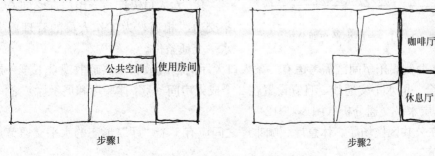

图3-15-9 二层公共区房间布局分析

左；后者面积大，要求与公共空间毗邻，其图示气泡画大在右。

步骤2 在单一使用功能房间图示气泡中，将休息厅与咖啡厅两种不同用途的房间一分为二，两者面积一样大，前者为开敞空间，宜与候场厅和入口大厅上空融为一体，其图示气泡在下；后者图示气泡只能在上。

2）观众厅区的房间布局分析（图 3-15-10）

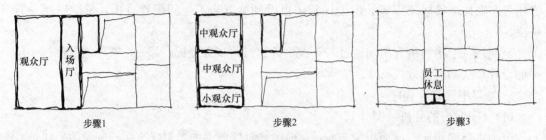

图 3-15-10　二层观众厅区房间布局分析

步骤1 按公共房间（入场厅）与使用房间（观众厅）两种不同用途的房间同类项合并再一分为二，前者面积小，要求与公共区的候场厅相连，其图示气泡画小在右；后者面积大，要求与入场厅相连，其图示气泡画大在左。

步骤2 在使用房间图示气泡中，按中、小两种不同规模的观众厅同类项合并再一分为二（大观众厅已固定在入场厅之右），前者面积大，其图示气泡画大在上；后者面积小，其图示气泡画小在下。接着再将两个中观众厅房间一分为二，面积同等大，其2个图示气泡上下放。

步骤3 剩下2个员工休息室的图示气泡画在公共房间区（入场厅）的南端，留出北端作为一层专用门厅在此的垂直交通位置。

至此，二层平面的房间布局无一遗漏地有序定位，与一层平面无方案性矛盾，可以回到一层平面继续走后续设计程序。

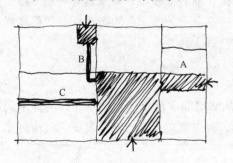

图 3-15-11　一层水平交通分析

（4）交通分析

1）水平交通分析

① 一层水平交通分析（图 3-15-11）

A. 在公共区，入口大厅作为水平交通节点，右侧与大厅次要入口之间通过过厅水平交通节点相连。

B. 在入口大厅与专用门厅之间有一条水平交通线相通，为工作人员的管理服务创造水平交通条件。

C. 在西侧娱乐房间区需考虑有一条入口大厅向西疏散和二层疏散观众下至一层返场两种要求合一的水平交通线，且宜设置在2个成人房间（VR体验厅和展示厅）之间。

② 二层水平交通分析（图 3-15-12）

A. 在公共区候场厅、休息厅、咖啡厅之间应有1个"厅"形态的水平交通节点将三者联系起来。

B. 在观众厅区入场厅本身就是一条带形水平交通线，将左边中、小 3 个观众厅和右边 1 个大观众厅联系起来，并与候场厅对接。

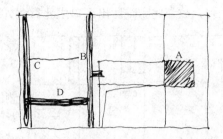

图 3-15-12　二层水平交通分析

C. 按任务书建筑设计对观众厅区的第 3 条要求，中观众厅和小观众厅的"出场口通向二层散场通道"。故在左端设一条南北向通长散场水平交通线。相应回到前一步一层平面水平交通分析，对位此水平交通线垂直正下方，要补一条同样是南北向通长的散场水平交通线。

D. 按任务书二层主要功能关系示意图提示，在入场厅与散场通道之间有一条连线，可在中观众厅与小观众厅之间设一条水平交通线，与一层在 VR 体验厅与展示厅之间的水平交通上下对位。

2）垂直交通分析

① 一层垂直交通分析（图 3-15-13）

A. 在入口大厅的右侧，按任务书设计要求设置 2 台自动扶梯，以利自动扶梯上下行在二层候场厅的衔接口远离进场验票口。另在正对大厅入口的第二跨轴线处设置一部客梯，不但作为观众垂直交通使用，而且可成为大厅的竖向室内景观点缀。

B. 在大厅之东次入口过厅的南侧设置 1 部交通楼梯。

C. 在专用门厅内设置 1 部专用楼梯直达三层放映办公区。

② 二层垂直交通分析（图 3-15-14）

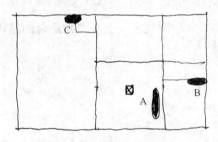

图 3-15-13　一层垂直交通分析

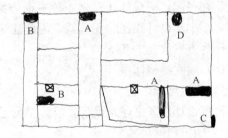

图 3-15-14　二层垂直交通分析

A. 将大厅的自动扶梯和电梯升至二层候场厅。将次入口过厅的楼梯和专用门厅内的楼梯设计成三跑梯段升至二层。

B. 在中、小观众厅西侧的散场通道北端设置 1 部三跑梯段的疏散楼梯，下至一层直接向北对外。在中、小观众厅之间的水平交通线与西侧散场通道的衔接处，作为垂直交通节点，包括设置 1 部可直通三层的电梯（兼消防电梯）和 1 部两跑梯段的楼梯。既然电梯（兼消防电梯）位置在此，那么设计程序第三步房间布局尚未分析的消防控制室，位置就可在其附近寻找，看来宜设置在展示厅西侧，既可直接通向室外，又能内通消防电梯处。

C. 在休息厅内，因房间最远点（属于袋形走道尽端）至楼梯口的直线距离超过 11.25m（考虑加喷淋后），故宜在休息厅东南角设置一部室外疏散楼梯。

D. 在咖啡厅西侧之北出入口，距休息厅旁楼梯间的距离也超过了 11.25m（考虑加喷淋后），故在此咖啡厅出入口之北靠北外墙处，增设一部疏散楼梯下至一层可直接对外。

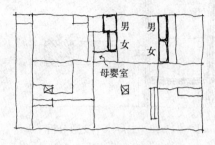

图 3-15-15　一层卫生间配置分析

（5）卫生间配置分析

1）一层卫生间配置分析（图 3-15-15）

① 公共区需要 2 套公共厕所，1 套设在大厅东侧的商业经营区，即设在快餐厅与大观众厅之间，背靠大观众厅前部端墙东侧，并在与快餐厅之间补设一条水平交通线，将此区两部楼梯联系起来，以解决使用卫生间时的交通和疏散要求。

② 在公共区西侧的娱乐区设置另一套公共厕所，可设在大观众厅后部 1/3 座席升起的下部空间里。既然女厕定位在此处，那么，在设计程序第三步中房间布局尚未分析的母婴室就可确定在毗邻女厕所之南，并接近儿童活动室的地方。

2）二层卫生间配置分析（图 3-15-16）

① 在公共区需设置一套公共厕所，可直接对位一层商业区的男女厕所位置。

② 在观众厅区，其公共厕所就不能与一层娱乐区的男女厕对位了，因此处是大观众厅 1/3 后部的座席范围，只得另行考虑。唯一可设置的位置在中小观众厅之间的水平交通线上。

至此，一、二层平面所有房间都无一遗漏地有序组织在一起，毕竟这还只是一种平面方案分析的

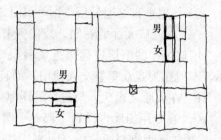

图 3-15-16　二层卫生间配置分析

图解，下一步设计程序的任务就是为此建筑设计方案分析图建立一个与之相适合的结构系统，作为方案成立的基础。

（6）建立结构体系

1）确定结构形式

根据设计任务书建筑设计要求，平面已规定为方格网。

2）确定格网尺寸

根据设计任务书建筑设计要求，规定方格网尺寸为 9m×9m。

3）绘制格网图（图 3-15-17）

在动手运用绘图工具打格网前，先看一下建筑控制线围合的基地情况。基地长 85m，但设计任务书要求基地东南角设置一个进深不小于 12m 的人员集散广场，现在，在东面的用地红线与建筑控制线之间有 5m 距离，多厅电影院再退让 7m 即可满足 12m 要求，则基地可用长度应为 85m－7m＝78m。再除以 9m 格网尺寸，可打 8 个开间格子，剩下 6m。再以一层建筑面积 3500m² 除以总长 78m，得出多厅电影院的总进深尺寸，再除以方格网 9m 尺寸，最终得出进深需要 5 个格子。

再检查一下基地东南角人员集散广场的南向进深尺寸是否满足 12m 要求。经核算：基地进深为 60m，减去多厅电影院 5 个格网的进深 45m，剩下 15m，再加上南向用地红线与建筑控制线之间还有 5m，总计为 20m，这种大于 12m 规定的较宽敞入口前广场，更有利于人员密集的集散需要。

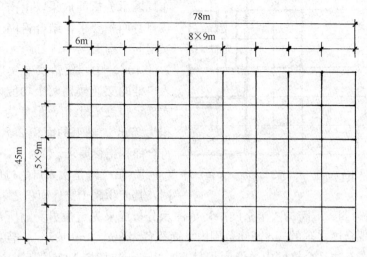

图 3-15-17　结构体系分析

（7）在格网中落实所有房间

1）在格网中落实一层所有房间

① 对功能区进行格网分配（图 3-15-18）

A. 大观众厅尺寸已规定为 27m×18m，即 3×2 共 6 个格网。按照设计程序第二步功能分区的图示分析成果，可定位在北面两跨中间偏右一点的 3 开间格网中。

B. 除去上述大观众厅右边 4 个格网外，剩下所有格网（包括大观众厅左边 2 个格网）归公共区所有。

② 对公共区的共享空间进行格网二次再次分配（图 3-15-19）

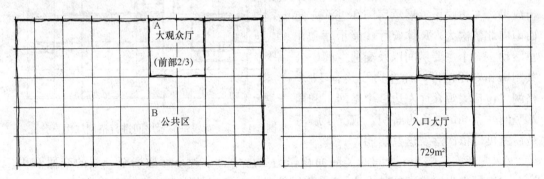

图 3-15-18　对一层功能区进行格网分配　　　图 3-15-19　对公共区的共享空间进行格网
　　　　　　　　　　　　　　　　　　　　　　　　　　　　　　二次再分配

入口大厅已定位在此功能区的中间，而对位于大观众厅的 3 个开间范围内只有 9 个格网，其面积为 729m²，尚在入口大厅面积定额的下限（720m²）之内，还算满足要求。何况平面布局不但规整有章法，而且与格网很和谐，既然如此就不必再斤斤计较去费时抠面积精准达标了。

③ 对公共区的商业房间进行格网二次再分配（图 3-15-20）

A. 在入口大厅之东两开间的总进深范围内有 10 个格网，依设计程序第三步一层房间

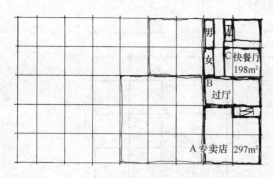

图 3-15-20　对公共区商业房间进行格网二次再分配

布局图示分析的成果，由南向北逐个房间按自身面积要求，结合格网形态有序地落实房间。南面第一、二跨 4 个格网（面积为 324m²）中，要落实专卖店和一部次要入口处的交通楼梯两个功能内容。先确定楼梯定位在右上角，尺寸为 3m×9m，面积为 27m²。剩下的面积 297m² 归专卖店，符合面积指标要求。

B. 第三跨是次入口的过厅，占 2 个格网，其面积属于交通面积之内。

C. 最后在第四、五跨的 4 个格网中，依图示分析成果先定位男女厕所在左边 2 个格网，且毗邻大观众厅之东的 3m 开间范围内，面积各为 3m×9m＝27m²，皆符合要求。剩下快餐厅落实在右边 2 个格网中，但面积只有 162m²，与指标 180m² 还差 18m²。幸有左边格网在扣除男女厕所占有的 3m 开间后，还剩下 6m×18m 的闲置面积。显然第五跨靠北外墙的面积应作为疏散楼梯和通道之用，但第四跨可以挖潜，划分右边 3m×9m 的面积给快餐厅，这样，面积就增加为 189m² 达标了。而左边格网剩下中间的 3m 正好作为交通和疏散通道。然后在快餐厅北跨中，按厨房备餐需 70m² 的要求，给定 7.8m 进深就搞定了。最后将备餐定位在与快餐厅毗邻的南面，进深为 2m；厨房定位在备餐的北面，进深为 5.8m。

④ 对公共区的娱乐、展示房间进行格网二次再分配（图 3-15-21）

按设计程序第三步房间布局的图示分析成果，左边娱乐、展示房间在进深方向由南向北依次为 VR 体验厅、展示厅和儿童活动室 3 个主要房间以及交通空间、公共厕所和专用门厅，而左边一共有 17 个格网（包括大观众厅左边 2 个格网）和西端竖向一条 6m 通长的面积，情况了解清楚后就可以依次落实这些房间。

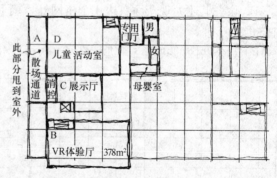

图 3-15-21　对娱乐展示房间进行格网二次再分配

A. 先落实左端 6m 开间的竖向面积作为二层中、小观众厅散场至一层的交通面积，这一点必须事先搞定，使其右边 17 个格网能成为功能区整体。

B. 南面第一、二跨的 6 个格网包含有 VR 体验厅和二层中、小观众厅疏散至一层的返场通道两个功能内容。由于第二跨最左 1 个格网处在二层中、小观众厅之间的垂直下方，又毗邻左端 6m 散场通道一侧，是落实垂直交通设施的最佳位置，因此，先将楼梯与电梯在该格网中定位。考虑到返场流线要由此通往公共区，楼梯与电梯就要南北分开设置，留出中间东、西向通道。这样，在 9m×9m 的格网中，3m×9m 的楼梯落实在格网南边，3m×3m 电梯落实在格网北边右半部，其间 3m 是通道。

此楼电梯之间通往公共区的 3m 通道就将 VR 体验厅限定在其南面三开间的范围内，此范围有 3 个格网加上第二跨与楼梯间齐平的 3m 横向一条，其面积为（27m×9m）＋

（3m×18m）＝297m²，与400m²的指标还差103m²。为了不影响整体布局，看来平面只能向南凸出去补回不足面积，但又不可突出太多，可将面积指标打九折降为360m²，此时，平面只需凸出3m就足矣。

C. 第三跨功能内容有展示厅和消防控制室，此跨有3个格网。因消防控制室必须靠外墙，又宜接近消防电梯，故先在左端格网靠左边分配3m×9m的面积落实给消防控制室。但此格网之左侧为6m的散场通道，让消防控制室靠不了外墙。看来只能将通长6m的散场通道在第一、二跨楼、电梯处中止，其余三跨看来没有必要作为室内散场通道，干脆甩到室外去，这样，消防控制室就可以靠外墙直接对外设门了。

消防控制室右边还有不到3个格网的面积，但要留出右端1个格网作为交通面积，以此连接返场通道和入口大厅。那么剩下不到2个格网的面积只有135m²，与指标160m²相差25m²。可将其南侧作为返场通道的大半个格网分一半宽度（3m）补偿给展示厅，使展示厅面积达到162m²。

D. 最后第四、五两跨功能内容为儿童活动室和专用门厅、公共厕所等用房，有8个格网可分配。在这几个房间中要注意专用门厅面积最小，但门厅中的专用楼梯位置只有唯一解。这就是必须由二、三层楼梯设置的合理性（尽管设计程序还未到这一步，但需提前考虑）来决定。一是此楼梯必须在二层入场厅北外墙处；二是此楼梯在三层必须横放，以免竖放有可能侵占中观众厅的放映孔必须在其后墙的中心位置；三是由于大观众厅在入场厅右侧有2个入场口声闸占据了入场厅北外墙一定长度，使此楼梯间若横放时长度最多做到6m，故只能做3跑梯段。鉴于专用门厅的楼梯间在各层条件如此苛刻，故应先行满足落实在格网中。这就是在大观众厅后部1/3需利用的2个格网左边的第五跨格网中，将3m×6m楼梯靠北外墙的左边定位，其右边3m面宽含在专用门厅内，加上右邻格网的一半（4.5m）共7.5m开间，用面积80m²－18m²（楼梯间面积）＝62m²除，需8m进深。

在大观众厅后部1/3需利用的空间中还剩下1个半格网，分配给母婴室和男女厕所。现将3m×9m母婴室分配在此1个半格网的南端，以靠近儿童活动室。再将3m×9m的女厕所分配在毗邻母婴室的格网右端。最后，男厕所分配在靠北外墙的面积（4.5m×6m）中。此1个半格网剩下的面积就作为男女厕所前的过渡空间。在此，顺便解读一下任务书要求公共区的"两处厕所之间间距大于40m"，应指两处厕所门与门之间的间距，而不是两处厕所房间的直线距离。正如安全疏散规范中，疏散距离是指"两个安全出口之间的疏散门"，而不是房间与楼梯间两个房间的直线距离。因此，考生不要误判40m所指，而导致设计被误导。

最后剩下儿童活动室可有不到6个格网的面积，计414m²，符合面积指标要求。至此，一层所有房间都按原图示分析的房间布局秩序一一落实在格网中。下面，通过对二层平面的前三步设计程序的演示，进一步检验一、二层平面的房间布局是否协调一致。

2）在格网中落实二层所有房间

①对功能区进行格网分配（图3-15-22）

A. 按任务书要求，先将大观众厅右侧4格网挖空，再将对应一层入口大厅靠近主入口一侧的3开间面宽，16m进深（面积为432m²）的范围挖空为通高空间，以此西端为界，右侧13个多一点格网分配给公共区。

B. 然后将左边17个格网（含大观众厅后部2个格网）和左端6m开间的5个矩形格

网分配给观众厅区。

② 对公共区的房间进行格网二次再分配（图 3-15-23）

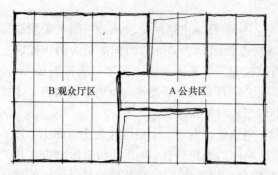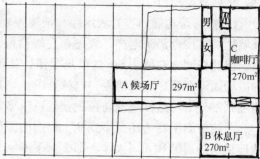

图 3-15-22　对二层功能区进行格网分配　　　图 3-15-23　对公共区的房间进行格网二次再分配

A. 根据二层平面设计程序第三步房间布局的秩序，先将候场厅分配在左边的 3 个多格网中，其面积为 297m²，在面积指标下限范围内，符合要求。

B. 在右端 10 个格网中要分配休息厅、咖啡厅、公共厕所和 2 部楼梯的功能内容。按房间布局秩序，先将一层次入口过厅中的 3m×9m 楼梯间升上来定位，其南面不到 4 个格网（开间 18m，进深 15m）分配给敞开式休息厅，面积为 270m²，在面积指标 290m² 下限内，符合要求。

C. 剩下北面 6 个格网中，右侧竖向 3 个格网分配给咖啡厅，面积为 243m²，面积不足稍后再解决。左侧 3 个格网中，先将男女厕所对位于一层公共厕所，分配背靠大观众厅前墙的竖向 2 处给男女厕所，分别为 3m×9m。再在靠北外墙格网的右侧分配给疏散楼梯间（3m×6m），此 3 个格网剩下的面积作为交通面积。

现在回过头来解决咖啡厅面积不足的问题。经核算，咖啡厅还差 47m²。在左侧竖向 3 个格网的中间 1 个格网还可分出 1/3 格网（3m×9m）补偿给咖啡厅，此时咖啡厅面积增至 243m²＋27m²＝270m²，在面积 290m² 下限范围内，符合要求。

③ 对观众厅区的房间进行格网二次再分配（图 3-15-24）

图 3-15-24　对观众厅区的房间进行格网二次再分配

A. 该区格网总数为 17 个（包括大观众厅后部 2 个格网）以及西端 6m 开间的 5 个矩形格网。按房间布局秩序，先将贯穿南北进深的入场厅分配在毗邻公共区候场厅的竖向 5 个格网中，其面积为 405m²，但从中要扣除对应一层专用门厅内升上来的北端一部楼梯间面积，计 18m²，再扣除大、中、小各观众厅 5 处入场口声闸计 70m² 和南端 2 个员工休息室计 40m²，剩下入场厅的 277m² 符合面积指标 270m² 的要求。

B. 入场厅右侧 2 个格网分配给大观众厅后部座席，其前部 4 个格网已计入一层面积。

C. 入场厅左侧有 10 个方格网，按房间布局秩序北面 6 个格网，上下一分为二，分配给 2 个中观众厅，每个中观众厅的长宽尺寸（18m×13.5m）及面积均符合任务书要求。

D. 南面第一跨 2 个格网分配给小观众厅（含入场口声闸），其平面尺寸（15m×9m）与面积均符合任务书要求。

E. 南面第二跨左右 2 个格网中，左边格网将一层楼、电梯升上来定位，右边格网将男、女厕所（3m×9m）各分配在此格网的南北两处，留出中间 3m 宽的走道作为入场厅的疏散通道。

F. 左端 6m 开间的竖向 5 个矩形格网分配给中、小观众厅的散场通道。但在北端需设一部 3m×6m 的三跑梯段横楼梯直通一层室外。南端已有一组垂直交通设施，符合双向疏散要求。散场通道的面积为（6m×42m）+（4.5m×6m）= 279m²，符合面积指标下限要求。

至此，二层所有房间基本保持原有布局秩序全部纳入格网中，多厅电影院的方案设计就此完成。

（8）完善方案设计

1）完善一层平面方案设计

① 在入口大厅右侧布置 2 台自动扶梯上至二层候场厅的右端部。在入口大厅夹层南边缘的中轴线处布置 1 部电梯。在入口大厅左侧实墙处布置 15m 长的服务台。

② 一层平面的儿童活动室占有两跨，但此范围的二层有一道 2 个中观众厅各占一跨半的分隔承重墙压在楼板中央，必须在儿童活动室南面一跨的中间补上结构柱，以使结构传力合理。由此，裸露室内的 4 根立柱宜两两组合在一起成为二次空间的划分手段，由此可形成若干游戏区进行分组活动。

③ 将入口大厅次入口和中、小观众厅下至一层的散场通道出口各后退 1.5m，呈凹入口形态，一方面起到雨棚作用，另一方面使一层建筑面积为 3550m²（含西端架空层面积），控制在指标 3400m² 的上限之内。

2）完善二层平面方案设计

① 咖啡厅北端设置 60m² 的制作间和吧台。

② 在休息厅东北角设置 40m² 的售卖处。

3. 总平面设计（图 3-15-26）

（1）将多厅电影院一层平面轮廓定位在建筑控制线以内，并使西、北两边界压建筑控制线。

（2）在建筑控制线西与北两个方向做建筑物外围 3m 宽的绿化带，并在建筑各出入口处留出 3～5m 的人行通道，连接绿化带外围的 4m 人行道。

（3）在人行道外做 2m 宽的绿化隔离带，与其外围的 7m 机动车行道毗邻，并在对位建筑各出入口处断开绿化隔离带呈豁口，便于人员通行。且在绿化隔离带外边缘做路牙，使人行道与车行道分离更为明显。

（4）在车行道外侧的西与北两个方向做两处垂直道路停放的机动车停车场，西停车场可停 15 辆机动车，北停车场可停 25 辆机动车。停车场距用地红线 3m 边界为绿化用地。

（5）在与车行道对位的用地东北角和西南角，各设一个机动车出入口。

（6）在建筑东侧次入口以南距用地红线 12m 及建筑南侧主入口以东距用地红线 20m 的 L 形空地作为人员集散广场。

（7）在建筑南侧，主入口以西距用地红线 17.5m 范围内，靠城市人行道一侧做 34m×9m，面积为 306m² 的非机动车停车场处。

（8）在建筑东侧次入口以北，距用地红线 12m 的宽度范围内，自西向东分别设计 3m 的环建筑绿化带、4m 的人行道、5m 的绿化带。

三、绘制方案设计成果图（图 3-15-25～图 3-15-29）

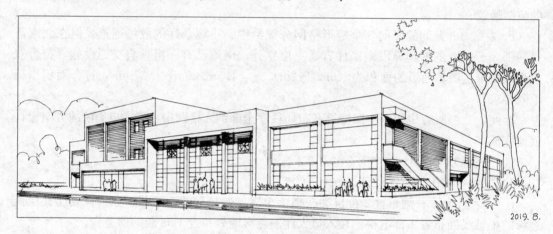

2019. 8.

图 3-15-25 透视图

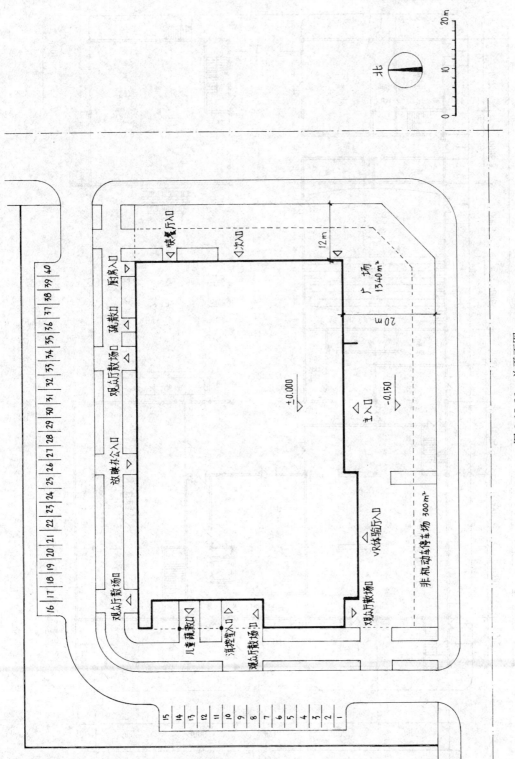

图 3-15-26 总平面图

北

快餐厅入口

次入口

疏散口

厨房入口

观众厅散场口

故障办公入口

观众厅散场口

主入口

广场 1340m²

+0.000

−0.150

VR体验馆入口

儿童预教口

消控室入口

观众厅散场口

观众厅散场场

非机动车停车场 300m²

12m

20m

0 10 20m

16 17 18 19 20 21 22 23 24 25 26 27 28 29 30 31 32 33 34 35 36 37 38 39 40

15 14 13 12 11 10 9 8 7 6 5 4 3 2 1

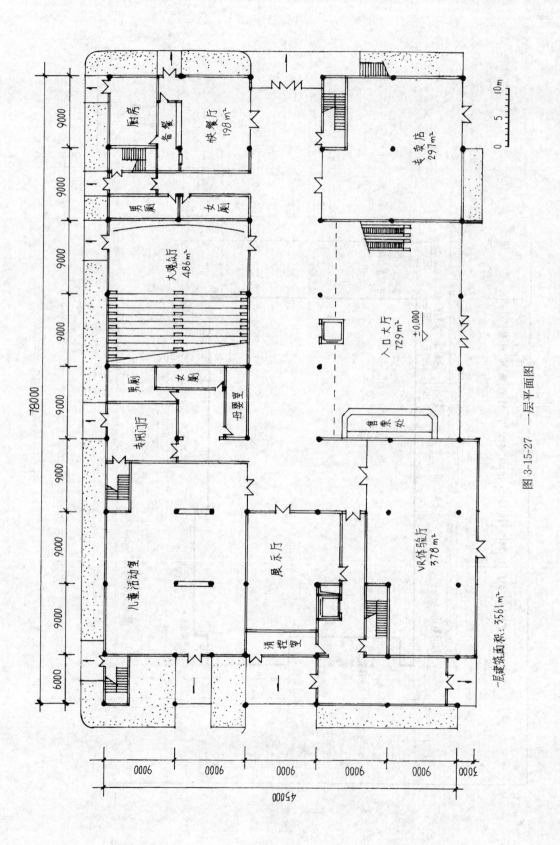

厨房

备餐

快餐厅
198m²

男厕

女厕

大观众厅
486m²

男厕

女厕

母婴室

专间门厅

儿童活动室

展示厅

消控室

VR体验厅
378m²

专卖店
297m²

入口大厅
729m²
±0.000

售票处

9000

9000

9000

9000

9000

9000

9000

6000

78000

3000 9000 9000 9000 9000 9000

45000

一层建筑面积: 3561m²

0 5 10m

图 3-15-27 一层平面图

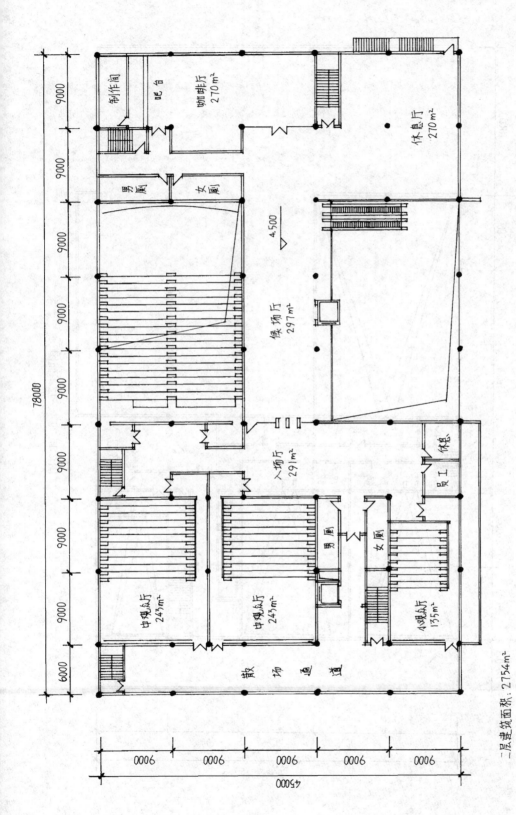

制作间

吧台

咖啡厅
270㎡

休息厅
270㎡

男厕

女厕

4.500

候场厅
297㎡

入场厅
291㎡

男厕

女厕

休息

员工

中观众厅
243㎡

中观众厅
243㎡

小观众厅
135㎡

散场通道

78000

9000 9000 9000 9000 9000 9000 9000 9000 6000

9000 9000 9000 9000 9000

45000

二层建筑面积: 2754㎡

图 3-15-28　二层平面图

379

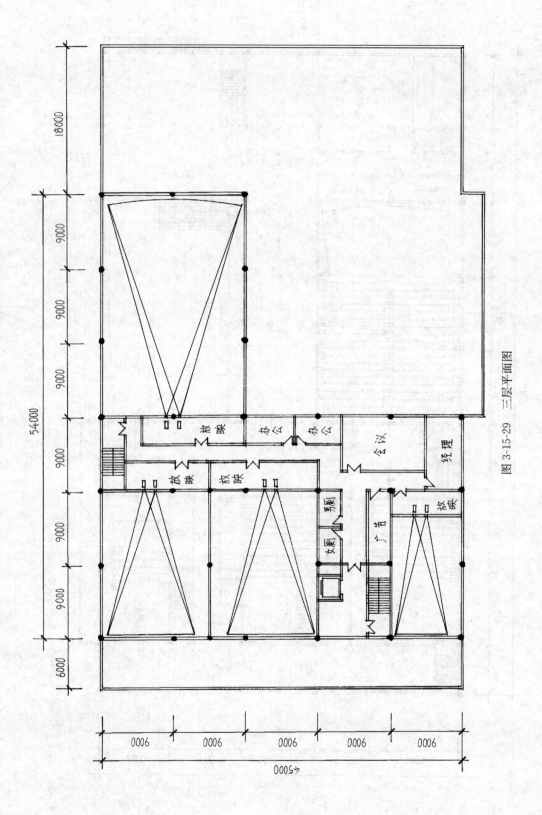

图 3-15-29 三层平面图

第十六节 ［2020 年］遗址博物馆

一、设计任务书

（一）任务描述

华北某地区，依据当地遗址保护规划，结合遗址新建博物馆一座（限高 8m，地上一层，地下一层）。总建筑面积 5000m²

（二）用地条件

基地西、南侧临公路，东、北侧毗邻农田，详见总平面图（图 3-16-1）。

（三）总平面设计要求

1. 在用地红线范围内布置出入口、道路、停车场、集散广场和绿地；在建筑控制线范围内布置建筑物。

2. 在基地南侧设观众机动车出入口一个，人行出入口一个，在基地西侧设内部机动车出入口一个；在用地红线范围内合理组织交通流线，须人车分流；道路宽 7m，人行道宽 3m。

3. 在基地内分设观众停车场和员工停车场，观众停车场设小客车停车位 30 个，大客车停车位 3 个（每个车位 13m×4m），非机动车停车场 200m²；员工停车场设小客车停车位 10 个，非机动车停车场 50m²。

4. 在基地内结合人行出入口设观众集散广场一处，面积不小于 900m²，进深不小于 20m；设集中绿地一处，面积不小于 500m²。

（四）建筑设计要求

博物馆由公众区域（包括陈列展览区、教育与服务设施区）、业务行政区域（包括业务区、行政区）组成。各区分区明确，联系方便。各功能房间面积及要求详见表 3-16-1、表 3-16-2，主要功能关系见示意图（图 3-16-2）。本建筑采用钢筋混凝土框架结构（建议平面柱网以 8m×8m 为主）。各层层高均为 6m，室内外高差 300mm。

1. 公众区域

观众参观主要流线：入馆→门厅→序厅→多媒体厅→遗址展厅→陈列厅→文物修复参观廊→纪念品商店→门厅→出馆。

一层：

（1）门厅与遗址展厅（上空）、序厅（上空）相邻，观众可俯视参观两厅；门厅设开敞楼梯和无障碍电梯（图例详见图 3-16-3）各一部，通达地下一层序厅；服务台与讲解员室、寄存处联系紧密；寄存处设置的位置须方便观众存、取物品。

（2）报告厅的位置须方便观众和内部工作人员分别使用，且可直接对外服务。

地下一层：

（1）遗址展厅、序厅（部分）为两层通高；陈列厅任一边长不小于 16m；文物修复参观廊长度不小于 16m，宽度不小于 4m。

（2）遗址展厅由给定的遗址范围及环绕四周的遗址参观廊组成，遗址参观廊宽度为 6m。

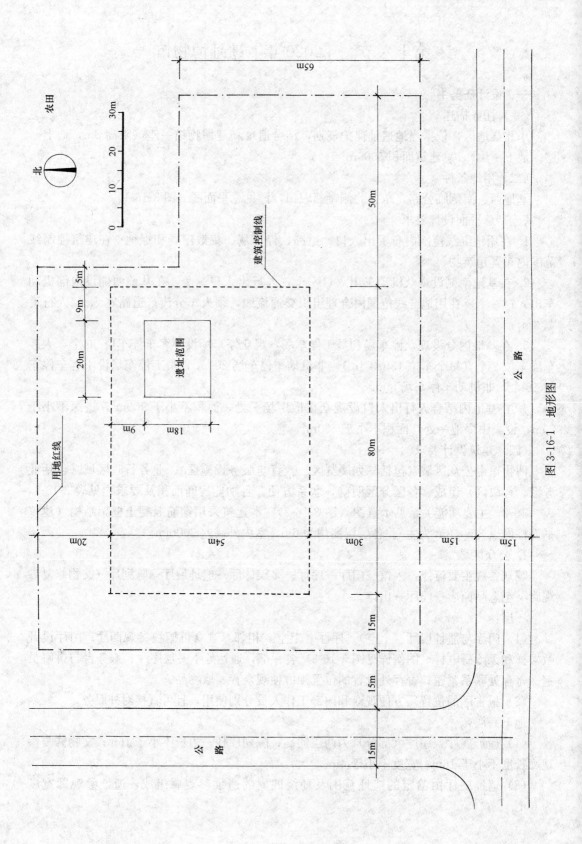

图 3-16-1 地形图

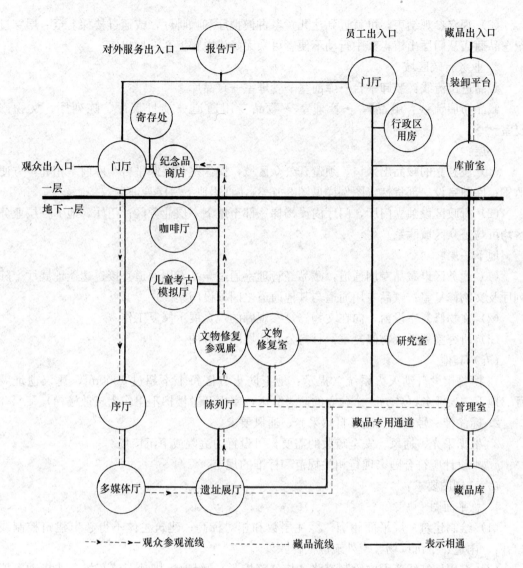

图 3-16-2 主要功能关系示意图

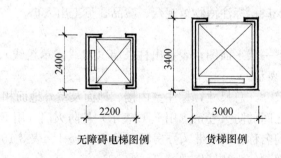

无障碍电梯图例　　　货梯图例

图 3-16-3 电梯图例

（3）观众参观结束，可就近到达儿童考古模拟厅和咖啡厅，或通过楼梯上至一层穿过纪念品商店从门厅出馆，其中行动不便者可乘无障碍电梯上至一层出馆。

2. 业务行政区域

藏品进出流线：装卸平台→库前室→管理室→藏品库。

藏品布展流线：藏品库→管理室→藏品专用通道→遗址展厅、陈列厅、文物修复室。

一层：

（1）设独立的藏品出入口。须避开公众区域；安保室与装卸平台、库前室相邻，方便监管；库前室设一部货梯（图例详见图 3-16-3），直达地下一层管理室。

（2）行政区设独立门厅，门厅内设楼梯一部至地下一层业务区；门厅、地下一层业务区均可与公众区域联系。

地下一层：

（1）业务区设藏品专用通道，藏品经管理室通过藏品专用通道直接送达遗址展厅、陈列厅及文物修复室；藏品专用通道与其他通道之间须设门禁。

（2）文物修复室设窗，向在文物修复参观廊的观众展示修复工作。

（3）研究室邻近文物修复室，且与公众区域联系方便。

（五）其他

1. 博物馆设自动灭火系统（提示：地下防火分区每个不超过 $1000m^2$，建议遗址展厅、地下一层业务区各为一个独立的防火分区，室内开敞楼梯不得作为疏散楼梯）。

2. 标注带√号房间需满足自然采光、通风要求。

3. 根据采光、通风、安全疏散的需要，可设置内庭院或下沉广场。

4. 本设计应符合国家现行相关规范和标准的规定。

（六）制图要求：

1. 总平面图

（1）绘制建筑一层平面轮廓，标注层数和相对标高；建筑主体不得超出建筑控制线（台阶、雨篷、下沉广场、室外疏散楼梯除外）。

（2）在用地红线范围内绘制道路（与公路接驳）、绿地、机动车停车场、非机动车停车场；标注机动车停车位数量和非机动车停车场面积。

（3）标注基地各出入口；标注博物馆观众、藏品、员工出入口。

2. 平面图

（1）绘制一层、地下一层平面图；表示出柱、墙（双线或单粗线）、门（表示开启方向）。窗、卫生洁具可不表示。

（2）标注建筑轴线尺寸、总尺寸，标注室内楼、地面及室外地面相对标高。

（3）标注防火分区之间的防火卷帘（用 FJL 表示）与防火门（用 FM 表示）。

（4）注明房间或空间名称；标注带 ＊ 号房间（见表 3-16-1、表 3-16-2）的面积，各房间面积允许误差在规定面积的±10％以内。

（5）分别填写一层、地下一层建筑面积，允许误差在规定面积的±5％以内。房间及各层建筑面积均以轴线计算。

功能区		房间及空间名称	建筑面积（m²）	数量	采光通风	备　注
公众区域	教育与服务设施区	*门厅	256	1	✓	
		服务台	18	1		
		寄存处	30	1		观众自助存取
		讲解员室	30	1		
		*纪念品商店	104	1	✓	
		*报告厅	208	1	✓	尺寸：16m×13m
		无性别厕所	14	1		兼无障碍厕所
		厕所	64	1	✓	男 26m²、女 38m²
业务行政区域	行政区	*门厅	80	1		与业务区共用
		值班室	20	1		
		接待室	32	1		
		*会议室	56	1	✓	
		办公室	82	1	✓	
		厕所	44	1	✓	男、女各 16m²，茶水间 12m²
	业务区	安保室	12	1		
		装卸平台	20	1		
		*库前室	160	1		内设货梯
其　他		走廊、楼梯、电梯等约 470m²				

一层建筑面积 1700m²（允许误差在±5％以内）

功能区		房间及空间名称	建筑面积（m²）	数量	采光通风	备　注
公众区域	陈列展览区	*序厅	384	1	✓	
		*多媒体厅	80	1		
		*遗址展厅	960	1		包括遗址范围和遗址参观廊，遗址参观廊的宽度为 6m
		*陈列厅	400	1		
		*文物修复参观廊	88	1		长度不小于 16m，宽度不小于 4m
	教育与服务设施区	*儿童考古模拟厅	80	1	✓	
		*咖啡厅	80	1	✓	
		无性别厕所	14	1		兼无障碍厕所
		厕所	64	1	✓	男 26m²、女 38m²

功能区		房间及空间名称	建筑面积 (m²)	数量	采光通风	备 注
业务行政区域	业务区	管理室	64	1		内设货梯
		*藏品库	166	1		
		*藏品专用通道	90	1		直接与管理室、遗址展厅、陈列厅、文物修复室相通
		*文物修复室	185	1		面向文物修复参观廊开窗
		*研究室	176	2	✓	每间88m²
		厕所	44	1		男、女各16m²，茶水间12m²
其 他		走廊、楼梯、电梯等约425m²				

地下一层建筑面积3300m²（允许误差在±5%以内）

二、设计演示

（一）审题

一注建筑方案设计（作图）考试，说穿了是在"玩"设计游戏。既然如此，应试者就要运用已经掌握的设计技能，老老实实按任务书规定的游戏规则行事，万不可自以为是、我行我素，也需要在解读设计任务书时，抓好以下4个环节。

1. 明确设计要求

所谓设计的游戏规则都在任务书的图文中，重点是一定要对总平面设计要求和建筑设计要求做到胸有成竹。至于其他要求、制图要求，初读任务书时，只需浏览一下即可，不必费时精读。

（1）总平面设计要求

应试者对这一要求只需关注一个关键问题，即"对外的人、对内的车"这两个主次出入口设计游戏规则有何规定？此题已明确规定："在基地南侧设人行出入口一个，在基地西侧设内部机动车出入口一个"。你心中明白、记住这一要求就行了。至于"在基地南侧设观众机动车出入口一个""合理组织交通流线，须人车分流；道路宽7m，人行道宽3m"，这些要求一眼带过，根本无需关注它。甚至第1、3、4条规则在脑中留个印象就行。因为设计程序第一步，重点只解决场地的主次出入口这一对设计要素，还轮不上解决总平面其他的设计要求。这样，既避免了解读任务书"眉毛胡子一把抓"，也提高了效率。

（2）建筑设计要求

这是制定设计游戏规则的重点部分，你务必仔细深读，理解到位。

1）关于功能分区要求。任务书分为公众区（陈列展览、教育与服务）和业务行政区（业务、行政），一共才2个功能区。实际上，在后续解读一、二层面积表时，宜分为3个功能区更合理，这是后话。

2）关于流线设计要求。人的流线，任务书罗列了观众从入馆到出馆之间一系列房间排列顺序的流程。相信你都能看明白。但是，千万不要误解，这个流程是从一个房间进入另一个房间。纵然，绝大多数房间的功能关系确实是穿越式通过。然而，多媒体厅这个特殊使用空间，因它的功能要求是让观众坐下来静静地观看影像，因而不允许前后开2个门让其他观众从中穿过。只能在入口处开一个门（或不设门敞开一面），让不想看影像的观众从门口经过。

另一条物的流线：任务书对地下一层藏品从进馆到入库，再从藏品库入陈列厅、遗址展厅以及文物修复室都明确了规定。这个流程不复杂，你一看就会明白。

这里需要对任务书"（四）建筑设计要求"中"业务行政区域"第一层第（2）条，即"行政区设独立门厅，门厅内设楼梯一部至地下一层业务区；门厅、地下一层业务区均可与公众区域联系"提出质疑。后一句应为"一层行政区可与公众区域联系"才符合逻辑；而"……地下一层业务区可与公众区域联系"这一要求，不属于一层要求范围。

3）设计特定要求

这是扣分点的重灾区，你在解读任务书时，倘若稍一疏忽，扣分在所难免，务必记住这些设计游戏规则！

①"门厅与遗址展厅（上空）、序厅（上空）相邻，观众可俯视参观两厅"，关键词是"相邻"，即两者彼此要"紧贴"，要有一定长度的接触面，不能沾个边、挂个角，这是无法俯视参观两厅的。此时，你马上要想到，门厅平面位置一定要夹在前述两厅（上空）之间，观众才能两面俯视参观两厅。这说明，在解读任务书时，你在脑中一定要有空间概念，这样才能为下一步动手展开设计作好思想准备。

②"门厅设开敞楼梯……通达地下一层序厅"，解读这一句话，你一定要事先明白两个概念：一是序厅不仅是交通厅，它还是实实在在有使用功能的空间；二是开敞楼梯的布局不能从门厅下到序厅空间当中，而影响使用功能，它必须靠边站。因此，开敞楼梯的形式宜为直跑大楼梯。

③"寄存处设置的位置须方便观众存、取物品"，既然是"处"，就不是个房间，这意味着寄存处采用的是开敞式的自助存取方式，且无需设柜台。

④"观众参观结束……上至一层穿过纪念品商店从门厅出馆"，注意！是"穿过"，不是"路过"纪念品商店，即纪念品商店是通过式的，与交通空间合二为一，诱使观众必须从中穿过购物，而不是设门的封闭商店从旁路过。

⑤ 在设计任务书（五）其他栏中，第3条："根据采光、通风、安全疏散的需要，可设置内庭院或下沉广场"。这一设计启示完全是小题大做，误导了不少概念不清的应试者，吃力不讨好，又白白浪费许多时间。因为，设计内庭院充其量可以解决采光、通风问题，但不能满足安全疏散需要（必须疏散到建筑以外），何况在地下一层设内庭院，在使用功能上既无必要，也没有可挖内庭院的用地。至于设置下沉广场，对于此题而言可谓多此一举。一是遗址博物馆主入口在地面，设置下沉广场目的悖谬；二是该馆不是大型建筑，地下室无大型公共活动空间需要与室外场地联系的必要。总之，应试者只要稍有一点设计常识，就不必理会这一非强制设计要求，否则陷进坑里，自找苦吃。而地下一层需要采光、通风的房间，只需靠外墙布置，且运用采光井，便足以满足采光、通风的要求了。

4）设计一般要求。本试题任务书对诸如使用房间的平面尺寸、空间高度、柱网，甚至防火分区都就事论事地规定了各自的设计游戏规则，你初读任务书时只要稍有这些要求的印象即可，大可不必一股脑儿全背下这些细节要求。只需到方案设计后期需要落实这些细节要求时，再回过头仔细复读并即时在方案中搞定即可。

2. 解读"用房、面积及要求"表

（1）第一步，先看一层和地下一层表格中最后一行的各层面积是多少。表格显示，两层面积相差 $1600m^2$（$3300m^2-1700m^2$），显然"下大上小"，而且几乎小了一半的面积。好在你在解读任务书的建筑设计要求中得知，地下一层的"遗址展厅、序厅（部分）为两层通高"，这部分面积在一层是要扣除的。即使如此，一层的面积还是较一层规定的面积偏大。此时，你马上要想到，一层平面剩下的部分，还得再扣除一部分面积才行；也就是说，一层平面的"图"形是空心的。

（2）第二步，看一层表格最左边一竖行，任务书划分功能分区的提示。

在表格"功能区"这一竖行内容中，左边竖行写着"公众区域"和"业务行政区域"，右边竖行写着"教育与服务设施区""行政区"与"业务区"，这种分区法把简单问题复杂化了，反而不利于考生一目了然。实际上，这个遗址博物馆就三个功能区，即我们通常所称的"使用区""管理区"和"后勤区"；也就是表格"功能区"右边竖行的划分方法。

再看二层表格最左边一竖行的分区，你务必动脑筋把它分区更清晰一点。即把观众使用的"公众区域"所有房间归为使用功能区，把下面业务区中前3个房间打包为后勤功能区；剩下的2个房间归为（业务）管理功能区。因为后两者是功能内容与性质完全不同的房间，布局上分开更清晰一些。

（3）第三步，看一、二层表格左边第二竖行，你先大概了解一下，三个功能区各自包含有哪些主要房间，再顺便看一下表格右边的"备注"栏，个别房间是否有特殊要求。这些内容不要强记，甚至"建筑面积"一栏都不用看。到动手展开设计程序进行"房间布局"时，再回头仔细阅读也不迟，这就又省下一些时间。

3. 消化功能关系图

（1）第一步先看一层功能关系图（图中粗横线以上部分）标示了哪几个出入口。很明显，左下方有观众出入口和左上方有对外服务的报告厅单独出入口。记住！使用功能区有2个对外的主次出入口；此外，在右上方有并列的管理功能区员工出入口和后勤功能区的藏品出入口。这是常规建筑必须要有的三大功能区各自必设的至少3个出入口，这与前述我们归纳为使用、管理、后勤三大功能区是对应的。

（2）第二步看主要房间气泡的组织

① 一层各功能区主要房间气泡不多，各自气泡也都集中归类布局在各自的出入口范围内。

② 地下一层虽然房间气泡较多，但大体上各功能区的房间气泡也都各自集中组织在一起。

看来，该功能关系示意图对三个功能区的图示表达与前述面积表最左边一竖行经我们重新理解的功能分区划分是相吻合的。

（3）第三步看连线关系

① 一层功能关系图因房间气泡不多，故连线较少，好像对其连线关系不难理解。其实不然，在此有几点必须先提醒你注意：

一是，使用功能区的观众门厅与管理功能区的门厅是没有功能关系的。因此，后者与报告厅气泡之间不应画上连线。而行政区用房气泡却与使用功能区的门厅、报告厅有密切的功能关系，故应补画上连线。你若看连线关系如此到位，那么，你上手设计时就会顺利得多。

二是，在功能关系图的右上端，宜补上"安保室"气泡。因为它的管理者虽属行政人员，但工作岗位必须紧邻装卸平台，故此房间气泡应补画在员工门厅与装卸平台气泡之间，并与左右2个房间气泡画上连线；如此，就表达清楚了。

上述对一层功能关系图连线解析的过程说明，首先连线是关系线，而不是交通线。其次，你不能孤立地看待这些连线，一定要联系你刚才解读"建筑设计要求"已了解的信息，以综合分析功能关系图的示意是否准确，是否有疑惑，甚至与任务书的文字要求有自相矛盾之处（这在历年一注建筑方案设计作图题任务书中多有发生），以免被误导，使设计方案出现错误。

② 地下一层功能关系图因房间气泡较多，因而连线关系变得难以一目了然。况且在图中还画蛇添足示意了"观众参观流线"和"藏品流线"，这有点图不对题且越俎代庖了。因为，功能关系图的作用是用连线表示各房间之间有功能关系或这种关系的紧密程度，仅此而已。而"观众参观主要流线"早已在建筑设计要求中告知。至于连线关系在方案中如何布局以及通过什么空间形式（廊、厅、毗邻、相套等）在方案中体现，那是考生自己判断与解决的事，也应是检测考生设计基础能力的考点。因此，在功能关系图中，实无必要示意流线。

尽管如此，对于你来说，怎样看此连线不走眼，还是有下述两处连线需小心解析。

一是，左下角多媒体厅与前序厅和后遗址展厅都有连线关系，说明两两之间彼此有功能关系。至于这种关系在设计方案中如何落实，那应该是你的事。问题是，你有没有在脑中立刻想到多媒体厅是一个小型且观众需静坐观看影像资料的场所。如果你视同遗址展厅、陈列厅等，是在穿行中观展的方式，让观众从序厅穿越多媒体厅去往遗址展厅，这让正在观看影像的观众作何感受，也就不言而喻了。这一点说明，你在解读房间气泡连线关系时，决不能囫囵吞枣。

二是，功能关系图右边管理区和后勤区虽然各只有2个房间气泡，但连线关系画得有点欠妥。但你在概念上必须清楚，从一层员工门厅下至地下一层，只与管理区的研究室、文物修复室和后勤区的管理室三者有连线关系，而与其他房间气泡都不应有连线，不能四通八达。而文物修复室与文物修复参观廊在建筑设计要求中已明确告知你有密切关系，其间须有一条连线。图中是把两者气泡毗邻画在一起的，有点"图不对题"。

至于藏品库气泡与遗址展厅、陈列厅、文物修复室3个气泡的功能关系，是通过管理室用连线连起来的，只是图中连线示意欠清晰而已。

4. 看懂总平面图的条件

严格来说，此图应称之为"地形图"，因这是设计的环境条件图，尽管该试题所谓的总平面图，无论图形，还是周边条件设置都非常简单，但在识图中你也不可粗心大意。值得提醒的是，你在看图时，一定要对照总平面的设计要求，边看边思考下一步展开设计程序第一步急待解决的问题，这样才能提高作答效率。

（1）第一步，先看基地毗邻公路的条件。基地南侧和西侧各有一条等宽公路，且在公路与基地之间隔有15m绿化带；同时，任务书已指定基地主、次出入口分别在南侧和西侧公路上。

（2）第二步，看基地与外围的其他环境条件。任务书已告知"东、北侧毗邻农田"，说明外围环境对遗址博物馆设计没有任何限制条件。

（3）第三步，看基地内设计条件。场地在东北角缺一块，呈"刀把"形。其次，建筑控制线内东北角有一遗址限定条件，须结合进方案中成为功能内容之一。

（4）第四步，看基地尺寸关系。此地形图图面虽然简单至极，不知你发现没有，建筑控制线南北边界与基地南北边界进深是大小不一样的，为什么尺寸标注都是30m？图肯定没画错，而尺寸总有一处是错的。经比对，北面建筑控制线与基地边界的进深与遗址范围的长度是相等的，说明北面30m尺寸是错的，应改为20m。尽管这并不影响你的总平面场地设计，但作为一名欲成为注册建筑师的你，应该提高自己的洞察力。

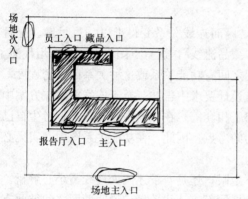

图 3-16-4 场地"图底"关系与出入口分析

（二）展开方案设计

1．一层平面设计程序

（1）场地分析（图 3-16-4）

1）分析场地的"图底"关系

先准备好一张 A4 拷贝纸蒙在 1：500 的总平面图上，开始画图示思维设计程序第一步，主要分析下述两个关键问题。

①"图"形的分析。依据对任务书的阅读与理解，该遗址博物馆应将遗址及周边 6m 宽的参观廊包含在内，而遗址边界与建筑控制线有 9m 宽度。此时，你只要将"图"形沿建筑控制线周边缩进约三分之一，画出矩形"图"形即可。但这是地下一层的实心"图"形，而一层面积比地下一层面积小几乎一半。因此，一层的"图"形应是空心的矩形，除了已知遗址展厅上空扣除外，还得把"图"中心易产生暗房间的部分剔除掉。这才是以下设计程序分析的"图"形依据。

②"图"的定位分析。实际上，在对"图"形分析时，由于遗址的位置限定，你无须对此再作分析了，已经在前一步分析中，一并完成。

2）出入口分析

①场地出入口的分析。记住！设计程序第一步对场地出入口只分析"对外的人、对内的车"两个主、次出入口大致在什么范围足矣。至于观众机动车的出入口，那是在建筑设计完成之后，在总平面设计时再行考虑的问题。千万不要把最后的设计问题过早带到前面来干扰设计进程。

优先分析对外的观众场地出入口。毫无疑问，按任务书的规定只能选择在南面公路上。范围呢？你就要为下一步着想，观众从公路进入场地后，欲要再进入"图"即建筑什么范围最合理？当然要接近遗址！而上述对这一系列思考的文字描述都是在你脑中的一闪念，因此，很快动手同步在场地南面道路的中间范围内画上场地主出入口图示符号。

其次，再分析对内的场地次出入口，这也是任务书规定了的在基地西侧公路上。至于在西侧公路上的上、中、下哪一个范围内呢？此时，你就预测管理区和后勤区各自的建筑出入口在何处？一般规律是在管理人员与后勤流线与使用功能区外来人的流线要相对而行，那么，管理、后勤的建筑出入口一定在"图"的北面。好了，内部人员与藏品从西侧公路进入场地唯一合理的范围只能在西北角。此时，你应立即画上场地次要出入口图示符号。

② 建筑出入口的分析。原则是先分析"对外的人"进出建筑的出入口范围，再按重要程度依次分析到位。首先分析观众建筑主要出入口的范围，毫无疑问，应与场地主入口对应，确定在"图"形南边界正中偏右一点，让它稍为接近遗址。而听众次要出入口，即报告厅对外服务出入口也宜面向广场的南侧偏左范围内，并画上图示符号。

下一步是分析内部的出入口。原则是在"图"形北界的西端至遗址之间考虑。显而易见，员工出入口在左，藏品出入口在右，并立即分别画上图示符号。

至此，归纳设计程序第一步，你必须要熟悉掌握的操作方法是：

——先分析"图底"关系，其主要任务是确定"图"形和在建筑控制线内的定位。

——再分析出入口，其主要任务是先分析场地"对外的人"主出入口，再分析场地"对内的车"次要出入口。

——最后分析建筑的各出入口。分析原则一是先外后内，二是按重要程度依次分析到位。

以上是应对任何一年考题展开设计第一程序所要进行图示思维必经的分析过程与方法。这就为设计方案后续发展奠定了正确的方向。

（2）功能分区（图 3-16-5）

通过对任务书面积表的解读，我们已经将一层所有房间归纳为 3 个功能区。此时，你按以下两个原则行事，这一关也会轻而易举拿下。一是，辨清 3 个功能区面积相对大、中、小的关系（千万不要精算面积）。显然，使用功能区最大，后勤区最小，管理区居中。二是，明白各功能区跟着自己的出入口跑，定位就不会出乱子。这两个原则搞定后，立即在拷贝纸 L 形"图"中画上相对大、中、小 3 个图示符号即可，不必精准。

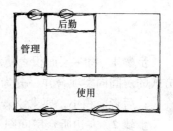

图 3-16-5　功能分区分析

1）因为观众出入口和报告厅对外服务出入口在"图"形南面，而使用功能区要跟着两个入口跑，其图示气泡画大在下。

2）因为管理功能区要跟着员工出入口跑，且与使用功能区有密切联系，其图示气泡画中等大在左。

3）因为后勤功能区要跟着藏品出入口跑，其图示气泡画小在上。

（3）房间布局

设计程序第三步的任务是将各功能区各自的房间有序地纳入各自图示气泡内。此时，你将面对众多房间，但你只要在各功能区范围之内，按一分为二的分析方法逐步分析到最后一个房间，依然能使房间布局井井有条。此时，每一步骤你只要做两件事：一是将各步骤所有房间找出差别，同类项合并为两个"房间"，并搞清谁大谁小；二是，在前一步图示气泡中，这两个"房间"是上下布局，还是左右布局？这要根据两个"房间"各自的功能要求而定。特别要提醒你注意：此时，绝对不要斤斤计较算面积，因为此环节我们只关心各房间布局的秩序！至于面积合适与否，那是设计程序最后一步考虑的事。千万不要担心面积违规问题，也不要担心房间能不能放得下，最后总有办法解决。

你只要按上述的原则，运用下述的操作方法去做，一定会胜券在握。

1）使用功能区的房间布局分析（图 3-16-6）

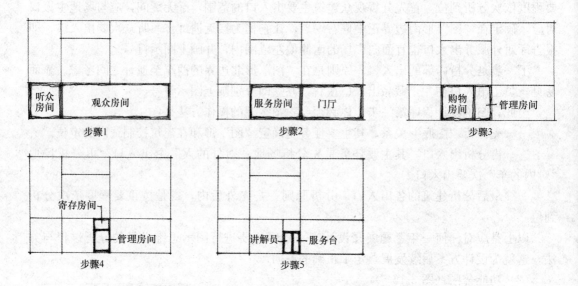

图 3-16-6　一层使用功能区房间布局分析

步骤 1　将一层面积表使用功能区的 8 个房间，按观众房间与听众房间两种不同使用方式的房间同类项合并一分为二，前者面积大，要求跟着观众主入口跑，其图示气泡画大在右；后者面积小，要求跟着报告厅入口跑，其图示气泡画小在左。

步骤 2　左边听众房间图示气泡只有 1 个报告厅，无再一分为二的必要。现在只对右边观众房间图示气泡再继续一分为二下去。

将公共房间（门厅）与服务房间（服务台、讲解员、寄存、商店）同类项合并一分为二。前者面积大，要求跟着主入口跑，其图示气泡画大在右；后者面积小，要求与门厅毗邻，其图示气泡画小在左。

步骤 3　门厅只有 1 个房间，不再一分为二下去。只将左边服务房间图示气泡按管理服务（服务台、讲解员、寄存）与购物服务（商店）同类项合并一分为二。前者面积小，要求紧靠门厅，其图示气泡画小在右；后者面积大，其图示气泡画大在左。

步骤 4　将管理服务图示气泡按管理房间（服务台、讲解员）与观众房间（寄存）同类项合并一分为二。前者面积稍大，要求靠近主入口，其气泡画稍大在下，后者气泡画稍小在上。

步骤 5　管理房间图示气泡按服务台和讲解员 2 个房间一分为二。前者稍小，要求面对门厅，其图示气泡画稍小在右，讲解员房间图示气泡画大在左。

2）管理功能区的房间布局分析（图 3-16-7）

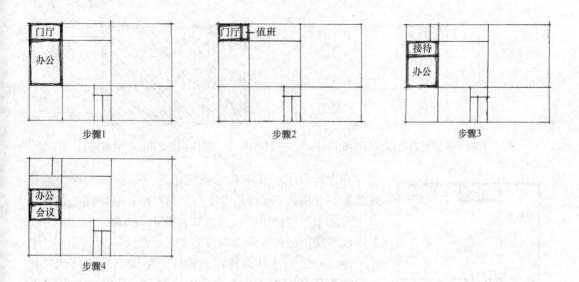

步骤1
步骤2
步骤3
步骤4

图 3-16-7　一层管理功能区房间布局分析

步骤 1　在设计程序第二步功能分区所得管理功能区的图示气泡范围内，将面积表此功能区的 6 个房间，按公共房间（门厅）与办公房间（接待、办公、会议）两种不同使用性质的房间同类项合并一分为二。前者面积小，要求跟着员工入口跑，其图示气泡画小在上；后者面积大，要求与设计程序第二步所得使功能区有方便联系，其图示气泡画大在下。

步骤 2　在公共房间气泡中，将门厅与值班室一分为二，前者面积大，要求将员工入口纳入其中，其图示气泡画大在左；后者面积小，要求与门厅毗邻，其图示气泡画小在右。

步骤 3　在前述办公房间气泡中，将对外接待室与内部办公两种使用对象不同的房间同类项合并一分为二。前者面积小，要求靠近门厅便于接待客人，其图示气泡画小在上；内部办公房间面积大，要求方便使用报告厅，其图示气泡画大在下。

步骤 4　在内部办公房间图示气泡中，将办公与会议一分为二，前者面积稍大，其图示气泡画大在上；后者面积较小，其图示气泡画小在下。

3）后勤功能区的房间布局分析（图 3-16-8）

此区只有安保室和库前室 2 个房间，前者面积小，要求与门厅和办公房间靠近，其图示气泡画小在左；库前室图示气泡画大在右。

至此，一层平面除厕所以外的所有房间通过若干次一分为二的步骤分析，都逐步就位，一层平面设计章法初见成效。

此时，暂停一层平面后续设计程序，先着手研究地下一层平面前三步的设计程序，以便验证地下一层平面完成前三步程序所得结果与一层平面是否有矛盾。

2. 地下一层平面设计程序

（1）"图"形的分析（图 3-16-9）

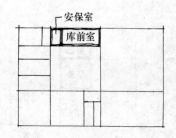

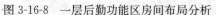

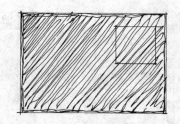

图 3-16-8　一层后勤功能区房间布局分析　　图 3-16-9　地下一层"图底"关系分析

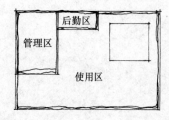

图 3-16-10　地下一层功能
分区分析

在设计程序第一步就已确定了地下一层的图形为退让建筑控制线周边 3m 的集中实心"图"形，且将遗址包括在右上角之中。因地下一层无入口，此步骤省略。

（2）功能分区（图 3-16-10）

地下一层仍然分为使用、管理、后勤三个功能区，且各自面积依然对应为大、中、小之差别，而在功能分区布局上要与一层平面功能分区上下对应。但上下层对应的 3 个功能区各自面积也相差悬殊。此时，分析地下一层的功能分区方法可先大致确定管理区与后勤区的布局较为容易，剩下最大一块可能不规则的气泡即为使用功能区的地盘。因此，先将管理功能区图示气泡对应一层管理功能区位置画在"图"形左上角。因地下一层的管理功能区面积要比一层的管理功能区面积大一些，因此，其图示气泡宽度稍许画大一点；而将后勤功能区图示气泡对应一层后勤功能区画在北侧。注意，不要碰上遗址，因为其间要留有 6m 的观看廊。则剩下的范围全部为使用功能区。

（3）房间布局

1）使用功能区房间布局分析（图 3-16-11）

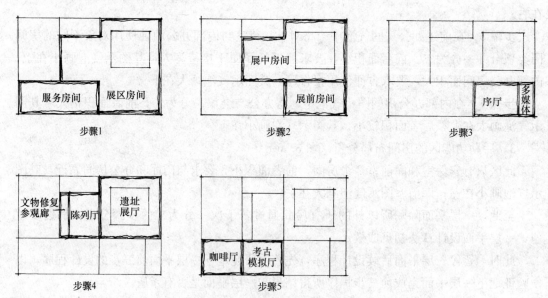

图 3-16-11　地下一层使用功能区房间布局分析

步骤1　根据地下一层面积表功能区划分提示，该功能区所有房间按展区和配套服务设施两类不同功能性质的房间同类项合一分为二。前者面积较大，在展线上要求与一层门厅上下有密切联系，其图示气泡画大在右上；后者配套服务设施是为观众展后使用的，要求放在该功能流线的末尾，其图示气泡画小在左下。

步骤2　在展区气泡中，将展前房间（序厅、多媒体厅）与展中房间同类项合并一分为二。前者面积小，要求在展线前部且与一层门厅上下对应，其图示气泡画小在下；后者面积大，要求包含遗址，其图示气泡画大在上。

步骤3　在展前房间图示气泡中，将序厅与多媒体厅一分为二。前者面积大，要求与一层门厅有上下直接联系，且在空间上局部要与一层门厅流通，其图示气泡画大在左；多媒体厅面积小，在展线上要介于序厅与遗址展厅之间，其图示气泡画小在右。

步骤4　在展中区，按任务书提示，依次为遗址展厅、陈列厅、文物修复参观廊。其中，前者面积最大，要求遗址在其内，其图示气泡画大在右。紧随其后的是陈列厅，面积居中，其图示气泡画在中。而文物修复参观廊面积最小，要求与业务区的文物修复室毗邻，其图示气泡画小在左。

步骤5　在配套服务设施气泡中，只有咖啡厅、儿童考古模拟厅2个房间，面积一样大，都要求为观众服务，故2个图示气泡画成大小均等，并左右布局。

2）管理功能区的房间布局分析（图3-16-12）

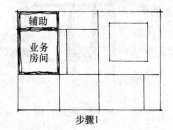 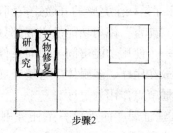

图3-16-12　地下一层管理功能区房间布局分析

步骤1　考虑到地下一层的管理和后勤两个功能区的人员是从一层员工门厅下来，因此，要有一定的辅助面积（含以下设计程序要考虑的交通与卫生间所占面积）作为一个"房间"参与布局分析。这样不至于后续出现此问题而陷于被动。故将辅助"房间"与业务"房间"一分为二，前者面积小，要求与一层门厅在垂直方向上有密切联系，其图示气泡画小在上；后者面积大，要求与公众区有联系，其图示气泡画大在下。

步骤2　将业务房间图示气泡内文物修复室与研究室一分为二，两者面积相差无几，但前者要求毗邻参观廊，其图示气泡画在右；而研究室图示气泡画在左，再接着将后者上下一分为二，画2个研究室图示小气泡。

3）后勤功能区房间布局分析（图3-16-13）

后勤功能区只有2个房间，即管理室和藏品库，前者面积小，要求靠近展区，其图示气泡画小在右；后者面积大，要求套在管理室内，其图示气泡画大在左。

至此，一层平面和地下一层平面三大功能区所有房间无一遗漏地有序定位，且上、下层平面无方案性矛盾。此时，可以回到一层平面分析图进行后续的设计程序了。

（4）交通分析

1）水平交通分析

① 一层水平交通分析（图3-16-14）

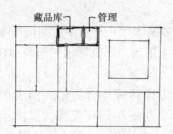

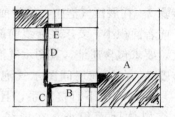

图3-16-13　地下一层后勤功能区房间布局分析　　　图3-16-14　一层水平交通分析

A. 入口门厅作为水平交通节点是厅的完整空间形态。

B. 从门厅向西，在纪念品商店南侧通向报告厅设一条水平交通走廊。

C. 在报告厅对外出入口处，设一条竖向水平交通走廊，与前述走廊横竖相交。

D. 管理功能区员工的门厅作为水平交通节点，由此向南设一条水平交通单廊将3个办公房间串联起来，并延伸出去与公众区的上述两条横竖交通走廊交会。

E. 从员工门厅水平交通节点向东引入一条短走廊连接安保室和库前室。

② 地下一层水平交通分析（图3-16-15）

A. 序厅是一个完整的开敞式空间，它既具有交通功能，又是展区"前言"使用功能的组成部分。而毗邻的多媒体厅则完全是一个使用功能房间，如同录像厅，不能被水平交通线穿越。故在序厅、多媒体厅与遗址展厅三者之间，需介入一个起交通节点作用的过厅。

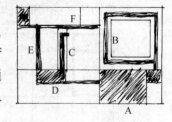

B. 在遗址展厅四周设一条任务书规定的、一起观看遗址的环形水平交通参观廊。

图3-16-15　地下一层水平交通分析

C. 文物修复参观廊既是参观功能所需，也起水平交通线之作用。

D. 从参观廊出来与2个配套服务设施和业务用房需与公众区联系的交会处，宜设一个"厅"形态的水平交通节点，并向东设有一条水平交通线作为疏散方向的通道。

E. 在业务管理功能区研究室与文物修复室之间设一条南北贯通的水平交通线，使之两者互有联系，且与公众区沟通。

F. 在后勤区与展区之间，设一条藏品专用通道水平交通线。

2）垂直交通分析

① 一层垂直交通分析（图3-16-16）

A. 在门厅毗邻遗址展厅之间设置一开敞直跑大楼梯，通向地下一层序厅；并在邻近服务台北侧，设置一部任务书给定的双向开门无障碍电梯，以便地下一层行动不便的观众从双向开门的西侧进入无障碍电梯上至一层门厅出馆。

B. 在内部员工入口门厅西侧设置一部交通楼梯通至地下一层业务功能区。

C. 在后勤功能区库前室内设置一部货梯通至地下一层管理室。

② 地下一层垂直交通分析（图3-16-17）

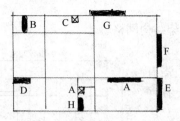
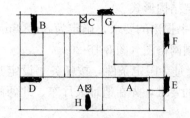

图 3-16-16　一层垂直交通分析　　　　图 3-16-17　地下一层垂直交通分析

A. 将一层门厅的开敞直跑大楼梯落实在地下一层序厅的北端，而无障碍电梯落实在地下一层序厅西端门外的候梯厅内。

B. 将一层员工门厅内楼梯落实在其下的地下一层内。

C. 将一层库前室货梯落实在其下管理室内。

D. 在左下角观众参观结束的交通厅西端设置一部交通楼梯上至一层，以方便观众穿过纪念品商店，提取寄存物品后，从门厅出馆。此交通楼梯上至一层可兼作疏散梯直接对外。

E. 在序厅与多媒体厅之间的过厅增设一部序厅独立室外疏散直跑大楼梯。

F. 在遗址展厅东侧设置 2m 宽独立室外疏散直跑大楼梯。

G. 在遗址厅与藏品库区之间设置两防火区共用的室外直跑大楼梯。

H. 在序厅西端与展后服务房间之间，设两防火区共用的疏散楼梯间。

上述地下一层疏散楼梯 D、E、F、G、H 全部升至一层平面就位。

（5）卫生间配置分析

1）一层卫生间配置分析（图 3-16-18）

① 在门厅与报告厅之间南侧设置一组卫生间，供观众、听众使用。

② 在西北角员工门厅的楼梯背后设置一组卫生间和茶水间；此处既方便使用，又较为隐蔽。

2）地下一层卫生间配置分析（图 3-16-19）

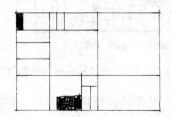
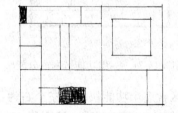

图 3-16-18　一层卫生间配置分析　　　图 3-16-19　地下一层卫生间配置分析

地下一层两组卫生间与一层两组卫生间上下对位配置即可。

至此，一层与地下一层平面所有房间都无一遗漏地有序组织在一起。毕竟，此成果只是一种平面方案的图示分析，但它已为设计方案奠定了成功的基础。下一步你要做的就是通过建立一个与方案相适宜的结构系统，将平面的房间秩序不走样地纳入其中，绘制使各个房间形状合用、面积符合要求的方案框图。

（6）建立结构体系

1）确定结构形式

按任务书提出的要求，确定为 8m×8m 的框架结构网格。

2）绘制网格图（图 3-16-20）

① 以遗址为限定条件，按任务书设定其周边需有
6m 参观廊的要求，先在遗址展厅东、北两侧画上柱网
边界线。

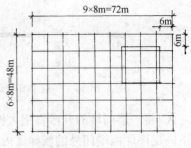

② 按 8m×8m 网格要求，在建筑控制线范围内，
面宽打 9 个格子，其总长为 9×8m＝72m，在 80m 建
筑控制线之内，符合要求。在进深方向打 6 个格子，
其进深为 6×8m＝48m，亦在 54m 建筑控制线内，符
合要求。

图 3-16-20　绘制网格图

③ 核算网格总建筑面积为 72m×48m＝3456m²，在地下一层总面积上限（3300m²×
1.05＝3465m²）之内，符合要求。

（7）在网格中落实所有房间

1）在网格中落实一层所有房间

① 对各功能区进行网格分配（图 3-16-21）

A. 先将西北角面宽 2 个网格，进深 4 个网格，计 8 个网格，给管理功能区。

B. 将其右边宽 3 个网格，进深 1 个网格，计 3 个网格，给后勤功能区。

C. 将南向面宽 9 个网格，进深 2 个网格，计 18 个网格，给使用功能区。

各功能区所在结构网格内的区域及所占网格数搞定后，接下来可分别对各功能区所含
房间进行二次网格分配。

② 对使用功能区房间进行网格分配，并同步落实面积（图 3-16-22）

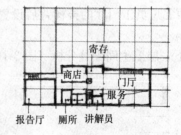

图 3-16-21　一层功能区网格分配　　　　图 3-16-22　一层使用区房间网格分配

A. 此区含 3 个功能块，自左至右为：报告厅、服务辅助用房和门厅，面宽计 9 个网
格。给报告厅 2 个网格面宽，按面积 208m² 计，需进深 2 个网格之 13m，剩下 3m 作为此
处设一部楼梯之用。

B. 中间功能块北侧有纪念品商店和寄存处，南侧依次有一套厕所、疏散楼梯、讲解
员和服务台。面宽计 3 个网格，进深有 2 个网格。首先将南侧一溜辅助房间分配在南侧 3
个网格内，但事先要扣除报告厅右侧对外入口 3m 宽的走廊。此网格剩下 5m，再加毗邻 1
个网格给男女厕所和无障碍厕所。最右边网格按分析图依次布置疏散楼梯、讲解员和服务
台。而第二跨 3 个网格，虽然只有纪念品商店和寄存处，且面积大小放进 3 个网格也正合
适，商店也满足穿行而过的设计规则。但南向各厕所的门不能开向商店，这意味着在其间

必须留出一条公共交通走廊，以保证门厅与报告厅之间的通行。此时，先保证水平走廊占第二跨的4m，而纪念品商店面积不足，只好向北面屋顶平台扩出4m，以保证房间布局的秩序不变。相应地，寄存亦向北移出4m。

C. 东端功能块有8个网格，而门厅面积只需4个网格，剩下4个网格再没有房间安排了，怎么办？那么，先将东端一开间竖向2个网格甩到室外去，再在剩下的6个网格里挖空第1跨东端2个网格的楼板，使门厅平面呈L形（空间仍为完整形态），以满足任务书要求地下一层序厅局部有通高空间。此时，其西侧主入口竖向2个网格作为门厅的交通面积，而横向2个网格作为前后可俯视两厅的观赏平台。注意！遗址坑上空不是正方形，进深南向多出2m，正好给门厅作为2m开敞直跑大楼梯下至地下一层序厅。

③ 对管理功能区房间进行网格分配，并同步落实面积（图3-16-23）

A. 此区含有2个功能块，自上而下为公共与办公两部分，占面宽2个网格，进深4个网格，计8个网格。按房间布局分析图提示，最北一跨2个网格给公共用房，在其范围内按已定房间秩序，左列网格左侧5m宽安排女厕、男厕，及一条竖向短走廊。此网格右侧还剩3m，安排一部楼梯下至地下一层。右列网格只能全部给员工门厅。此时，自北第一跨已被男女厕所、楼梯、门厅占满，剩下茶水间和值班室未安排，何况门厅面积也不达标，怎么办？只好向毗邻的网格要面积，留待稍后解决。

B. 此区自北第二跨向南三跨有6个网格。首先，在第二跨要事先让出3m给第一跨各辅助房间作为横向水平交通用。此时，在这条横向水平交通的西端男厕房间之南安排茶水间，而门厅之南因增加了一条3m横向走廊，将此交通面积算在门厅之内，也就满足门厅面积达标了。然后，将接待、办公、会议3个用房依次自北向南定位在网格中。但在此右端需留出3m竖向走廊，北接员工门厅，南连公众区走廊。再根据3个办公用房各自的面积计算，显然超了，将左端3m宽面积甩到室外去即可。即便如此，南端会议室面积还是超；那么，再将会议室南边缩进2.5m，作为会议室外的景观空间。

④ 对后勤功能区房间进行网格分配，并同步落实面积（图3-16-24）

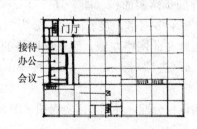
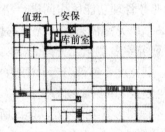

图3-16-23 一层管理区房间网格分配　　图3-16-24 一层后勤区房间网格分配

此区只有安保、库前室2个房间，计3个网格。不过，先要在左端划出3m宽补偿给员工门厅作为值班室用，剩下5m宽安排安保室，并在与值班室之间留出2m通道，以便与室外装卸平台联系。剩下2个网格显然面积不够，那就向南侵占屋顶平台凸出3m，不但解决了库前室面积不足的问题，而且还可将对着茶水间的横向走廊延伸至库前室门口。只是核算库前室面积有点超了。正好将装卸平台缩进建筑内作为有顶的开敞装卸平台。

至此，一层所有房间均按房间布局分析图确定的秩序一个不漏地各就各位，且在此过程中，各房间的面积也都逐一在网格中落实。虽然个别房间一时面积未达标，但通过房间形状的加减变化，也都轻而易举地完善处理到位。这说明你设计一上手就纠结在面积计算上不但没必要，而且会因小失大，导致方案失败。

2）在网格中落实地下一层所有房间

① 对各功能区进行网格分配（图 3-16-25）

A. 先将西北角与一层对应的楼梯、男女厕所落实下来，然后将其右侧的横向 4 个网格给后勤功能区。

B. 将后勤区之下左端开间 2 个网格，进深 3 个网格，计 6 个网格，给业务管理功能区。

C. 剩下的所有网格全部给使用功能区。

② 对后勤功能区房间进行网格分配，并同步落实面积（图 3-16-26）

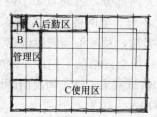

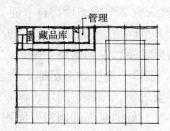

图 3-16-25　地下一层功能区网格分配　　　图 3-16-26　地下一层后勤区房间网格分配

此功能区只有 2 个房间，按其房间布局秩序与面积要求，管理室需占 1 个网格在右，藏品库占 3 个网格在左。另外，2 个后勤房间的南侧，对应一层面积需另设一条 3m 宽的藏品专用通道。而管理室处在袋形通道的尽端，在前述交通分析已确定此处需设置一部与遗址展厅共用的室外疏散直跑大楼梯上至地面，故在藏品专用通道右端与室外疏散楼梯之间补设一条疏散走廊。由此，占据 1 个网格的管理室需向左移位 3m，相应占 3 个网格的藏品库右端亦应减少 3m。其最终面积为 168m²，也符合要求。

③ 对业务管理功能区房间进行格网分配，并同步落实面积（图 3-16-27）

其中 2 个研究室需采光，优先占据左端竖向 2 个多网格，接着南北一分为二，面积各为 84m²。研究室右侧第二开间先落实 3m 竖向走廊在此网格左侧，剩下该网格的 5m 给文物修复室，其宽度不够部分经计算为 185m²÷21m（进深）−8m＝3.8m，按 4m 补足，即第三开间再划拨 4m 给文物修复室。

④ 对平面图形复杂的使用功能区所有房间进行网格分配，并同步落实面积（图 3-16-28）

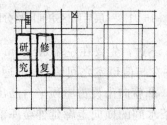

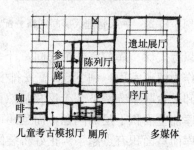

图 3-16-27　地下一层业务区　　　　　图 3-16-28　地下一层使用区
　　　　　房间网格分配　　　　　　　　　　　房间网格分配

先将遗址展厅（遗址和周边 6m 宽参观廊）落实在格网右上角部位，占据面宽 4 个网格，进深 4 个网格（扣除南端 2m），计不到 16 个网格。在此 4 个网格开间内，还剩南面两跨，计 8 个网格。右端一开间 2 个网格给多媒体厅，但它只需 80m²，则南端 1 个网格外加第二跨再给 2m，剩下进深 6m 外加遗址展厅甩出多余 2m，共 8m×8m 网格作为过厅。而剩下左边三开间计 6 个网格给序厅，面积正合适。而与遗址展厅之间的 2m 横向窄条面积已经作为开敞直跑大楼梯。

接着在文物修复室与遗址展厅之间的两开间半的格网中分配文物修复参观廊和陈列厅两个房间。任务书规定前者宽度为 4m，正好落实在与文物修复室毗邻的半开间网格中，其长度可等同于后者，此时面积也符合要求。而剩下右侧陈列厅占据横向 2 个网格，用其规定面积 400m² 除以 16m，长度需 25m，则陈列厅长度向南再延伸 4m 即可。

最后，在使用功能区剩下的网格中落实配套服务设施和辅助用房。在最左端竖向 2 个网格中，北为一部 3m 宽楼梯，南为咖啡厅，按面积 80m² 要求，南端多余的部分甩到室外。自左第二开间南跨给儿童考古模拟厅，面积不足部分可向第三开间划拨 3m。第三开间剩余 5m 给女厕。第四开间给无障碍厕所和男厕并排靠外墙，其北多余横向面积作为 3 个厕所前的缓冲区域。在东端开间的南跨给 3m 宽的疏散楼梯上至一层直接对外。至此，此柱网范围所有无房间可用之面积均作为交通面积，其左边 2 个格子的交通面积呈厅的空间形态，对于周边各房间的联系大有益处。而右边作为 4m 宽的走廊交通面积。但此处有一部占据第二跨网格正中的无障碍电梯，需使陈列室南墙向北缩短 1m。

（8）完善方案设计

1）按任务书提示，将遗址展厅与地下一层业务区（另加文物修复参观廊）以及后勤区各为一个独立的防火区，将陈列厅和配套服务设施及辅助用房作为一个独立的防火区。而将序厅、多媒体厅划归一层为一个防火区。这样一层门厅与地下一层序厅开口部分可不做防火卷帘，既省事，室内空间又简洁。

2）在各防火分区之间设防火门。在藏品专用通道通向遗址展厅、陈列厅、文物修复室及其参观廊和通向业务区的各开启门均设门禁。在遗址展厅与序厅有玻璃隔断处，以及各防火区之防火墙的观众通行门洞处均设防火卷帘。

3）在一层门厅毗邻服务台北侧设一部任务书指定的双向开门无障碍电梯，下至地下一层供行动不便者从西门进入无障碍电梯上至一层门厅出馆。

4）门厅下至地下一层序厅的开敞式直跑楼梯，和地下一层向地面疏散的室外直跑大楼梯，均需画至少 2 个休息平台。

5）一层外围房间凡多余面积均甩到室外时，仍保留框架梁柱，以使建筑造型完整。

7）凡地下一层靠外墙需采光、通风的房间，均在一层地面做有玻璃顶的采光井。

8）为保证遗址展厅与序厅之间的防火卷帘宽度不大于 20m，仅在中间两开间做 16m 玻璃隔断，以满足在门厅俯视遗址展厅的规定。

3. 总平面设计（图 3-16-29）

（1）将遗址博物馆屋顶平面❶定位在建筑控制线以内，并保证东北角距遗址 6m。

（2）在用地边界东南角处，设观众机动车出入口，双车道进入其北机动车停车场。其中，3 辆大客车停车位居北端，30 辆小客车按环形车道沿途布置车位，并以绿化围合停车场形态。在其西侧绿篱处设 2 个人行通过口，便于观众下车进入主入口广场。

（3）以博物馆主入口为轴线，作宽为 35m 的主入口广场，其东侧作为 216m² 的非机动车停车场。

（4）在用地边界西北角处，设内部机动车出入口，双车道直抵东端回车场。并在此车行道路北西端设 10 个员工机动车停车位和 60m² 的非机动车停车场，并在装卸平台处设货车临时停靠点。

（5）在建筑南、西两侧做 7m 宽双车道，在用地边界西南角形成 920m² 的集中绿地。在建筑东侧做 3m 宽人行通道。

三、绘制方案设计成果图（图 3-16-30～图 3-16-32）

---

❶ 任务书的总平面制图要求仅为绘制建筑一层平面轮廓，且要求标注层数和相对标高。顾名思义，这个相对标高应为一层室内±0.00，而与表示一层层高相对应的屋顶标高就无法表示清楚。故在本书教材中改为绘制建筑屋顶平面为宜，且与实际工程中的总平面表示相符。

402

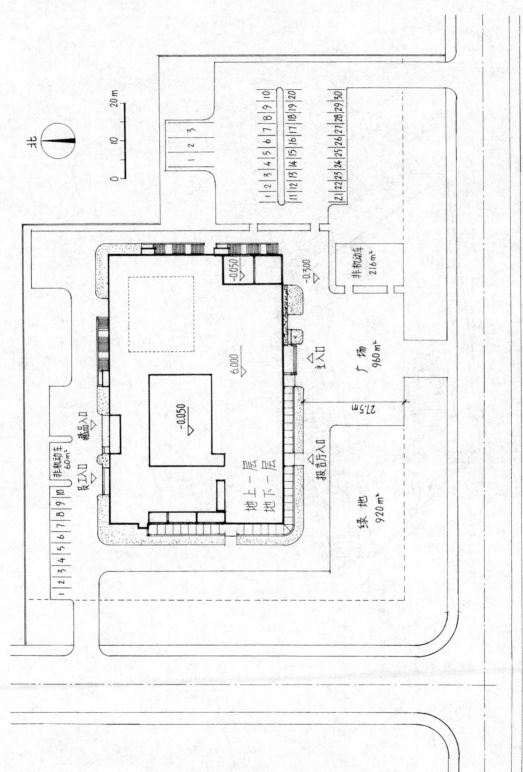

图 3-16-29 总平面图

北

0 10 20 m

非机动车
60m²
员工入口

藏品入口

非机动车
216m²

绿地
920m²

广场
960m²

地上一层
地下一层

主入口

接待入口

-0.050

6.000

-0.050

-0.300

27.5m

403

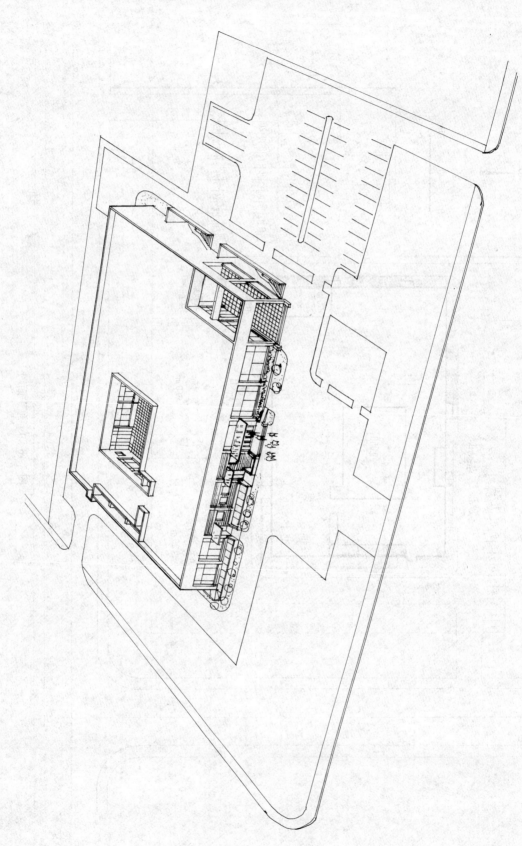

图 3-16-30 鸟瞰图

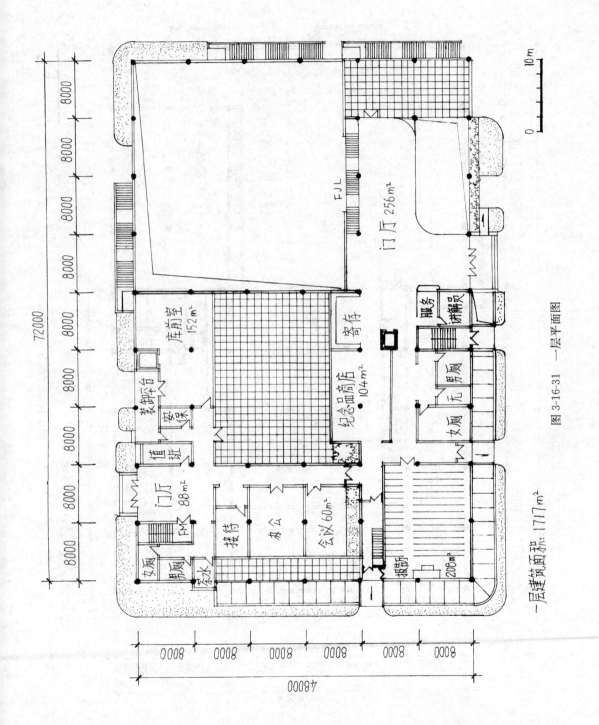

图 3-16-31 一层平面图

一层建筑面积: 1717m²

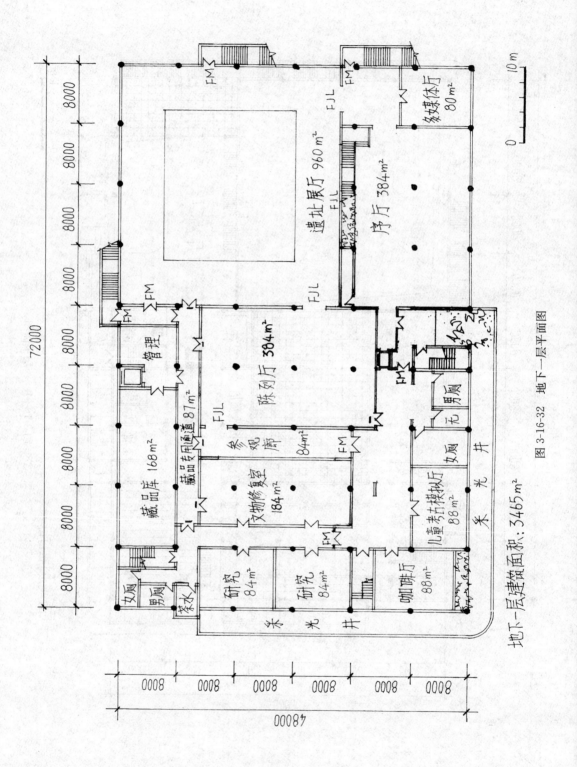

图 3-16-32 地下一层平面图

多媒体厅 80 m²

遗址展厅 960 m²

序厅 384 m²

管理

藏品专用通道 87 m²

陈列厅 384 m²

参观廊

藏品库 168 m²

文物修复室 184 m²

84 m²

男厕

女厕

儿童考古模拟厅 88 m²

采 光 井

女厕

男厕

茶水

研究 84 m²

研究 84 m²

咖啡厅 88 m²

采 光 井

地下一层建筑面积: 3465 m²

8000 8000 8000 8000 8000 8000 8000 8000 72000

8000 8000 8000 8000 8000 8000 48000

10 m

0

406

第十七节 ［2021 年］学生文体活动中心

一、设计任务书

（一）任务描述

华南地区某大学拟在校园内新建一座两层高的学生文体活动中心，总建筑面积约 6700m²。

（二）用地条件

建设用地东侧、南侧均为教学区，北侧为宿舍区，西侧为室外运动场，用地内地势平坦，用地及周边条件详见总平面图（图 3-17-1）。

（三）总平面设计要求

在用地红线范围内，合理布置建筑（建筑物不得超出建筑控制线）、露天剧场、道路、广场、停车场及绿化。

1. 露天剧场包括露天舞台和观演区，露天舞台结合建筑外墙设置，面积 210m²，进深 10m；观演区结合场地布置，面积 600m²。

2. 在建筑南、北侧均设 400m² 人员集散广场和 200m² 非机动车停车场。

3. 设 100m² 的室外装卸场地（结合建筑的舞台货物装卸口设置）。

（四）建筑设计要求

学生文体活动中心由文艺区、运动区和穿越建筑的步行通道组成。要求分区明确，流线合理，联系便捷。各功能用房、面积及要求详见表 3-17-1、表 3-17-2。主要功能关系见示意图（图 3-17-2）。

1. 步行通道

步行通道穿越建筑一层，宽度为 9m，方便用地南、北两侧学生通行，并作为本建筑文艺区和运动区主要出入口的通道。

2. 文艺区

主要由文艺区大厅、交流大厅、室内剧场、多功能厅、排练室、练琴室等组成。各功能用房应合理布置、互不干扰。

（1）一层文艺区大厅主要出入口临步行通道一侧设置。大厅内设 1 部楼梯和 2 部电梯，大厅外建筑南侧设一部宽度不小于 3m 的室外大楼梯，联系二层交流大厅。多功能厅南向布置，两层通高，与文艺区大厅联系紧密，且兼顾合成排练使用，通过二层走廊或交流大厅可观看多功能厅活动。

（2）二层交流大厅为文艺区和运动区的共享交流空间，兼作剧场前厅及休息厅；二层交流大厅应合理利用步行通道上部空间，与运动区联系紧密，可直接观看羽毛球厅活动。

（3）室内剧场的观众厅及舞台平面尺寸为 27m×21m，观众席 250 座，逐排升起，观众席 1/3 的下部空间需利用；观众由二层交流大厅进场，经一层文艺区大厅出场，观众厅进出口处设置声闸。

舞台上、下场口设门与后台连通。舞台及后台设计标高为 0.600，观众厅及舞台平面布置见示意图（图 3-17-3）。

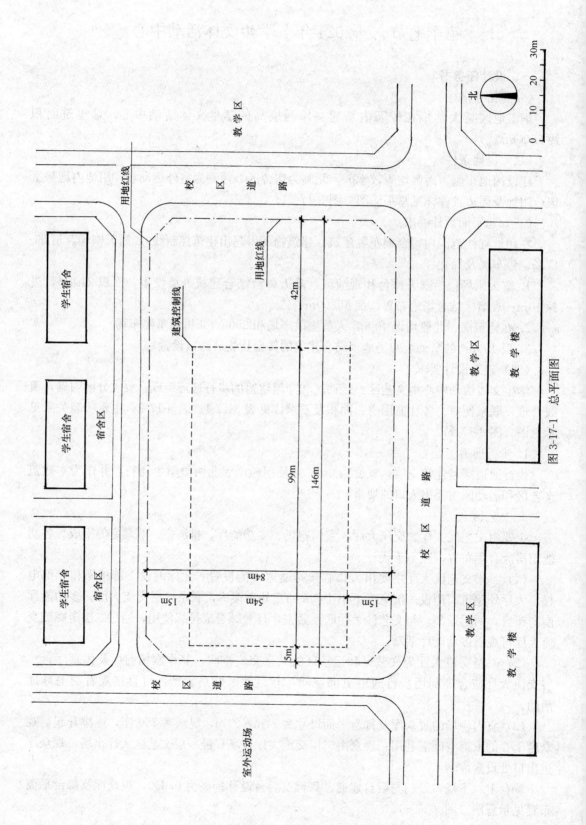

图 3-17-1 总平面图

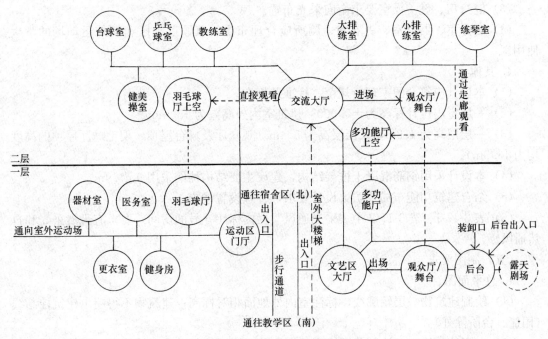

图 3-17-2　主要功能关系示意图

（4）后台设独立的人员出入口，拆装间设独立对外的舞台货物装卸口；拆装间与舞台相通，且与舞美制作间相邻；化妆间及跑场通道兼顾露天舞台使用，跑场通道设置上、下场口连通露天舞台。

3. 运动区

主要由羽毛球厅、乒乓球室、台球室、健身房、健美操室等组成，各功能用房应布置合理，互不干扰。

（1）运动区主要出入口临步行通道一侧设置，门厅内设服务台，其位置方便工作人员观察羽毛球厅活动。

（2）羽毛球厅平面尺寸为 27m×21m，两层通高，可利用高侧窗采光通风；乒乓球室设 6 张球台，台球室设 4 张球台。乒乓球、台球活动场地尺寸见示意图（图 3-17-4）。

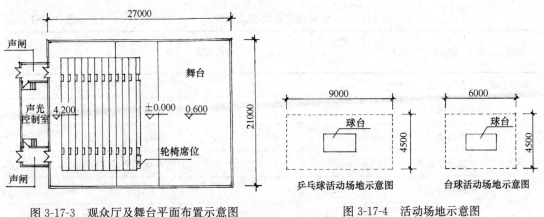

图 3-17-3　观众厅及舞台平面布置示意图　　　　图 3-17-4　活动场地示意图

（3）健身房、健美操室要求南向采光布置。

（4）医务室、器材室、更衣室、厕所应合理布置，兼顾运动区和室外运动场的学生使用。

4. 其他

（1）本设计应符合国家现行规范、标准及规定。

（2）一层室内设计标高为±0.000，建筑室内外高差为150mm。

（3）一层层高为4.2m，二层层高为5.4m（观众厅及舞台屋顶、羽毛球厅屋顶的高度均为13.8m）。

（4）本设计采用钢筋混凝土框架结构，建议主要结构柱网采用9m×9m。

（5）结合建筑功能布局及防火设计要求，合理设置楼梯。

（6）表3-17-1、表3-17-2中"采光通风"栏内标注♯号的房间，要求有天然采光和自然通风。

（五）制图要求

1. 总平面图

（1）绘制建筑物一层轮廓线，标注室内外地面相对标高；建筑物不得超出建筑控制线（雨篷、台阶除外）。

（2）在用地红线内，绘制并标注露天舞台和观演区、集散广场、非机动车停车场、室外装卸场地、机动车道、人行道及绿化。

（3）标注步行通道、运动区主出入口、文艺区主出入口、后台出入口及舞台货物装卸口。

2. 平面图

（1）绘制一层、二层平面图，表示出柱、墙（双线或单粗线）、门（表示开启方向）、踏步及坡道。窗、卫生洁具可不表示。

（2）标注建筑总尺寸、轴线尺寸，标注室内楼、地面及室外地面相对标高。

（3）注明房间或空间名称；标注带＊号房间及空间（见表3-17-1、表3-17-2）的面积，其面积允许误差在规定面积的±10％以内。

（4）分别填写一层、二层建筑面积，允许误差在规定面积的±5％以内，房间及各层建筑面积均以轴线计算。

一层用房、面积及要求 表3-17-1

功能区	房间及空间名称	建筑面积（m²）	数量	采光通风	备　注
步行通道	步行通道	—			9m宽，不计入建筑面积
文艺区	＊文艺区大厅	320	1	♯	含服务台及服务间共60m²
	＊多功能厅	324	1	♯	两层通高
	＊观众厅及舞台	567	1		平面尺寸27m×21m
	声闸（出场口）	24	1		2处，各12m²
	厕所（临近大厅）	80	1	♯	男、女厕及无障碍卫生间

功能区	房间及空间名称		建筑面积 (m²)	数量	采光通风	备 注
文艺区	后台	后台门厅	40	1	#	
		剧场管理室	40	1	#	
		*拆装间	80	1	#	设装卸口
		*舞美制作间	80	1	#	
		*化妆间	126	1	#	7间，每间18m²
		更衣室	36	1		男、女各18m²
		厕所	54	1	#	男、女厕各27m²
		跑场通道	—			面积计入"其他"
运动区		*运动区门厅	160	1	#	含服务台及服务间各18m²
		*羽毛球厅	567	1	#	平面尺寸27m×21m，可采用高侧窗采光通风
		*健身房	324	1	#	
		医务室	54	1	#	
		器材室	80	1		
		更衣室	126	1	#	男、女（含淋浴间）各63m²
		厕所	70	1	#	男、女厕各35m²
其他	楼电梯间、走道、跑场通道等约848m²					

一层建筑面积4000m²（允许±5%）

二层用房、面积及要求 表3-17-2

功能区	房间或空间名称	建筑面积 (m²)	数量	采光通风	备 注
文艺区	*交流大厅	450	1	#	可观看羽毛球厅活动
	观众厅及舞台	—			面积计入一层
	声光控制室	40	1		
文艺区	声闸（进场口）	24	1		2处，各12m²
	多功能厅（上空）	—			通过走廊或交流大厅观看本厅活动
	*大排练室	160	1	#	
	*小排练室	80	1	#	
	*练琴室	126	1	#	7间，每间18m²
	厕所（服务交流大厅）	80	1	#	男、女厕及无障碍卫生间
	更衣室	36	1		男、女各18m²
	厕所（服务排练用房）	54	1	#	男、女厕各27m²

功能区	房间或空间名称	建筑面积（m²）	数量	采光通风	备　注
运动区	羽毛球厅（上空）	—			通过交流大厅观看本厅活动
	*乒乓球室	243	1	#	
	*健美操室	324	1	#	
	*台球室	126	1	#	
	教练室	54	1	#	
	厕所	70	1	#	男、女厕各 35m²
其他	楼电梯间、走道等约 833m²				

二层建筑面积 2700m²（允许±5％）

二、设计演示

（一）审题

1. 明确设计要求

对于学生文体活动中心这种建筑类型，相信绝大多数考生并不陌生，不但在本科学习的课程设计中受过训练，而且也会有相当丰富的生活体验。但是不少考生由于设计基础不扎实，对该建筑类型的设计原理理解不透彻，对这类建筑的使用行为缺乏观察，因此，想做出一个符合任务书要求的方案并非那么容易，怎么办呢？只有从下述几个方面仔细审题，且正确理解，并在脑中及时想到满足这些要求的对策，在下一步动手设计前作好认识上的准备。

（1）总平面设计要求

总平面设计的要求实在没有什么难以理解或需要特别加以关注的，且其中 3 项要求也都是简单的设计"游戏"规则，你在方案设计最后程序做总平面设计时再对这些技术性要求一一落实到位并画出来就行了。此时，通读一遍留个印象即可。

（2）建筑设计要求

1）对功能分区的理解与历年试题不同的是，虽然任务书将文体活动中心分为文艺区和运动区，但它们同属于一个使用功能区，不存在管理、后勤两个功能区。只是按任务书要求把文艺与运动两种活动内容的各自房间组织在各自的区域就行。

2）对步行通道的理解。任务书要求在一层文艺区与运动区之间设置一条 9m 宽不计入建筑面积的步行通道。对此，有一点要特别提醒你注意，此步行通道千万不能设计成贯穿南北建筑控制线 54m 长，否则这就是一条只有 4.5m 高的幽暗隧道空间，在其中间两侧如何做任务书所要求的文艺区和运动区的主要出入口？这就是考查你的设计基础和空间概念的考点之一。

3）对二层交流大厅的理解。一是，交流大厅在空间形态上一定是开放性的，在功能上是共享的；二是，平面位置一定是在文艺区与运动区之间的一层步行通道之上；三是，要"合理利用步行通道上部空间"。什么是"合理利用"？！那就是交流大厅一定不能全覆盖 54m 长的步行通道，什么是"大厅"？那就是交流大厅，不能做成窄条走廊状，一定是近似方形的"厅"的形态。

4) 对剧场设计要求的理解。一提到剧场，你马上就要下意识地想到，剧场是封闭的空间形态，不可开侧窗。那么，你在设计中就不应布置在靠外墙处，而应放在中间。否则，只能说明你对剧场设计原理毫无知识。

至于舞台及后台的一些设计细节要求，那是常规做法，何况剧场是本科课程设计必设置的课题，此处不再赘述。但本题任务书对舞台设计的要求有两点值得商榷：一是，任务书要求"拆装间与舞台相通"，实际上，"拆装间"的主要功能是演出过程中撤换、存放硬景道具的地方，专用术语应称"侧台"为宜，且是舞台组成不可缺少的一部分。平面位置应在舞台上场口一侧，空间关系上必定是两者开口对接、融为一体，不可以墙阻隔，开门相通。通常情况下，在舞台下场口的另一侧也需设小一点的侧台。这些都应在图 3-17-3 上明示，而此示意图只能说是电影厅的示意图，不要误解为是剧场的示意图。二是，任务书要求"观众厅进出口处设置声闸"，这个要求就有点苛刻了。因为只有录音室、演播厅之类对声学要求很高的房间才设置声闸。而剧场入口有个缓冲间，做隔声门就可以了，何况演剧的场次又不是无间断连续演出。既然任务书要求设置声闸，那么，在图 3-17-3 中将声光控制室套在声闸里就不对了。虽然你可以权当这是"游戏规则"，依葫芦画瓢，但上述剧场设计原理还是应该明白。

5) 对羽毛球厅设计要求的理解。设计任务书要求羽毛球厅可"利用高侧窗采光通风"，这就是说它不需要开低侧窗，也就是不需要靠外墙设置。像文艺区的剧场一样，放在运动区中间就行，就这么简单。

6) 对其他栏目设计要求的理解。其中第 4 条，"建议主要结构柱网采用 9m×9m"；毫无疑问，你的平面方案只能选择 9m×9m 柱网。那么，"主要"又是什么意思？就是说可能还需要"次要"的柱网尺寸。此时，你只要在 9m×9m 整体柱网的基础上做局部变跨就可以了。

2. 解读"用房、面积及要求"表

(1) 第一步，先看一、二层表格最后一行的各层建筑面积是多少？表格显示，一层面积大，二层面积小，说明二层要扣除一部分面积。除去你在审题时已得知，多功能厅、羽毛球厅，以及观众厅因两层通高需挖去这部分面积外，呈空心矩形，至于二层面积是否合乎题意，现在不得而知，先不用管它。因为这是设计程序最后一步所要考虑的问题。

(2) 第二步，看一、二层表格最左边一竖列，功能区是如何划定的？表格显示，仅有文艺与运动两个区。前面已阐述这两个区应为服务于学生的两个不同活动内容与行为方式的使用功能部分，只是把它们各自拥有的房间打包集中在一起，以免互相干扰而已。因此该建筑没有通常所说的管理和后勤功能区。

(3) 第三步，看表格左边第二列，一、二层的文艺与运动两个区各自包含哪些主要房间，留个印象即可。再顺便看一下备注栏中个别房间有什么特殊要求，以便做到心中有数。例如，一层的步行通道未标注面积，但有 9m 宽尺寸要求，况且二层是要覆盖其上的。但你必须留心，备注已告诉你，它是"不计入建筑面积"的！再如，羽毛球厅备注已告知你要高侧窗采光通风，这就意味着不必将它布置在靠外墙处。

3. 理解功能关系图

(1) 第一步，先看一层功能关系图标注了哪几个出入口。审题时你已经知道，任务书规定文艺区和运动区各自的主出入口在步行通道一侧。另外，在一层功能关系图右边有两个指向后台的后台（演员）出入口和装卸（道具）出入口。

（2）第二步，看各层主要房间气泡是否是按文艺区和运动区分别集中组织的。看来，各层房间组织很有规律：一层文艺区主要房间图示气泡均在步行通道右侧；运动区主要房间图示气泡均在步行通道左侧。二层文艺区主要房间图示气泡均在交流大厅右侧，与一层文艺区主要房间图示气泡在竖向上位于同一个区内；运动区主要房间图示气泡的组织亦然。只要你看懂了上述内容，相信你决不会在方案设计中，犯房间布局串区的错误。

（3）第三步，看各房间图示气泡的连线关系，应该说此图不难理解。只是一层文艺区的大厅与后台有一条线连上了。实际上，这两个房间是没有功能关系的，但他既然画了连线，你只好在两者之间设一条走廊连通。不过有两点需想到：一是该走廊要设门；二是在适当部位要设 4 步台阶，以解决后台与大厅的 0.6m 高差。

4. 看懂总平面图的环境条件

（1）第一步，看基地环境条件，除了西侧室外运动场与建筑有功能关系外，北、东、南三面的环境条件对你的设计毫无影响。

（2）第二步，看基地毗邻的校内道路条件。可知，基地四周均有道路。其中，根据任务书规定，学生主要由南面的教学区和北面的学生宿舍区分别进入场地。而西侧是室外运动场，与学生文体活动中心有来往关系。

（3）第三步，看基地内设计条件。基地内无任何环境条件，只是建筑控制线范围偏西设定，留出东侧较大空地，暗示这是任务书规定需设置露天剧场的地盘。

（二）展开方案设计

1. 一层平面设计程序

（1）场地分析（图 3-17-5）

1）分析场地的"图底"关系

①"图"形的分析。在审题中已知该建筑两个最大的房间——剧场不需要对外采光，羽毛球厅是高侧窗采光，皆应居中布置。而步行通道要从建筑控制线中间穿过，属室外，据此，"图"形应为两个分开的实心矩形。

②"图"的定位分析。因该建筑与周边环境条件均有人的进出行为，需要设置出入口，故只要将"图"形周边缩进建筑控制线少许即可。注意，此时"图"形不可计较面积精准。

2）出入口分析

①场地出入口分析。因为该建筑在校园内，按任务书要求，2 个学生的场地主入口，一个在南，另一个在北，且皆对着建筑控制线中部范围内的校内道路。

②建筑出入口分析。学生人流从场地进入建筑，按任务书要求，在步行通道两侧分别设文艺区与运动区主出入口。另外，后台（演员）2 个出入口只能在"图"形东端，上、下分别画 2 个图示符号。而装卸（道具）入口应在舞台上场口一侧，其图示符号画在"图"形北边偏东即可。

（2）功能分区（图 3-17-6）

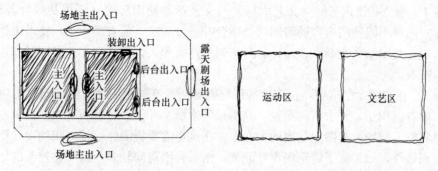

图 3-17-5 "图底"关系及出入口分析　　　　图 3-17-6 一层功能分区分析

该建筑只有 2 个使用功能不同的文艺区和运动区，实际上前一步"图"形分析已经将"图"分为两个实心"图"形，中间隔着步行通道。你只要按任务书的暗示，将文艺区设置在东"图"形，毗邻东侧较大空地即可，而西"图"形即为与场地西侧室外运动场有密切关系的运动区。

（3）房间布局

1）文艺区的房间布局分析（图 3-17-7）

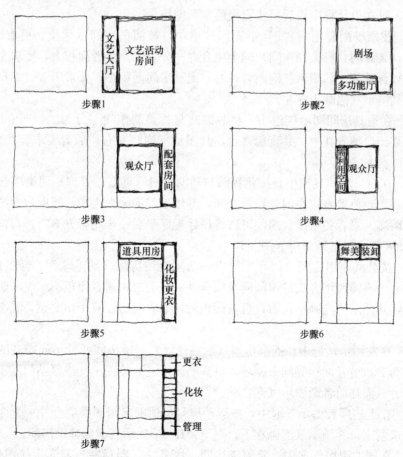

图 3-17-7　一层文艺区的房间布局分析

步骤1 按公共使用房间（文艺大厅）与文艺活动使用房间（剧场及后台若干房间、多功能厅）两种不同使用内容的房间同类项合并一分为二，前者面积小，要求毗邻步行通道设置入口，其图示气泡画小在左；后者房间多，面积大，要求与文艺大厅紧邻，其图示气泡画大在右。

步骤2 在右图示气泡中，按多功能厅与剧场两种不同使用性质的房间同类项合并一分为二。前者面积小，要求南向布置，其图示气泡画小在下；后者面积大，要求左紧贴大厅，右毗邻露天剧场，其图示气泡画大在上。在这里需要提醒你，这一步的设计要为下一步创造有利条件，如果你了解剧场设计原理，则后台因房间较多，需要比较大的地盘。因此，南向在下的多功能厅图示气泡的右端最好让一点地盘给剧场图示气泡；这就如同你下棋走一步要看三步一样，免得后期设计会出现反复。

步骤3 在剧场大气泡中，按观众厅通高房间与配套矮房间同类项合并一分为二，前者面积大，要求与大厅紧邻，且居文艺区中心，其图示气泡画稍大在左下，并与多功能厅气泡毗邻。剩下"L"形图示气泡为配套矮房间。

步骤4 在剧场图示气泡中，按任务书规定，将观众席升起高处1/3下部须利用的空间与剧场剩余部分一分为二，前者面积小，要求面向大厅，其图示气泡画小在左；后者面积大，要求毗邻后台，其图示气泡画大在右。前者气泡内的声闸、服务台、服务间不再一分为二下去，可在设计程序最后一步直接落实到网格中。

步骤5 在剧场配套用房"L"形图示气泡中，按演员房间（化妆、更衣、管理等）与道具房间（装卸间、舞美制作间）同类项合并一分为二，前者面积大，要求左右分别与舞台和露天舞台毗邻，其图示气泡画大在右；道具房间面积小，要求跟着装卸口走，且与舞台连通，其图示气泡画小在左。

步骤6 在道具房间图示气泡中，将装卸间与舞美制作间一分为二，两者面积相等，前者要求将装卸口纳入其中，并直通舞台，其图示气泡画在右；后者要求套在装卸间内，其图示气泡画在左。

步骤7 在演员房间气泡中，按化妆间与辅助房间（更衣、管理）同类项合并一分为二，前者面积大，要求直接在内外舞台之间，其图示气泡画大在中；辅助房间图示气泡画小在上、下两端。二者各自所含房间可留待设计程序最后一步完善方案时再行推敲。

2）运动区的房间布局分析（图3-17-8）

步骤1 按公共使用房间（门厅）与单一功能使用房间（羽毛球厅、健身房、器材、医务室等）两种不同使用方式的房间同类项合并一分为二，前者面积小，要求毗邻步行通道设置入口，其图示气泡画小在右；后者面积大，要求与门厅有密切关系，其图示气泡画大在左。

步骤2 在左图示气泡中，通高房间（羽毛球厅）与矮房间两种不同净高的房间同类项合并一分为二，前者面积等同于剧场，可高侧窗采光，故图示气泡紧贴门厅图示气泡画在居中；后者三面环前者画图示气泡。

步骤3 在上述后者图示气泡中，按运动房间与辅助房间同类项合并一分为二，前者面积大，要求朝南，其图示气泡画在下；剩下"L"形图示气泡为辅助房间。

步骤4 在辅助用房气泡中，将服务房间（医务室、器材室）与学生使用房间（男、女更衣）同类项合并一分为二，两者面积接近。前者要求兼顾室外运动场，其图示气泡画

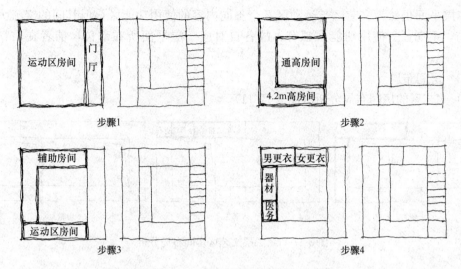

图 3-17-8 一层运动区的房间布局分析

在"L"形图示气泡之左,紧接着再上、下一分为二,上为器材室,图示气泡画稍大;下为医务室,图示气泡画稍小;后者图示气泡画在"L"形图示气泡之右。紧接着再左右一分为二,分别为男、女更衣。

此时,暂停一层平面后续设计程序,转而开始研究二层平面前三步设计程序,以便验证其结果与一层平面前三步的设计程序所得结果是否有矛盾。

2. 二层平面设计程序

(1)"图"形与入口分析(图 3-17-9)

根据任务书要求,二层文艺区与运动区需通过共享交流大厅连成一体,故二层平面应是一个整的"图"形,而不是像一层平面是被步行通道隔开呈分离状的两个实心矩形。但是,二层平面若将一层步行通道完全覆盖,那么一层步行通道将成为一个 54m 长、9m 宽、4.5m 高的狭长幽暗隧道,致使一层的 2 个区的主入口处于不利状态。你分析至此,应该立刻修正二层平面,在一层步行通道处南北两头的"图"形宜各自缩进一块,让一层步行通道短一些。其次,一层有 3 个房间(剧场、多功能厅、羽毛球厅)是通高的,故二层"图"形应是空心的。

而此题的一个特殊规则,即在二层交流大厅需设一部宽度不小于 3m 的室外大楼梯直接对室外联系,此时,就要考虑在"图"形中间靠文艺区一侧设置室外大楼梯的位置,作为交流大厅对外的出入口。

(2)功能分区(图 3-17-10)

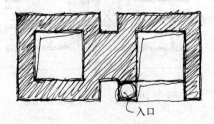

图 3-17-9 二层"图"形与入口分析

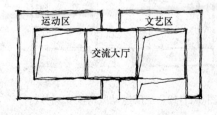

图 3-17-10 二层功能分区分析

二层平面仍然为文艺区与运动区 2 个不同内容的使用功能区，但其间的交流大厅是共享的，不属任一使用功能区独有，故各自对应一层平面所在部位，前者在右，后者在左。

（3）房间布局

1）文艺区的房间布局分析（图 3-17-11）

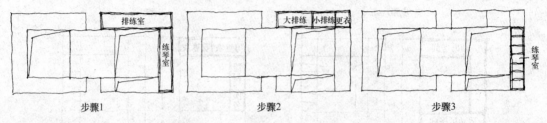

图 3-17-11　二层文艺区房间布局分析

步骤 1　文艺区的房间，将交流大厅和剧场定位后，只剩下排练室和练琴室两组不同使用内容的房间，各自打包合并一分为二，在图 3-17-10 的"L"形文艺区图示气泡中，前者面积小，要求空间大，其图示气泡画大在上；后者面积小，各房间数量与面积与一层化妆室相同，其图示气泡画小在下。

步骤 2　在排练图示气泡中，按大、小排练室一分为二，前者图示气泡画大在左；后者图示气泡画小在右，并在右端画上男女更衣图示小气泡。

步骤 3　在"L"形右下练琴室图示气泡中分为 7 个小图示气泡即可。

2）运动区的房间布局分析（图 3-17-12）

由于运动区活动房间少，功能简单，可直接在图 3-17-8 步骤 2"匚"形图示气泡中，先将大房间（健美操室＋教练室）要求向南，其图示气泡画在下；剩下乒乓球室面积大，其图示气泡画在上；台球室面积小，其图示气泡画在左。

至此，一、二层平面文艺区与运动区房间已各就各位，由于此设计程序的分析过程条理清晰、逻辑性强、步骤有序，故不会出现房间布局紊乱，上下层布局矛盾的状况，这就为设计方案的成功奠定了基础。

（4）交通分析

1）水平交通分析

① 一层水平交通分析（图 3-17-13）

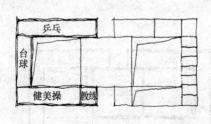

图 3-17-12　二层运动区房间布局分析

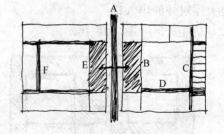

图 3-17-13　一层水平交通分析

A. 在文艺区与运动区之间为穿过式步行通道。

418

B. 在文艺区，大厅作为水平交通节点，左侧设主入口与步行通道相通，右侧与观众厅出口相接。

C. 在后台区，于舞台背后设一条水平交通作为跑场之需，且将 7 个化妆间联系起来，并在其南北两端作为水平交通节点与室外舞台连通。

D. 在多功能厅与剧场之间，设一条水平交通，使之满足任务书要求的"兼顾合成排练使用"。

E. 在运动区，门厅作为水平交通节点，右侧设主入口与步行通道相通，左侧通向羽毛球厅。

F. 在羽毛球厅南、西、北设环形水平交通与门厅相连，且在西端设置 2 个出入口，使之与室外运动场连通。

② 二层水平交通分析（图 3-17-14）

A. 交流大厅兼作水平交通节点，使右侧文艺区与左侧运动区在使用功能上融为一体，在空间形态上成为共享中庭，并可直接观看一层羽毛球厅活动。

B. 在文艺区的剧场南、东、北三侧，设环形水平交通，以此连通周边各房间，并满足观看一层多功能厅活动的要求。

C. 在运动区羽毛球厅上空南、西、北设环形水平交通，以此连通周边各房间。

2）垂直交通分析

① 一层垂直交通分析（图 3-17-15）

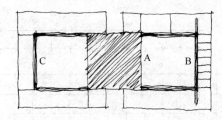 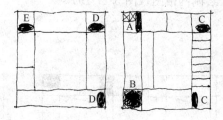

图 3-17-14　二层水平交通分析　　　　图 3-17-15　一层垂直交通分析

A. 在文艺区大厅北端设 2 部电梯与 1 部楼梯，作为垂直交通中心。

B. 在文艺区大厅南端设 1 部宽 3m 的室外大楼梯，以满足与二层交流大厅联系之需。

C. 在文艺区后台水平交通南北两端与通向室外露天舞台出入口的一侧各设 1 部楼梯。

D. 在运动区门厅南、北两端各设 1 部楼梯。

E. 在运动区西北角设 1 部楼梯。

② 二层垂直交通分析（图 3-17-16）

由于一层在文艺区和运动区各自四角处均设有楼梯上至二层，使二层各房间均满足双向疏散要求，故不再增设疏散楼梯，其楼梯布局皆同一层。

（5）卫生间配置分析

1）一层卫生间配置分析（图 3-17-17）

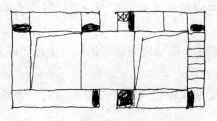

图 3-17-16 二层垂直交通分析

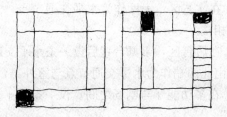

图 3-17-17 一层卫生间配置分析

① 在文艺区大厅北端，毗邻楼电梯东侧设一组男、女厕所和无障碍厕所，供观众使用。在剧场后台区北端设一套男、女厕所供演员使用。

② 在运动区的西南角设一套男、女厕所，兼顾室外运动场的学生使用。

2）二层卫生间配置分析（图 3-17-18）

对位一层各套男、女厕所，即为二层各套男、女厕所配置定位。

至此，一层与二层平面所有房间均有序地各就各位，且水平与垂直交通设施均配置妥当。接下来的设计程序就是建立一个与平面方案相适宜的结构体系，以便将对各层平面所有房间的分析不走样地纳入其中，并使房间形状、面积均符合任务书要求。

（6）建立结构体系

1）确定结构形式

按任务书建议，结构柱网采用 9m×9m。

2）绘制网格图（图 3-17-19）

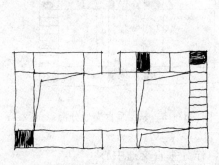

图 3-17-18 二层卫生间配置分析

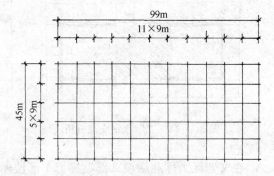

图 3-17-19 绘制网格图

根据设计程序第二步功能分区分析（图 3-17-6），图形正中有一 9m 宽步行通道，其一层左右运动区与文艺区面积大小基本均等，也即两个使用功能区面宽所占网格数应一样，加上中间步行通道要占 1 个网格，这就意味着，面宽网格数应为奇数。那么，在建筑控制线 99m 范围内是打 11 个网格还是 9 个网格呢？如果是打 9 个网格，则各区只能占 4 个网格，可是无论剧场还是羽毛球厅都是 27m 长，要占 3 个网格，剩下 1 个网格肯定是不够的。因此，只能打 11 个 9m 网格。正好与建筑控制线等长，压在建筑控制线上。按历年考试惯例不算违规，但这一次试题没打招呼，怎么办？这是处理手法问题，最后再说，不要纠缠在这里，耗费太多时间。

好了，先在 A4 拷贝纸上，用绘图工具画出 1：500 面宽 11 个 9m 的网格，再用一层建筑面积 4000m² 除以 10 个 9m（扣除不计入建筑面积的步行走道 9m），得出总进深

44.44m，取整数 45m，再除以 9m 得出 5 个网格。以此，在进深方向打出 5 个网格，便得出了这一步所要的柱网图。

（7）在网格中落实所有房间

1）在网格中落实一层所有房间

① 功能区网格分配（图 3-17-20）

首先将正中进深 5 个网格给步行通道，但考虑到 5 个网格计 45m 的长度若被二层楼板全覆盖的话，此步行通道将变为隧道，故将南、北两端各 1 个网格挖去，而保留中间 3 个网格在二层平面覆盖之内。剩下右半边所有网格给文艺区；左半边所有网格给运动区。

② 文艺区房间网格分配，并同步落实面积（图 3-17-21）

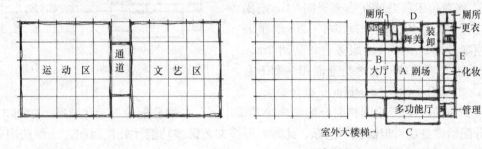

图 3-17-20　一层功能区网格分配　　　　图 3-17-21　一层文艺区房间网格分配

A. 将剧场（27m×21m）房间分配在正中 9 个网格中，但按任务书要求需修正。即在跨度 3 个网格计 27m 中，剧场跨度只需 21m，故上下网格各减 3m 作为走道。另外，任务书要求观众厅升起的 1/3，即 6m 下部空间需利用，则在开间 3 个网格中，扣除左端网格 6m 给大厅 。

B. 将剧场左侧剩下开间 1 个网格 9m，另加上上述 6m，共计 15m，进深等同剧场跨度 21m 范围给大厅，其面积 21×15＝315m² ，符合规定面积要求。

C. 南向第一跨有 5 个网格，但要分配 3 个功能内容。自左至右，首先左端网格分配给任务书要求的"大厅外建筑南侧设 1 部宽度不小于 3m 的室外大楼梯，联系二层交流大厅"。中间 3 个格子分配给多功能厅，计 243m²，但面积不达标，而右边最后一个网格是给后台的，不能再挪用，怎么办？好在建筑控制线南北方向还有 9m 场地，那就用多功能厅面积定额 324m² 除以 3 个网格面宽 27m，得出进深需 12m，则多功能厅进深再向南凸出 3m，以获得面积补偿。

D. 北端最后一开间 5 个网格中要分配给 5 个功能房间，因此，每个功能房间各得 1 个网格。即自左至右为：1 部楼梯、2 部电梯及其候梯厅；男、女厕所及无障碍厕所；舞美制作间；装卸间和后台用房。但装卸间要与舞台敞开联通对接，而舞美制作间要与装卸间相连，故向南移位直接毗邻剧场，并将北面空出 3m 甩到室外。

E. 在最右端一开间的进深方向有 5 个网格，分别有 5 个功能房间，外加 2 部楼梯。此时为落实这些房间就要精打细算了。首先，对位剧场跨度 21m 范围，先在其左侧留出 3m 宽的跑场走廊，其右侧正好可容下 7 间化妆间，其数量与面积均符合要求。

在南端 1 个网格及 3m 后台入口通道范围内，1 部 3m 宽楼梯在左下；6m×7m 管理室在右下；9m×5m 门厅在上，且各房间面积均符合要求。

在北端只剩下 1 个格子加 3m 通向露天剧场的走道。按前述房间布局分析结果，先将 3m 宽楼梯毗邻走道落实，其北侧 6m，一分为二落实男、女更衣。至此，文艺区所有格网全部分配完毕，剩下男、女厕所没有着落怎么办？唯一不打乱房间布局分析秩序的办法是向北突出建筑控制线内剩下的 6m，以满足男、女厕所额定面积，然后一分为二。

③ 运动区房间网格分配，并同步落实面积（图 3-17-22）

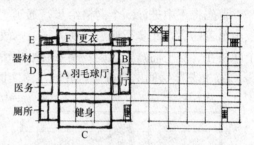

A. 将羽毛球厅（27m×21m）房间分配在正中 9 个网格定位，但跨度方向多余 6m，一分为二作为其南北两侧 3m 走廊，东接门厅，西直通室外运动场。

B. 将对位于羽毛球厅右侧竖向 21m 范围面积之左 3m 宽的北端分配 3m×6m 给服务间；南端分配 3m×6m 给服务台，其间 3m×9m 作为进入羽毛球厅前之交通面积。剩下右侧 6m×21m 分配给门厅，其面积符合要求。

图 3-17-22 一层运动区房间网格分配

C. 南向第一跨 5 个网格要分配给 3 个功能房间，左端分配给男、女厕所，中间 3 个网格分配给健身房，但面积不达标。此时，可按文艺区多功能厅补偿面积方法如法炮制，即向南凸出 3m，以使其面积符合要求。最后 1 个网格分配给 3m 宽楼梯在右，其左 6m×9m 作为进入健身房前的交通面积。

D. 西端对位于羽毛球厅 21m 范围内，其右留出一条 2m 走廊，剩下左侧南北两头按器材室和医务室各自面积所需一分为二。

E. 北面最后一跨横向 5 个网格，先将东、西两端分配给各一部 3m 宽楼梯间，并毗邻走廊，各自剩余面积都甩到室外去。

F. 中间 3 个网格只有男、女更衣淋浴，其面积用不了，可将中间网格作为缓冲交通面积，而将男、女更衣淋浴分别分配在缓冲交通面积东、西两侧的网格中。但测算面积还多，则将中间 3 个网格再向内缩进 2m，多余的面积再甩到室外去。

2）在网格中落实二层所有房间

① 文艺区房间网格分配，并同步落实面积（图 3-17-23）

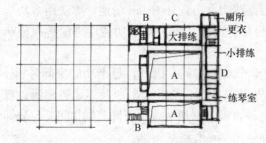

图 3-17-23 二层文艺区房间网格分配

A. 分别将一层的剧场和多功能厅通高在二层上空的范围定位，并保留环绕在其北、东、南三面的走廊。

B. 将一层大厅北端的楼电梯，男、女厕所，无障碍厕所和南端的室外大楼梯升上来定位。

C. 北端最后一跨还剩下对位一层的舞美制作间和装卸间 2 个网格，分配给大排练室所需面积。

D. 剩下东端开间进深 5 个网格，外加一层向北凸出去的 6m。先对位一层 2 个楼梯、南北向走廊、男女更衣和男女厕所全部升上来定位。剩下进深 4 个网格，6m 宽的范围，先将小排练室调整到北部 12m×6m 的房间内，剩下范围正好可分配 7 间练琴室。只是南向 2 间练琴室与楼梯间并排，各占 3m 宽在 1 个网格内，并在其北留 3m 宽横向短廊，将各房间联系起来。

② 运动区房间网格分配，并同步落实面积（图 3-17-24）

A. 先将一层通高的羽毛球厅上空定位，并保留其南、西、北三面走廊。

B. 南面中间 3 个网格给健美操室，其东侧网格将一层楼梯间升上来，剩余部分给教练室，而西端网格一分为二给男、女厕所。

C. 西端对位羽毛球厅 21m 的中间网格内，给台球室，其面积符合要求。

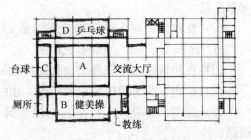

图 3-17-24　二层运动区房间网格分配

D. 北端横向 5 个网格中，先将东、西两端一层的楼梯间升上来，剩余中间 3 个网格给乒乓球室，其面积符合要求。

最后，剩下文艺区与运动区之间的范围，先将任务书图示的毗邻剧场左侧 2 个声闸及声光控制室落实下来，其余范围全部给交流大厅，用额定面积 450m² 除以面宽 23m（3×9m－4m）得出进深只需 19.56m，取整数为 21m，即与羽毛球厅上空等宽。核算面积为 483m²，在额定面积 450m² 上限 495m² 之内，符合要求。

至此，一、二层所有房间基本保持原有房间布局的秩序，全部落实到网格中，且每一房间面积皆符合要求，学生文体活动中心方案设计就此完成。

（8）完善设计方案（图 3-17-27）

1）在文艺区，任务书规定"观众席 250 座，逐排升起，观众席 1/3 的下部空间需利用"，根据图 3-17-3 所示，剧场长 27m，舞台占 1/3 为 9m，观众席占 2/3 为 18m（图示应标注尺寸而未标注）。因此，观众席 1/3 的下部空间应为 6m。其右侧 4m×21m 范围南北两端各设声闸 1 个，中间为服务台和服务间，剩下左侧 2m×21m 归于大厅空间。

2）在剧场与多功能厅之间的走廊西侧设门禁，避免观众与后台演员相混，在其走廊东侧，设 4 步台阶与后台跑场相通。

3）北端舞美制作间南移与剧场对撞，以表示观众与后台无关，而装卸间即为侧台，南向开敞面向舞台，以方便道具撤换。舞台上、下场口设在大幕外侧，避免台下观众看到。

4）按任务书要求，在建筑东端补上室外舞台平面。在装卸口外补上装卸平台。

5）在文艺区剧场和运动区羽毛球厅 21m 两侧纵墙的柱网交叉点各自补上结构柱，以支撑 13.8m 通高屋顶结构荷载。

6）由于任务书没有许诺建筑可以压建筑控制线，为避免冤枉扣分，将建筑总长与总进深尺寸压缩 0.5m。

7）运动区北端一层横向 5 个网格内，因多余面积甩到室外，但可保留北边缘一排结构柱，以使建筑外轮廓完整。

8）文艺区一、二层与运动区一、二层分别竖向自成一个防火分区。而二层交流大厅因是一个开放、共享的大空间，故在运动区与交流大厅衔接开口通行处，以及俯视羽毛球厅的玻璃隔断处设防火卷帘。既可在活动时，左右 2 个使用区交融、共享，又可保证各自成为独立的防火区。故文艺区和活动区的一、二层楼梯间，因竖向上各自同处于一个防火区，楼梯间可不设门，为开敞式，使用方便。

3. 总平面设计（图 3-17-25）

（1）在步行通道南、北两端的场地内，分别做 27m 宽，进深 15m，面积为 405m² 的集散广场。

（2）在建筑东侧，毗邻建筑外墙做 21m×10m 露天舞台，并在其东侧场地上做 26m×24m、面积为 624m² 的扇形观演区。

（3）在建筑东北角舞台货物装卸口处做 9m×15m、面积为 135m² 的室外装卸场地。

（4）在南、北集散广场东西两侧，用绿化围合各 100m² 的非机动车停车场。

（5）在南、北集散广场东西两侧建筑前做 2m 人行通道，东连露天剧场，西抵校内道路。

三、绘制方案设计成果图（图 3-17-25～图 3-17-28）

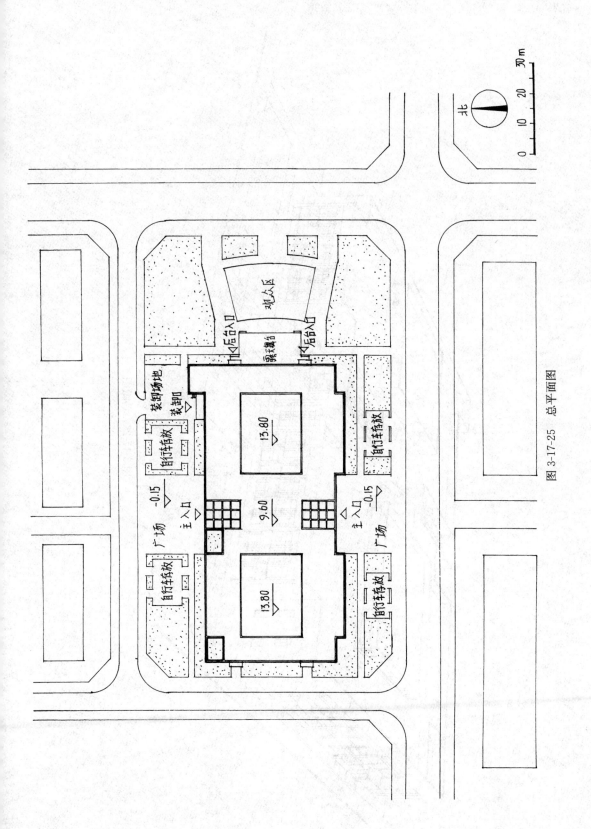

观众区

后台入口

露天舞台

后台入口

装卸场地

装卸

15.80

自行车存放

9.60

主入口 -0.15

主入口 -0.15

15.80

自行车存放

自行车存放

广场 -0.15

广场

自行车存放

北

0 10 20 30 m

图 3-17-25 总平面图

425

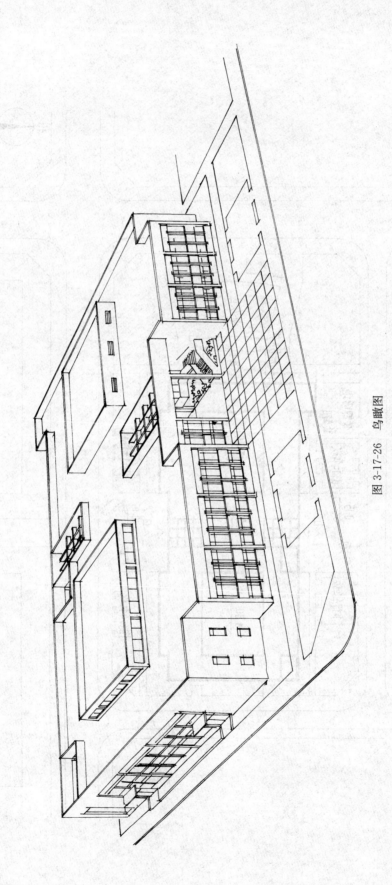

图 3-17-26　鸟瞰图

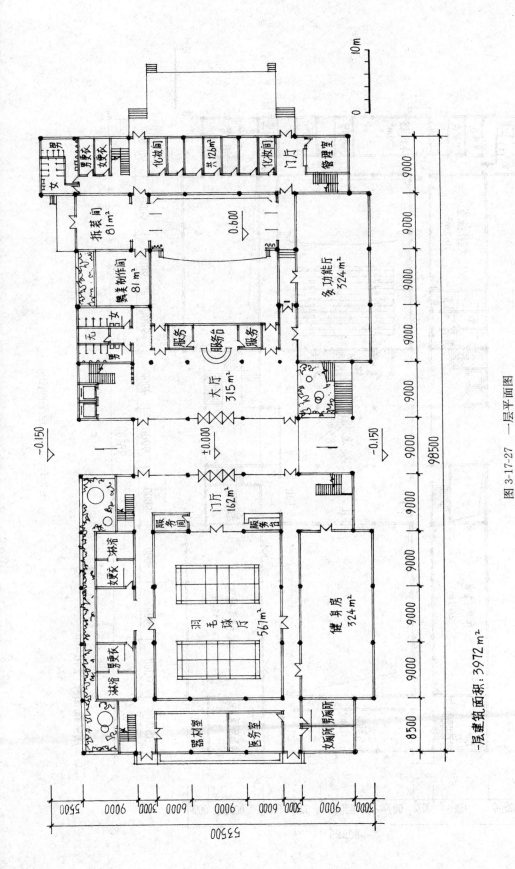

男更衣
女更衣

化妆间
共126m²
化妆间

门斤

管理室

拆装间
81m²

0.600

舞美制作间
81m²

女 男

服务
服务台
服务

多功能厅
324m²

大厅
315m²

±0.000

−0.150

−0.150

女更衣 淋浴

门斤
162m²

服务间

服务台

羽毛球厅
561m²

健身房
324m²

淋浴 男更衣

器材室

医务室

女厕所 男厕所

9000 9000 9000 9000 9000 9000 9000 9000 9000 9000

98500

图 3-17-27 一层平面图

一层建筑面积：3972 m²

3000 9000 6000 3000 6000 3000 9000 6000 3000 9000 3000

53500

5500 9000 9000 6000 6000 9000 6000 9000 8500

10m

427

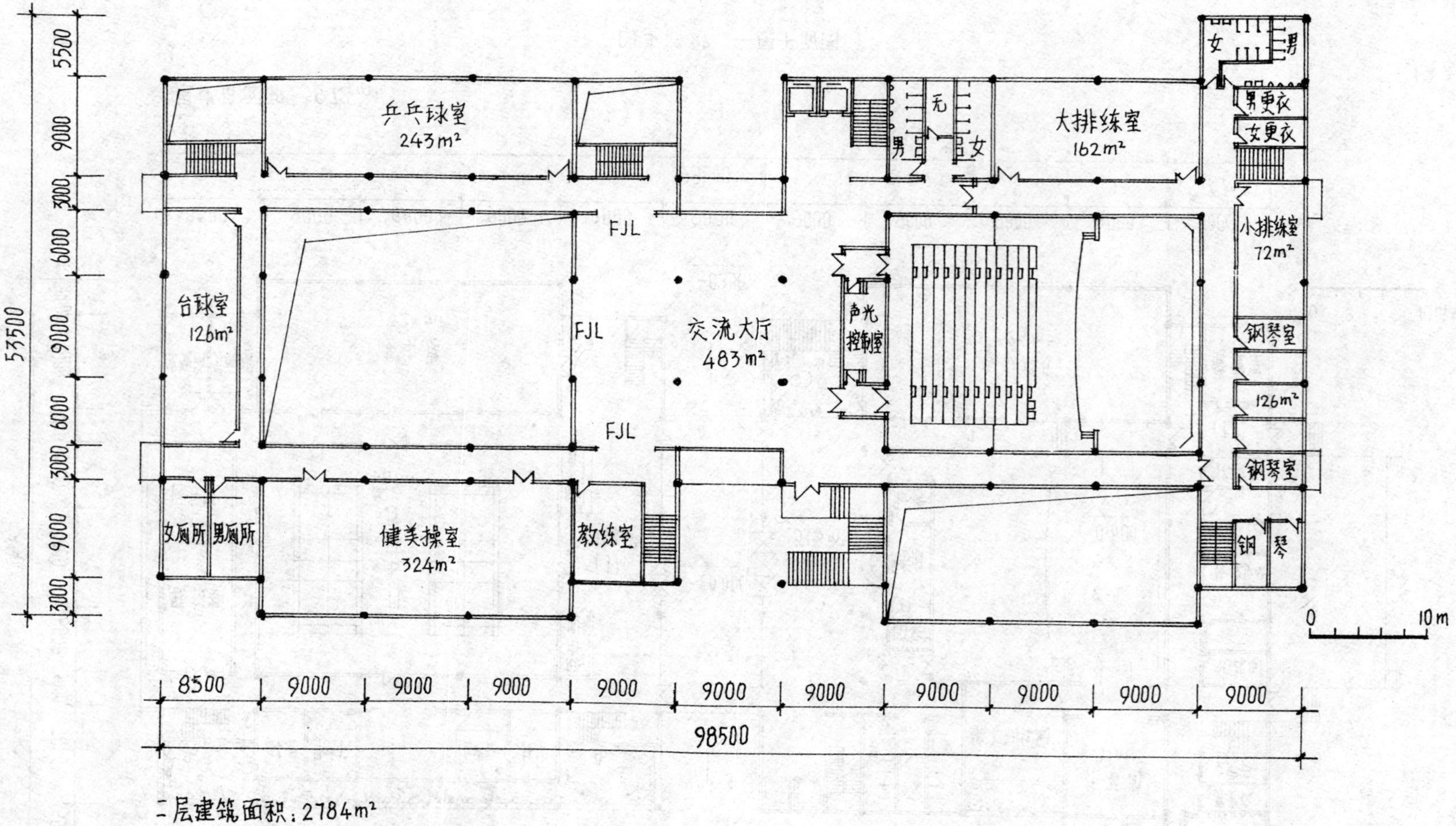

图 3-17-28 二层平面图

女厕所 男厕所 更衣 更衣 小排练室 72m² 钢琴室 126m² 钢琴室 琴

大排练室 162m²

无 男 女

声光控制室

交流大厅 483m²

FJL FJL FJL

乒乓球室 243m²

排练室

健美操室 324m²

台球室 126m²

女厕所 男厕所

9000 9000 9000 9000 9000 9000 9000 9000 9000 8500

98500

二层建筑面积：2784m²

5500 9000 9000 9000 6000 9000 9000 6000 9000 9000 3000

53500

0 10m